U0318266

城市污水自养脱氮工艺研究

李 冬 著

张 杰 审

中国建筑工业出版社

图书在版编目（CIP）数据

城市污水自养脱氮工艺研究/李冬著．—北京：
中国建筑工业出版社，2017.3
ISBN 978-7-112-20514-1

Ⅰ．①城…　Ⅱ．①李…　Ⅲ．①城市污水处理-
反硝化作用-研究　Ⅳ．①X703

中国版本图书馆 CIP 数据核字（2017）第 048234 号

厌氧氨氧化技术因其独特的魅力引起了世界各国学者的关注，以该技术为核心的城市污水自养脱氮已然成为研究的热点。本书系统地凝练了课题组自 2001 年以来的 15 年间，相继由 15 位博士、35 位硕士所进行的持续的研究成果。

本书针对城市污水亚硝化、部分亚硝化、厌氧氨氧化、全程自养脱氮等工艺在不同进水水质（污染物浓度、水温、pH、碱度）、反应器类型（生物滤池、MBR）、运行方式（SBR、连续流、CSTR）、污泥类型（生物膜、颗粒污泥）、曝气方式等条件下的启动及长期运行实验研究，明确了各系统的关键控制参数和功能微生物的分布特征，为城市污水自养脱氮的工程化提供了基础的研究数据。

本书可作为给排水科学与工程、环境工程、市政工程、循环经济等学科本科生和研究生的教学和科研用书，也可作为相关专业工程技术人员和政府决策、管理人员的参考用书。

责任编辑：王美玲
责任设计：李志立
责任校对：焦　乐　姜小莲

城市污水自养脱氮工艺研究

李　冬　著

张　杰　审

*

中国建筑工业出版社出版、发行（北京海淀三里河路 9 号）

各地新华书店、建筑书店经销

唐山龙达图文制作有限公司制版

北京云浩印刷有限责任公司印刷

*

开本：787×1092 毫米　1/16　印张：23½　字数：557 千字
2017 年 10 月第一版　　2017 年 10 月第一次印刷
定价：**78.00** 元
ISBN 978-7-112-20514-1
（30209）

序

　　城市生活污水自养脱氮是一个艰难的命题，因为要将城市污水的硝化过程仅停留在半亚硝化阶段，生成的亚硝酸盐和剩余的氨氮发生厌氧氨氧化反应生成氮气而释于大气。尽管全世界都在为此而奋斗，然而至今还无成功的工程实践先例！

　　氨氧化菌和硝酸菌同属硝化菌，其生理、生态特性和环境习性相近，它们是互利共生的姊妹关系。氨氧化菌为硝酸菌提供代谢基质亚硝酸盐，硝酸菌为氨氧化菌清除代谢产物，协同完成自然界氮循环中的硝化环节。要分离这种共生关系，就要明晰它们生存环境的细微差别。目前人们只知道在高温（30～35℃）和高游离氨的环境中，由于氨氧化菌与硝酸菌的基质代谢速率和细胞产率不同，使得维系氨氧化菌代谢活性的同时，抑制硝酸菌的活性成为可能，从而实现硝化过程停留在亚硝化阶段，为厌氧氨氧化反应提供反应基质。然而，生活污水却不具备如此的条件。所以，至今厌氧氨氧化自养脱氮仍只能成功用于垃圾渗滤液、污泥硝化液及高氨氮高温工业废水上。

　　当作者将 15 年的研究成果呈在我的书案上，在叹服之余，我也分享其收获的快乐。虽然还只是实验室的试验研究成果，但我却看到了城市污水厌氧氨氧化自养脱氮工程技术的曙光。

张　杰

2016 年 7 月

前　言

1977 年 Broda 根据自由能的计算，预言了自然界中可能存在 2 种自养微生物将 NH_4^+ 氧化成 N_2，大胆地挑战了氨氮只能在有氧条件下被氧化的传统观念。1994 年 Mulder 证实了该预言并将此反应命名为厌氧氨氧化。随后 Gijs Kuenen 首次发现了厌氧氨氧化菌，国际上因此将厌氧氨氧化菌的第一个鉴定的菌属命名为 Candidatus "Kuenen"。1997 年，Vande Graaf 确立了该反应的方程。后来的研究证明从海洋、淡水湖泊到温泉，厌氧氨氧化菌无处不在，只是我们过去对它一无所知而已。Web of Science 的统计结果表明：从 1996 年第 1 篇关于厌氧氨氧化的文章问世，此后的发文数量逐年呈指数增长，2015 年已达到 243 篇。在如此众多的研究者中，Mark van Loosdrecht 凭借其质朴的好奇和非凡研发魅力在深刻理解微生物代谢途径的基础上，用数学模型将之与工艺过程紧密联系，实现了厌氧氨氧化的快速工程化。1998 年荷兰 Paques 公司和代尔夫特理工大学合作开发了厌氧氨氧化反应器；2002 年世界第一座工业化厌氧氨氧化反应器在鹿特丹水厂投产；2006 年 Strous 完成了对厌氧氨氧化宏基因组的测序，并坦言"它们的出现模糊了细菌的定义"。这些都成为厌氧氨氧化研究史上的浓墨重彩！

随着世界各国学者在能源回收、碳减排方面所达成的共识，可持续的污水处理已然成为全球污水处理行业奋斗的目标。厌氧氨氧化工艺较传统硝化-反硝化脱氮工艺，在能耗、产泥量、容积负荷、碳排放、能源回收等方面的显著优势，使得污水脱氮正发生着颠覆性的变革。但由于厌氧氨氧化菌对环境的苛求，目前已有的 100 余座厌氧氨氧化工程都是处理高温高氨氮废水，其中有 75％是处理污泥消化液。于是城市污水自养脱氮工艺的研究成为全球污水处理前沿技术的研究热点。然而全球至今还没有一座采用自养脱氮工艺成功运行的城市生活污水处理厂，因为城市生活污水的自养脱氮本就是一个艰难的命题：既要稳定控制城市污水在短程硝化阶段，同时还要控制氨的转化率，以达到厌氧氨氧化反应所要求的基质条件（NH_4^+-N：NO_2^--N＝1：1.32）；尽管厌氧氨氧化菌群的富集极为困难（厌氧氨氧化菌最大的增殖速度为 0.0038/h，其最小倍增时间为 11d），而且只有菌群密度达到 $10^{10} \sim 10^{11}$/mL 时才表现出厌氧氨氧化活性，却仍然要使之在与异养菌的竞争中保持优势；尽管厌氧氨氧化菌适宜于高温（＞30℃），却仍然要使之在常低温条件下保持旺盛活性。

2001 年张杰院士开创性地提出了"以自养脱氮为核心的城市生活污水再生全流程"，基于此理念，我们在过去 15 年的时间里坚持不懈地对城市生活污水厌氧氨氧化工艺所面临的种种挑战开展了尝试和探索，才有了今天粗浅的认识和理解。现将这些整理成书出版，谨以此致敬那些深爱这个研究并曾经作出卓越贡献的巨人和正在奋力前行的同仁！

城市生活污水自养脱氮的研究将一直进行下去，虽然低温、低碳氮比的城市生活污水与高温高氨氮的污泥消化液和工业废水的水质相去甚远，虽然我无法预测未来是否会有突破，但是我们仍然痴迷于通过不断的挑战自我，挑战自然，使该工艺达到极致。如果有所突破，那一定饱含了智慧、勤奋和运气！

感谢曾给予我团队支持的所有前辈和同仁！感谢我的研究团队！

李　冬
2016 年 7 月

目　　录

第1章 概　　论

1.1　自然界氮素循环

物质元素循环是自然界的基本规律。其中氮素循环是生命的基础之一。

1.1.1　氮素循环途径

目前所知的氮素循环有如下 3 种途径。

1. 植物营养素循环

绿色植物是辛勤的生产者，它们利用太阳光能，吸收土壤中的水分、宏量和微量矿物生理营养元素——N、P、K……进行光合作用，生产有机物，生长枝叶，结出果实。枯萎了的枝体在土壤微生物群系的代谢作用下，将含氮有机物分解为氨氮（NH_3/NH_4^+），称为氨化反应。氨氮（NH_3/NH_4^+）在硝化细菌的作用下，产生亚硝酸氮（$NO_2^- \text{-N}$）和硝酸氮（$NO_3^- \text{-N}$）的过程称为硝化过程。$NH_4^+ \text{-N}$、$NO_2^- \text{-N}$、$NO_3^- \text{-N}$ 存留于土壤中被植物吸收完成了绿色植物的氮营养素的循环。

2. 硝化-反硝化途径

反硝化菌以有机物为电子供体将 $NO_3^- \text{-N}$ 经 NO_2^-、NO、NO_2 还原为气态氮（N_2）的过程称为反硝化。氨化、硝化和反硝化的全过程又将氮素以单体 N_2 还给大气。

3. 厌氧氨氧化

1977 年奥地利理论化学家 Broda 根据化学反应热力学吉布斯自由能原理，推断出在自然界应该存在着以氨为电子供体获取能量的独立营养型脱氮微生物，并提出了缺氧条件下氨氧化的热力学方程式：

$$NH_4^+ + NO_2^- \longrightarrow N_2 + 2H_2O \qquad \Delta G = -335\text{kJ/mol} \qquad (1\text{-}1)$$

1986 年，荷兰一座工业废水处理厂内，在厌氧条件出现了持续的氨氧化及产气现象，当时并未引起重视。20 世纪 80 年代末期，荷兰代尔夫特（Delft）理工大学 Mulder 研究组在对某企业废水厌氧处理装置的长期测定观察中，发现不明原因的总氮（total nitrogen，TN）损失，意识到了与传统氮代谢途径不同的脱氮反应的存在，并在 1990 年欧洲学会上作了报道。5 年后，1995 年该研究组发表了关于应用厌氧氨氧化（Anaerobic Ammonium Oxidation，ANAMMOX）反应处理废水的论文，文中正式命名该反应为 ANAMMOX 反应，并描述了 ANAMMOX 反应的发现和反应规律。

起初认为反应基质是 NH_4^+ 和 NO_3^-，后来验证 NO_3^- 不是反应基质，而是 NO_2^-。其化学计量反应式为：

$$NH_4^+ + 1.31NO_2^- + 0.066HCO_3^- + 0.13H^+ \longrightarrow$$
$$1.02N_2 + 0.26NO_3^- + 0.066CH_3O_{0.5}N_{0.15} + 2.03H_2O \tag{1-2}$$

1999 年该研究组又在《自然》（Nature）上发表了关于 ANAMMOX 菌的论文。他们将 ANAMMOX 菌纯化到 99.6%，又经 16SrDNA 排序，鉴定为属于 *planctomycete* 的一个分支，证实了 Broda 的推断。之后许多研究者据 ANAMMOX 菌 16SrDNA 排序，利用 FISH 分析方法，检测出了多种 ANAMMOX 菌属，揭示了 ANAMMOX 菌在自然界的广泛存在。2003 年《自然》（Nature）杂志上刊载了 2 篇与海洋脱氮相关的 ANAMMOX 反应的文章。一篇报告了中美洲哥斯达黎加多鲁士海湾生成氮素总量的 30% 是由 ANAMMOX 反应导致的；一篇报告了世界上最大的缺氧海洋黑海中存在着普遍的 ANAMMOX 反应。尤其是在海洋深处的缺氧区担负着氮循环的重要作用。

不同菌属的 ANAMMOX 菌的细胞结构和代谢机制基本相同，都是化能自养菌，世代周期长，在遍布世界的废水处理厂到北极冰盖的许多生态系统中都发现了 ANAMMOX 菌，如德国、瑞士、比利时、英国、澳大利亚、日本的废水处理系统中，东非乌干达的淡水沼泽中，黑海、大西洋、格陵兰岛海岸的沉积物中，以及丹麦、英国和澳大利亚的河口中都发现了 ANAMMOX 菌，这些例子表明了无论在人工生态系统中还是自然生态系统中 ANAMMOX 菌无处不在。研究表明，ANAMMOX 过程在海洋生态系统中对 N_2 产生量具有 50%～70% 的贡献，因此，ANAMMOX 过程对于自然界氮素转化和循环都起着非常重要的作用。

至此，人们已知的自然界至少存在着 3 种氮素循环途径，即植物营养素的循环，硝化、反硝化循环和 ANAMMOX 循环，如图 1-1 所示。

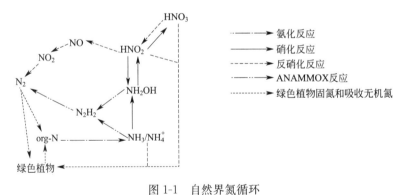

图 1-1　自然界氮循环

1.1.2　氮素循环生化反应

1. 有机氮氨化反应

在氨化菌的代谢下，有机氮分解为氨氮（NH_3/NH_4^+）：

$$\text{org-N} \longrightarrow NH_3/NH_4^+ \tag{1-3}$$

2. 氨氮（NH_4^+-N）硝化反应

$$55NH_4^+ + 76O_2 + 109HCO_3^- \xrightarrow{\text{AOB}} 54NO_2^- + C_5H_7NO_2 + 104H_2CO_3 + 57H_2O \tag{1-4}$$

$$400NO_2^- + 195O_2 + NH_4^+ + 4H_2CO_3 + HCO_3^- \xrightarrow{NOB} 400NO_3^- + C_5H_7NO_2 + 3H_2O$$

$$(1-5)$$

$$NH_4^+ + 1.83O_2 + 1.98HCO_3^- \longrightarrow 0.98NO_3^- + 0.021C_5H_7H_2O_7 + 1.88H_2CO_3 + 1.04H_2O$$

$$(1-6)$$

3. 反硝化反应

$$NO_2^- + 3H^+ \longrightarrow 0.5N_2 + H_2O + OH^- \tag{1-7}$$

$$NO_3^- + 5H^+ \longrightarrow 0.5N_2 + 2H_2O + OH^- \tag{1-8}$$

4. 厌氧氨氧化

$$NH_4^+ + 1.32NO_2^- + 0.066HCO_3^- + 0.13H^+ \longrightarrow$$
$$1.02N_2 + 0.26NO_3^- + 0.066CH_2O_{0.5}N_{0.15} + 2.03H_2O \tag{1-9}$$

据式(1-4)~式(1-9)计算可得以下当量系数：

(1) 氨氧化菌（ammonia oxidizing bacteria，AOB）收率系数 $0.146gAOB/gNH_4^+$。

(2) 亚硝酸氧化菌（nitrite oxidizing bacteria，NOB）收率系数 $0.02gNOB/gNH_4^+$。

(3) 氧化 1g NH_4^+-N 为 NO_2^--N 耗氧 3.43g。

(4) 氧化 1gNO_2^- 为 NO_3^--N 耗氧 1.14g。

(5) 氧化 1gNH_4^+ 为 NO_3^--N 共耗氧 4.57g。

(6) 氧化 1gNH_4^+ 为 NO_3^- 耗碱度（以 $CaCO_3$ 计）7.14g。

(7) 还原 1g NO_2^--N 需要 1.71gCOD 作为氢供体。

(8) 还原 1g NO_3^--N 需要 2.86gCOD 作为氢供体。

(9) 还原 1g NO_2^--N 或 NO_3^--N 均可获得碱度 3.57g。

(10) ANAMMOX 反应的当量系数，即 NH_4^+-N、NO_2^--N 的耗消量及 NO_3^--N 的产生量之比：NH_4^+-N：NO_2^--N：NO_3^--N=1：1.32：0.26。

1.2 ANAMMOX 菌与 ANAMMOX 反应

ANAMMOX 反应是人们新发现的自然界存在的生物化学反应，它是以氨为电子供体的亚硝酸盐还原，或者说是以亚硝酸盐为电子受体的氨氧化。它广泛地存在于土壤、湖泊、海洋之中，由此推断在传统的污水生物脱氮反应器中，总氮损失也未必没有 ANAMMOX 菌的贡献，只是当时没有发现而已。至今发现的 ANAMMOX 菌分属于不同的菌属，但都有相同的独特结构。如图 1-2 所示，这是直径 $1\mu m$ 的球菌，发芽增殖。在细胞内存在着称之为厌氧氨氧化体（ANAMMOXSOME）的细胞核，ANAMMOX-SOME 外包裹着由 ANAMMOX 菌特有的环状梯形脂质形成的致密体膜。ANAMMOX 反应就发生在体膜两侧。在体膜上有 3 种酶：亚硝酸还原酶、联氨生成酶和联氨氧化酶，促成了 ANAMMOX 反应。如图 1-3 所示，首先在亚硝酸还原酶催化下，亚硝酸还原为羟氨，然后在联氨生成酶的推动下，羟氨与氨发生氧化还原反应生成联氨，最后联氨在联氨氧化酶的作用下，氧化为单体氮气（N_2），而生成的电子正好供亚硝酸还原使用。

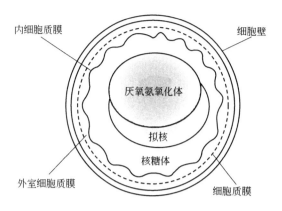

图 1-2　ANAMMOX 细菌的细胞形态示意图

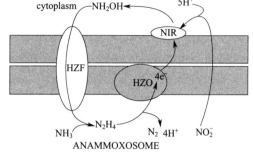

图 1-3　ANAMMOX 的反应机制（假说）

HZO：联氨氧化酶；NIR：亚硝酸还原酶；

HZF：联氨生成酶；NH_2OH：羟氨；N_2H_4：联氨

Strous 和 Egli 等人对 ANAMMOX 两种菌属 *Candidatus* "Brocadia anammoxidans" 和 *Candidatus* "Kuenenia Stuttgartiensis" 进行了测定和描述，其结果见表 1-1 所列。

ANAMMOX 菌的重要生理学参数和性质　　　　　　　表 1-1

ANAMMOX 菌属名称	*Candidatus* "Brocadia anammoxidans"	*Candidatus* "Kuenenia Stuttgartiensis"
种系发生位置	浮霉目较深的分支	
形态学特征	革兰氏阴性球状菌；细胞壁无肽聚糖，表面呈火山口状结构，内含 "Paryphoplasm"、"Riboplasm"、"ANAMMOXOSOME" 等 3 个间隔；"ANAMMOXOSOME" 含有序排列的微管；"ANAMMOXO-SOME" 膜非常致密，渗透性很低，含有非常独特的 "ladderane lipids" 和 "hopanoids"	
计量方程	$NH_4^+ + 1.32NO_2^- + 0.066HCO_3^- + 0.13H^+ \longrightarrow$ $1.02N_2 + 0.26NO_3^- + 0.066CH_2O_{0.5}N_{0.5} + 2.03H_2O$	
中间产物	联氨(N_2H_4)，羟胺(NH_2OH)	
关键酶	羟胺氧还酶(HAO)，含 c-型细胞色素	
好氧活性	0nmol/(mg 蛋白质·min)	
厌氧活性	最大为 55nmol/(mg 蛋白质·min)	最大为 26.5nmol/(mg 蛋白质·min)
pH	pH 为 6.7~8.3，最佳 pH 为 8	pH 为 6.5~9，最佳 pH 为 8
温度	20~43℃，最佳为 40℃	11~45℃，最佳为 37℃
溶解氧(DO)	可逆性抑制，1~2μmol/L	<(0.5%~1%)，可逆性抑制；>18%，不可逆抑制
PO_3^-	抑制，0.5mmol/L	抑制，20mmol/L
NO_2^-	抑制，5~10mmol/L	抑制，13mmol/L
比生长速率 μ	0.0027h^{-1}	—[a]
倍增时间	10.6d	—[a]
活化能	70kJ/mol	—[a]
蛋白质含量	0.6g 蛋白质/g 生物量总干重	—[a]
蛋白质密度	50g 蛋白质/L 生物量	—[a]
半饱和常数 $K_s(NH_4^+)$	<5μmol/L	—[a]
半饱和常数 $K_s(NO_2^-)$	<5μmol/L	—[a]

a 表示未见报道。

由表可知 ANAMMOX 菌最大比生长速率 $\mu_{max}=(0.0027\pm0.005)h^{-1}$，最小世代时间 $T_{min}=1/\mu_{max}=11d$。

众多研究者公认的厌氧氨氧化的可能代谢途径如图 1-4 所示。由试验得出的厌氧氨氧化代谢反应式如下式所示。

分解代谢：

$$NH_4^+ + NO_2^- = N_2 + 2H_2O \quad (1-10)$$

合成代谢：

$$CO_2 + 2NO_2^- + H_2O = CH_2O + 2NO_3^- \quad (1-11)$$

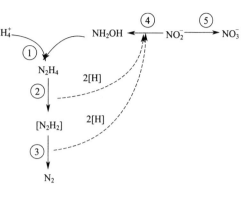

图 1-4 ANAMMOX 菌的代谢途径

综合如下：

$$NH_4^+ + 1.32NO_2^- + 0.066HCO_2^- + 0.13H^+ \longrightarrow$$
$$1.02N_2 + 0.26NO_3^- + 0.066CH_2O_{0.5}N_{0.15} + 2.03H_2O \quad (1-12)$$

1.3 生物除磷脱氮技术

自 20 世纪初，以活性污泥法为代表的污水生化处理技术建立以来，都是以去除含碳有机物为核心的污水二级生化处理。其处理水的水质仅能达到 $BOD_5=20mg/L$，$SS=20mg/L$，而原污水中 NH_4^+-N 和磷只有少部分用于细胞合成，大部分随出水流出。只在近 10～30 年的时间里，为遏制水质污染逐年加剧的趋势，提出了污水深度脱氮除磷的要求，即在二级出水的基础上再进一步进行物理、化学和生物化学的深度净化，达到再生水用户的要求或达到不影响下游水体功能的水质要求。

用于农业和城市绿化的再生水最好能含有一定的氮磷营养成分，但对于其他的各种工业用户，氮磷营养成分会对生产工艺过程产生不同影响。再生水直接排放水体将使水域藻类过剩繁殖，引起水体富营养化，从而破坏水体功能。所以，污水再生净化不但要去除悬浮物和有机污染物，同时因不同用水户的水质要求不同，也要去除氮磷污染物，甚或要深度脱氮除磷。深度脱氮除磷是污水再生净化的重要任务，是污水再循环利用的客观需求。

近年我国明确提出污水处理厂逐步要达到《城镇污水处理厂综合排放标准》GB 18918—2002 一级 A 的要求，该标准与许多用户的再生水标准接近。其中要求总氮 TN≤15mg/L，总磷 TP≤0.5mg/L。氮、磷的去除成为了污水再生工艺技术的重点。

1.3.1 氮、磷和水体富营养化

1. 氮、磷及其化合物

氮的原子序数为 7，原子量是 14.0067。氮在水中的溶解度较低，它是组成地球大气层的主要气体，约占空气体积分数的 78%。氮是所有生命组织的主要营养要素，所有的有机物都需要氮。它是形成植物叶绿素分子的重要成分，是 DNA 和 RNA 的氮基，有助于构成 ATP，是构成蛋白质的所有氨基酸的主要组成部分。生命组织体的呼吸、生长和生殖都需要大量的氮。因此，可以毫不夸张地说，没有氮就不存在生命。

在自然界，氮化合物是以有机体（动物蛋白、植物蛋白）、氨态氮（NH_4^+、NH_3）、亚硝酸盐氮（NO_2^--N）、硝酸盐氮（NO_3^--N）以及气态氮（N_2）形式存在的。在未经处理的新鲜污水中，含氮化合物存在的主要形式有：有机氮（蛋白质、氨基酸、尿素、胺类化合物、硝基化合物等）和氨态氮（NH_4^+、NH_3），一般以后者为主。在二级处理水中，氮则主要是以氨氮、NO_2^--N 和 NO_3^--N 等形式存在的。

各种形态氮之间的转换构成了氮循环，人们熟知的氮循环过程主要包括 4 个作用，即固氮作用、氨化作用、硝化作用和反硝化作用。一般认为，在所有营养元素循环中，氮循环是最复杂的。由于人们还远没有很好地理解和认识氮循环，在社会生产活动中，就不可避免地干扰着氮循环的正常途径。

向环境中排放污水是人类干扰氮循环的一种重要形式。污水中含氮化合物包括：有机氮和氨氮、NO_2^--N 与 NO_3^--N 等无机氮。4 种含氮化合物的总量称为总氮（TN，以 N 计）。一般来说，生活污水中无机氮约占 TN 的 60%，其中约 40% 为氨氮。有机氮很不稳定，容易在微生物的作用下分解。在有氧的条件下，先分解为氨氮，再分解为 NO_2^--N 与 NO_3^--N；在无氧的条件下，分解为氨氮。因此，一般把含氮化合物列在无机污染物中进行讨论。

凯氏氮（Kjeldahl Nitrogen，KN）是有机氮与氨氮之和。KN 指标可以用来作为污水生物处理时氮营养是否充足的判断依据。一般生活污水中 KN 含量约 40mg/L，其中，有机氮约 15mg/L，氨氮约 25mg/L。氨氮在污水中存在形式有游离状态氨（NH_3）与离子状态铵盐（NH_4^+）2 种，故氨氮等于两者之和。污水进行生物处理时，氨氮不仅向微生物提供营养，还对污水的 pH 起缓冲的作用。但氨氮过高时，如超过 160mg/L（以 N 计），会对微生物的活性产生抑制作用。

磷是一种重要的化学元素，原子序数排在第 15 位，相对原子质量为 30.9738。磷是许多化合物的基础，按照水体中的含磷化合物是否含有碳、氢元素，可将其分为有机磷与无机磷 2 类。有机磷的存在形式主要有：磷肌酸、2-磷酸-甘油酸和葡萄糖-6-磷酸等，大多呈胶态和颗粒状；无机磷大都是以磷酸盐形式存在，主要包括正磷酸盐（PO_4^{3-}）、偏磷酸盐（PO_3^-）、磷酸氢盐（HPO_4^{2-}）、磷酸二氢盐（$H_2PO_4^-$）、多磷酸盐或聚磷酸盐等。含磷化合物的总量称为总磷（Total Phosphorus，TP），常以 PO_4^{3-} 浓度计。

生活污水中的磷主要以磷酸盐形式存在，无机磷含量约 7mg/L，或许还有少量的有机磷。其中以含一个氢的磷酸氢盐（HPO_4^{2-}）为主，水溶液中的正磷酸盐可以直接用于生物的新陈代谢。

2. 水体的磷、氮危害

人类社会经济发展的同时，磷、氮的正常循环途径已经受到了人类生产活动的严重影响。随着含磷、氮的污水不断向环境中排放，一系列影响恶劣的环境污染问题不断产生。其中，水体富营养化进程加速问题尤为突出。据报道，藻类同化 1kg 的磷将新增 111kg 的生物量，相当于同化 138kg 的 COD 所产生的生物量；同化 1kg 的氮，会新增 16kg 的生物量，相当于同化 20kg 的 COD 所产生的生物量。由此可看出，极少量的磷、氮含量便会刺激藻类的大量繁殖，从而加速水体的富营养化进程。

人类对磷、氮循环的影响主要是通过城市污水、工业废水、化粪池渗出液的排放以及夹带着含磷、氮营养物质的农田径流等途径。随着人们生活水平的提高以及城市化进程的加快，在人类向自然环境排放的大量磷、氮污染物中，城市污水已经成为水体磷、氮污染的主要来源。

（1）磷的危害

根据 1840 年 Justin Liebig 提出的 Liebig 最小定律（Liebig's law of the minimum），植物的生长应该取决于存在量最少的营养物质，也就是说，藻类的生长应该受限于最不易获得的营养物质。在所有营养物质中，只有磷无法从大气或天然水中获得。因此通常认为，磷是水体的限制性营养物质，磷的含量控制着藻类生长和水体的生产力。只要水体中溶解性磷超过 0.03mg/L，TP 超过 0.1mg/L，就可能发生富营养化。生活污水、农业排水和某些含磷工业废水排放到水体中，都可使受纳水体处于富营养化状态。

磷的主要危害在于它是藻类生长的限制性营养盐。只要含磷量满足藻类生长的需求，藻类就会过量生长。藻类死亡后，被好氧细菌所分解，其耗氧量往往超过水体复氧量，水体亏氧，因而造成鱼类等水生生物死亡。磷的过度排放，会导致干净清澈、氧气充足、没有气味的可以直接利用的水体，变成混浊、氧气缺乏、有恶臭气味甚至有毒有害的水域。

多磷酸盐是一些商业清洁制剂的组成物质，当被用于洗衣或清洁时，多磷酸盐就会转移到水体中，多磷酸盐在水溶液中可转化成正磷酸盐。20 世纪 70 年代，美国一些湖水里大量藻华和河里漂浮的泡沫引起人们的恐慌，经研究发现，洗衣粉中的多磷酸盐是一个主要因素。此外，有机磷酸盐主要在生物新陈代谢过程中形成，或来自水生生物死亡尸体的腐败分解，同多磷酸盐一样，它们也可被微生物转换成正磷酸盐。

（2）氮的危害

大量未经处理或处理不当的各种含氮废水的任意排放会给环境造成严重危害，主要表现为如下几个方面。

1）使水体产生富营养化现象

氮化合物与磷酸盐一样，也是植物性营养物，排放入湖泊、水库、海湾及其他缓流水体中，会促使水生植物旺盛生长，形成富营养化污染。低浓度氨氮和 NO_3^- 便可以导致藻类过量地生长。

2）消耗水体中的氧气

氨氮转化为 NO_3^--N 时会消耗水体中大量的 DO。

3）氨氮、NO_2^--N 和 NO_3^--N 有毒害作用

氨氮是水生植物的营养物质，同时也是水生动物的毒性物质。游离态的 NH_3 对鱼类有很强的毒性，当水中氨氮超过 1mg/L 时，会使水生生物血液结合氧的能力降低；当超过 3mg/L 时，金鱼、鲈鱼、鳊鱼可于 24～96h 内死亡。另外，硝酸盐对人类健康有危害作用，长期饮用高浓度的硝酸盐水，会对人体健康产生危害。硝酸盐和亚硝酸盐能诱发高铁血红蛋白血症和胃癌，亚硝酸与胺作用生成亚硝胺，有致癌和致畸的作用。

4）影响农作物正常生长

农业灌溉用水中，TN 含量如超过 10mg/L，作物吸收过剩的氮，能够产生贪青倒伏现象。

3. 水体富营养化

富营养化（eutrophication）是指水体分类和演化的一个自然过程，本是水体老化的自然现象。在自然条件下，水体由贫营养演变成富营养，进而发展成沼泽地和旱地这一历程可能需要上万年。当人类活动使沉积物和营养物质进入水体的速率增加时，天然富营养化过程会被加速进而形成人为富营养化（cultural eutrophication）过程。此种演变可发生在湖泊、近海、水库、水流速度较缓甚至较急的小溪和江河等水体。因此，水体富营养化可定义为一种湖泊、河流、水库等水体中磷、氮等植物营养物质含量过多而引起的水质污染现象。

过去一般认为，富营养化仅发生在像湖泊、水库等水流速度十分缓慢的封闭或半封闭水体中，但 20 世纪 70 年代以来，在某些水浅的急流河段，由于生活废水和工业废水的大量排入，河床砾石上也大量生长着藻类，也开始出现明显的富营养化现象。

1.3.2　城市污水传统除磷脱氮理论

长期以来，城市污水的处理均是以传统活性污泥法为代表的好氧生物处理法，以去除有机物和悬浮固体为目标，并不考虑对磷、氮等无机营养物质的去除，而只能去除微生物用于细胞合成的相应数量。根据 Holmers 提出的化学式，活性污泥的表达式为：$C_{118}H_{170}O_{51}N_{17}P$。

通常认为，活性污泥理想的营养平衡式是：

$$BOD：N：P = 100：5：1 \tag{1-13}$$

按照上述考虑，传统二级污水处理厂对磷、氮的去除率都比较低。一般而言，城市污水经传统活性污泥法等二级处理后，BOD_5 去除率可达 90% 以上，除磷率 20%～30%，脱氮率仅为 20%～50%；出水 TP 含量为 1～5mg/L，TN 含量为 10～30mg/L。

1. 除磷机理

磷具有以固体形态和溶解形态相互循环转化的性能。污水除磷技术就是以磷的这种性能为基础而开发的。污水除磷技术主要包括化学除磷和生物除磷。

（1）化学除磷

化学除磷，是指选择一种能与废水中的磷酸盐反应的化合物，形成不溶性的固体沉淀物，然后再从污水中分离出去。所有的聚磷酸盐在水中都可以逐渐水解形成正磷酸盐（PO_4^{3-}），进而转化为磷酸氢盐（HPO_4^{2-}）。向水中投加氯化铁或硫酸铝（明矾）、氢氧化钙（熟石灰）形成磷酸盐沉淀，通过固液分离就可将水中磷除掉，化学反应方程式如下：

$$FeCl_3 + HPO_4^{2-} \longrightarrow FePO_4 \downarrow + H^+ + 3Cl^- \tag{1-14}$$

$$Al_2(SO_4)_3 + 2HPO_4^{2-} \longrightarrow 2AlPO_4 \downarrow + 2H^+ + 3SO_4^{2-} \tag{1-15}$$

$$5Ca(OH)_2 + 3HPO_4^{2-} \longrightarrow Ca(PO_4)_3OH \downarrow + 3H_2O + 6OH^- \tag{1-16}$$

磷的沉淀需要一个反应池和一个沉淀池。若使用氯化铁和明矾，则可以直接投加到活性污泥系统的曝气池中，此时，曝气池便可兼作化学反应池，而沉淀物可在二沉池中去除。若使用熟石灰，会过大地提高反应池的 pH，并形成过多的熟石灰残渣，对活性污泥微生物有害，故不能使用上述做法。在采用化学除磷的污水处理厂中，污水流入初沉池之前即投加氯化铁和明矾，可以提高初沉池的效率，但也可能将生物处理所需的营养物去除殆尽。

（2）生物除磷

在厌氧-好氧活性污泥系统中，由于厌氧、好氧反复不断地变化，会出现能在好氧条件下在体内贮存聚磷酸的细菌，称为聚合磷酸盐累积微生物（poly-phosphate accumulating organisms），简称聚磷菌（PAOs）。这类菌多是小型的革兰氏阴性短杆菌，属不动杆菌属，运动性很差。只能利用低分子有机物，增殖很慢。

生物除磷，就是利用 PAOs 一类的微生物，能够从外部环境中过量地摄取超其生理需要的磷，并将磷以聚合的形态贮藏在菌体内，形成富含磷的污泥，通过剩余污泥排出系统外，达到从污水中去除磷的效果。

1）厌氧条件下 PAOs 的释磷

在厌氧、好氧交替变化情况下，先于 PAOs 增殖的还有兼性厌氧菌（Aeromonas）。在没有溶解氧和 NO_3^--N 存在的厌氧状态下，兼性厌氧细菌将溶解性 BOD 转化成低分子挥发性脂肪酸（VFA）；而 PAOs 本来是好氧菌，在不利的厌氧条件下，利用细胞内聚磷水解及糖酵解获得能量，吸收污水中这些 VFA，并使之以 PHB（聚-β-羟基-丁酸）形式储存，这就同化了低分子有机物，因而与其他的好氧菌相比就占了优势。由于这个过程伴随着磷的释放，就是所谓的厌氧释磷，所以 PAOs 与兼性厌氧菌是单方获利的共生关系。

2）好氧条件下 PAOs 对磷的过剩摄取

当 PAOs 在厌氧环境完成放磷储碳之后，进入好氧环境中，此时其细胞内储存的 PHB 以 O_2 为电子受体，被氧化而产生能量，用于磷的吸收和聚磷的合成，能量随之以聚磷酸高能磷酸键的形式储存，从而实现了磷的大量吸收。这种现象就是"磷的过剩摄取"。厌氧、好氧交替条件选择了 PAOs，激发了它的活性。这样，PAOs 具有在厌氧条件下释放 H_3PO_4，在好氧条件下过剩摄取 H_3PO_4 的功能。生物除磷技术就是利用 PAOs 这一功能而开创的。在活性污泥中一般都存在着相当数量的脱氮菌，在好氧条件下进行好氧呼吸代谢。但在缺氧条件下，遇到 NO_3^- 时，也能进行硝酸呼吸。它们具有高度的繁殖速度和同化多样基质的能力，在摄取基质上就直接与 Aeromonas 这样的兼性厌氧菌，也间接地与 PAOs 相竞争。所以在厌氧-好氧活性污泥法中，厌氧池里如有 NO_x^- 存在就妨碍了 PAOs 菌的磷释放活性。只有 NO_x^- 被还原之后，在既没有 NO_x^-，也没有 DO 的完全厌氧条件下，磷的释放才能进行。PAOs 在厌氧和好氧交替环境下的代谢如图 1-5 所示。

2. 脱氮机理

氮的所有形式（NH_3、NH_4^+、NO_2^- 及 NO_3^-，但不包括 N_2）均可作为植物的营养物质，为控制受纳水体中藻类的生长，需要从污水中将其去除。脱氮技术可分为化学脱氮和生物脱氮。

（1）化学脱氮

化学脱氮常采用氨气提（ammonia stripping）。

主要对含氨氮的废水进行脱氮处理，可用化学方法提高水中的 pH，使水中的铵离子转变成游离氨，然后通过向水中曝气的物理作用，以气提方式使游离氨从水中逸出，从而实现其从水中的去除。氨气提的化学方程式如下：

$$NH_4^+ + OH^- \rightleftharpoons NH_3 + H_2O \tag{1-17}$$

该方法对 NO_3^--N 没有去除效果，因此在活性污泥工艺操作时应维持较短的生物固体

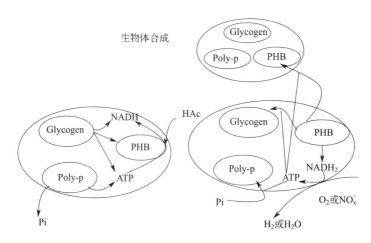

生物体合成

厌氧环境：放磷、贮碳　　　　好（缺）氧环境：摄磷、消耗碳

HAc-醋酸（COD）；Glycogen-糖原；Poly-p-多聚磷酸盐；ATP-三磷酸腺苷；

PHB-聚-β-羟基-丁酸酯；$NADH_2$-烟酰胺腺嘌呤二核苷酸（辅酶）

图 1-5　PAOs 生物放磷、吸磷机理

平均停留时间，以免发生硝化作用。通常，可以向水中投加石灰以提供 OH^-。但是，石灰也会与空气和水中的 CO_2 反应形成 $CaCO_3$ 沉淀于水中，必须定期清除。另外，低温将增加游离氨在水中的溶解度，从而降低气提能力。

（2）生物脱氮

生物脱氮是利用硝化细菌和反硝化细菌的硝化与反硝化作用来脱氮，故通常称其为硝化-反硝化（nitrification/denitrification）脱氮。

污水进入生化反应器后，含氮化合物在微生物的作用下，相继产生一系列反应。其 TN 的变化有 3 条途径：一部分转化为 N_2、N_xO_y、NH_3 等氮的气体形态从反应器中逸入大气；另一部分被微生物通过同化作用吸取为新细胞物质，以剩余污泥的形式从生化反应器中排除；余者则随出水排出。生物脱氮途径如图 1-6 所示。

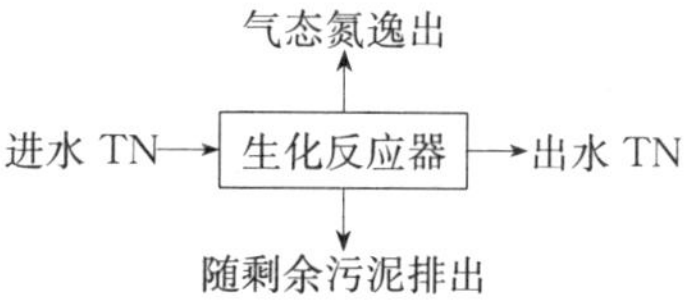

图 1-6　生物脱氮途径

按细胞干重计算，微生物细胞中氮的含量约为 12%，考虑吸附等因素，以剩余污泥的排放实现的脱氮量一般为 20% 左右。因此，为降低出水中氮的含量，把各种形态的氮转化为气体形态并排入大气是目前生物脱氮的主要途径。通常会涉及到以下一系列过程：

$$有机氮 \xrightarrow{氨化菌} NH_4^+\text{-}N \xrightarrow{亚硝酸菌} NO_2^-\text{-}N \xrightarrow{硝酸菌} NO_3^-\text{-}N \xrightarrow{反硝化菌} N_2 \uparrow, N_xO_y \uparrow \quad (1\text{-}18)$$

含氮化合物在水体中的好氧转化可分为氨化过程和硝化过程 2 个阶段。氨化过程为第一阶段，含氮有机物如蛋白质、多肽、氨基酸和尿素等水解转化为无机氨氮；硝化过程为第二阶段，氨氮转化为 NO_2^--N 与 NO_3^--N。两阶段转化反应都是在微生物作用下完成的。

1）氨化过程

有机氮化合物，在氨化菌的作用下，分解、转化为氨氮，这一过程称之为氨化反应。氨化是一种普遍存在的生化作用，它的功能是把大分子的有机氮转化为氨氮。以氨基酸为

例，其反应式为：

$$RCHNH_2COOH + O_2 \xrightarrow{\text{氨化菌}} RCOOH + CO_2 + NH_3 \tag{1-19}$$

几乎所有的异养型细菌都具有氨化功能，所以在脱氮工艺中氨化阶段的生化效率很高，通常不作为控制步骤考虑。

2）硝化过程

氨氮氧化成 $NO_3^- $-N 的硝化反应是由 2 组自养型好氧微生物通过 2 个过程完成的。

第一步先由亚硝酸菌（Nitrosomonas）将氨氮转化为 NO_2^--N，化学方程式如下所示：

$$2NH_3 + 3O_2 \xrightarrow{\text{亚硝酸菌}} 2HNO_2 + 2H_2O \tag{1-20}$$

第二步再由硝酸菌（Nitrobacter）将 NO_2^--N 进一步氧化为 NO_3^--N。化学方程式表示如下：

$$2HNO_2 + O_2 \xrightarrow{\text{硝酸菌}} 2HNO_3 \tag{1-21}$$

亚硝酸菌和硝酸菌统称为硝化菌。硝化菌是化能自养菌，革兰氏染色阴性，不生芽孢的短杆状细菌，广泛存活在土壤中，在自然界的氮循环中起着重要的作用。这类细菌的生理活动不需要有机性营养物质，从 CO_2 获取碳源，从无机物的氧化中获取能量。

硝化反应的总化学反应式为：

$$NH_4^+ + 2O_2 \xrightarrow{\text{硝化菌}} NO_3^- + H_2O + 2H^+ \tag{1-22}$$

如果采用 $C_5H_7NO_2$ 作为硝化菌的细胞组成，则硝化过程的化学计量方程可用下式表示：

$$55NH_4^+ + 76O_2 + 109HCO_3^- \xrightarrow{\text{亚硝酸菌（AOB）}}$$
$$C_5H_7NO_2 + 54NO_2^- + 57H_2O + 104H_2CO_3 \tag{1-23}$$

$$400NO_2^- + NH_4^+ + 4H_2CO_3 + 195O_2 + HCO_3^- \xrightarrow{\text{硝酸菌（NOB）}}$$
$$C_5H_7NO_2 + 400NO_3^- + 3H_2O \tag{1-24}$$

硝化反应的总方程为：

$$NH_4^+ + 1.86O_2 + 1.98HCO_3^- \xrightarrow{\text{硝化菌}} 0.021C_5H_7NO_2 + 0.98NO_3^- + 1.04H_2O + 1.88H_2CO_3 \tag{1-25}$$

根据上述方程式可知，转化 1g 氨氮可产生 0.146g 亚硝酸菌和 0.02g 硝酸菌，硝酸菌的产率仅为亚硝酸菌（AOB）的 1/7。若不考虑硝化过程中硝化菌的增殖，则将 $1gNH_4^+$ 氧化为 NO_3^- 将消耗 7.14g 碱度（以 $CaCO_3$ 计）和 4.57g 氧。

因此，若污水中碱度不足，硝化反应将导致 pH 下降，使反应速率降低。此外，还可以看出，硝化过程的需氧量是很大的。如果在污水二级处理中不加强对氨氮的去除，则其出水中氮需氧量（Nitrogenous Oxygen Demand，NOD）占总需氧量（Total Oxygen Demand，TOD）的比例可高达 71.3%，具体见表 1-2 所列。

硝化处理对二级出水总需氧量的影响 表1-2

参　　数	原始污水	二级处理水	硝化处理水
有机物（BOD）（mg/L）	250	25	20
有机需氧量（BOD）（mg/L）①	375	37	30
有机氮和氨氮（TKN）（mg/L）②	25	20	1.5
氮需氧量（NOD）（mg/L）③	115	92	7
总需氧量（TOD）（mg/L）	490	129	37
氮需氧量对总需氧量的贡献率（%）	23.5	71.3	18.9
有机需氧量去除率（%）	—	90	92
总需氧量去除率（%）	—	73.7	92.5

①取有机物的1.5倍；②总凯氏氮；③取TKN的4.6倍。

假如水体没有足够的稀释能力，传统二级处理出水排入水体后，氨氮的氧化反应将耗尽水体中的DO。

硝化菌对环境的变化很敏感，为了使硝化反应正常进行，就必须保持硝化菌所需要的环境条件。

①DO。氧是硝化反应过程中的电子受体，反应器内DO的变化，必将影响硝化反应的进程。在进行硝化反应的曝气池内，据实验结果证实，DO含量不能低于1mg/L。由上述反应方程式可以看到，在硝化过程中，1mol氨氮氧化成硝酸氮，需2mol分子氧（O_2），即1g氮完成硝化反应，需4.57g氧，这个需氧量称为"硝化需氧量"（NOD）。

②pH。硝化反应需要保持一定的碱度。硝化菌对pH的变化非常敏感，最佳pH是8.0～8.4。在这一最佳pH条件下，硝化速度、硝化菌最大的比增殖速度可达最大值。在硝化反应过程中，将释放出H^+离子，致使混合液H^+离子增高，从而使pH下降。硝化菌对pH的变化十分敏感，为了保持适宜的pH，应当在污水中保持足够的碱度，以保证在反应过程中对pH的变化起到缓冲的作用。一般来说，1g氨氮（以N计）完全硝化，需碱度（以$CaCO_3$计）7.14g。如碱度不足，一般可以投加熟石灰（$Ca(OH)_2$）、纯碱（Na_2CO_3）等碱性物质。

③有机物。混合液中有机物含量不应过高。硝化菌是自养型细菌，有机物浓度并不是它的生长限制因素；但若BOD浓度过高，会使增殖速度较高的异养型细菌迅速增殖，从而使自养型的硝化菌得不到优势，难以成为优势种属，硝化反应进程缓慢。故在硝化反应过程中，混合液中的含碳有机物浓度不应过高，一般BOD_5值应在20mg/L以下。

④温度。硝化反应的适宜温度是20～30℃，15℃以下时，硝化速度下降，5℃时几乎停止。

⑤生物固体平均停留时间（污泥龄，SRT）。为了使自养型硝化菌群能够在连续流反应器系统中存活，微生物在反应器内的停留时间θ_c，必须大于硝化菌群的最小世代时间，否则硝化菌的流失率将大于净增殖率，将使硝化菌从系统中流失殆尽。如硝化菌在20℃时，其最小世代时间为5d，当$\theta_c<5d$时，硝化菌就不可能在曝气池内大量繁殖，不能成为优势菌种，也就不能在曝气池内进行硝化反应。一般对θ_c的取值，至少应为硝化菌最小世代时间的2倍以上，即安全系数应大于2。

⑥重金属及其他有害物质。除重金属外，对硝化反应产生抑制作用的还有：高浓度的氨氮，高浓度的硝酸盐有机物以及络合阳离子等物质。

3）反硝化过程

反硝化反应是指 NO_3^--N 和 NO_2^--N 在反硝化菌的作用下，被还原为气态氮（N_2）的过程。水体中亏氧时，在反硝化菌的作用下，可以发生反硝化反应：

$$2NO_3^- + 有机碳 \xrightarrow{反硝化菌} N_2 + CO_2 + H_2O \tag{1-26}$$

反硝化反应主要是由兼性异养型细菌完成的生化过程。参与这一反应的细菌种类繁多，世代时间通常较短，广泛存在于水体、土壤以及污水生物处理系统中。在缺氧条件下，进行厌氧呼吸，以 NO_3^- 为电子受体，以有机物（有机碳）为电子供体。在这种条件下，无法释放出更多的 ATP，故相应合成的细胞物质也就较少。

在反硝化反应过程中，NO_3^--N 通过反硝化菌的代谢活动，可能有 2 种转化途径，即：同化反硝化（合成），最终形成有机氮化合物，成为菌体的组成部分；另一为异化反硝化（分解），最终产物是气态氮。

当有分子态氧存在时，反硝化菌利用 O_2 作为最终电子受体，氧化分解有机物；当无分子氧时，他们利用 NO_3^--N 或 NO_2^--N 中正五价氮和正三价氮作为能量代谢中的电子受体，负二价氧作为受氢体生成 H_2O 和碱度 OH^-，有机物作为碳源和电子供体提供能量并得到氧化。反硝化过程还可以描述如下：

$$NO_2^- + 3[H] \longrightarrow 0.5N_2 + H_2O + OH^- \tag{1-27}$$

$$NO_3^- + 5[H] \longrightarrow 0.5N_2 + 2H_2O + OH^- \tag{1-28}$$

上述方程式表明，还原 $1g NO_2^-$-N 或 NO_3^--N 分别需要作为氢供体的可生物降解 COD 为 1.71g 和 2.86g；还原 $1g NO_2^-$ 或 NO_3^- 均可得到 3.57g 碱度，硝化过程消耗的碱度可以在这里得到部分补偿。

此外，反硝化菌是兼性菌，既可有氧呼吸也可无氧呼吸，当同时存在分子态氧和 NO_3^--N 时，优先利用 O_2 进行有氧呼吸。所以为保证反硝化的顺利进行，通常需要保持缺氧状态。

影响反硝化反应的环境因素主要如下：

①碳源。反硝化时需要有机物作为细菌的能源。脱氮消耗的 BOD 量 S_{RDN} 按下式计算：

$$S_{RDN} = 1.88NO_3^- \tag{1-29}$$

式中　NO_3^--N 为缺氧池中 NO_3^--N 的去除量。

细菌可从胞内或胞外获取有机物。在多阶段氧化-硝化-反硝化的脱氮系统中，由于反硝化池中废水的 BOD 浓度已经相当低，为了进行反硝化作用，需添加有机碳源。一般认为，当污水 $BOD_5/TN > 3 \sim 5$ 时，即可认为碳源充足，勿需外加碳源。当污水中碳、氮比值过低，如 $BOD_5/TN < 3 \sim 5$ 时，即需另投加有机碳源。能为反硝化菌所利用的碳源有许多，但是从污水生物脱氮工艺来考虑，有机物质可从原污水或已沉淀过的废水中获得，也可添加合成物质如甲醇（CH_3OH）。

利用原污水或已沉淀过的污水，是比较理想和经济的，优于外加碳源。但它可能会增加出水 BOD 及氨氮含量，因而对水质有不利的影响。

外加碳源现多采用甲醇（CH_3OH），因为它被分解后的产物为 CO_2 和 H_2O，不留任何难以降解的中间产物，但处理成本高。

②pH。pH 是反硝化反应的重要影响因素，对反硝化菌最适宜的 pH 是 $6.5 \sim 7.5$，在这个 pH 的范围内，反硝化速率最高；当 pH 高于 8 或低于 6 时，反硝化速率将大为下降。

③DO。反硝化菌是异养兼性厌氧菌，只有在无分子氧而同时存在 NO_3^- 和 NO_2^- 的条件下，它们才能够利用这些离子中的氧进行呼吸，使硝酸盐还原。如反应器内 DO 较高，将使反硝化菌利用氧进行呼吸，抑制反硝化菌体内某些酶的合成，氧成为电子受体，阻碍 NO_3-N 的还原。但是，另一方面，在反硝化菌体内某些酶系统组分只有在有氧条件下才能合成，这样，反硝化菌以在缺氧好氧交替的环境中生活为宜。

④温度。反硝化反应的适宜温度是 $20 \sim 40℃$，低于 $15℃$ 时，反硝化菌的增殖速率降低，代谢速率也会降低，从而降低了反硝化速率。在冬季低温季节，为了保持一定的反硝化速率，应考虑提高反硝化反应系统的污泥龄（生物固体平均停留时间 θ_c），降低负荷率，增加污水的水力停留时间（HRT）。

1.3.3　厌氧-好氧活性污泥法脱氮除磷工艺

活性污泥法自 1917 年应用到工程后的半个多世纪里，标准活性污泥法一直占据主要地位。长期以来人们从微生物的代谢机理出发，为维持好氧异养微生物的高度活性，努力维持生化反应池中的良好好氧状态。渐减曝气、分段（多点）进水、纯氧曝气等都是围绕着生化反应池中的溶氧状况而开发的各种标准活性污泥法的衍生。直到 20 世纪 70 年代，人们将厌氧工况应用到活性污泥法工艺中来，使好氧与厌氧工况在反应时空上反复周期地实现，这样就形成了厌氧-好氧活性污泥法。在厌氧-好氧活性污泥法中，不但可以去除含碳有机污染物，也可以脱氮和除磷，使往昔在三级处理中完成的去除营养物质的任务可以在二级处理中经济有效地完成，可以说这是当代活性污泥法的重大进步。

生化反应池中有充足的 DO 供好氧菌代谢繁殖，就是好氧工况。如生化反应池中的 DO 趋于 0，广义上说就是厌氧状态。但还不能完全反映生化反应池中菌群的演替和代谢环境，因为除游离态 O_2 之外，还有结合态氧（如 NO_2^-、NO_3^-）可以作为氧化有机物的电子受体。于是，我们可以严格区分生化反应池中生化反应的氧化还原工况。

（1）好氧工况——反应池中有充分的 DO，DO 应大于 $0.5mg/L$ 之上。

（2）厌氧工况——反应池中 DO 趋近于 0，结合态氧也趋近于 0。

（3）缺氧工况——反应池中 DO 趋近于 0，但存在着丰富的结合态氧，$NO_x^- > 5mg/L$。

1. 厌氧-好氧（A/O）生物除磷工艺

1976 年 Barnard 提出了厌氧-好氧（Anaerobic-Oxic）除磷的典型工艺，简称 A/O 工艺，又称 Phoredox 工艺。由释磷的厌氧区、吸磷的好氧区以及污泥回流等系统组成，如图 1-7 所示。厌氧区、好氧区 BOD 降解和磷释放与过量吸收曲线如图 1-8 所示。

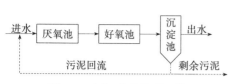

图1-7 A/O 生物除磷工艺

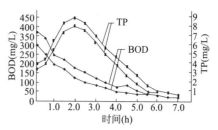

图1-8 A/O 除磷工艺中 TP、BOD 降解曲线

生物除磷是将污水中的磷以聚磷酸的形式贮存在污泥中，通过剩余污泥而从系统中排出。当剩余污泥遇到厌氧环境时，污泥中的聚磷酸将水解为正磷酸而释放到污水中。因此，污泥处理过程中所产生的回流污水中，磷含量比标准法高，可能恶化污水处理系统的除磷效果。因此，如何减少污泥处理所产生的回流污水中磷的含量，是厌氧-好氧除磷工艺稳定运行的重要环节。

从图1-7可见，本工艺流程简单，既不投药，也勿需考虑内循环，因此，建设费用及运行费用都较低，而且由于无内循环的影响，厌氧反应器能够保持良好的厌氧状态。

A/O除磷的流程及设计参数与标准法相似，除在生化反应池前段设一厌氧段，取消曝气管改为水中搅拌混合之外，没有更多的变化。其设计 BOD-SS 负荷可采用与标准法相同的数值 $0.2\sim0.5$kgBOD/kgMLSS，进水适宜的 TP/BOD 比值为 0.05 之下。其好氧段也只完成有机物的降解，不要求达到硝化的程度，需氧量的计算公式与标准法相同。在厌氧段中降解了部分有机物，好氧段的有机负荷减少，需氧量也随之降低，因此该系统较标准法是节能的。本工艺产生的剩余污泥稍高于标准法，但其污泥的沉降性能好，含水率低，所产生的污泥体积反而比标准法要小。

该工艺节能，并有抑制丝状菌增殖的作用，在去除有机物的同时又可生物除磷，其技术经济指标优于标准活性污泥法。工程实践中 A/O 除磷工艺已被广泛应用。另外，应用厌氧/好氧原理生物除磷的工艺还有 Phostrip、氧化沟、SBR 和 A^2O 等工艺。

近年来，一些新的研究表明，自然界中还存在着新的磷元素生物转化途径，如反硝化除磷等。

2. 缺氧-好氧（A/O）生物脱氮工艺

A/O 生物脱氮工艺，是指缺氧-好氧（Anoxic-Oxic）工艺，是在 20 世纪 80 年代初开创的工艺流程。其主要特点是将反硝化反应器放置在系统之首，故又称之为前置反硝化生物脱氮系统，这是目前采用的比较广泛的一种脱氮工艺，是改进的 Ludzak-Ettinger（MLE）工艺，由进行硝化的好氧区、反硝化的缺氧区以及富含 $NO_3^- $-N 的混合液的内循环系统所组成，如图1-9所示。

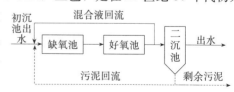

图1-9 A/O 生物脱氮工艺

脱氮效率影响因素与主要运行参数如下：

（1）HRT

试验与运行数据证实，硝化反应与反硝化反应进行的时间对脱氮效果有一定的影响。在混合液 MLSS 浓度 3000mg/L 的条件下，为了取得 $70\%\sim80\%$ 的脱氮率，硝化反应需

时较长，一般不应低于 6h，而反硝化反应所需时间则较短，在 2h 之内即可完成。

（2）循环比（R）

内循环回流的作用是向反硝化反应池提供硝酸氮，作为反硝化反应的电子受体，从而达到脱氮的目的。内循环回流比不仅影响脱氮效果，而且也影响本工艺系统的动力消耗，是一项非常重要的参数。如好氧区完全硝化，不计细胞的同化作用，脱氮率与循环比 R 的定量关系为：

$$\tau_N = \frac{R}{1+R} \qquad (1-30)$$

虽然随着回流比的增加，脱氮率也随之提高，但是也给反硝化反应池带来了更多的DO，对反硝化反应不利，所以回流比 R 不宜过大，一般总回流比（内回流＋外回流）不大于 4。

（3）MLSS 值

反应器内的 MLSS 值一般应在 3000mg/L 以上，低于此值，脱氮效果将显著降低。

（4）污泥龄 SRT（生物固体平均停留时间）

硝化的基础是硝化菌的存活并占有一定优势。硝化菌与异养微生物相比，世代时间很长，增殖很慢，其最小比增长速率为 $0.21d^{-1}$，而异养菌的最小比增长速率为 $1.2d^{-1}$，相差甚远。在标准活性污泥法系统中，硝化菌难以存活。只有采取较低的 BOD-SS 负荷即较长的污泥龄，才能使硝化菌在混合微生物系统中占有一定优势，一般泥龄取值在 10d 以上，以保证在硝化反应器内保持足够数量的硝化菌。

3. 厌氧-缺氧-好氧（A^2/O）生物脱氮除磷工艺

生物除磷需要在好氧、厌氧交替的环境下才能完成除磷。生物脱氮包括硝化作用和反硝化作用，分别需要在好氧、缺氧 2 种条件下进行。因此，要达到同时除磷脱氮目的，就必须创造微生物需要的好氧、缺氧、厌氧 3 种代谢环境。

A^2/O 工艺，亦称 A-A-O 工艺，是英文 Anaerobic-Anoxic-Oxic 首字母的简称。按实质意义来说，本工艺称为厌氧-缺氧-好氧法更为确切，其工艺流程如图 1-10 所示。

图 1-10 A^2/O 工艺

（1）各反应器单元功能与工艺特征如下：

1）厌氧反应器

接受原污水进入，同步进入的还有从二沉池排出的富含 PAOs 的回流污泥，在厌氧条件下充分释磷，同时消耗了部分有机物。

2）缺氧反应器

污水经过厌氧反应器进入缺氧反应器，同时从好氧反应器硝化液回流带来了大量 $NO_3^- \text{-}N$，脱氮菌以 $NO_3^- \text{-}N$ 为电子受体，有机物为电子供体，进行硝酸呼吸，完成了脱氮作用。硝化液回流量一般为原污水的 2 倍以上。

3）好氧反应器

混合液从缺氧反应器进入好氧反应器，这一反应器单元是多功能的。好氧的异养菌、硝化菌和 PAOs 各尽其职，分别进行有机物的降解，氨氮硝化和磷的大量吸收。混合液排至二沉池，同时部分富含 NO_3^--N 的混合液回流至缺氧反应器。

4）二沉池

二沉池的功能是泥水分离，污泥的一部分回流至厌氧反应器，上清液作为处理水排放。

（2）本工艺的特点：

1）在厌氧（缺氧）、好氧交替运行条件下，丝状菌不能大量增殖，无污泥膨胀问题，SVI 值一般均小于 100。

2）污泥中含磷浓度高，具有很高的肥效。

3）运行中无需投药，2 个 A 段只需轻缓搅拌，以不增加 DO 为度，运行费用低。

（3）该工艺系统的固有矛盾：

1）脱氮的前提是完全硝化，生化反应池的 BOD-SS 负荷必须很低；生物除磷是通过排出富磷的剩余污泥而实现的，需要相当高的 BOD-SS 负荷。这是一个尖锐的矛盾，使得 A^2/O 工艺的有机负荷范围很狭小。硝化脱氮系统 BOD-SS 负荷应小于 0.18kgBOD/（kgMLSS·d），生物除磷系统 BOD-SS 负荷应大于 0.1kgBOD/（kgMLSS·d）。所以生物脱氮除磷系统的 BOD-SS 负荷应为 0.1～0.18kgBOD/（kgMLSS·d）之间。根据试验结果，0.14kgBOD/（kgMLSS·d）为最佳。

2）原污水中的碳源在进入厌氧段后，首先被 PAOs 所吸收合成胞内 PHB，到了缺氧段就减少了反硝化反应作为电子供体的碳源，或者说反硝化菌与 PAOs 间存在着争夺碳源的矛盾。

3）回流污泥将大量的硝化液带入厌氧段，给脱氮菌创造了良好的代谢条件。与 PAOs 争夺溶解性有机物，势必影响 PAOs 对胞内聚磷酸的水解和释放。

基于以上种种，世界各地 A^2/O 工艺的水厂在实际运行中往往难以达到预想的效果。为此出现了 UCT 和改良 UCT 工艺，试图削弱或切断回流污泥中的硝酸盐对 PAOs 释磷的影响，但无法解决碳源争夺和 BOD 污泥负荷固有矛盾的根本问题。

4. UCT 工艺和改良 UCT 工艺

为了减少 NO_3^--N 对厌氧反应器的干扰，提高磷的释放量，南非开普敦大学（University of Cape Town）提出了 UCT 工艺，如图 1-11 所示。

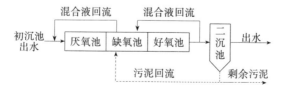

图 1-11 UCT 工艺流程

UCT 工艺将 A^2/O 工艺中的污泥回流由厌氧区改到缺氧区，使污泥经反硝化后再回流至厌氧区，减少了回流污泥中 NO_3^--N 和 DO 含量。与 A^2/O 工艺相比，UCT 工艺在适当的

COD/TKN 比例下，缺氧区的反硝化可使厌氧区回流混合液中 NO_3^--N 含量接近于 0。

当进水 TKN/COD 较高时，缺氧区无法实现完全的脱氮，仍有部分 NO_3^--N 进入厌氧区，因此又产生改良 UCT 工艺 MUCT 工艺（图 1-12）。MUCT 工艺有 2 个缺氧池，前一个接受二沉池回流污泥，后一个接受好氧区硝化混合液，使污泥的脱氮与混合液的脱氮完全分开，进一步减少 NO_3^--N 进入厌氧区的可能。

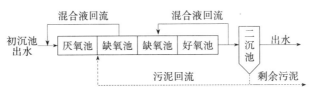

图 1-12　改良的 UCT 工艺流程

传统的硝化-反硝化生物脱氮工艺在废水脱氮领域曾起到了非常积极的作用。但由于工艺的自身特点，生化反应时间长，硝化阶段能耗巨大，反硝化阶段碳源需求量高。近年来，一些新的研究表明，自然界中存在着多种新的氮素转化途径，如短程硝化-反硝化和 ANAMMOX 等。

5. 短程硝化-反硝化工艺

短程硝化 反硝化工艺是把硝化反应过程控制在氨氧化产生 NO_2^--N 的阶段，阻止 NO_2^--N 的进一步氧化，直接以 NO_2^--N 作为菌体呼吸链氢受体进行反硝化，可实现 O_2 和 COD 的双重节约。

1975 年，Voets 等进行了经 NO_2^--N 途径处理高浓度氨氮废水的研究，发现了硝化过程中 NO_2^--N 积累的现象，并首次提出了短程硝化-反硝化（shortcut nitrification/denitrification）生物脱氮的概念。1986 年 Sutherson 等由小试研究证实了经 NO_2^--N 途径进行生物脱氮的可行性。

将 NH_4^+-N 氧化控制在 NO_2^--N 阶段，阻止 NO_2^--N 的进一步氧化，是实现短程硝化-反硝化的关键，其控制因素也相当复杂。因此，如何持久稳定地维持较高浓度的 NO_2^--N 积累成为研究的热点和重点。硝化过程是由 2 类微生物共同完成的，要想实现短程硝化，就必须利用这 2 类微生物的生理学差异，采取必要措施抑制或淘汰反应器中的亚硝酸盐氧化细菌，从而达到控制短程硝化-反硝化脱氮的目的。影响 NO_2^- 积累的因素主要有温度、DO、pH、游离氨（FA）、游离羟胺（FH）、水力负荷、有害物质、污泥龄等生物群体所处的微环境。研究表明，可以通过以上单一因素或者多个因素的控制，在反应器中成功地实现短程硝化-反硝化，例如已经成功应用于生产实践的 SHARON 工艺。综合以上控制因素，能在一定时间内控制硝化处于亚硝酸阶段的途径较常见的有 4 种：纯种分离与固定化技术途径、温度控制的分选途径、FA 的选择性抑制途径和基质缺乏竞争途径等。

在以上亚硝化控制途径中，对于常温、低氨氮基质浓度的城市生活污水而言，较为引人注目和可行的是基质缺乏竞争途径。硝化反应是一个双基质限制反应，除氨氮外，DO 也是好氧氨氧化菌（oerobic ammonia-oxidizing bacteria，AOB）代谢的必要底物。根据 Bernat 所提出的基质缺乏竞争学说，由于亚硝酸菌（AOB）的氧饱和常数（$K_N = 0.2\sim$

0.4) 低于硝酸菌（NOB）的氧饱和常数（$K_N=1.2\sim1.5$），低 DO 浓度下，AOB 和 NOB 的增殖速率均下降。当 DO 为 0.5mg/L 时，AOB 增殖速率为正常值的 60%，而 NOB 的增殖速率不超过正常值的 30%，对提高 AOB 的竞争力有利，利用这 2 类细菌的动力学特性的差异可以在活性污泥或生物膜上达到淘汰亚硝酸氧化细菌的目的。可见，通过控制低 DO 不但意味着曝气量和运行能耗的极大节约，而且可以获得较高的 NO_2^--N 积累，对于处理城市生活污水的亚硝化工艺而言可谓是最佳途径。

短程硝化-反硝化反应方程式如下：

硝化：
$$2NH_4^+ +3O_2 \xrightarrow{\text{亚硝酸菌}} 2NO_2^- +2H_2O+4H^+ \tag{1-31}$$

反硝化：
$$2NO_2^- +8H^+ \xrightarrow{\text{反硝化菌}} N_2+4H_2O \tag{1-32}$$

与传统工艺中的硝化过程需要将 NH_4^+-N 完全氧化为 NO_3^--N 相比，亚硝化过程只需将 NH_4^+-N 氧化为 NO_2^--N。短程硝化-反硝化就具有了以下优点：

（1）1mol NH_4^+-N 氧化为 NO_2^--N 需要 1.5mol O_2，而氧化为 NO_3^--N 则需 2.0mol O_2。因此，硝化阶段可减少 25% 左右的需氧量，降低了能耗，其经济效益显著；

（2）反硝化阶段可减少 40% 左右的有机碳源，降低了运行费用；

（3）缩短了反应时间，反应器容积可减少 30%～40% 左右；

（4）提高了反硝化速率，NO_2^--N 的反硝化速率通常比 NO_3^--N 高 63% 左右；

（5）降低了污泥产量，硝化过程可少产污泥 33%～35% 左右，反硝化过程可少产污泥 55% 左右。

6. 同时硝化-反硝化（SND）工艺

同时硝化-反硝化（simultaneous nitrification denitrification，简称 SND）工艺是指硝化与反硝化反应同时在同一反应器中完成。这个工艺技术的开发充分利用了反应器供氧不均匀的客观现象以及微环境理论。控制系统中生物膜、微生物絮体的结构及 DO 浓度，形成污泥絮体或生物膜微环境的缺氧状态，就可在同一反应器中，实现硝化与反硝化反应动力学的平衡。SND 工艺明显具有缩短反应时间，节省反应器体积，无需补充硝化池碱度，简化工艺降低成本等优点。

目前，对 SND 生物脱氮技术的研究主要集中在氧化沟、生物转盘、间歇式曝气反应器等系统。然而，SND 生物脱氮的机理还需进一步地加深认识和了解，但已初步形成了 3 种解释：即宏观环境解释、微环境理论解释和生物学解释。

宏观环境解释认为，由于生物反应器的混合形态不均，生物反应器的大环境内，即宏观环境内形成缺氧或厌氧段。

微环境理论则从物理学角度认为由于氧扩散的限制，在微生物絮体或生物膜内产生 DO 梯度，从而导致污泥絮体或生物膜微环境中的缺氧状态，实现了 SND 过程。目前该种解释已被普遍接受，因此控制 DO 浓度及微生物絮体或生物膜的结构是能否进行 SND 的关键。

生物学解释有别于传统理论，近年来好氧反硝化菌和异养硝化菌的发现，以及好氧反硝化、异养硝化、自养反硝化等研究的进展，为 SND 现象提供了生物学依据。从而使得 SND 生物脱氮有广阔的应用前景。

7. 反硝化除磷工艺

（1）反硝化除磷机理

1978 年 Osborn 和 Nicholls 在硝酸盐异化还原过程中观测到磷的快速吸收现象，这表明某些反硝化细菌也能超量吸磷。Lotter 和 Murphy 观测了生物除磷系统中假单细胞菌属和气单细胞菌属的增长情况，发现这类细菌和不动细菌属的某些细菌能在生物脱氮系统的缺氧区完成反硝化反应。1993 年荷兰代尔夫特理工大学的 Kuba 在试验中观察到：在厌氧/好氧交替的运行条件下，易富集一类兼有反硝化作用和除磷作用的兼性厌氧微生物，该微生物能利用 O_2 或 NO_3^- 作为电子受体，且其基于胞内 PHB（Poly-β-hydroxybutyrate，聚 β-羟基丁酸酯）和糖原质的生物代谢作用与传统 A/O 法中的 PAOs 相似，称为反硝化聚磷菌（denitrifying polyphosphate accumulating microorganisms，简称 DPAOs）。针对此现象研究者们提出了 2 种假说来进行解释。

1）除磷菌由 2 种不同菌属组成

DPAOs 能以 O_2 和 NO_3^- 为电子受体，在好氧和缺氧条件下吸收多聚磷酸盐；好氧除磷菌（APAOs）仅能以 O_2 为电子受体，在缺氧下因缺乏反硝化能力而不能吸收多聚磷酸盐。

2）只存在 1 种除磷菌

反硝化活性能否表现及其水平取决于污泥所经历的环境，即只要给 PAOs 创造特定的环境，从而诱导出其体内反硝化酶的活性，那么其反硝化能力就能表现出来。

反硝化除磷的发现，缓解了脱氮菌与 PAOs 对碳源基质的竞争。DPAOs 以 NO_3^- -N 为电子受体，利用体内储存的 PHB 同时除磷反硝化，实现了一碳两用，部分解决了除磷菌和脱氮菌之间对碳源的竞争；另外，还可以减少好氧区 PAOs 对 O_2 的需求，因而能节省好氧区的曝气量，同时也使好氧池的体积得到降低。对 DPAOs 的特点研究表明：①DPAOs 易在厌氧/缺氧序批反应器中积累；②DPAOs 在传统除磷系统中大量存在；③DPAOs 与完全好氧的 PAOs 相比，有相似过量摄磷潜力和对细胞内有机物质（如 PHB）、糖肝的降解能力，不同的是 DPAOs 所利用的电子受体是 NO_x^- 而不是 O_2。

DPAOs 的发现给脱氮除磷提出了新的思路。

（2）反硝化除磷工艺的研究进展

如前所述传统的生物脱氮除磷工艺中存在着难以解决的弊端，无论是针对 NO_3^- -N 的影响还是针对碳源不足问题对除磷系统所作的改进，都只能部分减缓脱氮和除磷之间的矛盾，而无法从根本上解决其固有矛盾。反硝化除磷理论的发现和提出为污水同步脱氮除磷提供了新的思路。

事实上，反硝化吸磷现象是广泛存在的。可以说在前述各除磷脱氮工艺中都或多或少有反硝化除磷现象，只不过当时没有被人们发现和重视。因而在工艺运行方式上没有创造 DPAOs 适宜的生存环境并诱导其反硝化过量吸磷而已。有研究表明，厌氧/缺氧或厌氧/缺氧/好氧交替环境，适合 DPAOs 生长。目前应用到反硝化除磷理论的工艺，按照硝化液回流的方向划分，分为前置反硝化和后置反硝化系统；按照污泥系统划分，分为单污泥系统和双污泥系统。下面按照污泥系统的划分方式，介绍现有反硝化除磷工艺。

1）单污泥系统

所谓单污泥系统是指，PAOs、硝化菌及异养菌同时存在于一个污泥体系中，顺序经历厌氧、缺氧和好氧 3 种环境，通过体系内的内循环来达到脱氮除磷的目的。如 A^2/O 工艺、UCT 工艺、改良 UCT 工艺及五段 Bardenpho 工艺等均属于单污泥系统。这些工艺设计上虽然以好氧除磷为主，但在实际运行中发现在缺氧段均有反硝化除磷现象的发生。但是对于单污泥系统，若想实现 DPAOs 的富集，必须满足以下条件：

①厌氧段——进水中无 NO_3^--N、O_2。

②好氧段——最大 NO_3^--N 产生量，最小吸磷量（即 PHB 最小状态下的好氧氧化）。

③缺氧段——完全吸磷和 NO_3^--N 的利用。

硝化阶段较长时间的曝气不利于 DPAOs 的生长，胞内的 PHB 在长时间的曝气下会被氧化，导致反硝化聚磷可利用的内碳源减少。针对这一现象，在工程实践中为了最大限度地从工艺角度创造适宜 DPAOs 富集的条件，荷兰代尔夫特理工工业大学在 UCT 工艺基础上开发一种改良新工艺——BCFS 工艺，如图 1-13 所示，该工艺已在荷兰 10 座升级或新建污水处理厂中实践应用。

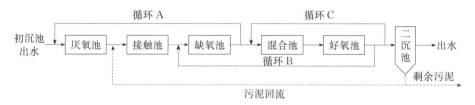

图 1-13　BCFS 工艺

BCFS 工艺由厌氧池、接触选择池、缺氧池、混合池及好氧池等 5 个功能相对专一的反应器组成，通过反应器之间的 3 个循环来优化各反应器内细菌的生存环境，其最大的优点就是能保持稳定的处理水水质，其出水 TP≤0.2mg/L，TN≤5mg/L。

从流程上看，BCFS 的工艺特点是在主流线上较 UCT 工艺增加了 2 个反应池。第一个增加的反应池是介于 UCT 工艺厌氧与缺氧池中间的接触池，回流污泥和来自厌氧池的混合液在池中充分混合以吸附剩余 COD 起到了第二个选择池的作用，有效防止了污泥膨胀。同时 DPAOs 利用回流污泥中的 NO_3^- 开始进行反硝化吸磷。增加的第二个反应池是介于缺氧池与好氧池之间的混合池。富含 NO_3^- 的硝化液回流到缺氧池和混合池，刺激 DPAOs，使其充分发挥反硝化吸磷潜力；同时使进入好氧段的 PHB 最小，因为大部分 PHB 已经在缺氧段被 DPAOs 利用，并且好氧段进水中含磷量最小。该流程有助于 COD（PHB）首先被 DPAOs 利用，使好氧氧化量最小。缩小好氧时间，刺激 DPAOs 的代谢。

2）双污泥系统

所谓双污泥系统是指 DPAOs 和硝化菌独立存在于不同的反应器中，通过系统内硝化污泥和反硝化除磷污泥分别回流，来实现氮和磷的同步去除。可以说，双污泥系统纯粹是因反硝化除磷理论而生的一种新型除磷脱氮工艺。

Wanner 在 1992 年首次提出 Dephanox 双污泥反硝化脱氮除磷工艺模型，工艺流程如图 1-14 所示。污水进入厌氧池后，回流污泥中的 DPAOs 在释磷的同时，将进水中的 COD 转化为 PHB 等内碳源贮存在体内；经过中间沉淀池泥水分离后，上清液进入固定膜反应器进行硝化，污泥超越硝化单元直接进入缺氧池并与硝化池的出水混合进行反硝化吸磷；随后污泥混合液在好氧池内短时曝气去除多余的磷和吹脱 N_2 防止污泥上浮；经过终沉池后一部分污泥回流至厌氧池，一部分直接排出。该工艺对于有机物的利用非常有效，

DPAOs 在厌氧区吸收 COD 而形成的 PHB 全部被用于 $NO_3^- -N$ 的反硝化和缺氧吸磷，保证了反硝化所需的碳源。它既解决了 PAOs 和反硝化菌对 COD 的竞争问题，也缓解了 PAOs 和硝化菌在泥龄上的冲突。该工艺具有能耗低、污泥产量少、节省碳源的优点。

图 1-14 Dephanox 工艺流程

后来，Bortone 等为缩短工艺流程，对 Dephanox 工艺提出了修改，厌氧池部分改为类似于 UASB 反应器的装置，从而将第一个沉淀池节省掉。

Kuba 等在 Wanner 工艺思想的基础上提出了 A^2N 双污泥反硝化除磷工艺模型，如图 1-15 所示。该工艺与 Wanner 工艺的主要区别在于：A^2N 工艺硝化段采用的是活性污泥法，而 Wanner 工艺采用的是生物膜法。

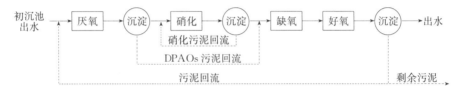

图 1-15 A^2N 双污泥反硝化除磷工艺流程

A^2N 工艺还有一种以 SBR 形式运行的方式，即通常所说的 A^2NSBR 工艺。该工艺和 A^2N 工艺无论从原理上还是从流程上都基本一致，DPAOs 和硝化菌分别在 2 个 SBR 反应器中独自生长，通过上清液的交换实现在 A^2NSBR 反应器中的脱氮除磷，工艺流程如图 1-16 所示。Kuba 等人通过 A^2NSBR 工艺的研究发现 A^2N 适合处理低 C/N 比的污水，验证了 A^2N 工艺的可行性，并进一步指出与单污泥工艺相比双污泥工艺有更好的去除效果。

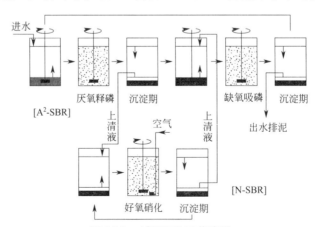

图 1-16 A^2NSBR 工艺流程

目前基于反硝化除磷理论基础的双污泥反硝化除磷工艺还多处于实验室研究阶段，还没有工程实例。实践中发现双污泥系统本身也存在着很多问题，亟须进一步的改进。

（3）PAOs 与聚糖菌的竞争

生物除磷工艺是目前广泛接受和认可的最经济有效的除磷工艺，该工艺要求厌氧段/好氧段交替运行，以富集 PAOs。但是不少文献都曾报道过即使在有利于生物除磷系统运行的条件下（如厌氧段无 NO_3^--N，而钾、镁等离子不缺乏，好氧池无过度曝气等），也会发生系统除磷效果较差或完全没有除磷的现象。近来的研究表明，导致上述现象产生的原因是由于系统中存在的另一类重要微生物聚糖菌（GAOs）占优势造成的。GAOs 能在厌氧阶段吸收污水中的有机物并合成 PHB，但不释放磷；在好氧阶段分解 PHB，合成糖原而不聚集磷。由于在生物除磷系统中厌氧区 VFAs 的数量有限，若 GAOs 在厌氧区利用的 VFAs 比例增加，则供 PAOs 可利用的 VFAs 数量将会减少，从而导致整个系统除磷效率下降。因而如何有效控制 GAOs，确立不利于 GAOs 的生长环境，但同时又不影响 PAOs 的生长和对碳源的利用，使 PAOs 在与 GAOs 的竞争中取得优势地位，从而提高生物除磷系统运行的稳定性和磷的处理效率，已成为众多研究者关注的热点。

目前，国内外关于 GAOs 与 PAOs 相互竞争的影响因素研究主要集中在以下几个方面。

①C/P 比的影响

研究发现，进水有机碳浓度与磷浓度（COD/P）之比是影响 PAOs 与 GAOs 竞争的一个关键因素。在高 COD/P（>50mgCOD/mgP）时，污泥中富含 GAOs；而低 COD/P（10~20mgCOD/mgP）时，PAOs 占主导地位。

②碳源的影响

研究表明碳源种类（VFAs 和非 VFAs）是影响 PAOs 与 GAOs 竞争的关键因素。生活废水中的 VFAs 主要是乙酸和丙酸，还有少量的丁酸、戊酸等。VFAs 作为 PHB 生物合成的底物，在生物除磷系统中起着关键的作用。生活污水中的非挥发酸主要是氨基酸和糖类等，研究发现其中一部分可以被 PAOs 与 GAOs 利用。

目前实验室规模的生物除磷系统大都是采用乙酸作为唯一碳源展开研究的，大多数系统都获得了稳定良好的除磷效果，但是在相似的运行条件下也有很多相反的报道。GAOs 对 PAOs 的竞争作用被认为是造成以乙酸作为碳源的生物除磷系统恶化的根源。近年来研究者们发现，丙酸可能是比乙酸更适宜的除磷碳源。Thomas 等发现在生物除磷水厂的厌氧发酵段投加糖蜜显著增加进水中丙酸的含量，相比于直接投加乙酸，获得了更好的除磷效果。很多研究者也发现以丙酸为碳源的生物除磷系统的长期除磷效果要优于乙酸。相比于乙酸，丙酸作为碳源使 PAOs 在与 GAOs 的竞争中更占优势。进而又有人发现采用乙酸与丙酸混合碳源可获得与单碳源相比更好的除磷效果，可使 PAOs 占有更大的竞争优势。关于混合碳源对 PAOs 与 GAOs 竞争的影响，仍需进一步的研究。

葡萄糖是除乙酸外最被广泛应用的碳源。但关于葡萄糖作碳源的生物除磷研究存在着一些争议，有的研究者认为葡萄糖作唯一碳源会使生物除磷系统失效，而另一些人的试验研究却表明，在实验室条件下，葡萄糖作为生物除磷的唯一碳源是可行的。

③pH 的影响

Filipe 等人曾通过试验研究发现：随着厌氧区混合液 pH 升高，GAOs 对乙酸的吸收速率显著下降，而 pH 的波动（在 6.5~8.0 之间）对 PAOs 而言，其乙酸吸收速率几乎不受任何影响；当厌氧区 pH<7.25 时，GAOs 的乙酸吸收速率比 PAOs 快，在 pH=

7.25 时，2 类微生物的乙酸吸收速率相等，当 pH 提高到 7.5 时，磷的去除率显著提高；当整个系统（厌氧区-好氧区）的 pH 均维持在 7.25 以上时，则可实现磷的完全去除。可见，随着厌氧区 pH 的升高，PAOs 对 GAOs 逐渐具有竞争优势。Bond 等人也曾在实验室的研究中发现了上述类似的现象。其他的一些学者以不同基质在不同 pH 条件下也得出了相同的规律。

④温度的影响

在过去的 20 年里，有关学者曾就温度对强化生物除磷系统的处理率以及动力学参数进行了广泛的研究，但所得结论相互矛盾。早期的文献曾报道在温度 5～24℃范围内，较低温度时的除磷效率要比较高温度时的处理率要高。而 Mc Clintock 等人报道了相反的结果。有关学者同时又指出在强化生物除磷系统中，如果其生物群落不变，则其反应速率将随温度降低而变慢。为了探究先前有关报道所出现的相互矛盾的结果，Erdal 等人通过一组实验室规模的 UCT 工艺，研究了温度对 PAOs 与 GAOs 竞争的影响。发现随着温度的降低，短期温度效应使系统的除磷效率下降，在温度达到 5℃时，一开始几乎没有观测到磷的去除，而当系统在 5℃稳定之后，系统磷的去除量可达 74mg/L，比 20℃时要多出 50mg/L，同时污泥中的磷含量可占 VSS 含量的 37%，通过上述实验现象 Erdal 等人认为：相对于 20℃，在 5℃时，活性污泥微生物群落中更加富含 PAOs，而非 PAOs 的含量则更少，并可合理地认为在 20℃时，系统除磷效果下降的原因是由于在厌氧条件下非 PAOs 微生物在基质的竞争中取得优势而引起的。其原因是不同温度条件下，GAOs 与 PAOs 对乙酸的吸收速率不同所造成的。

8. 分步进水多级硝化-反硝化脱氮工艺

分步进水多级硝化脱氮工艺（简称多级 A/O 工艺）是以城市污水为对象的普通活性污泥法的一种改良工艺。将前置反硝化的硝化脱氮工艺变革为多级脱氮硝化单元，进水均等地分配于各级脱氮池。各反应池都达成完全硝化和脱氮，由此提高系统脱氮率，并且缩小了生化反应容积，简化运行维护管理。该工艺起步于 20 世纪 80 年代并于 80 年代中叶在日本各城市污水净化厂得到普遍应用。2004 年 4 月日本下水道事业团编制实施了"分步进水多级硝化脱氮法设计指南"（ステップ流入式多段硝化脱窒法设计指针）。至今，这种分步进水多级脱氮工艺已有多年的运行经验，设计与运行技术都非常成熟。

（1）多级 A/O 工艺的基本处理流程

分步进水多级 A/O 工艺的基本处理流程如图 1-17 所示。其特点是：

1）多级脱氮和硝化反应单元直线布置，各反应池以池壁相隔形成独立的完全混合型

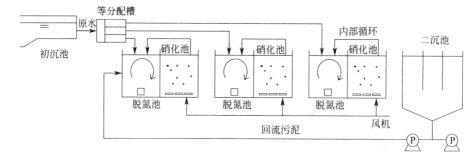

图 1-17 分步进水多级硝化脱氮工艺的基本流程

的反应池。

2）进水等量地流入各级脱氮池。

3）按各级污泥量相同的原则设定各反应池的容积。

4）如果必要，在各级反应单元进行由硝化池向脱氮池的内部循环。

（2）多级 A/O 工艺的脱氮率

生物脱氮是由硝化反硝化脱氮和剩余污泥排除体系之外这 2 个过程实现脱氮目的的。由剩余污泥去除的氮量，在同样负荷和硝化污泥龄（ASRT）的运行条件下，多级 A/O 工艺与前置反硝化脱氮工艺等生物学脱氮工艺之间没有多大的区别，但多级 A/O 工艺可以得到更高的硝化脱氮率。

本工艺在硝化反硝化脱氮过程中，提出了"可硝化氮"（硝化对象氮）和"硝化脱氮率"的概念。可硝化氮是指进水的 TN 含量中，可在硝化池中被硝化的部分。在氮平衡计量上，等于进入水中 TN 去掉剩余污泥中的氮量和出水中残余的有机性氮（Org-N）。硝化脱氮率是在可硝化氮之中通过硝化-反硝化反应而去除的氮量所占的比例，是去除了剩余污泥中氮量和有机氮影响的脱氮率。

分步进水多级 A/O 工艺由硝化脱氮反应去除的氮都是可硝化氮量。如果各单元都达成完全硝化和完全脱氮，其脱氮率的上限存在着理论值。

进入多级硝化脱氮反应池中的可硝化氮的硝化-反硝化脱氮过程如图 1-18 所示。流入各级脱氮池中的可硝化氮，在其后的硝化池中都完全硝化生成 NO_3^--N，其中一部分回流至上游脱氮池，其余的进入下一级脱氮池中，各自在进水中碳源（SBOD）的供给下，反硝化为 N_2 释放到大气中；但是最终脱氮池进入的氨氮，在其下游硝化池中虽也被硝化为 NO_3^--N，却没有完全脱氮的机会。如果忽略进水中少量的有机氮，出水中的氮都是 NO_3^--N。因为上游各级脱氮池中进入的氨氮都在同级硝化池中转化为 NO_3^--N，在其下级脱氮池中完全被反硝化为 N_2，所以最终出水中的 NO_3^--N 与上游各级进水可硝化氮无关，就是说出水中 NO_3^--N 仅仅是最终级进水氨氮在其硝化池中硝化成 NO_3^--N 的一部分。

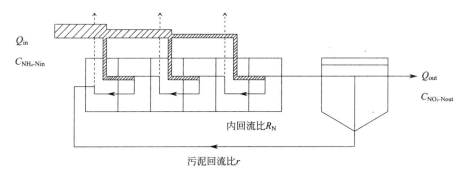

图 1-18　三级硝化脱氮流程中可硝化氮的变化过程

就最终级氮的平衡而言，进水中氨氮的出路是进入二沉池的 NO_3^--N 和由于内部循环在其同级脱氮池中被释放的 N_2，最终级氮平衡式如下：

$$(Q/N) \cdot C_{NH_4-Nin} = QC_{NO_3-Nout} + rQC_{NO_3-Nout} + R_N QC_{NO_3-Nout} \tag{1-33}$$

公式(1-33)经变换得公式(1-34)，表示了出水 NO_3^--N 占进水可硝化氮的比值。

$$C_{NO_3^- -N_{out}} / C_{NH_4^+ -N_{in}} = (1/N) \cdot [1/(1+r+R_N)] \tag{1-34}$$

式中 Q——处理水量（m^3/d）；

N——级数；

R_N——内循环比；

r——污泥回流比；

$C_{NH_4^+ -N_{in}}$——进水可硝化氮浓度（mg/L）；

$C_{NO_3^- -N_{out}}$——出水 NO_3^--N 浓度（mg/L）。

由此多级 A/O 流程的硝化脱氮率的上限值，即理论最大脱氮率（η_{DNmax}）的公式如下：

$$\eta_{DNmax} = 1 - C_{NO_3^- -N_{out}} / C_{NH_4^+ -N_{in}} = 1 - (1/N) \cdot [1/(1+r+R_N)] \tag{1-35}$$

由式(1-35)可知硝化脱氮率受级数（N），污泥回流比（r）及最终段内循环比（R_N）3 个因子的影响。

在污泥回流比为 0.5 的条件下，各种级数（N）和内循环比（R_N）的最大理论脱氮率，列于表 1-3。总回流比（污泥回流比和最终段内回流比之和）和理论最大脱氮率的关系曲线如图 1-19 所示。

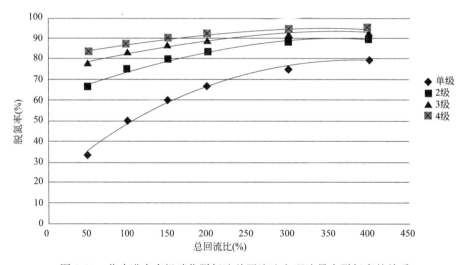

图 1-19 分步进水多级硝化脱氮法总回流比和理论最大脱氮率的关系

从表 1-3 与图 1-19 中可以看出，在污泥回流比 0.5 时，不采用内回流的情况下，2 级流程理论脱氮率为 67%，3 级流程为 78%。但是单级流程要达成 78% 的理论脱氮率，污泥回流比为 0.5，其内回流比要达到 3。分步进水多级 A/O 流程，不需要大量的内循环，可以获得较高的脱氮率。本工艺的最终级内回流可以进一步提高系统理论脱氮率，如最终级内回流比为 0.5，2 级流程脱氮率由 67% 提高到 75%，3 级流程由 78% 提高到 83%，但仅在最终级实行内循环，其脱氮池内的脱氮负荷和可利用的有机物负荷的平衡可能受到影响，要实现内循环来提高脱氮率，应在全流程各级反应单元实现同样的内回流量比。本工艺各反应池均为完全混合型，可方便地利用水力提升原理，而不需要回流泵实现内回流。

除理论消化脱氮外，系统的实际脱氮效果还含有微生物代谢、生物吸附后由剩余污泥排除系统外的氮量。所以，生化反应池实际脱氮率为：

$$\eta_{\text{SDN}} = (C_{\text{TNin}} - C_{\text{TNOff}})/C_{\text{TNin}} \tag{1-36}$$

并且生化反应池实际脱氮率 η_{SDN} 有可能大于理论硝化脱氮率 η_{DNmax}。

级数回流比与理论最大脱氮量　　　　　　　　　　　　　　表 1-3

级数	内回流比 R_N(%)（最终级）	污泥回流比 r(%)	理论最大脱氮率(%)
1级	150	50	67
	300	50	78
2级	0	50	67
	50	50	75
	100	50	80
	150	50	83
3级	0	50	78
	50	50	83
	100	50	87
	150	50	89
4级	0	50	83

（3）反应池的容量

本工艺的进水流量分散向各级供水，各级的实际进水量如图 1-20 所示。据各级反应单元活性污泥量相等的原则，如忽略进水中 SS 和反应池中微生物的增殖量，则公式（1-37）的污泥量平衡关系成立。

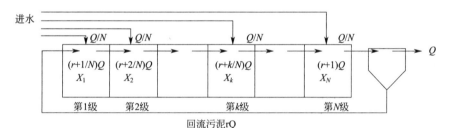

图 1-20　各级进水量与混合液污泥浓度

$$(r+1/N)QX_1 = (r+2/N)QX_2 = \cdots = (r+k/N)QX_k = \cdots = (r+N/N)QX_N \tag{1-37}$$

由此各级的 MLSS 浓度，可由最终级 MLSS 浓度，污泥回流比计算得之。由于

$$(r+k/N) \cdot X_k = (r+N/N) \cdot X_N$$

$$\therefore \qquad X_k = [(r+1)/(r+k/N)] \cdot X_N \tag{1-38}$$

式中　X_k——第 k 级 MLSS 浓度（mg/L）；

　　　X_N——最终级 MLSS 浓度（mg/L）。

例如污泥回流比为 0.5，在 2 级流程的情况下，第一级与第二级 MLSS 浓度比为 1.5：1；在 3 级流程的情况下，第一级、第二级、第三级 MLSS 浓度比为 1.8：1.3：1。

影响二沉池固液分离的是最终级 MLSS 浓度。与上游反应器单元浓度无关，所以上游各级反应池容量可以缩小，浓度可以增高。在各级反应单元污泥量相等的原则下，各级硝化池容量由式（1-39）确定。

因为　　　　　　　　　　$V_k X_k = V_N X_N$

所以　　　　　　　$V_k = (X_N/X_k) \cdot V_N = [(r+k/N)/(r+1)] \cdot V_N \tag{1-39}$

式中　V_k——第 k 级反应池容量；

　　　V_N——第 N 级反应池容量。

而反应池全体平均 MLSS 浓度（X_{ave}）由式(1-40)得出。

$$X_{ave}=\{2N(r+1)/[N(2r+1)+1]\} \cdot X_N \qquad (1-40)$$

如 $r=0.5$，最终级 MLSS 浓度为 3000mg/L 时的平均 MLSS 浓度，2 级流程为 3600mg/L，3 级为 3860mg/L。与单级流程相比，2 级流程和 3 级流程的全体反应池容量分别是单级流程的 83% 和 78%。

（4）充分利用了原污水中的碳源

由于进水分散注入各级脱氮池中，就充分利用了进水中 SBOD 用于反硝化脱氮反应中。只有本级进水中多余的碳源才能在硝化池中被氧化分解。分步进水多级 A/O 工艺在反硝化碳源上的利用优势见表 1-4。

不同回流比不同级数 AO 工艺对原水 SBOD 的利用率（%）　　表 1-4

总回流比	单级 SBOD			2 级 SBOD			3 级 SBOD		
	脱氮	合成代谢	好氧氧化	脱氮	合成代谢	好氧氧化	脱氮	合成代谢	好氧氧化
100	47.65	4.7	47.65	71.50	4.7	23.8	83.4	4.7	11.9
200	63.50	4.70	31.80	79.40	4.7	15.9	87.3	4.7	8

设定原水 SBOD/TN=3；用于反硝化和好氧氧化的有机物比例为 95.3%，用于合成代谢的为 4.7%；1gNO$_3$-N 完全反硝化消耗 SBOD 2.86g。

如总回流比为 100%～200%，从表 1-4 可见单级 AO 用于脱氮的 SBOD 为 47.65%～63.5%，二级为 71.50%～79.4%，三级为 83.4%～87.3%。

但要注意污水中 SBOD/TN，就化学当量而言，1gNO$_3$-N 还原为单体 N$_2$，需要 2.86g（氧当量）的有机物作为电子供体。加之在生化反应池中细菌的增殖和好氧池中的氧化分解而消耗的有机物，生化反应池进水的 SBOD/TN 需在 3.0～3.5 以上。当 SBOD/TN<3.0 时，就需考虑投加外部碳源（甲醇等）或者采取超越初沉池等措施。

9. 硝化-内生脱氮法

硝化-内生脱氮工艺是延时曝气活性污泥法，利用活性污泥内源呼吸产生的溶解性有机物为电子供体的生物脱氮工艺。

硝化-内生脱氮流程由好氧硝化池、缺氧脱氮池、再曝气池和二沉池组成，如图 1-21 所示。从图 1-21 可见该流程有许多特点。

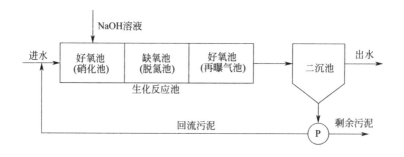

图 1-21　硝化-内生脱氮法流程图

（1）正置硝化-反硝化生物脱氮系统（OA 工艺）

其前置硝化池，硝化液 100％流入后续缺氧脱氮池。不但取消了硝化液内回流系统，而且提高了系统脱氮率。实践表明，前置反硝化脱氮工艺的脱氮率为 70％～75％，硝化内生脱氮率可提高到 75％～85％。出厂水 TN 达 5mg/L 之下。理论上硝化-内生脱氮法可达到 100％的脱氮效果。但原水中总有部分有机氮的分解反应达不到硝化的程度，所以也无法达到 100％的程度。

（2）不设初沉池原水直接进入生化反应池

原水不经沉淀池直接进入生化反应池，为活性污泥提供了更多可被活性污泥吸附、蓄积的碳源，保证了缺氧池内脱氮的（SBOD）。

（3）本工艺为延时曝气活性污泥法

生化反应池内 HRT 长达 13～24h，反应池容积比 AO 工艺增加 20％～30％。

（4）以活性污泥吸附、蓄积的碳源为反硝化电子供体

延时曝气和系统内的较高 MLSS 浓度，促使微生物将吸附的和体内蓄积的固体碳源转化为 SBOD，成为缺氧池内脱氮菌完成反硝化反应的电子供体。

（5）好氧池内可存在着同时硝化和反硝化

系统中除了缺氧池内的反硝化脱氮之外，如果好氧池（硝化池）内 DO 和系统的 BOD-SS 负荷得到恰当控制，在硝化池的好氧条件下也能进行反硝化脱氮反应。

另外剩余活性污泥可将原水中 20％～30％的 TN 带出系统之外。

（6）在生化反应池最后段设有再曝气池

因为缺氧段的出水中 DO 几乎为 0，在二沉池中将产生反硝化反应，产生 N_2 带动污泥上浮，影响出水水质。为此在反应池最后段设再曝气池，给缺氧段出水充氧。

（7）硝化池氢氧化钠投加设备

前置反硝化系统（AO）中，由于反硝化反应中 $1gNO_3^--N$ 反硝化为 N_2 可回收 3.75g 碱度，补充于后续硝化池中，供 NH_4^+-N 硝化所消耗。所以在碱度为 150mg/L 左右的典型城市污水水质条件下，前置反硝化生物学脱氮工艺可不投加碱度；但硝化-内生脱氮过程中，当原水中 TN 浓度高，碱度不足时，往往需要在硝化池中投加碱度（氢氧化钠溶液），以保持硝化池内 pH 在 6.0～6.5 以上。

1.4 ANAMMOX 生物自养脱氮工艺的开发

20 世纪 90 年代，在发现 ANAMMOX 现象的同时，荷兰代尔夫特理工大学 Kluyer 生物技术实验室开发出来了一种新型自养生物脱氮工艺，在缺氧条件下，以浮霉目细菌为代表的微生物直接以 NO_2^--N 为电子受体，CO_2 为主要碳源，将氨氮氧化成 N_2 的生物脱氮工艺。

相对传统的硝化反硝化工艺，ANAMMOX 工艺具有以下优点：

（1）ANAMMOX 工艺需要部分亚硝化作为前处理工艺，根据其化学计量关系，理论上可节省 62.5％的供氧动力消耗；

（2）无需外加有机碳源，节省了 100％的外加碳源所增加的运行费用；

（3）污泥产量极少，节省了污泥处理费用；

（4）不但可以减少 CO_2 等温室气体的排放，而且可以消耗 CO_2。

ANAMMOX 工艺完全突破了传统生物脱氮的基本概念，为生物法处理低 C/N 的废水找到了一条优化途径。但是，ANAMMOX 菌生长速率却非常低，倍增时间为 11d，且只有在细胞浓度大于 $10^{10} \sim 10^{11}$ 个/mL 时才具有活性。因此 ANAMMOX 菌在废水处理反应器中漫长的富集时间目前已经成为该项技术大规模应用于废水处理实践的瓶颈。

另外，ANAMMOX 工艺对于进水的 NH_4^+/NO_2^- 要求较为严格，其前处理工艺中欲精确地控制部分亚硝化存在相当大的难度；同时，ANAMMOX 菌对环境要求较为苛刻，容易受到抑制或毒性物质的影响而使 ANAMMOX 污泥上浮，影响出水水质，甚至可以造成 ANAMMOX 过程的停止或中断，ANAMMOX 工艺稳定运行的条件及特性参数成为这一技术推广应用的又一瓶颈。

将 ANAMMOX 工艺应用于废水生物脱氮时，需首先解决部分亚硝化的问题，即能够为 ANAMMOX 菌提供 $NH_4^+ : NO_2^- = 1 : 1.32$ 的反应基质。这就需要建立 ANAMMOX 菌和其他微生物的协同作用系统，或与其他工艺进行组合；其次需解决 ANAMMOX 反应器中 ANAMMOX 菌的富集和稳定优势。基于以上 2 种思路，目前已开发出的 ANAMMOX 生物脱氮工艺主要有亚硝化-厌氧氨氧化（SHARON-ANAMMOX）联合工艺、CANON 工艺、SNAP 工艺以及 SAT 工艺等。另外，根据 ANAMMOX 反应的化学计量关系（$NH_4^+ : NO_3^- = 1 : 0.26$），ANAMMOX 反应会产生 10% 左右的 NO_3^-，使得该工艺的理论最高脱氮效率仅能达到 90% 左右。

1.4.1　亚硝化-厌氧氨氧化自养脱氮工艺（SHARON-ANAMMOX 工艺）

1997 年荷兰代尔夫特理工大学开发了短程硝化除氨工艺（SHARON 工艺）。在 $30 \sim 35℃$ 下，控制污泥龄介于亚硝酸菌（AOB）和硝酸菌（NOB）的最小停留时间之间，逐步将硝酸菌从反应系统中洗出，实现了稳定的亚硝化。2001 年又开发了 SHARON-ANAMMOX 工艺，在 SHARON 反应器中将 55% 的 NH_4^+ 氧化为 NO_2^--N，然后在 ANAMMOX 反应器中，剩余的 NH_4^+ 与 NO_2^- 发生氧化还原反应，共同转化为 N_2。

2002 年在小试基础上，第一座采用 SHARON-ANAMMOX 工艺（$70m^3$）的生产装置在荷兰鹿特丹 Dokhaven 污水处理厂正式运行，对污泥消化池上清液进行处理。SHARON 利用较高温度下（$>26℃$）AOB 生长速率大于 NOB 生长速率的事实，控制反应器的稀释速率（D_x）大于 NOB 生长速率而小于 AOB 生长速率，将 NOB 逐渐从反应器中洗脱出去，就可以实现 NO_2^--N 的稳定积累。另外，由于氨的氧化是个产酸过程，pH 对于该过程的控制非常重要，当进水中的 HCO_3^-/NH_4^+ 摩尔比率为 $1.1 \sim 1.2$ 时，约一半的氨氮转化完成后碱度就会被耗尽，从而导致 pH 下降，pH < 6.5 时，氨的氧化就不再发生了。因此，不控制 pH 就可以实现约一半的氨氮转化为 NO_2^--N，从而实现了工艺的自我控制。因此，该工艺是 ANAMMOX 工艺的理想前处理工艺。

SHARON 工艺为后续的 ANAMMOX 工艺提供了理想 NH_4^+/NO_2^- 的进水（图 1-22），进入 ANAMMOX 反应器后 NO_2^--N 与剩余的氨氮在自养 ANAMMOX 菌的作用下被转化为 N_2，ANAMMOX 活性高达 0.8kgN/(kgTSS·d)，负荷可以达到

$0.75kgTN/(m^3 \cdot d)$ 以上。

SHARON 工艺：

$$NH_4^+ + HCO_3^- + 0.75O_2 \longrightarrow 0.5NH_4^+ + 0.5NO_2^- + CO_2 + 1.5H_2O \qquad (1-41)$$

ANAMMOX 工艺：

$$0.5NH_4^+ + 0.5NO_2^- \longrightarrow 0.5N_2 + H_2O \qquad (1-42)$$

目前 SHARON-ANAMMOX 联合工艺已经成功地在荷兰鹿特丹废水处理厂投入实际生产运行多年，主要用于处理污泥上清液，处理成本经评估为 0.7 欧元/kgN，远低于传统硝化-反硝化工艺的 2.3～4.5 欧元/kgN 和物化脱氮工艺的 4.5～11 欧元/kgN。

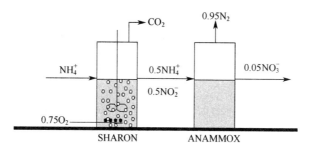

图 1-22　SHARON-ANAMMOX 联合工艺的示意图

1.4.2　CANON 工艺

CANON 工艺（Completely Autotrophic Nitrogen Removal Over Nitrite）是 Strous 等人提出的一种新的限氧全程自养脱氮工艺，被认为对于处理低浓度有机废水是很有前景的脱氮工艺。该工艺能够在限氧条件（DO<0.5mg/L）下在一个单独的反应器或生物膜反应器中进行。由于低 DO 下 NOB 与 O_2 的亲和力比 AOB 弱，因此可以抑制 NOB 的生长，从而依靠 *Nitrosomonas*-like AOB 和 *Planctomycete*-like ANAMMOX 细菌的共生协作，以 NO_2^--N 为中间产物，将氨氮直接转化为 N_2。在颗粒污泥系统中，当 NH_4^+ 不受限时，NOB 在同时与这 2 类微生物竞争氧和 NO_2^--N 的过程中被淘汰出局；当 NH_4^+ 受到一定的限制时，会引起 NO_2^- 的积累，受限超过 1 个月后 NOB 就会生长。而在生物膜系统中，由于氨氮和氧的供应很难控制，且污泥龄接近无限长，从而使得其还存在少量的 NOB。

AOB 和 ANAMMOX 菌这 2 类微生物同时交互进行着 2 个连续的反应。如下式所示：

$$NH_3 + 1.5O_2 \xrightarrow{\text{亚硝酸菌}} NO_2^- + H^+ + H_2O \qquad (1-43)$$

$$NH_3 + 1.31NO_2^- + H^+ \xrightarrow{\text{ANAMMOX 菌}} 1.02N_2 + 0.26NO_3^- + 2.03H_2O \qquad (1-44)$$

综合式：

$$NH_3 + 0.85O_2 \longrightarrow 0.44N_2 + 0.11NO_3^- + 1.45H_2O + 0.13H^+ \qquad (1-45)$$

Nitrosomonas-like AOB 将氨氮氧化为 NO_2^--N，并消耗氧气，从而创造了 *Planctomycete*-like ANAMMOX 细菌所需的缺氧条件。CANON 工艺的微生物学机制、可行性和

工艺优化等问题已经在 SBR 反应器、气提式反应器以及固定床生物膜反应器中广泛地进行了相关研究。CANON 工艺的脱氮速率，在 SBR 反应器中可达到 $0.3kgN/(m^3 \cdot d)$，在气提式反应器中可达到 $1.5kgN/(m^3 \cdot d)$，比 SHARON-ANAMMOX 工艺低。然而，由于仅需要一个反应器，用于处理较低氨氮负荷的废水时仍具有较大的经济优势。CANON 工艺需要过程控制，以防止过剩的 DO 引起 $NO_2^- \text{-} N$ 积累。

CANON 工艺是废水处理中经济高效的可选方案，是完全自养型的，所以无需投加有机物。另外，在一个单独的反应器中利用少量曝气，可实现 88% 氮的去除。这大大降低了空间和能量的消耗。该自养工艺比传统脱氮工艺节省 63% 的氧和 100% 的外加碳源。

1.4.3 城市生活污水 ANAMMOX 自氧脱氮的瓶颈

至今为止，人工实现 ANAMMOX 的氮素循环，都是在高温高氨氮的环境中实现的。高浓度氨氮工业废水、垃圾渗透液和污泥消化液都有 ANAMMOX 自养脱氮工艺处理的大量研究和工程实例，但却很少有人研究城市污水 ANAMMOX 的自养脱氮，因其难度太大。

1. 稳定的半亚硝化是自养脱氮工艺的瓶颈

AOB 和 NOB 都是专性好氧的化能自养菌，共同完成氨氮硝化的任务。它们对反应环境因素的需求很相近，AOB 的代谢产物（$NO_2^- \text{-} N$）正是 NOB 代谢的基质，亚硝化反应是限速步骤。在常温和低氨氮（<40mg/L）下都能将硝化进行到底。但是 2 种硝化菌毕竟在反应环境要素上有微小的差别，利用其中微妙的差异抑制 NOB 的活性，使 AOB 居相对优势。

（1）溶解氧（DO）

AOB 的氧饱和系数介于 $0.2\sim0.4mg/L$ 之间，NOB 的氧饱和系数介于 $1.2\sim1.5mg/L$ 之间，可见 AOB 对低 DO 的亲和力大于 NOB。低 DO 不利于硝化过程，而对亚硝化的影响相对较小。Hanaki 的研究表明：当反应器中 DO≤0.5mg/L 时，AOB 和 NOB 的增殖速度分别为正常值的 60% 和 30%，AOB 获取相对的增殖优势。

（2）游离氨（FA）

FA＝0.4mg/L 之上将抑制 NOB 的活性，FA＝$10\sim15mg/L$ 之上才能抑制 AOB 的活性，所以反应器中如存有 FA $0.5\sim10mg/L$，可抑制硝化过程，而对氨氧化即亚硝化过程没有影响。Abeling 的研究指出，实现最大氨氧化速率和最小 $NO_2^- \text{-} N$ 氧化速率的 FA 浓度为 5mg/L。

（3）游离硝酸（FNA）

FNA 对 AOB 的抑制浓度是 0.4mg/L 之上，对 NOB 的抑制浓度是 0.02mg/L 之上。如将 FNA 控制在 $0.02\sim0.4mg/L$ 之间，将有利于硝化反应停留在亚硝化阶段。

（4）碱度和 pH

硝化要在碱性溶液中进行，硝化过程消耗碱度，碳酸碱度是硝化菌的碳源。1g 氨氮硝化为 $NO_3^- \text{-} N$ 需要 7.14g 碱度，碱度充足是氨氮转化完全的必要条件，控制碱度就可控制氨氮转化率。

pH 与 OH^-、HCO_2^-、CO_3^{2-} 之间存在平衡关系，pH 也影响 FA 的浓度。NOB 最适

pH=7.2～7.6，AOB 最适 pH=7.9～8.2；pH≤6.5，硝化过程受阻。如反应器中 pH=7.7～8.2 之间，硝酸菌活性受抑制，硝化过程受阻，反应器中将有 NO_2^--N 积累。

（5）温度（T）

硝化反应最适温度为 20～30℃，温度小于 20℃，随着温度的降低，硝化速率减少，当温度小于 5℃硝化几乎停止。但温度大于 30℃ NOB 活性将受抑制，AOB 少受影响，温度大于 40℃酶蛋白变性。所以当反应器中温度在 30～35℃之间，将停留于亚硝化阶段，NO_2^--N 会大量积累。

2. ANAMMOX 菌世代时间长

在厌氧条件下，微生物以氨氮为电子供体，以 NO_2-N 为电子受体，两者同时转化为 N_2 的过程，称为厌氧氨氧化。ANAMMOX 菌世代时间漫长，最大比生长速率 $\mu_{max}=(0.0027\pm0.005)h^{-1}$，最小世代时间 $T_{min}=1/\mu_{max}=11d$，且只有在细胞浓度大于 $10^{10}\sim10^{11}$ 个/mL 时才具有活性。培养 ANAMMOX 反应器耗费时间长，但其反应的环境条件并不苛刻。

（1）温度

从 15℃到 30℃，随温度升高氨氧化速率相应增大，当温度大于 35℃反应速度开始下降，最适温度是 30℃。

（2）基质浓度

NH_4^+ 对 ANAMMOX 菌抑制常数 38.0～98.5mmol/L，NO_2^- 对 ANAMMOX 菌抑制常数 5.4～12.0mmol/L。

（3）pH

pH 通过影响 FA 和 FNA 浓度最终影响反应速度。最适 pH 为 7.5～8.0，pH 从 6.5 至 7.5，反应速率不断提高；当 pH >9.5 时，速率开始下降。

（4）DO

DO 对 ANAMMOX 反应有明显影响，在稳定的 ANAMMOX 反应器中，存在着一定数量的硝化菌等好氧菌为 ANAMMOX 菌解毒。

（5）光

ANAMMOX 菌属光敏性微生物，光能抑制 ANAMMOX 菌活性，降低 30%～50% 的氨去除率。

（6）有机物

ANAMMOX 菌是化能自养专性厌氧菌，增殖缓慢。当有机物存在时，异养菌增殖加快，而抑制了 ANAMMOX 菌活性。

目前 ANAMMOX 工艺主要用于处理污泥消化上清液、垃圾渗滤液以及一些高氨、低 COD 的工业废水。

3. ANAMMOX 生物自养脱氮工艺应用到城市污水脱氮所面临的挑战

迄今为止，国内外 ANAMMOX 生物自养脱氮工艺还只限于高温、高氨氮废水如污泥消化脱水液和污泥消化液的生产装置的应用上。在城市污水处理上的研究与应用尚未见报道。

ANAMMOX 生物脱氮工艺需要很少的氧气（即 ANAMMOX 工艺需要 1.9kg O_2/kgN，而传统硝化反硝化工艺需要 4.6kgO_2/kgN），无需碳源（而传统硝化反硝化工艺需要 2.6kgBOD/kgN），低污泥产量（ANAMMOX 工艺为 0.08kgVSS/kgN，而传统硝化反硝化工艺为 1kgVSS/kgN）。

　　如果 ANAMMOX 生物自养脱氮应用于城市污水的处理和深度处理上，将解决城市污水脱氮除磷过程中在争夺碳源、泥龄、BOD-SS 负荷等方面的一些固有矛盾，并取得巨大的经济效益，为现有城市污水厂的改造升级和新建污水再生水厂的建设提供节能降耗的污水再生工艺流程，将是继厌氧-好氧活性污泥法之后的又一次污水生物处理技术的突破。厌氧氨氧化应用到大规模城市污水深度处理所面临的主要问题是：

　　（1）部分亚硝化反应器的形式，富集 AOB、抑制 NOB 的控制路线与方法；

　　（2）ANAMMOX 反应器的快速启动；

　　（3）部分亚硝化、厌氧氨氧化的长期稳定运行。

　　北京工业大学城市水健康循环工程技术研究所自 2001 年开始城市生活污水 ANAMMOX 自养脱氮的研究，至今已 15 年。相继有十几名博士、数十名硕士连续开展试验研究，明确了城市污水自养脱氮反应的关键因素，并在实验室内实现了生活污水的亚硝化和 ANAMMOX 自养脱氮工艺，为城市污水厂的提标改造和低碳运行提供了技术支持。本书此后几章将分别介绍这些研究成果。

第2章 城市生活污水亚硝化试验研究

氨的硝化是生物化学过程，由氨氧化菌（AOB）和亚硝酸氧化菌（NOB）共同完成。其反应式如下：

由 AOB 完成的： $2NH_4^+ + 3O_2 \longrightarrow 2NO_2^- + 2H^+ + 2H_2O$ (2-1)

由 NOB 完成的： $NO_2^- + O_2 \longrightarrow 2NO_3^-$ (2-2)

总反应式： $2NH_4^+ + 2O_2 \longrightarrow NO_3^- + 2H^+ + H_2O$ (2-3)

在硝化反应环境中，AOB 和 NOB 同处于活性污泥微生物群系中，它们是亲密的共生互利关系。AOB 为 NOB 提供代谢基质 NO_2^--N，而 NOB 为 AOB 扫除反应生成物 NO_2^--N，协同完成了硝化反应的全过程。

欲人为地将硝化反应停留在亚硝化反应阶段，取得反应出水的稳定亚硝化率（NO_2^--N/(NO_2^--N+NO_3^--N)），就必须明晰 AOB 和 NOB 的生理、生态特性以及它们对反应环境的需求和适应能力，进而寻求既可维系 AOB 活性又能抑制 NOB 活性的工艺控制参数，使 AOB 的种群数量和活性在硝化微生物群系中占有优势。

本章通过试验探索抑制 NOB，发挥 AOB 活性的工程技术途径，为城市污水自养脱氮技术的工程应用提供技术基础。

2.1 FA、FNA 与 DO 协同抑制 NOB 活性的研究

游离氨（NH_3，FA）和游离亚硝酸（HNO_2，FNA）对 AOB 和 NOB 都有抑制作用，但它们承受的抑制浓度却有显著区别。当 FA>0.1~1.0mg/L 或 FNA>0.02mg/L 时，就可抑制 NOB 的活性，但只有 FA>10~15mg/L 或 FNA>0.4mg/L 时，才能对 AOB 产生抑制作用。在硝化反应器内，FA 和 FNA 的浓度，分别取决于氨氮和 NO_2^--N 的浓度以及反应环境的 pH 和水温。计算公式如下：

$$C_{FA} = \frac{17}{14} \times \frac{C_{NH_4^+-N} \times 10^{pH}}{\exp[6334/(273+T)] + 10^{pH}}$$ (2-4)

$$C_{FNA} = \frac{17}{14} \times \frac{C_{NO_2^--N}}{\exp[2300/(273+t)] \times 10^{pH}}$$ (2-5)

式中 C_{FA}——FA 浓度（mg/L）；

$C_{NH_4^+-N}$——氨氮浓度（mg/L）；

C_{FNA}——FNA 浓度（mg/L）；

$C_{NO_2^--N}$——NO_2^--N 浓度（mg/L）；

exp——以自然常数 e 为底的指数函数；

T——水温（℃）。

在硝化反应过程中，随着氨氮的转化，其浓度逐渐下降，FA浓度也随着反应进程而增大，导致了反应前期存在着较高的FA，反应后期FNA较大，可通过FA、FNA与DO浓度的协同控制来抑制NOB的活性。

2.1.1 序批式生物膜反应器（SBBR）常温亚硝化的启动

目前，ANAMMOX工艺主要应用于高温、高氨氮废水的处理。城市生活污水氨氮浓度一般约为65mg/L，水温10～20℃，若要实现城市生活污水的ANAMMOX脱氮，首先要实现常温低氨氮污水的稳定亚硝化，为ANAMMOX提供适宜的基质（氨氮：NO_2^--N＝1：1.32）。而亚硝化反应启动的关键在于抑制NOB的活性，使AOB成为硝化菌群中的优势菌种，从而维持稳定的高亚硝化率。

本节针对常温条件下序批式生物膜反应器（Sequencing Batch Biofilm Reactor，SBBR）亚硝化的启动进行了研究，以期为城市生活污水亚硝化提供基础资料。

1. 材料和方法

（1）试验装置

试验装置采用SBBR反应器（图2-1），由有机玻璃制成，有效容积为42L，采用表面有较多孔隙的陶粒为填料。装置内部共设有4个曝气环，距底端筛板距离分别为0cm、40cm、100cm、160cm。进水和内循环泵均采用最大转速为300r/min的兰格BT300-2J蠕动泵。

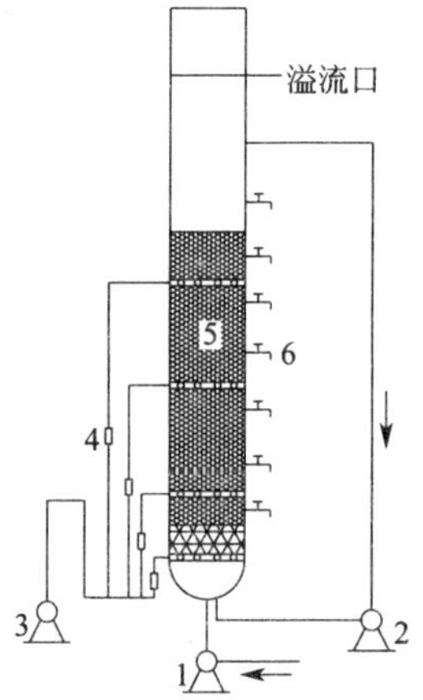

（2）试验用水

试验进水采用某大学教工家属小区生活污水经A/O处理的二级出水，但在抑制NOB阶段人工增加了进水氨氮浓度，试验水质见表2-1。

图2-1 实验装置
1—进水泵；2—内循环泵；
3—曝气泵；4—气体流量计；
5—填料（陶砾）；6—取样口

试验人工配水水质 表2-1

水质指标	COD(mg/L)	氨氮(mg/L)	NO_2^--N(mg/L)	NO_3^--N(mg/L)	pH	TP(mg/L)
数值范围	30～70	43～315	0～1.99	0～5.70	7.71～8.43	4～7

（3）水质分析方法

pH：Testr10便携式pH计。氨氮浓度：纳氏试剂光度法。NO_2^--N：N-(1-萘基)-乙二胺光度法。NO_3^--N：麝香草酚分光光度法。DO浓度：便携式溶解氧仪CellOx$_{325}$。化学需氧量（COD）：碧月牌5B-3B型COD快速测定仪。TP浓度：碧月牌5B-3B型TP快速测定仪。

（4）试验方法

SBBR反应器每个运行周期包括4个阶段，分别为进水、曝气、排水和闲置，由于生物膜反应器具有截污能力，起到了二次沉淀的作用，因此运行周期与SBR法不同之处在于不需要设置沉淀期，每周期末将反应器内的水基本排空。

试验首先采用自然挂膜的方式培养和富集硝化生物膜；待硝化生物膜生成后，通过增加进水氨氮浓度和降低曝气量的方法,抑制NOB的活性,使AOB成为反应器内的优势菌种;当亚硝化反应稳定后,再降低进水氨氮浓度,以符合城市生活污水水质。试验分为:硝化生物膜的培养和富集、NOB的抑制和低氨氮亚硝化稳定性研究三部分。各阶段的运行工况见表2-2。

试验各阶段运行工况 表2-2

试验阶段	曝气量(m³/h)	周期内曝气时间(h)	周期数(d)	运行天数(d)
硝化生物膜的培养和富集	(0.3,0.2,0.2,0)	24	12	12
NOB的抑制	(0.1,0,0.1,0)	5	7	7
	(0.1,0,0,0)	5	39	39
低氨氮亚硝化稳定性研究	(0.06,0,0,0)	2	6	3
	(0.06,0,0,0)	1	15	5
	(0.04,0,0,0)	1	12	4

2. 结果与讨论

(1)硝化生物膜的培养和富集

试验采用自然生长的方法富集硝化菌(AOB和NOB),培养硝化生物膜。事先未接种硝化污泥,避免硝化污泥中大量的异养微生物对硝化反应和亚硝化率的干扰。

SBBR反应器内引入家属小区生活污水经A/O除磷工艺的处理水,调节各曝气装置曝气量自下而上分别为0.3m³/h、0.2m³/h、0.2m³/h、0m³/h,周期时间为24h,除进水和排水等操作时间外,设置全程曝气为硝化反应提供足够的溶解氧。该时期氨氮转化率及硝酸盐积累率如图2-2所示,进水氨氮浓度、出水氨氮浓度、出水NO_2^--N浓度及出水NO_3^--N浓度如图2-3所示。

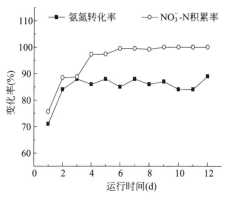

图2-2 氨氮转化及硝酸盐积累

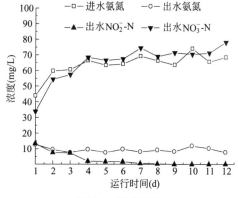

图2-3 浓度变化

由图2-2和图2-3可知,在总曝气量为0.7m³/h,周期曝气时间近24h的工况下,运行4d后,氨转化率逐渐达到88%,几乎100%实现完全硝化。氨氮浓度由60mg/L降至10mg/L。表明硝化菌增殖很快,AOB和NOB已达成了动态平衡。由图2-3还可见,反应器运行开始阶段,出现少量NO_2^--N的积累,这是由于系统中基质、AOB、NOB间平衡过程所致。运行7d后全部转化为NO_3^--N。自第4天开始出现出水NO_3^--N浓度高于进水氨氮浓度的现象，此乃上一周期残留 $NO_3^- $ -N 的影响。

（2）NOB 的抑制

硝化生物膜培养成熟后，为了控制反应停留在亚硝化阶段，需要抑制 NOB 并保持 AOB 活性，以此取得高亚硝化率。反应过程中 2 个重要的环境因子为（FA）浓度和生物膜 DO。由于 FA 对 AOB 的起始抑制浓度为 $10\sim15$ mg/L，对 NOB 的抑制浓度为 $0.1\sim1.0$ mg/L；硝化反应所需要的 DO 浓度为 $0.5\sim2.5$ mg/L，为了使硝化作用进行完全，须保证 DO 浓度在 2mg/L 以上。这是因为在 NH_4^+ -N 的生物氧化过程中，NOB 氧化 NO_2^- -N 的能量是 AOB 氧化氨氮能量的 5 倍，只有在能量充足的情况下，硝化反应才能进行完全。

因此，如初始 FA 浓度控制在 15mg/L，会对 NOB 有强烈的抑制，对 AOB 影响很小。按 FA 计算公式，在试验温度 20℃左右，进水 pH 为 8 的条件下，应控制进水氨氮浓度为 315mg/L 左右；调节各曝气装置曝气量自下而上分别为 $0.1m^3/h$、$0m^3/h$、$0.1m^3/h$、$0m^3/h$，曝气时间设定为 5h，控制反应器 DO 浓度，形成低氧环境，进行抑制 NOB 代谢活性的试验，试验结果如图 2-4 所示。从图中可见，运行初期亚硝化率基本维持在 50％的水平，并且没有明显的增长趋势，说明较多 NOB 还能够适应反应器内的环境，在上述曝气量下依然可以继续生存。运行 7d 之后关闭其他部位曝气，只保留最底端曝气，曝气量为 $0.1m^3/h$。改变曝气方式之后生物膜表面的 DO 不足以为 NOB 参与的硝化反应提供充足的能量，NO_2^- -N 的积累率呈现明显的增长趋势。运行至第 34 天时亚硝化率达到 85％，并且维持稳定。降低曝气量后，进水氨氮的转化率无明显下降趋势，而存在波动的原因在于 A/O 出水中氨氮浓度存在一定的波动。可见，采用高 FA 低 DO 浓度联合控制的方法可以在保持氨氮转化率的条件下抑制 NOB，使 AOB 成为反应器内的优势菌种。

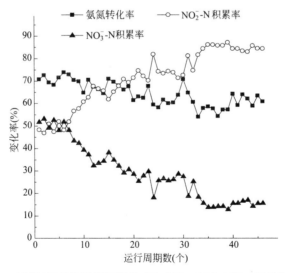

图 2-4　洗脱 NOB 阶段氨氮转化率与 NO_2^- -N 和 NO_3^- -N 的积累率

（3）低温下低氨氮亚硝化的稳定性

城市生活污水属于低氨氮水质（氨氮浓度一般为 $60\sim70$ mg/L），该实验将进水中氨氮浓度调节至 60～70mg/L，只开启最底端曝气装置，设定曝气量为 0.1m³/h，曝气时间为 5h。周期试验过程中进出水氨氮、NO_2^--N 和 NO_3^--N 的浓度如图 2-5 所示，各时段出水的氨氮转化率、亚硝化率及 NO_3^--N 积累率如图 2-6 所示。

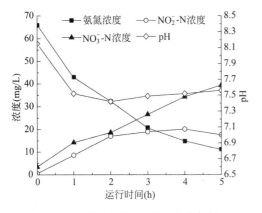

图 2-5　周期试验过程中进出水氨氮、
NO_2^--N 和 NO_3^--N 的浓度

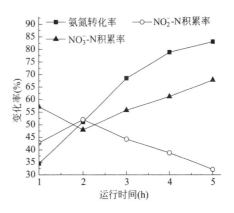

图 2-6　各时段出水的氨氮转化率、NO_2^--N
积累率及 NO_3^--N 积累率

由图 2-5 可见，在整个周期反应过程中，氨氮浓度逐渐减小，且氨氮转化速率比较均匀；而各时段出水中 NO_3^--N 浓度一直高于 NO_2^--N 浓度，运行 2h 时 2 者浓度之差最小。由图 2-6 可知，亚硝化率在 2h 时最高，为 52%，之后由于继续曝气的作用，亚硝化率呈逐渐降低趋势，故将曝气量下调至 0.06m³/h，曝气时间缩短为 2h。

调低曝气量和缩短曝气时间后氮转换情况如图 2-7 所示。试验开始温度为 16℃左右，曝气量为 0.06m³/h，曝气时间为 2h 时的前 5 个周期，平均氨转化率为 50%，平均亚硝化率为 56%。该试验条件下难以有效地抑制 NOB 使 AOB 成为反应器内的优势菌种。第 6 个周期将曝气时间再缩短为 1h 时，NO_2^--N 积累率虽有所上升，达到了 70%，但亚硝化率波动较大，运行至第 17 个周期后出现明显下降的现象；更严峻的是，由于反应时间的缩短，氨氮的转化率降低至 32%；在第 21 个周期调整曝气量至 0.04m³/h，曝气时间不变，由此导

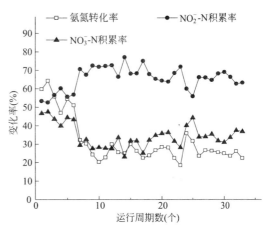

图 2-7　低氨氮短程硝化阶段三氮变化

致了氨氮转化率的继续降低和亚硝化率的短时升高，之后亚硝化率又开始下降并维持在64% 左右。可见，在常温低氨氮条件下，保持高氨转化率和高亚硝化率，还有待进一步研究。

3. 结论

（1）SBBR 反应器在不接种硝化污泥，以生活污水为原水，周期曝气反应时间为 24h，总曝气量为 0.7m³/h 工况下，运行 12d 培养了硝化生物膜，硝化性能良好，氨转化率达

85%，硝化率稳定维持在 100%。

（2）保持进水中氨氮浓度为 315mg/L 左右，曝气量为 0.1m³/h，曝气时间为 5 h，运行 39d 后保持氨转化率基本不变，亚硝化率达到 85%，并且能够稳定维持。表明高浓度 FA 低浓度 DO 联合作用的方法抑制 NOB，实现亚硝化反应是有效的。

（3）本试验在常温低氨氮浓度条件下，SBBR 反应器亚硝化启动过程中，只限氧曝气降低 DO，AOB 的活性也受到抑制，未实现稳定亚硝化反应。因此，在常温条件下低氨氮城市生活污水亚硝化的工程化应用仍然任重而道远！

2.1.2　SBR 亚硝化反应器的培养及其影响因子

实现 SHARON-ANAMMOX 工艺稳定运行的关键点之一是如何稳定控制硝化反应过程，控制氨氧化率和稳定的高亚硝化率，由此才能为 ANAMMOX 反应提供合适的进水基质浓度。研究表明，影响亚硝化反应的主要因素包括温度、pH、FA、DO、污泥龄、HRT 和有害物质等。本试验通过控制曝气量与进水氨氮浓度，利用 DO 与 FA 浓度抑制 AOB 和 NOB 活性范围差异，探寻亚硝化的快速启动途径，分析启动过程中的主要影响因子。

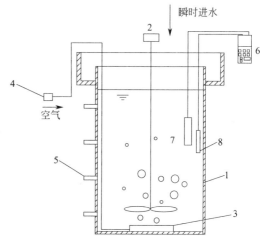

图 2-8　实验装置

1—反应器；2—搅拌机；3—曝气环；4—超静音可调式气泵；5—取样口；6—手提式溶解氧/pH 测定仪；7—溶解氧探头；8—pH 探头

1. 材料与方法

（1）试验装置

试验采用有机玻璃加工而成的反应器，如图 2-8 所示。反应器总容积为 33L，有效容积为 25L；底部设置内径为 11cm 的曝气环，通过可调式气泵为反应过程提供 DO；反应器内设置搅拌器，提供泥水混合动力；反应器壁上每隔 100mm 设置取样口一个。

（2）试验用水与接种污泥

试验用水主要分两部分：

1）高氨氮试验用水为人工配水，即使用生活污水经过 A/O 生物除磷工艺的二级处理出水，在其中投加适量硫酸铵以提供试验所需的氨氮反应基质浓度，并相应投加碳酸氢钠来维持硝化过程中所需的碱度，不控制 pH。

2）直接使用 A/O 生物除磷的二级处理出水作为反应器的进水。其水质指标为：COD<50mg/L，高浓度氨氮 200～358mg/L，低浓度氨氮 35～81mg/L，NO_2^--N<1mg/L，NO_3^--N<1mg/L，pH 为 7.5～8.3。

试验接种污泥取自北京高碑店污水处理厂 A²/O 工艺的回流污泥，MLSS 为 9.85g/L，接种量为 6L，接种后反应器内污泥浓度为 4238mg/L。该污泥具有一定硝化功能。采用 A/O 生物除磷的处理水以 SBR 运行方式进行污泥驯化，每天运行一个周期，曝气反应时间 10h（DO 保持在 2～4mg/L 之间），8～10d 后氨氮转化率高达 100%，可以认为硝化菌基本驯化成熟。

（3）试验方法

试验采用 SBR 运行方式，接种污泥为硝化菌驯化成熟后的污泥，运行周期包括瞬时进水（5min）、连续搅拌并曝气（曝气时间由定时取样的化验结果而定）、静置沉淀（2～3h）、排水（5min）。每周期的进水量与排水量均占总有效容积的 4/5，整个试验阶段不排泥。试验分为高氨氮（平均浓度为 245.28mg/L）培养、高氨氮向低氨氮过度和低氨氮（平均浓度为 58.08mg/L）稳定运行等 3 个阶段。全部试验在水温为 22.3～27.1℃的条件下进行，并变化曝气时间和曝气量使反应器 DO 浓度维持在 0.15～0.40mg/L 之间，探求 FA、FNA 和 DO 协同抑制 NOB 的活性，形成稳定亚硝化反应的方法。试验中采用实时控制模式监测 pH、DO 值变化，并定时取样，根据周期试验结果及时改变曝气时间，并考察亚硝化快速启动过程中典型周期的影响因子变化情况。

（4）分析项目与测试方法

定时检测反应器内混合液的 SV_{30}、MLSS、SVI、氨氮、$NO_2^- -N$、$NO_3^- -N$ 等参数，实时监测 DO、pH 和水温等。其中，氨氮采用纳氏试剂光度法，$NO_2^- -N$ 采用 N-（1-萘基）乙二胺光度法，$NO_3^- -N$ 采用麝香草酚分光光度法，DO、pH 及水温的测定采用 WTW pH/Oxi 340i 手提式 pH、溶解氧测定仪，其余各项水质指标的测定方法均根据国家规定的标准方法。FA、FNA 浓度可根据溶液的氨氮、$NO_2^- -N$ 浓度以及水温、pH 经公式计算确定。

2. 结果与讨论

（1）亚硝化 SBR 反应器的快速启动

在进水温度为 22.3～27.1℃，DO 为 0.15～0.40mg/L，pH 为 7.52～8.30 的条件下，SBR 反应器 3 个阶段的试验结果如图 2-9 所示。

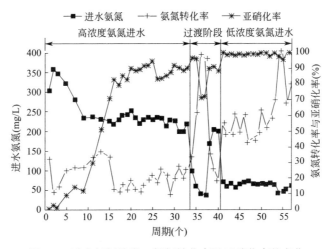

图 2-9 进水氨氮浓度、氨氮转化率及亚硝化率的变化

由图 2-9 可以看出，试验启动初期进水氨氮浓度为 200～358mg/L，经计算，进水 FA 的平均浓度为 19.59mg/L。DO 为 0.15～0.40mg/L，8h 限氧曝气条件下，系统的亚硝化积累于第 11 周期开始有明显上升趋势，16 周期后稳定在 85%左右。但氨氧化率

只有 30%。表明 NOB 的活性受到了高浓度 FA 的严重抑制的同时，AOB 也受到了影响，反应器整体硝化能力不足，满足不了高浓度氨氮的转化需求。第 34 周期开始将进水改为 A/O 深度除磷工艺的处理水，由于进水氨氮浓度较低，在相同的 DO 浓度与曝气时间条件下，氨氮在曝气停止前得以完全降解，过量曝气还使部分亚硝酸盐被氧化为硝酸盐，从而导致亚硝化率下降。于是，再次提高进水氨氮浓度至 200mg/L，发现亚硝化率迅速上升至 88% 以上，进一步说明 FA 对 NOB 的抑制作用能够使 NO_2^--N 得以迅速积累。41 周期后再次将进水恢复为 A/O 工艺二级处理水（氨氮浓度 45～72mg/L），吸收了低氨氮过曝气导致亚硝化率下降的经验，试将曝气反应时间缩短为 6h，结果亚硝化率始终保持在 90% 以上。本试验高氨氮进水条件下 FA 平均浓度为 19.59mg/L，低氨氮进水时 FA 浓度为 0.56～5.27mg/L。试验首先利用高浓度 FA 抑制了系统中 NOB 的增殖，AOB 在硝化菌群中占据了主导地位。当系统进水氨氮由高浓度过渡至低浓度时，虽然 FA 浓度相应降低，但协同低 DO 和限氧曝气使亚硝化系统也得以维持。

上述实验结果表明生活污水亚硝化反应器以高氨氮、FA、FNA 协同培养，后续以低氨氮低 DO 的运行技术路线是可行的。

（2）亚硝化系统的影响因子研究

1）DO 对亚硝化系统的影响

低 DO 浓度（0.5～1.2mg/L）可以将硝化反应控制在亚硝化阶段。DO 浓度＞1.2mg/L 时，对 NOB 的抑制作用减弱，AOB 难以占优势；但合理地增加 DO 浓度可以促进氨氮的转化，提高氨氮的去除效率，从而缩短硝化反应时间。

本试验在平均 DO 为 0.28mg/L 条件下成功实现了 SBR 反应器稳定亚硝化后，逐步提高 DO 浓度，考察不同 DO 浓度对亚硝化系统运行效能的影响。该阶段的进水氨氮浓度为 36.359～67.555mg/L，pH 为 7.54～7.85，反应器中水温为 25.6～27.6℃。图 2-10 为试验过程中改变 DO 后亚硝化率的变化曲线，从中可以看出，DO 为 0.44～0.51mg/L（平均浓度为 0.48mg/L），曝气时间最长为 6h 条件下，氨氮转化率近 100%，亚硝化率始终在 86% 以上，最高可达 100%；继续提高 DO 浓度至

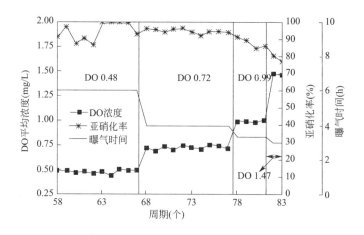

图 2-10　DO 对亚硝化系统运行效能的影响

0.63~0.77mg/L（平均浓度为 0.72mg/L），曝气时间缩短为 4h，亚硝化率保持在
92％以上；DO 浓度升高至 0.95~1.04mg/L（平均浓度为 0.99mg/L），亚硝化率有
所下降，说明系统中存在着微小的 NOB 活性；当 DO 浓度提高为 1.42~1.51mg/L
（平均浓度为 1.47mg/L）时，亚硝化率已降至 80％以下，DO 浓度的继续提高使系
统中的 NOB 活性得以恢复。

再降低 DO 浓度至 0.63~0.77mg/L，在进水氨氮浓度 50~80mg/L，曝气时间 4h
的条件下运行 20 个周期的氮素转化情况如图 2-11 所示。图中可以看出，当进水氨氮浓
度为 45~80mg/L 时，在温度为 24.4~27.2℃，DO 为 0.63~0.77mg/L，曝气 4h 的
优化工况下，三氮转化速率基本稳定，只有少许波动，出水平均氨氮浓度在 8mg/L，
氨氮转化率 88％，平均亚硝化率为 94％左右，最高可达 100％。其中第 88、102、
104、105 和 106 周期进水氨氮浓度相对其他周期的稍高，相应的 DO 浓度也较高，氨
氮平均转化速率与 NO_2^--N 平均增长速率反而有所提高，出现了曲线峰值，表明 SBR
反应器在优化工况下还有一定的抗冲击能力。可见，经过高 FA 和低 DO 双重抑制作用
达到亚硝化后，在优化工况下连续运行 23 个周期仍可取得高亚硝化率（＞85％）和高
氨氮转化率，且运行稳定。

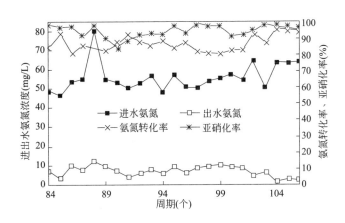

图 2-11　DO＝7.2 亚硝化系统恢复及亚硝化率的变化

可见，当 DO 浓度过低时，氨氮转化需更长的曝气反应时间；DO 浓度过高可恢复
NOB 的活性，NO_2^--N 在 NOB 的作用下进一步转化为 NO_3^--N。有破坏亚硝化系统稳定
性的风险。本试验条件下，亚硝化稳定运行适宜的 DO 浓度为 0.72mg/L，曝气反应时间
为 4h。

2）稳定期典型周期的氨转化率和亚硝化率变化规律

图 2-12 是原水氨氮浓度 56mg/L，进水 FA 浓度 2.01mg/L，典型反应周期（第 68 周
期）内 FA 浓度与三氮浓度随时间变化曲线。周期初有 FA 的抑制，随着反应的进行 FA
渐少，FNA 又在增加，NOB 始终受到抑制。又有低 DO（0.72mg/L）和短曝气反应时间
（h）的协同，AOB 菌在系统中占绝对优势，亚硝化反应达成了动态平衡。但是如长期运
行，一旦某一因子打破平衡或 NOB 对环境有了适应，亚硝化反应就可能向硝化反应
推进。

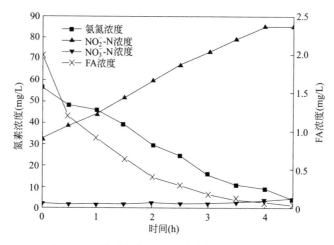

图 2-12　典型周期内 FA 浓度与氮素浓度变化

（3）不同 DO 浓度下氮素转化速率

图 2-13 与图 2-14 描述了不同 DO 浓度下的第 67、68、72、76 四个典型周期内三氮浓度的变化规律。

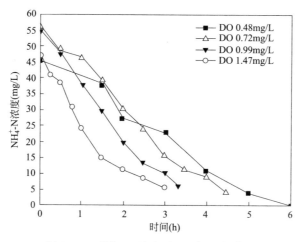

图 2-13　不同 DO 浓度下 NH_4^+-N 的降解

由图中可以看出，在周期试验中，随着 DO 浓度的增高氨氮降解速度加快。在平均 DO 为 0.48mg/L、0.72mg/L、0.99mg/L、1.47mg/L 浓度水平下，氨氮的平均降解速率分别为 0.204kg/($m^3 \cdot d$)、0.285kg/($m^3 \cdot d$)、0.331kg/($m^3 \cdot d$)、0.380kg/($m^3 \cdot d$)，相应的 NO_2^--N 与 NO_3^--N 的平均生成速率分别为 0.194kg/($m^3 \cdot d$)、0.270kg/($m^3 \cdot d$)、0.299kg/($m^3 \cdot d$) 和 0.011kg/($m^3 \cdot d$)、0.015kg/($m^3 \cdot d$)、0.041kg/($m^3 \cdot d$)、0.089kg/($m^3 \cdot d$)。

图 2-14 中还可以看到，各周期内反应前期 NO_2^--N 浓度均随时间而快速增加，周期反应后期 NO_2^--N 浓度变化趋势平缓，甚至有下降趋势，而 NO_3^--N 浓度不断升高，说明系统中反应后期氨氮基质已经严重不足，AOB 代谢迟缓，DO 多被 NOB 利用，生成的

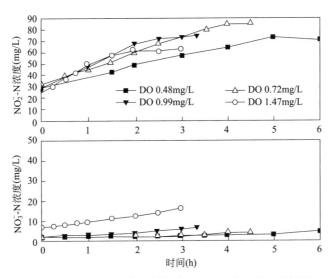

图 2-14　不同 DO 浓度下周期内 NO_2^--N 与 NO_3^--N 浓度

NO_2^--N 已有部分被 NOB 氧化成 NO_3^--N。当 DO 值大于 0.99mg/L 时，周期反应后期硝化趋势更为明显，硝化反应速率和 NO_3^--N 的产生速率明显提高。DO 平均浓度为 1.47mg/L 时，进出水 NO_3^--N 浓度差值将近 10mg/L。可见，过量曝气会使亚硝化系统向完全硝化系统转变，限时曝气是维持亚硝化反应的关键手段之一。

（4）周期内溶氧平衡与 pH 拐点

图 2-15 是不同 DO 浓度水平下，周期试验中 DO 与 pH 随时间的变化规律。在曝气反应初期，4 条 DO 曲线都有长短不一的平直段，在此时段里供氧速率与 AOB 好氧氨氧化反应的耗氧速率（OUR）平衡；随反应的进行基质氨浓度逐渐降低，反应速率和耗氧速率下降，当供氧速率大于耗氧速率之际，DO 浓度开始增高，DO 曲线上弯出现拐点。初始 DO 浓度越高拐点出现越早。DO 平均浓度为 0.48mg/L、0.72mg/L、0.99mg/L、1.47mg/L 时，DO 值出现跳跃点的时间分别为 4.25h、3h、1.75h、0.85h；图 2-15 可知，氨氮基本被降解完全的时间分别为 6h、4.5h、3.3h、3h。DO 拐点只表明供氧与耗氧关系，指示不了氨氧化反应的终止。

由图 2-15 可见，AOB 的好氧硝化反应是一个产酸耗碱的过程，随着反应的进行 pH 呈下降趋势。试验开始阶段 pH 下降速率均较快，随后趋于平缓，说明开始时的亚硝化反应速率较快，随着反应的进行，基质浓度的降低，曲线逐渐趋于平稳。当氨氮基本消耗完毕时，过量的曝气吹脱 CO_2，破坏了系统中碳酸解离平衡，pH 开始升高，出现了 pH 的拐点。DO 平均浓度为 0.48mg/L、0.72mg/L、0.99mg/L、1.47mg/L 时，pH 出现拐点的时间分别为 5.6h、3.8h、3.3h、3h。与氨氮基本被降解完全的时间（6h、4.5h、3.3h、3h）基本相符。由此可见，pH 的拐点可以很好地指示硝化反应的终点，而周期内 DO 值的跳跃点出现时间与氨氮被降解完全的时间相差较大，不能准确判断硝化反应的终点。

3. 结论

（1）在常温下利用 FA 与 DO 浓度对 NOB 的双重抑制作用，历经 33 个周期（20d）

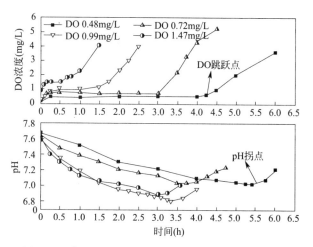

图 2-15　典型周期内 DO 浓度与 pH 值随时间的变化

的培养成功启动了亚硝化 SBR 反应器。氨氮转化率 85％，亚硝化积累率 90％以上。

（2）高氨氮亚硝化 SBR 反应器培养成熟后，改为生活污水，在 FA、FNA 与限氧低 DO 协同抑制 NOB 活性下，亚硝化率仍稳定维持在 90％以上。

（3）过量曝气会使亚硝化向全程硝化转变。低 DO 是实现亚硝化的决定性因素，提高 DO 浓度会破坏亚硝化系统的稳定性，但是及时降低 DO 浓度（平均 DO＜0.72mg/L）可以使亚硝化系统得以恢复。

（4）在反应周期中，随着反应的进行，pH 呈下降趋势，当氨氮被降解完全时 pH 曲线出现拐点；而 DO 曲线出现拐点时，在系统中仍有大部分氨氮存在。因此，pH 拐点则可以作为亚硝化反应时间终止的指示参数。而 DO 曲线拐点可作参考。

2.2　低 DO 生活污水亚硝化反应器的运行研究

DO 是硝化反应的必要基质，是硝化菌（AOB、NOB）活性基质。向反应器内供氧，增加 DO 浓度可促进 AOB 和 NOB 的代谢活性；反之如果反应器内 DO 降低到一定程度，AOB 和 NOB 活性都会受到影响。但在低 DO 下，AOB 的产率倍增，抵消其活性下降带来的影响，基质代谢速率还可以保持一定水平，而 NOB 却不具备这种补偿机制。AOB 和 NOB 的氧饱和系数分别为 0.2～0.4mg/L 和 1.2～1.5mg/L，在低 DO 下（DO＜1.0mg/L），AOB 比 NOB 更具有对 DO 的亲和力。本节利用 AOB 和 NOB 在低 DO 下对 DO 亲和力的差别，探求生活污水亚硝化反应的稳定运行。

2.2.1　气水比对亚硝化膜生物反应器的影响

膜生物反应器（MBR）将膜分离技术与生物处理技术相结合，具有生物浓度高，HRT 与 SRT 完全分离，污泥产量低，占地面积小等优点，特别适于泥龄较长的硝化菌生长。如能建立亚硝化 MBR 反应器，通过调节运行参数实现长期稳定运行，具有重要意义。

1. 材料与方法

（1）试验装置

试验采用圆柱形膜生物反应器，由有机玻璃制成，直径为 28.5cm，高为 38.5cm，有效容积为 20L。反应器内置聚偏氟乙烯（PVDF）中空纤维膜组件，孔径为 $0.1\mu m$，有效面积为 $0.4m^2$，底部安装曝气环，中部设置大功率电动搅拌器，上部安装液位控制器维持液面恒定，同时安装在线 pH、DO 探头，实时监测各项参数，进出水采用蠕动泵控制。试验装置如图 2-16 所示。

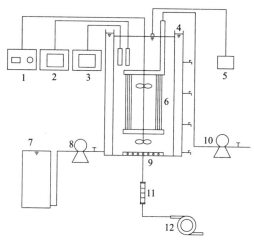

图 2-16 反应器装置图

1—搅拌机；2—在线 pH；3—在线 DO；4—水浴；

5—液位计；6—膜组件；7—水箱；8—进水蠕动泵；9—曝气环；

10—出水蠕动泵；11—气体流量计；12—鼓风机

（2）接种污泥及试验用水

接种污泥取自高碑店污水处理厂回流硝化污泥，接种污泥浓度为 10g/L，接种量为 10L。试验采用人工配水，主要成分包括（NH_4）$_2SO_4$、$NaHCO_3$、$CaCl_2$（40mg/L）、$MgSO_4 \cdot 7H_2O$（100mg/L）、KH_2PO_4（40mg/L）及少量营养液，具体水质参数如下：氨氮为（200 ± 5）mg/L，$NO_2^- \text{-}N$ 小于 1mg/L，$NO_3^- \text{-}N$ 为（6 ± 2）mg/L，碱度为（2000 ± 100）$mgCaCO_3$/L，pH 为 8.0 ± 0.2。

（3）试验方法

在进水氨氮为 200mg/L，碱度为 2000$mgCaCO_3$/L，HRT 为 8.3h 的条件下，以连续流启动亚硝化膜生物反应器。亚硝化启动成功后，在进水水质和流量不变的情况下，通过增大气水比值使氨氧化率接近 100%，之后逐渐减小气水比值，最终实现半亚硝化。各阶段的曝气量及气水比见表 2-3。

不同实验阶段曝气量值 　　　　　　　　　　　　　　　　　　　　　表 2-3

时间	启动阶段		阶段一	阶段二	阶段三
	第 1~7 天	第 8~53 天	第 55~77 天	第 79~95 天	第 97~113 天
曝气量（L/min）	0.9~1.8	0.35~0.55	1.0	0.75	0.55
气水比	22.5:1~45:1	7.5:1~12.5:1	25:1	19:1	14:1

（4）分析项目与方法

氨氮：纳氏试剂分光光度法。$NO_2^- $-N：N-（1 -萘基）-乙二胺分光光度法。$NO_3^- $-N：紫外分光光度法。温度、pH、DO：WTW 在线测定仪。MLSS：手提式测定仪。其余水质指标都依照国标方法进行检测。

2. 结果与讨论

（1）亚硝化的启动

高氨氮试验用水连续流入反应器，调节曝气量，控制 DO 小于 0.55mg/L，氮浓度的变化及亚硝化率如图 2-17 所示。在前 7d 出水氨氮浓度逐步降低，至第 7 天时氨氧化率达到 95.81%，平均亚硝化率为 0.83%，最高值仅为 1.26%，说明污泥硝化活性恢复良好，但 NOB 活性较高。

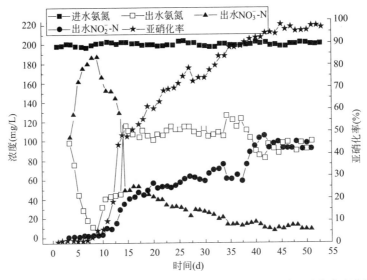

图 2-17　启动阶段进出水氨氮，出水 $NO_2^- $-N、$NO_3^- $-N 及亚硝化率变化图

根据 AOB 对氧的亲和力大于 NOB 这一特点，自第 8 天起，逐步减小气水比值，使 DO 稳定在 0.05~0.1mg/L，以限制 NOB 的活性。在降低曝气量后的第 5 天亚硝化率明显提高，说明 NOB 活性被抑制。由于混合液内氧浓度及传质作用的限制，氨氧化率逐步降低，后期稳定在 45% 左右。

由于氨氧化率的降低，反应器内剩余一定量的氨氮，出水中可维持一定的 FA 浓度，经计算反应器内的 FA 浓度为 4.03~5.90mg/L，平均值为 4.89mg/L。Anthonisen 等的试验表明，当 FA 浓度在 0.1~1.0mg/L 时，NOB 的活性就会受到抑制；当 FA 浓度达到 10~15mg/L 时，AOB 的活性才会受到抑制。故在此阶段 NOB 受到严重抑制而 AOB 活性并未受影响，从而导致亚硝化率逐步上升。反应器运行至第 39 天时，亚硝化率达到 91.77%，此后 15 天亚硝化率稳定在 90% 以上，平均值为 95.44%，遂认为亚硝化启动成功。

（2）气水比对亚硝化的影响

亚硝化启动成功后，通过改变气水比值，研究其对反应器运行的影响，结果如图 2-18 所示。

　　阶段 1 相较于启动阶段，气水比值变大（25∶1），在高 DO 环境下，氨氧化率不断增加，之后氨氧化率达到 100％且后期一直稳定在 98％以上，平均值为 99.42％；又由于高氨氮进水，致使 NOB 在 FA 和 FNA 抑制下，出水 NO_3^--N 浓度只有一定程度的升高，亚硝化率达 95％以上；阶段 2 气水比降为 19∶1，氨氮的去除率降为 80％，之后氨氮的去除率又不断降低并稳定在 70％左右，平均亚硝化率为 99.36％。阶段 3 气水比再下降为 14∶1，出水氨氮浓度相对稳定，氨氧化率为 56.05％～61.74％，平均值为 58.89％；亚硝化率近 100％。NO_2^--N/NH_4^+-N 值为 1.22～1.50，正符合 ANAMMOX 反应的基质比率。

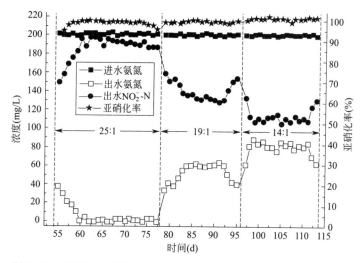

图 2-18　不同气水比进出水氨氮、出水 NO_2^--N 及亚硝化率变化图

3. 结论

　　（1）硝化污泥在高氨氮浓度、连续流下运行，至第 39 天时亚硝化率达到 90％，之后 15d 一直稳定在 90％以上，平均值为 95.44％，氨氧化率稳定在 45％。MBR 的亚硝化启动成功。

　　（2）在全亚硝化运行过程中会产生过度曝气现象，致使动力费用增加，且有可能诱发污泥膨胀；半亚硝化运行稳定，动力费用低，对氧气的利用率高。

　　（3）在气水比为 14∶1 时，能够实现稳定的半亚硝化，出水 NO_2^--N/NH_4^+-N 平均值为 1.33，适宜作为 ANAMMOX 反应器的进水。

2.2.2 延时曝气对常温低氨氮的 SBR 亚硝化的影响及恢复

　　目前 SBR 反应器的周期操作大都采用时间程序的自动控制，各周期的曝气反应时间固定不变。但是由于进水水质的波动性，固定的曝气时间易造成延时曝气，会导致亚硝化 SBR 反应器失稳。因此如何使遭到破坏的 SBR 亚硝化系统得到快速恢复具有重要的研究价值。本试验采用 SBR 运行方式，以常温低氨氮城市生活污水为研究对象，通过探究 SBR 反应器延时曝气对亚硝化的影响，寻找一种因延时曝气失稳的亚硝化高效恢复策略。

1. 材料与方法

（1）试验装置

采用 SBR 工艺，反应器为有机玻璃制成的圆柱，高 25cm，直径 33cm，总体积 16L，有效容积为 15L。反应器壁沿垂直方向设置一排间距 5cm 的取样口。采用机械搅拌混匀，底部安装微孔曝气管，微孔曝气圆环直径 15cm，采用鼓风曝气，曝气量由转子流量计控制。反应器采用定时器控制，能完成自动进水、搅拌、曝气、排水。装置如图 2-19 所示。

（2）接种污泥与实验水质

试验接种 15L 本实验室培养的 MLSS 为 4050mg/L 的亚硝化污泥，其 SV30 为 15%，该污泥亚硝化性能良好，亚硝化率 99% 以上。进水水质为人工配制的含氮废水，进水氨氮浓度为（40±5）mg/L，$NO_2^- \text{-N}$、$NO_3^- \text{-N}$、COD 浓度均小于 1mg/L，pH7.5～8.2，通过加热装置控制反应温度为（22±1）℃，投加 $(NH_4)_2SO_4$ 提供所需氨氮浓度，投加 $NaHCO_3$ 提供碱度，碱度与氨氮浓度比 10∶1。

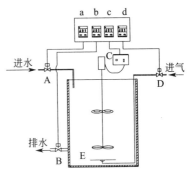

图 2-19　反应器装置图

A、B、D：分别为进水、排水、曝气管路的电磁阀；a、b、c、d：分别为进水、排水、搅拌、曝气的自动控制系统；C：搅拌设备；E：曝气设备

（3）试验方案

SBR 反应器通过时间控制器实现反应过程的自动控制，试验每天运行 3 个周期。每周期进水 15min，好氧曝气 1.5～3h，沉淀 30min，排水 5min，其余时间闲置。反应器容积交换率为 73.3%，整个试验过程不排泥。试验分为 4 个阶段运行，分别为低氨氮稳定运行阶段、延时曝气破坏阶段、限氧恢复阶段、联合恢复阶段。

（4）分析方法

每个周期测定反应器内混合液的 SV_{30}、MLSS、SVI、氨氮、$NO_2^- \text{-N}$、$NO_3^- \text{-N}$ 等参数。DO、温度、pH 均采用 WTW 在线测定仪测定，MLSS 采用 MODEL711 手提式测定仪测定。氨氮测定采用纳氏试剂光度法，$NO_2^- \text{-N}$ 采用 N-（1-萘基）乙二胺光度法，$NO_3^- \text{-N}$ 采用紫外分光光度法，其余水质指标的分析方法均采用国标方法。

本试验中亚硝化率、氨氧化率按下式计算：

$$亚硝化率(\%) = \frac{\Delta C_{NO_2^- \text{-N}} \times 100\%}{\Delta C_{NO_2^- \text{-N}} + \Delta C_{NO_3^- \text{-N}}} \qquad (2\text{-}6)$$

$$氨氧化率(\%) = \frac{\Delta C_{NH_4^+ \text{-N}} \times 100\%}{C_{NH_4^+ \text{-N}}} \qquad (2\text{-}7)$$

式中　$\Delta C_{NO_2^- \text{-N}}$——进出水 $NO_2^- \text{-N}$ 的浓度差；

　　　$\Delta C_{NO_3^- \text{-N}}$——进出水 $NO_3^- \text{-N}$ 的浓度差；

　　　$\Delta C_{NH_4^+ \text{-N}}$——进出水氨氮的浓度差；

　　　$C_{NH_4^+ \text{-N}}$——进水氨氮浓度。

2. 结果与讨论

（1）延时曝气对亚硝化的影响

试验接种高氨氮培养的成熟亚硝化污泥，亚硝化率99%以上，直接转入低氨氮运行，平均进水氨氮浓度为（40±5）mg/L，曝气时间2h，初始DO浓度控制为0.5mg/L左右。各周期氮素转化情况如图2-20所示。由图可知，在此阶段的60个周期（1～20d）内，亚硝化率与氨氧化率均在90%以上，平均氨氮容积去除负荷为0.45kgN/（m³·d），说明经高氨氮培养的亚硝化污泥直接转入常温低氨氮运行时能够保持较高的氨氧化性能及稳定的亚硝化效果。

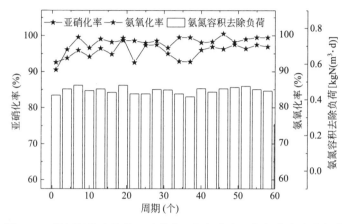

图2-20　低氨氮稳定阶段亚硝化率、氨氧化率、氨氮容积去除负荷

自第61个周期起将曝气时间调整为3h，其他条件不变，继续运行，各周期氮素转化情况如图2-21所示。

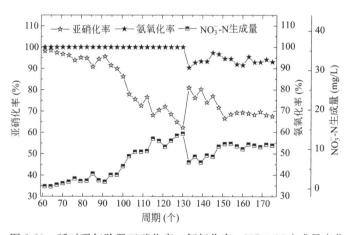

图2-21　延时曝气阶段亚硝化率、氨氧化率、NO_3^--N生成量变化

由图可知，试验在第61～130个周期内（23d）亚硝化率从最初的99.00%下降至62.24%，NO_3^--N生成量从0.59mg/L增加至13.91mg/L，亚硝化系统逐渐失去稳定。这是因为每个周期前120min的反应时间内，氨氮已氧化完全，此后的60min处于延时曝气状态，较充足的DO恢复了NOB菌的活性。自第131个周期起不再延时曝气，将曝气时间降低至2h，亚硝化率提升至80.95%，但在以后的45个周期内亚硝化率又持续下降至67.57%，未能恢复到原来90%的水平。亚硝化率呈现先升高又降低的趋势主要原因是

缩短曝气时间后，NOB 对 $NO_2^- $-N 的氧化时间减少，使每个周期内生成的 $NO_3^- $-N 量相比延时曝气时减少，但是延时曝气已经使 NOB 得到了增殖，有了一定的基数。

将第 61、97、103 周期曝气反应时间内 $NO_3^- $-N 生成速率计算结果总结于图 2-22。延时曝气典型周期内 FN 和 FNA 的变化绘于图 2-23。由图 2-22 可知，曝气时间刚开始延长的第 61 周期，$NO_3^- $-N 生成速率低于 0.0016mg/(gMLSS·min)，说明系统内 NOB 含量很少或活性还被抑制。经过 69 周期的延时曝气到第 130 周期末，$NO_3^- $-N 生成速率最高达到了 0.0588mg/(gMLSS·min)，表明在系统内充足的 DO 和充足亚硝酸盐的环境中 NOB 数量增殖，活性迅速提高，导致亚硝化失稳。

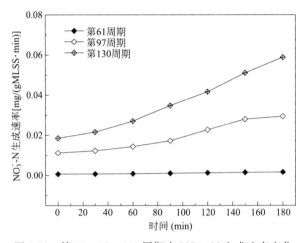

图 2-22　第 61、97、130 周期内 $NO_3^- $-N 生成速率变化

由图 2-23 可知，随氨氧化反应的进行 FA 逐渐下降，而 FNA 渐渐升高。当氨氮消耗殆尽时，pH 出现升高拐点，FNA 达最高值 0.09mg/L，表明氨氧化反应已经结束。继续延时曝气 0.5h 后，FNA 浓度低于 0.02mg/L，表明延时曝气 DO 提高，使 $NO_2^- $-N 大量

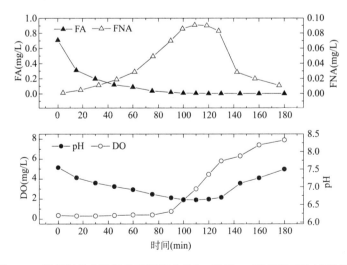

图 2-23　低氨氮稳定阶段典型周期内 FA、FNA、pH 以及 DO 过程变化

被氧化为 NO$_3^-$-N，此时 FA 和 FNA 联合抑制作用随之被打破，亚硝化失稳。

综上，延时曝气主要是解除了稳定运行阶段低 DO 浓度和 FNA、FA 的抑制，使 NOB 短期内得到大量增殖，一旦得到增殖很难通过缩短曝气时间的方式实现亚硝化的恢复。

（2）失稳后的恢复策略研究

1）限氧恢复

为验证高 DO 造成的亚硝化失稳可否利用 AOB 与 NOB 氧饱和常数不同的原理通过限氧策略使其逐渐得到恢复，试验在第 178～241 个周期内降低曝气量将初始 DO 浓度由 0.5mg/L 降至 0.3mg/L 左右，曝气反应时间恢复 2h，试验运行结果如图 2-24 所示。平均氨氧化率降至 75.64%，亚硝化率最初提高至 79.61%，但在以后的 63 个周期内亚硝化率也一直呈下降趋势，最终降至 55.65%。说明采用限氧策略后系统的氧化能力降低，同时系统内 NOB 已经得到充分增殖且其对之前的低 DO 环境产生了一定的适应性，限氧已经无法对 NOB 起到完全的抑制作用。因此本试验中因延时曝气导致的亚硝化失稳不能仅通过限氧来实现其恢复，必须引入新的抑制因素才可以将 NOB 完全抑制。

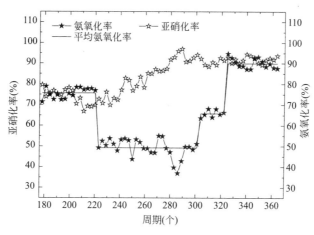

图 2-24　恢复时期亚硝化率、氨氧化率、平均氨氧化率变化

2）前置厌氧与降低氨氧化率联合

试验自第 242 个周期起采取一种联合恢复的策略，即增设 1h 前置厌氧搅拌阶段并缩短曝气时间至 1.5h。由图 2-24 可知，改变曝气时间后平均氨氧化率为 50.23%，亚硝化率稳中有升，经过 60 个周期（20d）后亚硝化率达到了 91.81%，而且运行效果稳定，实现了亚硝化的初步恢复。当亚硝化率达到 90% 以上后，反应器又运行了 21 个周期（7d），亚硝化率无下降趋势，于是逐渐提高曝气时间以提高氨氧化率。首先保持曝气时间 2h 运行了 21 个周期（7d），平均氨氧化率 65.80%，接着提高曝气时间至 2.5h 运行了 42 个周期（14d），平均氨氧化率达到 89.92%，此过程中亚硝化率一直维持在 90% 以上，由此实现了常温低氨氮生活污水因延时曝气导致亚硝化失稳后的完全恢复。

图 2-25 是增设前置厌氧、降低氨氧化率阶段典型周期 DO、FA、FNA 变化，采取此策略后曝气阶段的整个过程中 DO 浓度在 0.29～0.36mg/L 之间，NOB 始终处于低 DO 浓度下生长；出水 FA 浓度在 0.30mg/L 以上，周期末 FNA 达 0.0065mg/L 也对 NOB 有

一定的抑制作用。

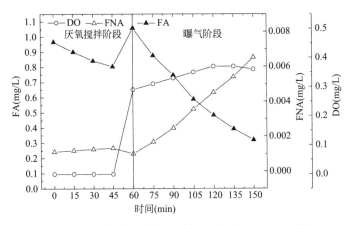

图 2-25　联合恢复阶段典型周期 DO、FA、FNA 变化

图 2-26 是此恢复阶段 NO_3^--N 生成速率图，曝气 0.5h 后，NO_3^--N 生成速率低于 0.004mg/（gMLSS·min）之后速率增加很快，说明前置厌氧搅拌阶段的增设，使前 1h 内 AOB 与 NOB 均处在厌氧的环境中，此过程氨氮基本不被消耗，当开始曝气后 AOB 能够快速适应突变的环境，而 NOB 则存在滞后性。前置厌氧确实能够起到抑制 NOB 的作用，但前置厌氧的最优时间还有待具体分析。

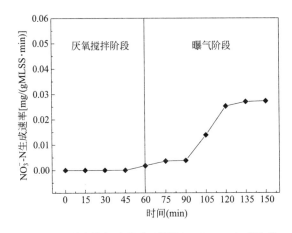

图 2-26　联合恢复阶段典型周期 NO_3^--N 生成速率

3. 结论

（1）经高氨氮培养的亚硝化污泥转入常温低氨氮运行时，控制初始 DO 浓度为 0.5mg/L 左右可保持较高的氨氧化性能及良好的亚硝化效果，实现常温低氨氮生活污水亚硝化的稳定运行，平均氨氮容积去除负荷为 0.45kgN/（m³·d）。

（2）延时曝气解除了 DO 和 FNA 的联合抑制作用，为 NOB 创造了一个可以迅速增殖的有利环境，最终使亚硝化系统失稳，且系统内 NOB 一旦得到增殖，只取消延时曝气很难实现亚硝化的恢复。

（3）通过增设 1h 前置厌氧搅拌并缩短曝气时间控制氨氧化率在 50% 左右，控制初始

DO 浓度在 0.30mg/L 左右经过 60 个周期（20d）可实现因延时曝气失稳后的亚硝化恢复。

2.2.3　DO 对亚硝化稳定性的影响

一般亚硝酸型硝化工艺都耦合在城市污水的二级处理过程中，如 A/O、SBR、CAST 等工艺。在这些工艺中 AOB 与其他异养菌及原生动物共存，$NO_2^- -N$ 的稳定积累主要依赖于污泥絮体微环境中所产生的基质浓度梯度和环境条件梯度而实现。这种选择梯度是由于物理传质和多类型微生物对基质、环境的竞争而逐渐形成的，涉及多种微生物的代谢，其生态链较为复杂，处理水中的 DO 也较高，生态平衡一旦被破坏很容易转化为全程硝化。另外，将亚硝酸型硝化耦合在二级处理中，有时会降低二级处理的能力。目前关于常温下在深度处理的单元工艺中主要依靠物理传质的控制实现稳定的亚硝酸型硝化还鲜见报道，因此，本试验利用 A/O 生物除磷工艺的出水通过充氧方式和 DO 浓度的控制，对亚硝酸型硝化单元工艺进行试验研究，以解决在深度处理中实现 ANAMMOX 自养脱氮工艺。

1. 试验装置与方法

（1）试验装置

试验采用有机玻璃 SBR 反应器，总体积约为 6.6L，有效容积 5L，如图 2-27 所示。

反应器内设有内径为 42mm 的曝气筒，容积约为总有效容积的 5%，曝气筒底部与 SBR 反应器连通，上部设三角堰，堰上水深约 10mm。曝气筒内用粘砂块曝气头进行曝气，使曝气筒内液流与反应器内液流形成内循环，通过传质交换为反应器内处理液提供 DO，由转子流量计控制曝气量。反应器内设立搅拌器（搅拌叶片面积 $1264mm^2$，转速 200r/min），提供混合动力，以加强传质。定时检测 SBR 反应器内处理液的 SV、SVI、MLSS、氨氮、$NO_2^- -N$、$NO_3^- -N$ 等指标，在线监测 DO、氧化还原电位（ORP）、pH 和水温等参数。

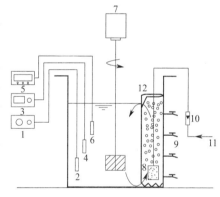

图 2-27　试验装置

1—pH 测定仪；2—pH 电极；3—ORP 测定仪；
4—ORP 传感器；5—DO 测定仪；6—DO 传感器；
7—搅拌器；8—粘砂曝气头；9—取样口；
10—转子流量计；11—压缩空气；12—曝气筒

（2）试验原水

试验原水采用某大学家属区生活污水经 A/O 工艺的处理水。原水水质：COD_{Cr} 50～60mg/L，氨氮 80～110mg/L，$NO_2^- -N$ <1mg/L，$NO_3^- -N$ <1mg/L，TP 0.18～0.74mg/L，水温 17～24℃，pH7.65～7.79。

（3）试验方法

试验采用了 9 个不同的曝气量水平，对应 9 个不同的 DO 浓度（本文 DO 均指 SBR 主反应区内混合液长时间稳定的浓度值），即 DO 分别为 0.03mg/L、0.07mg/L、0.13mg/L、0.15mg/L、0.19mg/L、0.30mg/L、0.40mg/L、0.50mg/L、0.60mg/L。由于受 DO 探头测量精度的影响，低曝气量下 DO 测定值有所波动，以平均值代替稳定值，高曝气量下 DO 测定值较稳定，基本无波动现象，取其稳定测量值。每一曝气量水平都维持系统稳定运行一段时间后才切换到另一水平，系统内 MLSS 稳定维持在 1000mg/L 左右。定期从反应器取水样约 25mL，静沉 30min 后取上清液约 15mL 用中速滤纸过滤后待测。静沉残液与污泥倒回反应器，并通过重物淹没排水法保持反应器内液位和曝气筒堰上水深不变。

水样分析项目中氨氮采用纳氏试剂光度法，$NO_2^- $-N 采用 N-（1-奈基)-乙二胺光度法；$NO_3^-$-N 采用麝香草酚分光光度法，DO、温度采用 WTW inoLab Stirr OxG 多功能溶解氧在线测定仪，pH 采用 OAKLON Waterproof pH Testr10BNC 型 pH 测定仪，ORP 采用 OAKLON Waterproof ORP Testr 10 型 ORP 测定仪，MLSS、MLVSS、SV 和 SVI 均按国家环保局发布的标准方法测定。

2. 结果和分析

（1）污泥的培养和驯化

本试验以培养的具有硝化功能的沉淀池回流污泥为种泥，MLSS 为 4.85g/L，接种量为 1L。以 A/O 除磷工艺处理水为原水，采用 SBR 方式进行培养试验。控制曝气量在 0.10～0.15L/min，DO 保持在 0.10～0.20mg/L，培养驯化 1 个月后反应器内 MLSS 稳定在 1000mg/L 左右，MLVSS 约为 820mg/L，SV 值和 SVI 值分别稳定在 5% 和 50mL/g 左右，氨氮去除率＞98%，亚硝化率稳定在 90% 以上，平均可达到 95%，最大氨氧化速率可达 0.855kgN/(kgMLVSS·d)。显微镜下观察污泥性状为大量黄褐色小型颗粒污泥（尺寸约为 0.10～0.50mm）。

（2）氮素化合物的转化规律

图 2-28 给出了不同 DO 下氨氮、NO_2^--N 和 NO_3^--N 的变化情况。从各曲线的斜率可

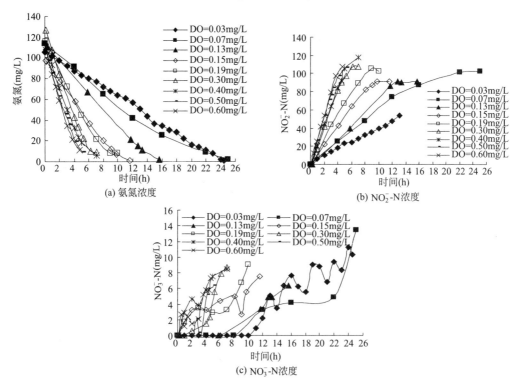

图 2-28 不同 DO 浓度下氮素化合物浓度变化情况

以看出，随着反应器 DO 升高，氨氮消耗速率以及 $NO_2^- \text{-}N$ 和 $NO_3^- \text{-}N$ 的生成速率都是提高的，但是由于反应器内 NOB 菌数量相对较低，周期末 $NO_3^- \text{-}N$ 能够稳定在 10mg/L 以下，且大部分是运行后期形成的。这说明反应器的延时曝气会推动 $NO_2^- \text{-}N$ 向 $NO_3^- \text{-}N$ 的转化，因此应该尽量避免发生延时曝气现象。

氨氮的消耗速率和 $NO_2^- \text{-}N$ 的生成速率具有很好的对应关系，如图 2-29 所示。从图中可以看出在 DO$<$0.30mg/L 时，两曲线基本重合且与 DO 呈线性相关关系。之后随着 DO 提高两曲线发生了分离现象。分析可知，这是由于随着 DO 的提高，有机氮素化合物转化为氨氮的速率随之提高，从而造成 $NO_2^- \text{-}N$ 的生成速率高于氨氮的消耗速率。所以 $NO_2^- \text{-}N$ 的生成速率更为合理地反映 AOB 的代谢速率。

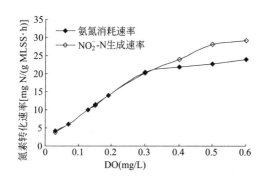

图 2-29　氮素转化速率随 DO 浓度变化关系

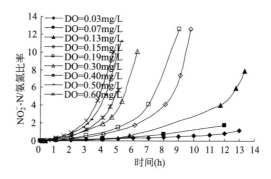

图 2-30　不同 DO 下 $NO_2^- \text{-}N/NH_4^+ \text{-}N$ 比率变化曲线

从图 2-29 可以看出，DO$>$0.30mg/L 后，$NO_2^- \text{-}N$ 生成速率的增长趋势开始变缓，DO$>$0.50mg/L 后稳定在某一数值不再增加，可见此时 O_2 不再成为限制性基质，从而反应具有向全程硝化转化的趋势。因此，在试验 MLSS 下，为了防止反应过程向全程硝化转化，O_2 基质浓度应控制在 0.50mg/L 以下。图 2-30 和图 2-31 分别描述了不同 DO 稳定值下 $NO_2^- \text{-}N/NH_4^+ \text{-}N$ 比率和亚硝化率（$NO_2^- \text{-}N/NO_x^- \text{-}N$）的变化情况。从图 2-30 可以看出本试验氨氮转化为 $NO_2^- \text{-}N$ 的速率随 DO 的提高增加非常迅速。另外，由图 2-31 可知，在本试验条件下亚硝化率基本稳定 90% 以上，平均可达到 95.14%。

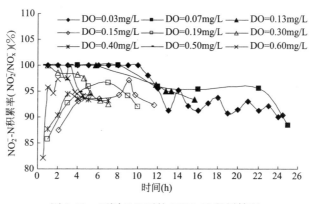

图 2-31　不同 DO 下的 $NO_2^- \text{-}N$ 积累情况

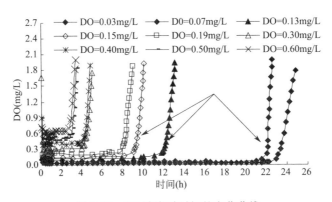

图 2-32　DO 浓度随时间的变化曲线

（3）条件参数的变化规律

图 2-32 给出了反应器内不同初始 DO 稳定值下的 DO 变化规律。从图中可以看出，起初 DO 很好地稳定在某个水平数值（该数值称之为"DO 稳定值"），随着基质的不断消耗在运行周期末出现了一个陡然上升的拐点，然后 DO 快速上升直至达到饱和 DO 浓度。这是由于基质 NH₃-N 的浓度降低到一定程度后，逐渐成为反应的限制性基质，引起 AOB 代谢速率的大幅度降低，打破了原有的基质供求平衡，从而造成反应器中 DO 快速积累。另外，随着 DO 稳定值的提高，DO 曲线出现拐点所需的时间缩短。DO 曲线拐点的出现对于基质氨氮的消耗程度和亚硝化率具有很好的指示作用，可以作为亚硝酸型硝化反应的过程控制参数。

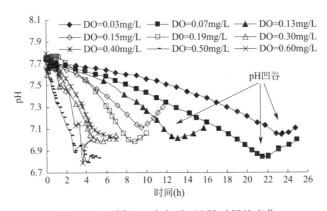

图 2-33　不同 DO 浓度下 pH 随时间的变化

图 2-33 为反应器内不同 DO 稳定值下 pH 的变化情况。从图可以看出，在运行过程中 pH 随着氨氮不断被转化为 NO_2^--N 以较平缓的速率降低，当氨氮浓度降低到限制性基质浓度时 pH 曲线出现了一个迅速回升的拐点，我们通常称之为"pH 凹谷"。这一现象可以通过处理水中的碳酸解离平衡来解释。如式（2-8）所示，亚硝化过程每消耗 1molNH₄⁺ 便生成 2mol 的 H⁺，所产生的这些 H⁺ 参与了水中的碳酸平衡，如式（2-9）所示，生成的 CO_2 经曝气被吹脱出。随着亚硝化反应的不断进行，当 NH₄⁺ 降低到限制性基质浓度时亚硝化过程的反应速率迅速降低，而碳酸平衡由于曝气的吹脱作用仍然向右进行，从而继续消耗水中剩余的 H⁺，从而造成 pH 的突然升高。另外，从图 2-33 中还可看出，DO>

0.30mg/L 后，pH 曲线的特征点——"pH 凹谷"波动性较大不容易观察。

$$NH_4^+ + 1.5O_2 \longrightarrow NO_2^- + H_2O + 2H^+ \tag{2-8}$$

$$2H^+ + CO_3^{2-} \longleftrightarrow H^+ + HCO_3^- \longleftrightarrow H_2CO_3 \longleftrightarrow H_2O + CO_2\uparrow \tag{2-9}$$

图 2-34 为反应器内不同初始 DO 稳定值下 ORP 的变化情况。从图可以看出，在运行过程中由于氨氮不断被氧化为 NO_2^--N，处理液的 ORP 呈缓慢上升趋势，当氨氮浓度降低至限制性基质浓度时，由于处理液 DO 发生突跃，从而造成 ORP 曲线的突跃性拐点（如图中"★"所示）。另外，从 ORP 变化曲线上还可以观察到第二个拐点（如图中"◆"所示），这是由于 pH 的升高对 ORP 的降低有贡献，与 DO 的升高相叠加则形成了 ORP 曲线上的第二个拐点，即缓和性拐点。

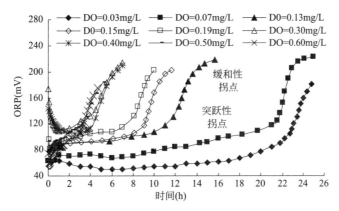

图 2-34　不同初始 DO 稳定值下 ORP 随时间的变化

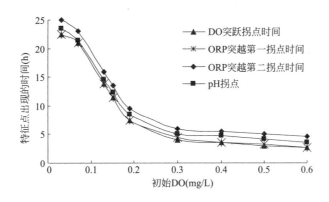

图 2-35　运行参数出现特征点的时间与初始 DO 的关系

图 2-35 为 DO、pH、ORP 等参数分别出现以上特征点的时间与初始 DO 稳定值之间的关系曲线。可以看出，这 3 个运行参数出现特征点的时间与 DO 稳定值具有很好的规律性，均随初始 DO 稳定值的增加而降低。DO>0.30mg/L 后下降趋势变缓。另外，3 个参数彼此之间也具有很好的相关性。其中，DO 曲线的特征点和 ORP 曲线的第一个特征点是基本重合的并且首先出现；其次是 pH 曲线的特征点；ORP 曲线的第二特征点最后出现具有一定的滞后性。

由以上分析可以看出，DO、pH、ORP 3 个运行参数的变化特征都能够很好地表征反应器中氨氮的亚硝化过程。可以根据这些参数给出的特征信号来准确地控制 SBR 短程硝化的曝气时间和终点，进而实现氨氮的稳定亚硝酸化。

3. 结论

（1）常温下（17~24℃）以 A/O 工艺的处理水为原水，具有硝化功能的活性污泥经过 1 个月的驯化，对氨氮的去除率大于 98%，亚硝化率（NO_2^--N /NO_x^--N）大于 90%，平均可达 95%，获得了稳定的亚硝化过程，说明根据 AOB 和 NOB 在低 DO 下（本试验采用 0.10~0.20mg/L）对氧亲和力的不同，通过基质缺乏竞争途径实现污水深度处理中的稳定亚硝酸化单元工艺是可行的。

（2）在亚硝酸化单元工艺中，反应器内 DO、pH 和 ORP 的变化与氨氮的亚硝酸化过程具有很好的相关性，并且这种相关性不受 DO 绝对值的影响。因此，可以通过在线监测反应过程中的 DO、pH 以及 ORP 的变化来间接地了解体系内氨氮的转化情况及亚硝化的程度，并可以根据 DO、pH、ORP 曲线的特征点来判断"稳定亚硝化终点"。

（3）SBR 中 DO 曲线不但特征点出现最早而且变化剧烈，容易观察，因此是最理想的预控制参数。

（4）试验初始 DO 稳定值的大小不影响 DO、pH 和 ORP 曲线的变化规律，但它影响亚硝化过程的反应速率、反应时间以及维持亚硝化体系的 O_2 基质缺乏竞争力度，当 DO>0.50mg/L 后，反应有向全程硝化转化的趋势；另外当 DO>0.30mg/L 后，pH 曲线特征点——"pH 凹谷"波动性较大，不易判断。因此，笔者认为本试验中 DO＝0.30mg/L 是最佳 DO 浓度。

（5）笔者认为 DO、pH 和 ORP 曲线的特征点并不是亚硝化过程将所有氨氮消耗殆尽的真正终点，而是一定条件下氨氮浓度成为限制性基质，造成氨氧化速率急剧下降时的转折点。转折点后，DO 急剧升高，维持稳定亚硝化过程的 O_2 基质缺乏竞争力度也随之急剧降低，从而反应具有向全程硝化转化的趋势。因此，本试验 DO、pH 和 ORP 曲线的特征点表示的应该是维持稳定亚硝化过程的转折点，也可称为"稳定亚硝化终点"。

2.3 温度对亚硝化的影响研究

微生物对环境温度非常敏感。在 20~30℃ 的环境下最适宜微生物的代谢繁殖，但各种微生物种群对温度变化的耐力却不尽相同。在大于 30℃ 和小于 15℃ 的条件下，与 AOB 相比 NOB 的代谢活性受到的影响更强烈。在高温或低温下，尽管 AOB 和 NOB 的活性都要下降，但 AOB 尚可维系一定的基质代谢速度，而 NOB 的活性严重被抑制，从而使硝化反应停留在亚硝化阶段。

2.3.1 亚硝化合建式曝气池的启动及控制因子

ANAMMOX 是指在厌氧条件下，ANAMMOX 细菌将氨氮作为电子供体，以 NO_2^--N 作为电子受体的微生物脱氮过程，此过程无需分子态氧和有机物的参与，所以这种生物脱氮技术从理论上突破了传统硝化-反硝化工艺的束缚，解决了后者在经济、技术、环境二次污染上存在的诸多问题。但是，ANAMMOX 技术的应用却一直局限于高温、高氨氮的工业废水处理，在常温低氨氮城市生活污水脱氮技术领域尚未涉足。其根本原因在于ANAMMOX反应所需要的稳定亚硝酸化问题一直没有解决。

本试验采用活性污泥连续流曝气与沉淀合建式反应器进行常温低氨氮城市生活污水的亚硝化影响因子的实验研究，以期为城市生活污水的ANAMMOX提供技术支持。

1. 试验装置与方法

（1）试验装置

试验采用由有机玻璃制成的合建式反应器，将曝气区与沉淀区合建于一个反应器之中，如图2-36所示。其中，反应器总体积136L，曝气池有效体积30L，沉淀区106L。在距曝气池外围5cm处设圆柱形挡板，以增加沉淀区泥水混合物的絮凝接触概率，从而加速沉淀，利于泥水分离；曝气采用可调曝气泵控制，连接4个微孔粘砂曝气头，均匀置于曝气区底部；在曝气池内安装搅拌器进行搅拌，以弥补曝气混合作用的不足；试验进水、污泥回流均采用蠕动泵控制。试验在室温（15～25℃）下进行，污泥浓度为500～1000mg/L，SRT控制在30d左右，通过调节曝气量大小控制反应区DO浓度，并设置DO、ORP、pH在线监测仪。

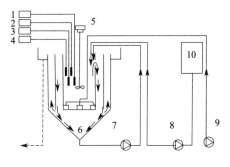

图2-36 试验装置图

1—在线pH测定仪；2—在线DO测定仪；3—在线ORP测定仪；4—在线电导测定仪；5—搅拌器；6—曝气头；7—回泥泵；8—进水泵；9—曝气泵

（2）试验用水

试验用水采用某大学家属区生活污水经A/O除磷工艺处理后的出水，主要水质指标为：氨氮为60～75mg/L，$NO_3^--N<1mg/L$，$NO_2^--N<1mg/L$，COD为30～170mg/L，P <1mg/L，碱度为400～500mg/L，温度为14～26℃，pH为7.8～8.1。

（3）实验与分析检测方法

氨氮采用纳氏试剂光度法，NO_2^--N采用N-（1-萘基）-乙二胺光度法；NO_3^--N采用麝香草酚分光光度法，MLSS、MLVSS、SV和SVI均按国家环保局发布的标准方法测定，采用先进的在线监测设备采集实时参数（DO和温度采用EUTECH DO2000PPG多功能溶解氧在线测定仪，pH采用WTW pH296型在线测测定仪，OPR采用WTW ORP296型在线测定仪）。

2. 结果与讨论

（1）亚硝化反应器接种诱导期的氮素转化

本阶段大约进行了50d。反应器接种来自卡鲁塞尔氧化沟的硝化污泥和来自CANON工艺脱落的生物膜，DO控制在0.2mg/L以下，接种5d后进出水三氮浓度变化如图2-37所示。初期由于污泥回流不良，造成混合液悬浮固体浓度不足300mg/L，该条件下氨氮转化率极低，至第8天转化率不足10%。后采取措施在泥区加设了循环泵定期扰动，保持了污泥回流通畅，反应区混合液污泥浓度渐渐升为500mg/L。在反应器内由于接种了硝化污泥和CANON工艺生物膜，故反应器内存活着AOB、NOB和ANAMMOX菌，也有少许反硝化菌。在曝气恒定低氧条件下运行，实际上继承了CANON工艺的生化反应，表现其进出水TN有大量损失。到第21天进水TN为

84mg/L，出水 TN21mg/L，TN 损失了 63mg/L。这其中反硝化贡献是很小的，正是因为生活污水二级处理水多为难降解有机物。从而 SHARON-ANAMMOX 自养脱氮反应占据了主导地位。随着时间的推移，CANON 功能在逐渐减弱和消失，硝化菌群正在适应新的生态环境。

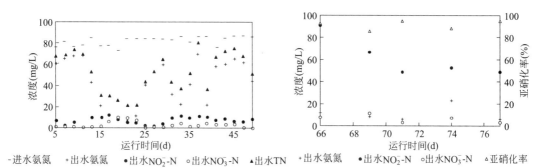

图 2-37　第一阶段三氮浓度变化　　　　图 2-38　第二阶段三氮浓度和亚硝化率

（2）低氧、高氨氮亚硝化活性污泥的强化培养

本阶段运行了 10 天。因反应器故障此阶段采取 SBR 方式培养活性污泥，从第 53 天运行至第 63 天，在高氨氮、低 DO 下培养污泥，污泥浓度为 1000mg/L，保持进水氨氮浓度 200mg/L 左右并提供足够的碱度，依据 pH 变化情况控制 SBR 反应器周期运行时间。10d 后 NO_2^--N 积累量显著提高，亚硝化率达 87.5%。分析此阶段亚硝化率迅速增长的原因可能是 FA 对 NOB 抑制作用，此外，由于采用 SBR 的运行方式，可以将 DO、pH 作为实时控制参数，防止过量曝气，也避免了向全程硝化转化；第 65d 开始停止在进水中投加氨氮，在低氨氮生活污水下运行 5 个周期的出水情况如图 2-38 所示，亚硝化率并没有因氨氮浓度的降低而有所下降，仍保持 90%。观察反应器中的活性污泥，发现其颜色由灰黑色变成棕黄色，沉降性能良好，说明此时系统中 AOB 已占绝对优势，高氨氮、低 DO 条件下 AOB 的培养顺利，亚硝化反应器启动成功。

（3）常温、低氨氮亚硝化反应的稳定性

本阶段恢复连续流方式，持续运行了近 100d，进水氨氮浓度为 80mg/L 左右，继续保持低 DO（约 0.2mg/L）。运行期间氮素转换情况见图 2-39 和图 2-40。如图 2-39 所示，NO_2^--N 有明显积累至第 105 天最高积累达 35mg/L。此后出水 NO_2^--N 浓度随进水氨氮浓度变化波动在 20～35mg/L 之间，亚硝化率 60%～70%。污泥沉降性能较好，SV 逐渐降低并一直维持在 20% 以下。

第 122 天时将 DO 提高到 0.5～1.0mg/L 范围内，几日后亚硝化率升至 75%～85%，出水 NO_2^--N/NH_4^+-N 接近 1（图 2-40）。保持各参数不变条件下持续运行（温度浮动不大）40d 后，发现 NO_3^--N 有明显升高趋势，恢复 DO 至 0.2mg/L 以下，NO_3^--N 浓度仍继续增加，亚硝化率低至 56%，在低 DO 下运行 15d 后，NO_2^--N 重新出现大量积累并在低温下稳定运行。

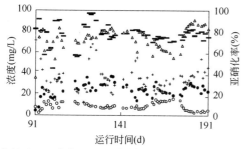

图 2-39 第三阶段进出水三氮浓度和亚硝化率

• 出水NO$_2^-$-N ○出水NO$_3^-$-N ━进水氨氮 ＋出水氨氮 △亚硝化率

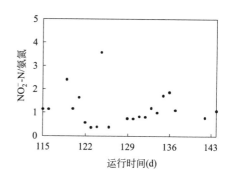

图 2-40 稳定期出水 NO$_2^-$/氨氮

（4）亚硝化反应稳定性影响因子分析

1）pH、FA、SRT

由于完全混合连续流的运行方式决定了原水一旦进入即被稀释，硝化细菌实际的生存环境几乎与出水相同。实验用水的平均氨氮浓度为80mg/L，pH 为 8，实际出水氨氮浓度在 30mg/L 左右，实际出水的 pH 在 7.5 左右。据反应器内环境氨氮浓度、温度和 pH，按公式计算出整个连续流反硝化稳定运行期间 FA 浓度在 0.5～0.3mg/L，此值远小于国内外报道的 FA 对 NOB 的抑制浓度（1～150mg/L），所以如此低的 FA 不能抑制 NOB，而且研究表明，NOB 会逐渐适应高浓度的 FA，不适合作为 NOB 的长期抑制因子，因此 FA 不是本实验中稳定亚硝化的控制因子。

AOB 和 NOB 的世代周期不同，分别为 8～36h、12～59h，AOB 世代周期略小于 NOB 的世代周期。在悬浮处理系统中，若使泥龄介于两者之间，系统中 NOB 会被逐渐冲洗掉，使 AOB 成为系统优势硝化菌种，形成亚硝酸型硝化，但本试验一直以长污泥龄（大于 30d）状态运行，远大于 AOB 和 NOB 的世代周期 8～36h 和 12～59h。SRT 也不是稳定亚硝化的促进因子。

2）DO

DO 对亚硝化率的影响如图 2-41 所示。系统在低 DO（<0.2mg/L）下开始产生明显 NO$_2^-$-N 积累，从第 122 天提高 DO 至 0.5～1.0mg/L 范围内，可以看出提高 DO 能暂时维持亚硝化效果，但不能维系亚硝化的持久稳定。40d 后 NOB 活性恢复，硝化反应向全程硝化发展。恢复低 DO 运行 13d 后亚硝化率又逐渐提高并恢复到以前水平。

AOB 和 NOB 的氧饱和常数不同，AOB 一般为 0.2～0.4mg/L，NOB 细菌一般为 1.2～1.5mg/L，这会导致两者对氧的亲和力不同。因此，在低氧下 AOB 比 NOB 更具竞争力，长期运行后 NOB 的活性必然会被抑制。试验中高 DO 破坏的亚硝化过程可以通过再次降低 DO 得以恢复，可以认为低 DO（<0.2mg/L）是本实验亚硝化积累的控制因子。

3）温度

反应器的启动时间总计约为 190d，实验期间对温度没有采取任何控制措施。水温条件随季节变换而变化，在 25～15℃间。温度对亚硝化率的影响如图 2-42 所示。可以明显看出，从第 106 天 NO$_2^-$-N 稳定积累后，亚硝化率随温度波动且滞后于温度变化。这其中第 123 天、150 天 NO_2^--N 的降低是由温度骤降（低至 15℃）造成，说明 AOB 对温降很敏感，但短期降温对 AOB 影响是暂时的，因为温度回升后 NO_2^--N 积累立即恢复。值得注意的是在 NO_2^--N 于第 175 天开始恢复积累后，虽然在连续低温（15～16℃）的影响下，亚硝化率并没有降低，可以认为在 AOB 占优势的条件下，亚硝化性能在 15℃时保持稳定。

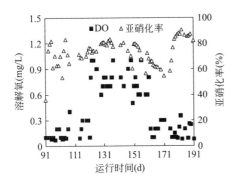

图 2-41　DO 对亚硝化率的影响

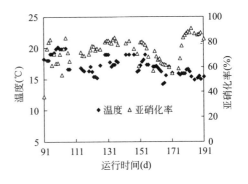

图 2-42　温度对亚硝化率的影响

（5）原污水 COD 浓度与 TN 损失

在试验中发现：亚硝化反应器不仅导致了氮的形式的转化（氨氮→NO_2^--N），还存在氮损失现象，随着反应器在不同工况下的运行，TN 损失率在 20%～60%波动。在反应器启动后进入亚硝化稳定阶段后，又经长期试验对 TN 损失问题进行考察。试验结果如图 2-43 和图 2-44 所示。分析 TN 损失是低 DO 引起的 2 种脱氮作用所致：一种是反硝化作用，另一种是 ANAMMOX 作用。

由图 2-43 可见，在第 256～287 天，进水 COD≤50mg/L，COD 消耗量很少，COD 去除率<10%。这是因为此部分有机物主要为难降解有机物质，故进入限氧亚硝化系统后，COD 难以被继续降解，这表明此时反硝化作用很弱，因此可以推断，此时的氮损失主要由 ANAMMOX 作用导致的，而其副产物（NO_3^--N）也明显增加，尤其在第 278～287 天时段内，当 TN 损失达到高峰（60%）时（图 2-44），表观亚硝化率明显降低至 38%，NO_3^--N 浓度增加到 18mg/L，出现 NO_3^--N 曲线峰值（图 2-43）。

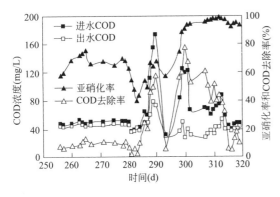

图 2-43　COD 对亚硝化性能的影响

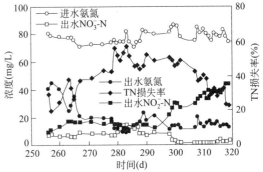

图 2-44　氮素化合物浓度与 TN 损失

第 287~319 天，由于前处理 A/O 除磷工艺运行状况不佳，进水中 COD 浓度较高（>50mg/L）。由图 2-43 和图 2-44 可见，此阶段大量 COD 被消耗，COD 去除率一度高达 77%，TN 损失降为 20%~30%。同时出水 NO_3^--N 几乎为 0，说明反硝化作用不但消耗系统中已有的 NO_3^--N，也利用了 ANAMMOX 作用产生的 NO_3^--N，表观亚硝化率大幅增加至 100%。

然而，还原 1mg NO_2^--N 需要 COD 1.72mg，每还原 1mg NO_3^--N 需要 COD 2.86mg。实际 COD 耗量还远小于反硝化造成 TN 损失的理论 COD 耗量，即 TN 损失并非全部由反硝化作用造成，也由 ANAMMOX 作用造成。

当 COD≤50mg/L 时，ANAMMOX 作用占主导地位，其在消耗 NO_2^--N 同时会产生副产物 NO_3^--N，降低表观亚硝化率，由于还需要消耗一定的氨氮，增加 TN 损失。而当 COD>50mg/L 时，反硝化作用占优，一方面会消耗系统中原有的 NO_3^--N 和 NO_2^--N，一方面还可以消耗掉 ANAMMOX 产生的 NO_3^--N，使系统中 NO_3^--N 含量减少至零点，表观亚硝化率可增至 100%。

3. 结论

（1）采用 SBR 方式，在高氨氮（约为 200mg/L）、低 DO（0.2mg/L）条件下强化培养 NOB，实现了亚硝化反应器的快速启动。

（2）低 DO（0.2mg/L）是维持常温、低氨氮亚硝化稳定积累的控制因子。

（3）AOB 虽对温降敏感，但短期低温不会对其造成伤害性影响，升温后硝化性能可立即恢复，在 AOB 占绝对优势的条件下，亚硝化性能可以在 15℃时保持稳定。

（4）本试验的条件下，曝气沉淀亚硝化反应器中有 TN 损失，由反硝化和 ANAMMOX 2 种生物脱氮反应所致。当 COD≤50mg/L 时，以 ANAMMOX 为主，表观亚硝化率降低；COD>50mg/L 时，以反硝化为主，表观亚硝化率会增加。

2.3.2 低温低氨氮的 SBR 短程硝化的稳定性

目前自养脱氮工艺多用于处理污泥消化液、高氨氮工业废水等，水温都在 30~40℃。高温（>30℃）条件可维持亚硝化的稳定已得到了中外学者的一致认可，而低温低氨氮条件下亚硝化反应能否维持稳定尚存在争议。Hyungseok Yoo 等认为实现短程硝化至少不低于 15℃；傅金祥等认为当温度低于 15℃时，短程硝化被破坏。但也有的研究者认为水温小于 15℃可抑制 NOB 的活性。为实现冬季城市污水自养脱氮工艺的稳定运行，本试验采用序批式反应器（SBR）研究水温 11~15℃条件下亚硝化的稳定性。

1. 材料与方法

（1）试验装置

本实验采用的 SBR 反应器为圆柱形，高 55cm，直径 45cm，总体积 85L，有效容积为 70L，有机玻璃制成。壁上垂直方向设置一排间距 10cm 的取样口。采用机械搅拌混匀，底部安装曝气圆盘直径 20cm，采用鼓风曝气，曝气量由转子流量计控制。反应器采用定时器控制实现自动进水、搅拌、曝气、排水。装置如图 2-45 所示。

（2）接种污泥与试验水质

本试验接种 70L 某污水处理厂浓度为 5900mg/L 的硝化污泥，其 SV_{30} 为 30%。进

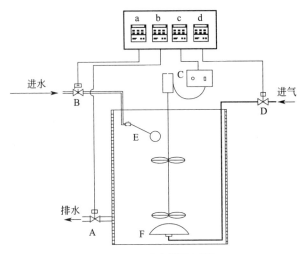

图 2-45 反应器装置图

A、B、D：分别为排水、进水、曝气管路的电磁阀；a、b、c、d：分别为排水、进水、
搅拌、曝气的自动控制系统；C：搅拌设备；E：进水浮球阀设备；F：曝气设备

水水质为人工模拟废水，投加 $(NH_4)_2SO_4$ 提供所需氨氮浓度，投加 $NaHCO_3$ 提供碱度，碱度与氨氮浓度质量比 $10:1$，pH 为 $7.0\sim8.2$。进水氨氮浓度为 $(50\pm5)mg/L$，NO_2^--N、NO_3^--N、COD 浓度均小于 $1mg/L$。每 $1L$ 模拟废水中还投加 $1mL$ 微量元素营养液。

（3）试验方案

SBR 反应器通过时间控制器实现反应过程的自动控制，启动阶段每天运行 1 个周期，稳定运行阶段每天运行 2 个周期。每周期进水 10min，好氧曝气 $1.5\sim18h$，沉淀 50min，排水 5min，每个周期进水 55L，排水 55L，容积交换率 78.5%。整个过程不排泥，试验分为 8 个阶段运行，具体运行情况详见表 2-4 所列。

反应器各阶段运行条件 　　　　　　　　　表 2-4

阶段编号	试验阶段(d)	氨氮(mg/L)	温度(℃)	曝气时间(h)	DO(mg/L)	周期数(个)
1	1～19	240±10	13±2	14	4.5～5.5	19
2	20～52	145±15	13±2	18	2.0～3.0	33
3	53～96	50±5	13±2	6	0.8～1.2	88
4	97～126	50±5	13±2	5	4.0～5.0	60
5	127～147	50±5	22±1	3	0.9～1.5	42
6	148～178	50±5	22±1	2.5	4.0～5.0	60
7	179～200	50±5	22±1	2	0.9～1.5	42
8	201～231	50±5	22±1	1.5	4.0～5.0	60

注：试验中 DO 均为反应开始 20min 时 DO 较稳定后所测。

（4）水质分析方法

每个周期测定反应器内混合液的 SV_{30}、MLSS、SVI、氨氮、NO_2^--N、NO_3^--N 等参

数，DO、温度、pH 均采用 WTW 在线测定仪测定，MLSS 采用 MODEL711 手提式测定仪测定。水样分析中氨氮测定采用纳氏试剂光度法，$NO_2^- $-N 采用 N-（1-萘基）乙二胺光度法，$NO_3^- $-N 采用紫外分光光度法，其余水质指标的分析方法均采用国标方法。本试验中亚硝化率、氨氧化率按式 2-6 和式 2-7 计算。

（5）分子荧光原位杂交技术（FISH）

按照 RIAmann 的操作方法进行 FISH 分析。采用 NSO190（-Proteobacteria AOB）和 NIT3（Nitrobacteria）2 种探针对样品进行杂交，并采用 OLYMPUSBX52 荧光显微镜和 Image plus-pro 6.0 软件对种群数量进行定量分析。

2. 结果与讨论

（1）亚硝化的启动与稳定运行

1）低温高氨氮高 DO 亚硝化反应的启动和稳定运行

因为当 FA 浓度为 1.0～10mg/L 时，NOB 的活性受到严重抑制而 AOB 受抑制较弱，同时较高的 DO 浓度可以提高 AOB 在低温不利条件下的活性，因此采用高 FA（进水氨氮浓度（240±10）mg/L，平均 FA 为 10mg/L）及高 DO 浓度（初始 DO 浓度 4.5～5.5mg/L）作为低温度条件下亚硝化的启动策略。试验 1～4 阶段的氮素转化曲线绘于图 2-46。

由图可知，仅仅历经 13 个周期（第 1～13 天）亚硝化率即达到了 95.40%，19 个周期后氨氧化率超过 50%，标志着短程硝化启动成功。亚硝化启动成功后曝气时间由 14h 提高到 18h，在进水氨氮浓度为（145±15）mg/L 条件下运行了 33 个周期（第 20～52 天）后氨转化率达到 100%。继续强化 AOB 在反应器微生物群系中的数量，并且高 FN 持续抑制 NOB 活性，亚硝化率也一直维持在 95% 以上。在第 2 阶段氨氧化率以及氨氮污泥负荷持续升高，分别达到 90% 以及 0.08kgN/（kg MLSS·d）；试验在 52 个周期后将进水氨氮浓度降至（50±5）mg/L，降低曝气时间至 6h，调节曝气量使反应初始 DO 浓度为 0.9～1.5mg/L 以探讨 11～15℃ 条件下低氨氮污水 SBR 亚硝化的稳定性和去除效果。在 88 个周期的运行中亚硝化反应效果良好稳定。氨氧化率在 85% 以上（平均值为 93.99%），最高达 99.42%；亚硝化率一直维持在 95% 以上，亚硝化无破坏迹象；氨氮污泥负荷稳中有升，平均污泥负荷为 0.15kgN/（kgMLSS·d），最高达到了 0.20kgN/（kg MLSS·d），污泥的亚硝化活性得到了明显的提高。

试验在 140 个周期后提高曝气量使反应初始 DO 浓度达到 4.0～5.0mg/L，曝气时间降至 5h。在 60 个周期（第 97～126d）的运行中亚硝化率仍维持在 95% 以上，表明 NOB 一直被抑制。氨氧化率在缩短反应时间初始有所降低后也很快提高，平均氨氧化率为 92.00%，最高达 99.79% 且并无破坏趋势。低温（11～15℃）、低氨氮（50mg/L）、高 DO（4.0～5.0mg/L）等苛刻条件并没有造成亚硝化的破坏。氨氮污泥负荷反而升高并基本维持平稳，平均污泥负荷达到 0.23kgN/（kgMLSS·d），最高达到 0.25kgN/（kgMLSS·d）。由此可见，低温条件下适当提高 DO 浓度，可提高亚硝化反应的效率。在第 3、4 阶段污泥的氨氮去除负荷持续增高主要原因是系统内菌群对该温度环境的适应性，能够适应环境的菌群有相对较好的活性从而有更快的倍增速度导致系统的去除负荷逐渐提高。综上，短程硝化系统可在 11～15℃ 条件下成功启动并能够维持稳定运行，维持短程硝化稳定的关键因素将在下文中具体分析阐述。

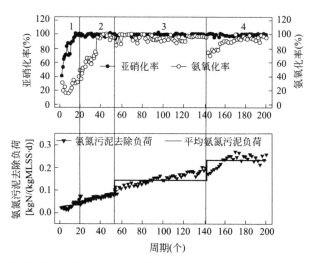

图 2-46　各阶段氨氧化率及亚硝化率污泥氨氮容积去除负荷以及氨氮污泥去除负荷

2）污泥性状分析

污泥沉降性能的好坏影响着短程硝化系统的稳定性，污泥容积指数（SVI）是评价活性污泥沉降性能的重要参数之一。图 2-47 为各阶段亚硝化率、MLSS 以及 SVI 变化情况。

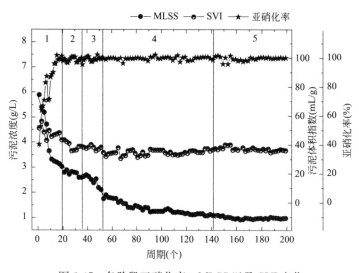

图 2-47　各阶段亚硝化率、MLSS 以及 SVI 变化

如图 2-47 所示，初始污泥 SVI 为 50.93mL/g，污泥浓度为 5.9g/L。随着无机配水亚硝化反应器的周期培养，污泥浓度快速下降，当亚硝化启动成功后污泥浓度下降到 3.03g/L，SVI 略有下降，但是亚硝化率不断提高。分析认为污泥浓度下降主要是异养菌以及 NOB 逐渐被淘洗出系统而引起的。当污泥转入低氨氮运行后污泥浓度下降平并缓最终稳定在 1.00g/L 左右，SVI 也趋于稳定，平均值为 35.22mL/g，说明短程硝化污泥在 11～15℃下具有很好的沉降性能。

（2）短程硝化稳定关键因素

如上文所述，11～15℃条件下高氨氮高 DO 可以实现短程硝化的启动以及稳定运行。公认抑制 NOB 的众多因素主要包括 FA、FNA、DO、温度、pH 等。

将第 3、4 试验阶段典型周期内 DO、三氮、FA、FNA 变化情况综合于图 2-48 和图 2-49。

图 2-48(a) 中曝气量为 2L/min 左右，初始 DO 浓度为 1.5mg/L，而后随反应进行不断升高，反应末期接近于 8mg/L；图 2-48(b) 中，曝气量为 4L/min，初始 DO 浓度就达到了 5mg/L，反应末期为 8mg/L。在如此高 DO 浓度环境中 NO_3^--N 浓度一直较低，亚硝化率一直维持在 95% 以上。NOB 活性未得到激发说明系统中存在其他非 DO 的抑制因素。

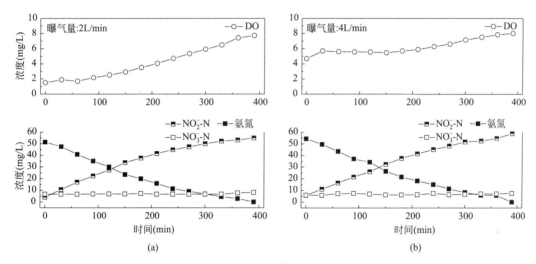

图 2-48　第 4、5 阶段典型周期 DO 以及三氮过程变化

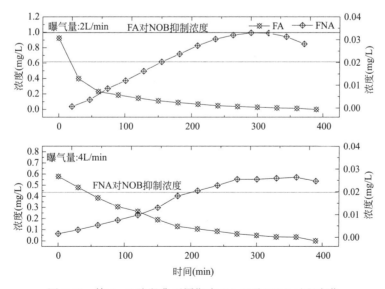

图 2-49　第 4、5 阶段典型周期内 FA 以及 FNA 过程变化

图 2-49 是不同曝气量下典型周期内 FA 与 FNA 的变化情况。可知 2 个阶段典型周期过程中初始 FA 就低于 1.00mg/L 和 0.60mg/L 以下，即都在抑制浓度之下，随着反应的进行，FA 逐渐降低对 NOB 更无抑制作用；FNA 抑制 NOB 和 AOB 生长的浓度分别为 0.02mg/L 和 0.4mg/L。

由图 2-49 可见，2 个典型周期反应进行到 200min 后 FNA 才高于 0.02mg/L，表明在反应的前 200min，NOB 不会受 FNA 的抑制，反应结束后最高 FNA 分别为 0.031mg/L 和 0.024mg/L，略高于 NOB 的抑制浓度 0.02mg/L。根据 FNA 的计算公式，如果将温度提高 10℃，2 个典型周期内 FNA 最高值分别为 0.019mg/L 和 0.188mg/L，均低于 NOB 的抑制浓度。因此反应后期 FNA 略高于 NOB 抑制浓度是由该温度条件间接造成的，也可以说明此温度引起系统 FNA 的升高是其维持亚硝化的原因之一。

$$C_{\mathrm{FNA}} = \frac{47 \times C_{\mathrm{NO_2^- \text{-}N}}}{14 \exp[-2300/(273+T)] \times 10^{\mathrm{pH}}} \tag{2-10}$$

式中　C_{FNA}——FNA 浓度（mg/L）；

　　　T——反应器中的水体温度；

　　　$C_{\mathrm{NO_2^- \text{-}N}}$——$NO_2^-$-N 浓度（mg/L）。

既然 FA、DO 均不是维持短程硝化稳定的关键因子，低氨氮稳定时期的另一个参数 pH 需要探讨。一般认为 NOB 生长最佳 pH 为 7.2～7.6。本阶段进出水 pH 在 6.8～7.6 之间，与 NOB 生长最佳 pH 为 7.2～7.6 相符，所以 pH 也不是亚硝化稳定运行的关键因素。

经以上分析认为，11～15℃应是维持短程硝化稳定的关键所在。较低的温度条件（11～15℃）本身使 NOB 受抑制程度高于 AOB，同时高 DO 浓度只激发了 AOB 的增殖速率，提高了氨氧化率，而低温（11～15℃）下 NOB 未能激发活性，不能完成 NO_2^--N 继续氧化的过程，因此维系了稳定的亚硝化率。

（3）温度对亚硝化反应稳定性的影响

为了进一步证明低氨氮的 SBR 短程硝化稳定运行的关键因素为温度环境（11～15）℃，试验自第 200 个周期起将进水温度提高至 22±1℃，调节曝气将初始 DO 浓度控制在 0.9～1.5mg/L。图 2-50 为第 5、6、7、8 阶段亚硝化率、氨氧化率以及平均初始 DO 浓度变化，此阶段共运行 42 个周期（第 126～147 天），亚硝化率维持在 90% 以上，氨氧化率维持 85% 以上，没有明显破坏趋势，说明在此温度下通过控制较低 DO 浓度能够实现短时间内亚硝化的稳定。自第 242 个周期起，维持温度不变将初始 DO 浓度升高至 4.0～5.0mg/L，与第 4 阶段除温度外其他条件均相同。由图 2-50 可知，亚硝化率呈明显下降趋势，运行至第 300 个周期时亚硝化率下降至 70%，亚硝化系统遭到破坏，说明此温度范围（22±1）℃在有充足 DO 的前提下有利于 NOB 的生长，导致系统内 NOB 不断增殖使得亚硝化系统逐渐失去稳定。而阶段 4 只有温度条件与本阶段不同，却能抑制 NOB 的增殖维持短程硝化系统的稳定运行，因此可以说明 11～15℃对 NOB 具有抑制作用，有利于实现亚硝化系统的稳定运行。

进一步升高温度至（32±1）℃，将初始 DO 浓度控制在 0.9～1.5mg/L 以探讨此温度对亚硝化效果的影响。由图 2-50 可知，经过 33 个周期的运行亚硝化率重新达到了 90%，试验在第 343 个周期时将初始 DO 浓度提高到 4.0～5.0mg/L，经过 60 个周期的运行亚硝化率一直稳定在 90％以上，没有破坏趋势，再一次表明（32±1）℃的环境温度可抑制 NOB 的增殖。

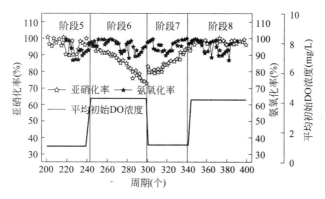

图 2-50　等 5、6、7、8 阶段亚硝化率、氨氧化率以及平均初始 DO 浓度

NO_3^--N 生成速率可以间接反应系统中 NOB 的活性，对比高 DO 浓度下 3 个温度阶段 NO_3^--N 的生成速率可以间接反映出温度对 NOB 的抑制情况。图 2-51 反映了第 4、6、8 阶段 NO_3^--N 生成速率变化情况。11～15℃阶段 NO_3^--N 生成速率低于 0.5mgNO_3^--N/(g MLSS・h)，而（22±1）℃阶段 NO_3^--N 生成速率逐渐升高，最高至 5.9mgNO_3^--N/(g MLSS・h)，（32±1）℃阶段 NO_3^--N 生成速率下降至 1.0mgNO_3^--N/(g MLSS・h) 以下，说明 11～15℃与 32±1℃同样具有抑制 NOB 的作用，这一结论在荧光原位杂交技术（FISH 技术）结果中得到了进一步证实。

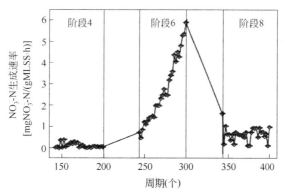

图 2-51　第 4、6、8 阶段 NO_3^--N 生成速率变化

3. FISH 结果对比

采用荧光原位杂交技术（FISH 技术）对第 4、6、8 阶段典型污泥硝化菌群中 AOB 和 NOB 的相对比例进行检测，结果如图 2-52 所示。可见光污泥总面积表征总微生物个数，用 AOB 占可见光污泥总面积的比例表征 AOB 相对数量，NOB 占可见光污泥样品总面积的比例表征 NOB 相对数量，其中黄色表示 AOB，蓝色表示 NOB。

结果表明：11～15℃阶段 AOB 约占总菌群数的 82.9％，NOB 占 2.9％；（22±1）℃阶段 AOB 约占总菌群数的 68.8％，NOB 占 16.7％；（32±1）℃阶段 AOB 约占总菌群数的 78.5％，NOB 占 4.9％。可见，11～15℃阶段中 AOB 的相对数量大于（22±1）℃、

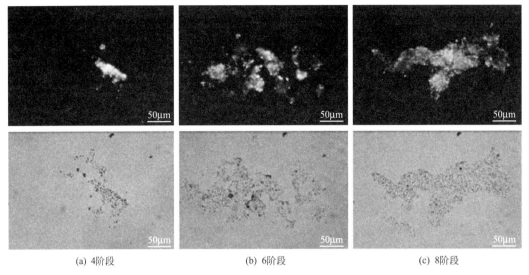

(a) 4阶段	(b) 6阶段	(c) 8阶段

图 2-52　FISH 检测结果（文后彩图）

（32±1）℃阶段，而 NOB 的相对数量小于（22±1）℃、（32±1）℃阶段。

综上所述，11～15℃对 NOB 有抑制作用，是维持低氨氮高 DO 浓度下短程硝化稳定的关键因素。

4. 结论

（1）在 11～15℃条件下，利用高 FA（平均 FA 为 10mg/L）以及高 DO（初始 DO 浓度为 4.5～5.5mg/L）浓度的启动策略，仅 19 个周期亚硝化率达到 95％以上，氨氧化率 50％以上，实现快速启动。

（2）在 11～15℃条件下，在 2 种 DO（0.9～1.5mg/L，4.5～5.0mg/L）浓度水平均能实现低氨氮污水亚硝化系统的稳定，亚硝化率维持在 95％以上，氨氧化率维持在 85％以上，平均 SVI 为 35.22mL/g，沉降性能良好，平均氨氮污泥负荷分别为 0.15kgN/（kg MLSS·d），0.23kgN/（kg MLSS·d），有良好的氨氮转化效果。

（3）试验中 11～15℃的温度环境是亚硝化在高 DO 浓度下维持稳定的关键因素。亚硝化在（22±1）℃的高 DO 浓度下易失去稳定，而（32±1）℃有恢复其稳定的作用。

（4）NOB 的活性测定及 FISH 试验均显示，11～15℃同（32±1）℃具有相似的抑制 NOB 维持短程硝化稳定的作用。

2.4　反应环境对亚硝化稳定性的影响研究

反应环境和微环境对硝化反应有决定性影响，除了 DO 和温度外，pH、碱度、基质类别、有机物浓度、接种污泥性能和反应器内污泥性状等因素决定着微生物种群代谢演替的大环境，对硝化反应的进程和稳定有着重要影响。

2.4.1　污水和接种污泥类别对 SBR 亚硝化的影响

本试验以常温、低氨氮的污水为对象，研究了不同接种污泥、不同启动策略以及不同水质下亚硝化的启动速率及效果对比，以期为常温下低氨氮污水亚硝化的快速启动提供技术方法及基础数据。

1. 材料与方法

（1）试验方案

试验采用 5 个柱形有机玻璃容器，径深比约为 1：1，体积均为 35L，通过对比实验研究了不同接种污泥、不同限氧策略、不同水质对于常温低氨氮条件下亚硝化启动的影响，具体见表 2-5。

试验用反应器及试验方案　　　　　　　　　　　　　　　　表 2-5

反应器	1 号	2 号	3 号	4 号	5 号
接种污泥来源	北京市 A 污水处理厂硝化污泥	北京市 B 污水处理厂硝化污泥	同 2 号	同 2 号	同 2 号
初始性状	限氧有亚硝化效果	限氧下无亚硝化效果	同 2 号	同 2 号	同 2 号
实验用水	人工配水	人工配水	人工配水	北京市某小区化粪池水经 A/O 除磷工艺处理后出水	北京市某小区化粪池出水
启动策略	限氧	限氧	高-低梯度限氧	限氧	限氧
DO(mg/L)	0.30	0.30	0.70～0.30	0.30	0.30
C/N	无 COD	无 COD	无 COD	0.40～0.93	3.50～5.34
温度(℃)	22.1±2.0	22.1±2.0	22.1±2.0	25.1±0.7	25.4±0.7
运行方式	SBR	SBR	SBR	SBR	SBR
沉淀时间(h)	1	1	1	1	1

（2）试验用水

试验中 1 号、2 号、3 号反应器用水为人工模拟的污水，在自来水中投加 $(NH_4)_2SO_4$、$NaHCO_3$（补充碱度）以及适量微量元素。4 号反应器用水为北京市某小区化粪池水经 A/O 除磷工艺处理后出水，5 号反应器用水为北京市某小区化粪池出水。各水质见表 2-6 所列。

试验用水水质（单位：mg/L）　　　　　　　　　　　　　表 2-6

项目	北京某小区化粪池出水	北京某小区化粪池水经 A/O 除磷工艺处理后出水	人工配水
氨氮	79.49±17.40	66.04±24.14	85±5
NO_2^--N	0.05±0.05	2.42±2.40	0
NO_3^--N	2.23±2.23	2.01±2.01	0
COD	303.12±35.00	43.05±12.35	0

（3）分析项目与方法

氨氮、NO_2^--N、NO_3^--N 等均采用国标法测定。反应器设置在线监测仪器，实时监测、控制 DO、pH 等。DO、pH、ORP、电导率等采用 WTW 便携式测定仪 Multi3430i 及在线监测仪 Oxi296、pH296 等。反应器每天运行 2 个周期，通过实时监控系统控制，利用氨氮完全氧化出现 pH 拐点，在氨氮完全氧化时停止曝气，结束周期以防止延时曝气。

定义亚硝化率为反应过程中生成的 $NO_2^- \text{-N}$ 与生成的 $NO_2^- \text{-N}$、$NO_3^- \text{-N}$ 之和的比值，计算公式如（2-7）所示。以亚硝化率连续 7 个周期超过 90% 作为亚硝化启动成功标志。

定义氨氮转化负荷为单位质量的污泥单位时间内转化为 $NO_2^- \text{-N}$ 或者 $NO_3^- \text{-N}$ 的氨氮质量，单位为 $kgN/(kgMLSS \cdot d)$。

2. 结果与讨论

（1）初始接种污泥性状对亚硝化启动的影响

反应器 1～5 号运行效果如图 2-53～图 2-57 所示。图 2-53 中可见，1 号反应器在经过 14 个周期（7d）的驯化后氨氮基本完全氧化，同时亚硝化率从初始的 50% 上升至 90%，并此后一直稳定维持在 90% 以上；2 号采用与 1 号相同的配水方案与启动策略，在限氧（DO 为 0.30mg/L）条件下运行。然而在经过了 58 个周期的培养氨氮转化负荷仍然很低，更未见出水中有 $NO_2^- \text{-N}$ 积累。

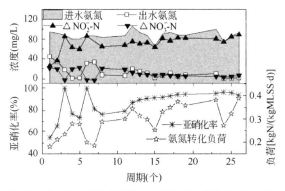

$\triangle NO_2^- \text{-N}$：进出水 $NO_2^- \text{-N}$ 浓度差值；$\triangle NO_3^- \text{-N}$：进出水 $NO_3^- \text{-N}$ 浓度差值

图 2-53　1 号反应器运行效果图

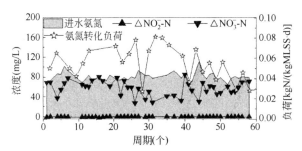

$\triangle NO_2^- \text{-N}$：进出水 $NO_2^- \text{-N}$ 浓度差值；$\triangle NO_3^- \text{-N}$：进出水 $NO_3^- \text{-N}$ 浓度差值

图 2-54　2 号反应器运行效果图

比较 2 组实验的异同发现，1 号反应器接种污泥为硝化污泥，具有硝化活性，微生物群系里 AOB 和 NOB 已占有一定比例；2 号反应器接种只是有降解有机物活性的普通活性污泥。微生物群系里异氧菌占绝对优势，没有硝化活性。从图 2-53 和图 2-54 中可见在相同 DO 下，1 号反应器在经过 10 个周期的培养后氨氮转化负荷维持在 0.250～0.380kgN/(kgMLSS·d)，而 2 号反应器氨氮污泥负荷仅为 0.028～0.069kgN/(kgMLSS·d)，远远小于 1 号，说明 2 号与 1 号反应器接种污泥相比，其硝化活性很低或者硝化细菌的数量少。而限氧条件更抑制了 2 号反应器内活性污泥中硝化细菌的增殖及活性的提高，从而导致 2 号反应器在近 60 个周期的培养中未出现亚硝化效果。可见，接种污泥的硝化性能对于亚硝化启动的快慢具有决定性作用。硝化性能高，微生物群系中硝化菌（AOB、NOB）所占优势大，可利用 AOB 与 NOB 对 DO 的亲和力不同通过限氧控制，逐步提高亚硝比率。

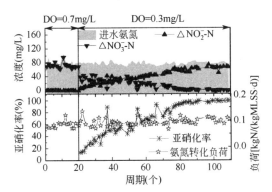

△ NO$_2^-$-N：进出水 NO$_2^-$-N 浓度差值；△ NO$_3^-$-N：进出水 NO$_3^-$-N 浓度差值

图 2-55　3 号反应器运行效果图

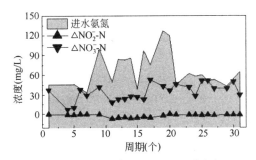

△ NO$_2^-$-N：进出水 NO$_2^-$-N 浓度差值；△ NO$_3^-$-N：进出水 NO$_3^-$-N 浓度差值

图 2-56　4 号反应器运行效果图

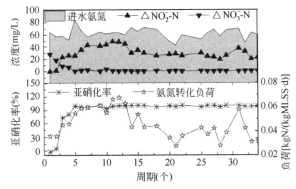

△ NO$_2^-$-N：进出水 NO$_2^-$-N 浓度差值；△ NO$_3^-$-N：进出水 NO$_3^-$-N 浓度差值

图 2-57　5 号反应器运行效果图

（2）启动策略对亚硝化启动的影响

2 号和 3 号反应器接种污泥相同，均来自北京市 B 污水厂。在相同的配水条件下运行，但在 DO 的控制上采取了不同的策略。2 号反应器在运行期间一直维持低 DO

（0.30mg/L）的限氧模式，而 3 号反应器在运行期间经历了高（DO 0.70mg/L）—低（DO 为 0.30mg/L）梯度限氧 2 个阶段。

2 号反应器在第 29 天（第 58 个周期）的低氧驯化中未出现亚硝化效果。而 3 号反应器在高氧阶段的驯化恰恰改善了接种污泥无硝化能力的初始缺点，因此培育了硝化菌。经 20 个周期的运行氨氮全部转化为 $NO_3^- \text{-}N$。然后，从第 21 周期开始降低 DO 浓度至 0.30mg/L，出水中随即出现少量的 $NO_2^- \text{-}N$ 积累（6.03mg/L）。随后，出水中 $NO_2^- \text{-}N$ 的浓度呈递增趋势，运行至第 77 周期亚硝化率达到 90% 以上，之后一直稳定地维持在 90% 以上，氨氮转化负荷也一直维持在 0.100kgN/(kgMLSS·d) 左右。

在低 DO 条件下 AOB 和 NOB 的增长率都受到了限制，但 AOB 的增长率受到的抑制比 NOB 小。在 DO 为 0.30mg/L 时，AOB 的增长速率为其最大生长率的 50% 左右，NOB 的增长速率为其最大生长率的 20% 左右；而 DO 为 0.70mg/L 时，AOB 的增长速率提升至其最大生长率的 70% 左右，NOB 的增长速率仅提升至其最大生长率的 35% 左右。3 号反应器在 DO 为 0.70mg/L 的条件下运行 10d 的 20 个周期中污泥的硝化活性、氨氮污泥负荷的逐渐提高，表明 AOB 和 NOB 的数量逐渐增多；当在第 21 周期降低 DO 至 0.30mg/L 后，对 DO 具有更强亲和力的 AOB 优先获得了 DO，NOB 由于缺少 DO 使硝化作用减弱，AOB 渐成为优势菌种。从而逐渐提高了亚硝化率。

（3）C/N 比对亚硝化启动的影响

4 号和 5 号反应器和 2 号反应器都接种无硝化能力的活性污泥。4 号反应器采用北京某小区化粪池水经 A/O 除磷工艺处理出水作为进水启动亚硝化，进水中 COD 为 43.05± 12.35mg/L。在限氧条件（DO 为 0.30mg/L）下运行 32 个周期后的周期试验中也未检测到 $NO_2^- \text{-}N$ 的积累。5 号反应器采用北京某小区化粪池水启动亚硝化，进水中 COD 达到 303.12±35.00mg/L。仍采用限氧（DO 为 0.30mg/L）策略驯化污泥运行至第 3 周期，亚硝化率达到 60%，运行至第 2 天第 4 个周期后达 90% 以上。2 号和 4 号反应器在多个周期培养后未出现 $NO_3^- \text{-}N$ 的积累，而 5 号反应器在 1~2 个周期后成功启动亚硝化并能稳定运行。

这样的结果与常识相违，有机负荷的提高促进了异养菌因生物合成作用而增加的氨氮摄取量，导致硝化细菌可利用的底物减少，活性降低；而且随着异养菌的增殖和活性的提高，硝化细菌与氨氮的亲和力下降；随着异养菌的迅速增殖硝化菌被大量的异养菌包裹在污泥颗粒内部，使得氨氮向 NOB 之间的传递阻力增大。以上这些机理都能导致硝化速率的下降，但是，也有研究表明有机物对硝化细菌的活性有激发作用。而且有机碳源对 NOB 的抑制作用明显强于对 AOB 的抑制作用，有机碳源的存在将有利于 $NO_2^- \text{-}N$ 的积累。

笔者认为是反应器中硝化菌种有无和多寡的问题。2 号反应器配制的进水和种泥中都没有硝化菌种；4 号反应器进入 A/O 除磷工艺处理水，水中活性污泥絮体中异养菌占绝对优势，硝化菌极少；而 5 号反应器进入的是化粪池生活污水，常年积存的化粪池底部污泥水里，会有硝化反应和硝化菌的存在。因之高 C/N 比的化粪池出水比低 C/N 比的 AO 生物除磷工艺二级出水及无 COD 的污水更有利于亚硝化的实现。

3. 结论

（1）在低氧（DO 为 0.30mg/L）、人工配水为低氨氮（85.0mg/L±5.0mg/L）及

COD 值为 0 的条件下，接种具有一定硝化效果污泥的反应器能在短期内成功启动亚硝化。

（2）接种无硝化性能污泥，采用直接限氧策略在短期内不能实现亚硝化。应采用高低梯度限氧（DO 为 0.70mg/L、0.30mg/L）的启动策略使硝化细菌大量增殖后再控制低氧条件以达到淘汰 NOB 富集 AOB 的目的，实现亚硝化的快速启动。

2.4.2 不同基质对亚硝化污泥胞外聚合物的影响

胞外聚合物（extracellular polymeric substances，EPS）是在一定环境条件下由微生物分泌于体外的高分子聚合物，其组分以多糖、蛋白质为主，质量分数约占污泥中总有机质的 50%～90%，是除了细胞和水分外第 3 大类活性污泥组成物质。EPS 直接分散于污泥絮体的间质中，这种特殊位置决定了 EPS 必然影响污泥的特性。EPS 中的多糖、蛋白质等大分子物质对活性污泥疏水性和絮凝沉降性能有重大影响。此外，EPS 假说是目前比较流行的颗粒污泥形成假说，细胞通过 EPS 的架桥作用连接在一起，从而形成了颗粒污泥。因此，EPS 在絮状污泥颗粒化过程中具有重要作用。EPS 组成及质量分数的变化与进水基质类型及基质中营养物质水平密切相关。废水中基质不同，活性污泥系统中优势菌种种类不同，细菌分泌的 EPS 产量和成分也不同。D. T. Sponza 发现酿酒、城市污水污泥中的 EPS 以蛋白质为主，化学、皮革、染料 3 种污泥 EPS 中蛋白质和核酸质量分数相差不大。基质中 C/N 比、N/P 比及 K、Ca、Mg、Fe 等元素质量分数影响着 EPS 的产生。目前国内外关于 EPS 的研究主要集中在 EPS 的组成成分、物理化学性质以及改变污泥特性等方面。本研究在已有研究的基础上，采用 SBR 反应器在室温（18～20℃）环境下，系统研究了氨氮浓度和基质类型对 EPS 质量分数及其组分的影响，以期探索形成颗粒污泥的最佳水质条件，研究 EPS 对污泥特性的影响，为其在城市污水处理中取得更好的效果提供基础数据与技术支持。

1. 实验

（1）实验装置

采用 6 个完全相同的 SBR 反应器，均由有机玻璃制成，高 18cm，内径 10cm，有效容积为 1L，反应器换水比为 50%。反应器底部安装内径为 8cm 的曝气环进行微孔曝气，由气泵及气体流量计控制曝气强度，并利用六连搅拌机的搅拌装置使菌种与基质充分接触混匀。

（2）接种污泥及实验用水

接种污泥来自高氨氮配水启动成功的亚硝化反应器，其亚硝化率达 90% 以上。每个反应器接种的污泥量约 4g。实验用水 1～5 号为人工配水，6 号为某大学家属区实际生活污水。人工配水中以（NH₄）₂SO₄、KH₂PO₄ 为营养物质，NaHCO₃ 为无机碳源，葡萄糖为有机碳源。各反应器具体水质见表 2-7。

各反应器试验水质情况　　　　　　　　　　　　　　　　　表 2-7

反应器	试验用水	氨氮 （mg/L）	NO_2^--N （mg/L）	NO_3^--N （mg/L）	COD （mg/L）	有机碳源
1	人工配水	60	<1	<1	0	无
2	人工配水	200	<1	<1	0	无

续表

	试验用水	氨氮 (mg/L)	$NO_2^- $-N (mg/L)	$NO_3^- $-N (mg/L)	COD (mg/L)	有机碳源
3	人工配水	600	<1	<1	0	无
4	人工配水	1000	<1	<1	0	无
5	人工配水	60	<1	<1	280~320	葡萄糖
6	生活污水	50~60	<1	<1	280~320	生活污水

（3）实验方法及控制条件

采用 SBR 的运行方式，包括瞬时进水、搅拌（80r/min）、曝气（实时控制）、沉淀（20min）、排水（2min）。SBR 反应器成功运行后每个周期末对活性污泥进行淘洗，通过加入自来水—搅拌—沉淀—排水过程，将反应器中上次运行周期残留的氨氮、$NO_2^- $-N、$NO_3^- $-N、COD 淘洗干净后重新进入下一周期 SBR 运行，每天运行 1~2 个周期。室温为 18℃左右，各反应器进水 pH 为 7.4 ~ 7.8，运行中搅拌速度为 80r/min。DO 为 0.3~0.5mg/L，以氨氧化率达 60%~65% 确定各反应器的反应时间。为比较不同底物条件亚硝化活性污泥分泌 EPS 的量，具体操作方法为：在各反应刚刚结束未静置前取泥水混合液并做 3 个平行样，立刻进行 EPS 的提取和多糖、蛋白质质量分数的测定，取 3 个平行样的平均值作为不同基质条件下 EPS（多糖、蛋白质）的质量分数。为比较不同反应时间亚硝化活性污泥分泌 EPS 的量，具体操作方法为：于各反应器不同时期（进水 15min、氨氮氧化 60%、氨氮氧化 100%、饥饿 17h）分别取泥水混合液并做 3 个平行样，提取其中的 EPS 后进行 EPS（多糖、蛋白质）的测定，取 3 个平行样的平均值作为各反应时间 EPS（多糖、蛋白质）的质量分数。为考察 EPS 质量分数对污泥沉降性的影响，在各反应刚刚结束未静置前取泥水混合液，进行 SVI 的测定。

（4）分析项目与监测方法

DO、温度、pH 均采用 WTW 便携测定仪测定，MLSS 采用 MODEL711 手提式测定仪测定，COD 采用 COD 快速测定仪测定。水样分析中氨氮测定采用纳氏试剂光度法，$NO_2^- $-N 测定采用 N-（1-萘基）乙二胺光度法，$NO_3^- $-N 测定采用紫外分光光度法。亚硝化率、氨氧化率按式(2-6) 和式(2-7) 计算：

EPS 的提取分为物理提取法、化学提取法、物理法和化学法联用的组合方法。为最大限度地提取细胞表面的 EPS，且对细胞不破坏或破坏程度最小，本实验采用了高速离心-超声波-热提取的物理联合法。首先取泥水混合样品于 10mL 离心管中，室温下用离心机以 5000r/min 离心 15min，倒掉上清液，加入适量磷酸盐缓冲溶液，将污泥稀释至原体积，之后将污泥摇散后超声处理 3min，80℃水浴 30min（每隔 10min 左右将泥摇匀 1 次），最后用离心机 5000r/min 离心 15min，取上清液测定多糖、蛋白质质量分数，剩余污泥测定 MLSS。EPS 中多糖质量分数的测定采用苯酚—硫酸比色法，蛋白质质量分数的测定采用考马斯亮蓝法。SVI 为混合液沉淀 30min 后污泥容积（mL）与干污泥质量比（g）。

2. 结果与讨论

（1）氨氮浓度对污泥系统中 EPS 质量分数的影响

在控制温度、pH、DO 等运行条件相同的情况下，1 号、2 号、3 号、4 号反应器进水设计不同的氨氮浓度，对比各氨氮水平下亚硝化污泥系统中的 EPS 质量分数。图 2-58 为 4 个反应器反应结束时 EPS 质量分数的对比，图 2-59 为不同氨氮浓度的多糖与蛋白质比值。

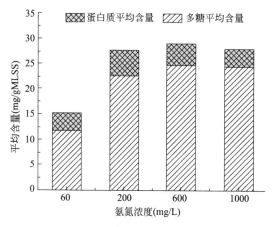

图 2-58 氨氮浓度对亚硝化污泥系统中 EPS 含量的影响

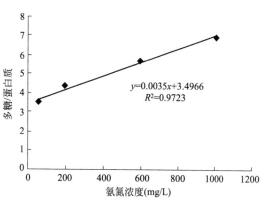

图 2-59 氨氮浓度对多糖/蛋白质比值的影响

如图 2-58 所示，1 号、2 号、3 号、4 号反应器的氨氮浓度为 60mg/L、200mg/L、600mg/L、1000mg/L，其多糖质量分数分别为 11.766mg/g、22.777mg/g、24.744mg/g、24.443mg/g，随氨氮浓度的增加，多糖质量分数整体呈逐渐增大的趋势，氨氮浓度在 60～200mg/L 时，蛋白质随氨氮浓度增大而增大，600mg/L 之后蛋白质质量分数随氨氮浓度增大呈降低趋势。由图 2-59 可以看出，氨氮浓度在 60～1000mg/L 时，多糖与蛋白质的比与氨氮浓度有显著线性相关，随着氨氮浓度增加，比值增加。

分析认为，1 号、2 号、3 号、4 号反应器中基质类型相同，控制条件相同，活性污泥系统中优势菌种种类相同，细菌分泌的 EPS 产量和成分的不同主要取决于氨氮浓度。研究表明，EPS 的组成物质中只有多糖是胞外合成的，而蛋白质脂类物质是从胞内分泌出来的，因此，多糖的质量分数受微生物代谢活性和基质两方面影响，而蛋白质质量分数主要受微生物代谢活性影响。本研究中氨氮浓度在 60～200mg/L 时随着氨氮浓度增加，多糖和蛋白质质量分数均明显增加，主要是细菌可利用的基质增多，微生物处于较高的食物/微生物（F/M）比条件下，细胞合成量大，增殖速率升高，细菌数量逐渐增多，代谢增强，此时细菌分泌的 EPS 量较高。氨氮浓度为 600mg/L、1000mg/L，FA 分别达 14mg/L、25mg/L，高 FA 对 AOB 菌活性有一定的抑制作用，细菌活性降低，因此，蛋白质的量又呈减少趋势，EPS 量无增加趋势。有研究表明，多糖与蛋白质比的降低可以促进絮状污泥之间相互聚集，形成颗粒污泥。因为蛋白质与多糖比值的增加提高了污泥的相对疏水性。根据热动力学原理，污泥相对疏水性的增加将导致表面 Gibbs 能的降低，污泥间的亲和力增强，进而形成一个致密的结构，进一步促使凝聚成团的污泥脱离水相；另外，蛋白质中氨基等正电官能团产生的正电荷能够中和多糖中羧基等负电官能团产生的负电荷，降低污泥表面的负电荷及污泥间的静电斥力，有利于污泥间相互接近聚集形成稳定的颗粒结构。综上，氨氮浓度在 60～200mg/L 时，EPS 质量分数随氨氮浓度增大而增大，氨氮浓度超过 200mg/L 时，EPS 质量分数无明显增加趋势；氨氮浓度超过 600mg/L 时，EPS 质量分数呈下降趋势；随着氨氮浓度的增加，多糖与蛋白质比呈线性增加趋势。实际应用于亚硝化污泥的颗粒化过程中，初期亚硝化污泥纯化过程宜选择较高的氨氮浓度，形成较高 FA 抑制 NOB 菌，纯化亚硝化污泥，但是过高的 FA 浓度也会对 AOB 菌有一定的抑制作用。结合本实验氨氮浓度在 200mg/L 左右即可实现亚硝化污泥的纯化，后期污泥颗粒化过程应适当降低氨氮浓度为 60～200mg/L，因为氨氮浓度的降低可以减小多糖与蛋白质的比值，从而促进絮状污泥之间相互聚集形成颗粒。因此，后期应适当降低氨氮浓度，快速实现亚硝化污泥的颗粒化。

（2）基质类型对污泥系统中 EPS 质量分数的影响

关于基质类型对污泥系统中 EPS 质量分数的影响，设计了 1 号、5 号、6 号反应器，氨氮浓度均为 60mg/L 左右。1 号不含有机物，6 号为生活污水，5 号模拟生活污水，加入葡萄糖作为有机物，5 号、6 号进水 COD 均在 280mg/L 左右。图 2-60 为 3 个反应器反应结束时污泥系统中 EPS 组分的质量分数及多糖与蛋白质比的对比图。可以看出，3 个反应器中 EPS 产量和成分明显不同。人工配水以葡萄糖为有机物的 5 号和以生活污水为基质的 6 号污泥系统中 EPS 质量分数均明显高于不含有机物的 1 号。其中 5 号系统中多糖质量分数最高，6 号系统中蛋白质质量分数明显高于其他反应器，多糖与蛋白质比明显低于其他反应器。

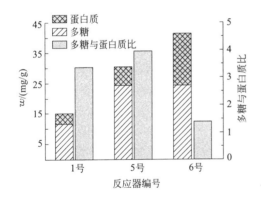

图 2-60　不同基质 EPS 组分含量及比值

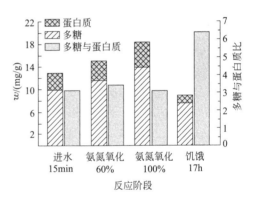

图 2-61　典型亚硝化污泥系统中 EPS 含量的变化

分析认为，废水中基质类型不同使得活性污泥系统中优势菌种种类不同，细菌分泌的 EPS 产量和成分不同。一方面，5 号、6 号中有机物的加入使得菌种种类及菌量增多，可以分泌更多的 EPS。另一方面，COD 的存在会使含碳基质转化为胞内储存粒子和在 EPS 中积累的胞外高分子，使 EPS 质量分数增加，故 5 号、6 号污泥系统中 EPS 质量分数均高于 1 号。5 号污泥系统中多糖水平较高，原因是以葡萄糖为有机物的配水中含有大量的碳水化合物，使多糖成为活性污泥的主要成分。6 号污泥系统中蛋白质水平较高，可能是由于城市污水可生化性较好，含有大量可生物降解的有机物，并且微生物对废水中可生物降解有机物的降解和摄取可以导致分泌大量蛋白质，因此，6 号蛋白质水平高于其他反应器，多糖与蛋白质比明显低于其他反应器。综上，亚硝化污泥的 EPS 明显受基质类型的影响：废水中含有机物的污泥系统中 EPS 质量分数明显高于相同氨氮浓度、不含有机物质的污泥系统；废水中以葡萄糖为有机物的污泥系统 EPS

组分中多糖质量分数偏高，以生活污水为基质的污泥系统 EPS 组分中蛋白质质量分数偏高，多糖与蛋白质的比值明显偏低。国内外研究表明，多糖与蛋白质比的降低可以促进污泥颗粒化，因此，将基质类型对 EPS 质量分数的影响应用于污泥的颗粒化，以生活污水为基质的污泥系统中 EPS 质量分数较高，多糖与蛋白质比较低，生活污水更利于亚硝化污泥的颗粒化。

（3）周期反应过程中亚硝化污泥系统 EPS 质量分数的变化

以 1 号反应器为例分析不同反应时间污泥系统中 EPS 质量分数的变化，结果如图 2-61 所示。可以看出，由进水 15min、氨氮氧化 60% 和氨氮完全氧化时，多糖质量分数分别为 9.890mg/g、11.766mg/g、13.982mg/g，蛋白质质量分数分别为 3.061mg/g、3.442mg/g、4.428mg/g。多糖、蛋白质质量分数均呈逐渐增加趋势。而当无基质静置饥饿 17h 时，多糖、蛋白质质量分数分别降至 7.673mg/g、1.200mg/g，多糖、蛋白质质量分数均明显减少。多糖与蛋白质比在有氨氮存在时均在 3.1～3.4 无明显变化，但在静置饥饿 17h 后比值增至 6.4，表明在环境中营养饥饿时首先减少 EPS 中的蛋白质。原因可能是反应时期，微生物处于较高的食物/微生物比（F/M）条件，微生物的代谢速率和生长速率均很高，此时主要由细菌的分泌导致 EPS 质量分数增加。而饥饿期，初期由于没有底物基质的存在，营养缺乏使得微生物处于较低的代谢活性。随着饥饿期的延长，微生物逐渐进入休眠或内源呼吸阶段，积累的 EPS 中多糖、蛋白质等大分子物质又作为细菌的碳源或能源被消耗，因此，在静置饥饿 17h 后，EPS 中多糖、蛋白质质量分数明显降低。

综上，EPS 可以抵御反应系统内恶劣环境对细胞的危害，在外部基质缺乏时充当碳源和能源物质，维持细胞的正常生命活动。对于亚硝化污泥系统，饥饿会导致多糖与蛋白质比值增大，不利于絮状污泥之间相互聚集。因此，应用到亚硝化污泥的颗粒化过程时，应避免长时间的静置饥饿，相比 SBR 的静置饥饿期，连续流更有利于亚硝化污泥的颗粒化。

（4）EPS 对污泥沉降性的影响

EPS 影响活性污泥絮体的物化性质，如絮体密度、絮体颗粒大小、表面面积、电荷密度、结合水质量分数和疏水性，而这些物化性质正是反映活性污泥沉降性能的重要指标。6 组反应器的 EPS 质量分数与 SVI 的关系如图 2-62 所示。

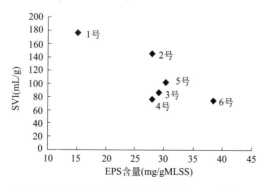

图 2-62　EPS 含量与污泥容积指数 SVI 的关系

可以看出，随 EPS 质量分数增大，SVI 整体呈逐渐减小趋势。EPS 质量分数从 15.207mg/g 增加到 38.511mg/g，SVI 由 175.610mL/g 降至 74.074mL/g。原因是：EPS 架桥学说认为，当 EPS 中高分子物质与微生物接触时，EPS 中含线性或分支状长链结构的活性基团借助离子键、氢键、配位键等与微生物细胞结合形成三维网状结构的絮凝体，有利于污泥沉降；另一观点认为，多糖、蛋白质等疏水性聚合物的疏水基团或疏水侧链与微生物细胞表面的疏水性区域出于避开水的需要而被迫接近，形成更大比表面积的空间三维间质复合物。以上 2 种观点均支持 EPS 对活性污泥絮凝沉降有促进作用，与本研究结果相符。综上，EPS 质量分数的增加有利于污泥的沉降。应用于亚硝化污泥的颗粒化过程，3 号、4 号、6 号反应器系统中污泥的沉降性好。但对于颗粒形成，絮状污泥之间的相互聚集及污泥的良好沉降性都是重要因素。3 号、4 号反应器的污泥沉降性好。而以生活污水为基质的 6 号系统中，多糖与蛋白质的比值较低有利于污泥之间的相互聚集，且污泥沉降性好，因此，含有机物的生活污水更有利于亚硝化污泥的颗粒化。

3. 结论

（1）氨氮浓度影响污泥系统中 EPS 质量分数。氨氮浓度在 60~200mg/L 时，EPS 质量分数随氨氮浓度增大而增大。氨氮浓度超过 200mg/L 时，EPS 质量分数无明显增加趋势。且 EPS 组分中多糖与蛋白质的比与氨氮浓度呈线性相关，其 R^2 为 0.9723。亚硝化污泥的颗粒化过程，初期宜选择 200mg/L 的氨氮浓度，形成较高 FA 抑制 NOB 菌，纯化亚硝化污泥。后期应适当降低氨氮浓度为 60~200mg/L，以降低多糖与蛋白质的比，从而快速实现亚硝化污泥的颗粒化。

（2）污泥的 EPS 明显受基质类型的影响。氨氮质量分数相同的情况下，以含有机物的废水为基质的活性污泥比单纯以含氨氮的废水为基质的活性污泥能分泌更多的 EPS。废水中以葡萄糖为有机物的污泥系统 EPS 组分中多糖质量分数偏高，以生活污水为基质的污泥系统 EPS 组分中蛋白质质量分数偏高，多糖与蛋白质的比值明显偏低，因此，生活污水更利于亚硝化污泥的颗粒化。

（3）EPS 中蛋白质和多糖均具有可生化降解性，在外部基质缺乏时可以充当碳源和能源物质，维持细胞的正常生命活动。但饥饿会导致污泥系统中多糖与蛋白质的比值升高，不利于亚硝化污泥的颗粒化。

（4）EPS 质量分数影响污泥沉降性。EPS 质量分数增大，SVI 呈逐渐减小趋势。对于颗粒污泥形成，絮状污泥之间的相互聚集及污泥的良好沉降性都是重要因素。

2.4.3　曝停时间比对间歇曝气 SBR 短程硝化的影响

在缺氧环境下 AOB 的活性受到抑制，氨氧化过程受阻，一旦恢复曝气，经历长期"饥饿"的 AOB 可以更多地利用氨产能，使其自身大量增殖，此即 AOB 的"饱食饥饿"特性，而 NOB 不具有此种特性，$NO_2^- -N$ 氧化速率就会滞后于氨氧化速率。所以，间歇曝气相比于连续曝气更加有利于实现 $NO_2^- -N$ 的积累，而在间歇曝气中曝停时间比是影响 $NO_2^- -N$ 积累的重要因素。本试验以常温生活污水为研究对象，采用序批式反应器（SBR），系统地研究了不同曝停时间比对亚硝化率、亚硝化稳定性、污染物去除效果及污泥沉降性能的影响。

1. 材料与方法

（1）试验装置

试验采用 3 个完全相同的 SBR 反应器，试验装置如图 2-63 所示。反应器由有机玻璃制成，高 50cm，直径为 15cm，有效容积为 6L，换水比为 73％。在反应器壁的垂直方向设置一排间距为 5cm 的取样口，用于取样和排水。反应器底部安装内径为 10cm 的曝气环进行微孔曝气，由气泵及气体流量计控制曝气强度。反应器内置搅拌机，以保证泥、水、气混合均匀，此外还安置有在线 pH、DO 探头，保证各参数的实时在线监测。进水、曝气和排水均采用自动控制。

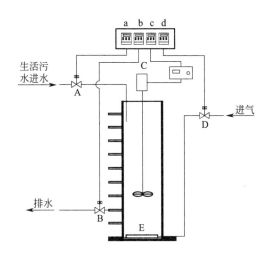

图 2-63 反应器装置图
A、B、D：分别为进水、排水、曝气管路的电磁阀；a、b、c、d：分别为进水、
排水、搅拌、曝气的自动控制系统；C：搅拌设备；E：曝气设备

（2）接种污泥与试验用水

接种污泥采用北京市某污水处理厂的回流污泥，接种后反应器内污泥浓度均为 4000mg/L。试验用水取自某大学教工家属区化粪池，不再另外投加任何其他物质，水质情况见表 2-8。

表 2-8

试验水质情况

项目	氨氮 (mg/L)	NO_2^--N (mg/L)	NO_3^--N (mg/L)	pH	COD (mg/L)	BOD_5 (mg/L)	碱度(mg/L) (以 $CaCO_3$ 计)	SS (mg/L)
范围	70～100	<1	<1	7.0～7.8	200～400	120～150	550～610	76～114

（3）分析项目与方法

DO、温度、pH 均采用 WTW 在线测定仪测定，MLSS 采用 MODEL711 手提式测定仪测定，COD 采用 COD 快速测定仪测定。水样分析中氨氮测定采用纳氏试剂光度法，NO_2^--N 采用 N-(1-萘基) 乙二胺光度法，NO_3^--N 采用紫外分光光度法，其余水质指标的分析方法均采用国标方法。

本试验中亚硝化率、氨氧化率按照公式 (2-6)、(2-7) 计算，NO_3^--N 生成速率按下式计算：

$$NO_3^- \text{-N 生成速率} = \Delta C_{NO_3^- \text{-N}}/(MLSS \cdot t) \tag{2-11}$$

式中　$\Delta C_{NO_3^- \text{-N}}$——$t$ 时段内的 NO_3^--N 生成量，mg/L；

　　　$MLSS$——混合液悬浮固体浓度，g/L；

　　　　t——时间，h。

（4）烧杯试验方法

为比较 3 种曝停时间比下活性污泥中 NOB 被抑制程度，在氧充足的条件下比较各反应器污泥中 NOB 的相对数量的大小。具体操作方法为：于反应结束后的 1 号和 2 号反应器中分别取 1L 泥水混合液置于 2 个相同的烧杯内，进行连续曝气，控制 DO 为 7.0～8.0mg/L，并且配置相同浓度的 NO_2^--N 溶液在相同条件下曝气进行空白对照。每隔一段时间取样测定三氮浓度，计算 NO_3^--N 生成速率，即单位时间单位污泥浓度的 NO_3^--N 生成量，通过对比 NO_3^--N 生成速率定性比较 3 种条件下活性污泥中 NOB 的相对数量，从而反映 3 种曝气方式下亚硝化的稳定性。

2. 结果与讨论

（1）曝停时间比对亚硝化反应启动时间的影响

1 号、2 号、3 号 SBR 反应器均采用间歇曝气，曝停时间比分别为：30min/10min，30min/20min，30min/30min，以 pH 拐点作为氨完全氧化的标志。控制初始 DO 浓度均为 2mg/L，以亚硝化率连续 7d 超过 90% 作为亚硝化启动成功标志。考察 3 个反应器亚硝化反应启动成功的时间，不同曝停比对氨氧化率及亚硝化率增长的影响。

3 个反应器启动阶段的氨氧化率及亚硝化率逐日的变化趋势如图 2-64 所示。启动初期氨氧化率均在 50% 左右，随着反应周期的连续运行，氨氧化率均呈现逐渐上升的趋势，至第 20 天时，3 个反应器的氨氧化率均达到 90% 以上，说明污泥活性逐渐增加使得氨氮氧化效果不断增强。3 个反应器的初始亚硝化率分别为 18.13%、19.10% 和 17.26%，说明 3 个反应器接种污泥中 AOB 相比 NOB 所占的微小优势基本相同。但到达连续 7d 均保持在 90% 以上亚硝化启动成功的时间分别为第 29 天、第 23 天和第 22 天。而氨转化率均

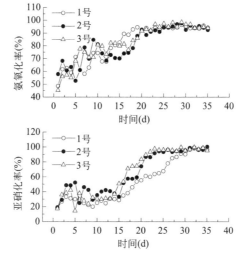

图 2-64　启动阶段的氨氧化率及亚硝化率

在95％左右。表明缩小曝停比有利于AOB的增长和NOB的抑制。优化的曝停时间比在3：1与3：2之间。可以更好地利用间歇曝气停曝缺氧时段，发挥AOB的"饱食饥饿"特性，刺激其快速增殖，同时抑制NOB的活性。

（2）曝停比对亚硝化稳定性的影响

3个反应器启动成功后，即在第36天、30天和29天时分别将3个反应器的初始DO浓度提高至4.0～4.5mg/L，保持曝停比和反应时间不变。对比三者能否抵抗高DO的不利条件维持亚硝化的稳定性。

1）亚硝化率

启动成功后3个反应器的亚硝化率变化趋势如图2-65所示。1号反应器在高DO下再继续稳定运行54d，第82天时，亚硝化率出现下降趋势，至第90天时下降至70％，NOB不被有效抑制，亚硝化遭到破坏，而2号和3号反应器在高DO下均可维持稳定运行。由此可见，就高DO下亚硝化的稳定性而言曝停比3：2及3：3优于3：1，即在一定范围内，曝停比越大越不利于高DO下亚硝化的稳定。一个反应周期内各反应器的DO变化如图2-66所示，由于初始DO较大，曝停比为3：1的1号反应器停止曝气时段短促，反应后期停曝阶段仍然残留一定浓度的DO，缺少缺氧环境，间歇曝气的优势不能被充分体现，相比较2号与3号，NOB不能被有效抑制，亚硝化更容易遭到破坏。

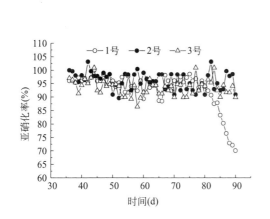

图2-65 启动成功后的亚硝化率变化

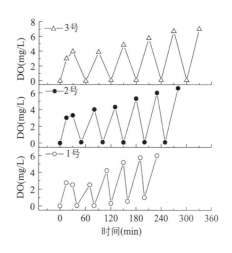

图2-66 典型周期内DO变化

2）反硝化作用

由于3个反应器的停曝时间不同，使得反应器内的反硝化作用程度有所差别，图2-67为3个反应器TN损失的对比图。

启动阶段的TN损失平均值分别为9.12mg/L、14.84mg/L、18.98mg/L，启动成功后提高DO使得TN损失降低，分别为7.76mg/L、13.19mg/L、17.80mg/L。由此可见，停曝时间越长反硝化作用越明显，而反硝化会使得NO_2^--N或NO_3^--N转化为N_2，一方面降低了NOB的生长基质NO_2^--N的浓度，从而对NOB产生一定的抑制作用，2号和3号相比较1号的反硝化作用更加明显，更加有利于维持亚硝化的稳定性。

图2-68反映了3个反应器在高DO阶段各自的碱度消耗情况。1号、2号、3号进出

水碱度差的平均值分别为 418.38mg/L、398.65mg/L、382.52mg/L（以 $CaCO_3$ 计），由于三者氨氮转化率相同，即硝化消耗的碱度相同，那么，进出水碱度的差值应是反硝化程度不同所导致的。就碱度平衡而论，反硝化 1mg/L NO_2^--N 或 NO_3^--N 均生成 3.57mg/L（以 $CaCO_3$ 计）的碱度。高 DO 阶段 1 号与 2 号、1 号与 3 号、2 号与 3 号 TN 损失平均值的差值分别为 5.43mg/L、10.04mg/L、4.61mg/L，导致的碱度差值应分别为 19.39mg/L、35.84mg/L、16.45mg/L，与实际消耗碱度差值 19.74mg/L、35.86mg/L、16.12mg/L 非常接近，由此可以得出三者进出水碱度差值的不同确是由反硝化作用引起的。

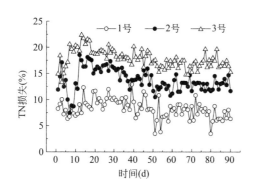

图 2-67　TN 损失对比图　　　　图 2-68　高 DO 阶段消耗碱度对比图

硝化反应要消耗碱度，在供氧充足的条件下，反应器的氨氮容积去除率与碱度呈正相关。可见，2 号、3 号反应器中由于反硝化作用比 1 号明显，使其反应器中碱度一直大于 1 号反应器，对氨氮转化更加有利。

3）烧杯试验

第 65 天时，于反应结束后的 1 号、2 号、3 号反应器中分别取 1L 泥水混合液进行延时曝气的烧杯试验，并配置相同浓度的亚硝酸钠溶液在相同的条件下曝气进行空白对照。空白试验只有 2mg/L 的 NO_2^--N 转化成了 NO_3^--N，说明空白反应器硝化能力很小。3 个反应器混合液烧杯试验的 NO_3^--N 生成速率对比如图 2-69 所示。

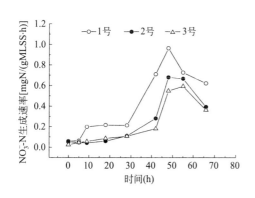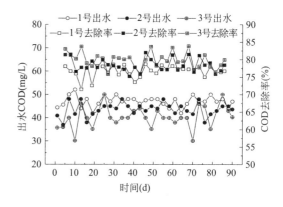

图 2-69　NO_3^--N 生成速率变化　　　　图 2-70　COD 去除效果对比图

由图 2-69 可以看出，3 个反应器的 NO_3^--N 生成速率均呈现先上升后下降的趋势。原因如下：起初 NOB 的活性尚未被充分激活，因此 NO_3^--N 生成速率较低，随后逐渐增加至最大值；随着反应进行，NO_2^--N 逐渐转化为 NO_3^--N，NOB 的底物 NO_2^--N 成为限制因素，NOB 活性受到抑制，NO_3^--N 生成速率下降。由于烧杯试验过程中一直控制 DO 为 7.0～8.0mg/L，NOB 的活性可被充分激活，因此 NO_3^--N 生成速率的大小与活性污泥中 NOB 的相对数量成正相关。由图 2-69 可知，1 号的 NO_3^--N 生成速率一直高于 2 号，2 号稍高于 3 号，说明 1 号反应器内的 NOB 相对数量较高，其活性污泥中 NOB 的被抑制程度小于 2 号，2 号和 3 号相差不大。

综上，烧杯试验的结果表明曝停比越大，活性污泥中 NOB 的相对数量越大，越不利于亚硝化系统的稳定运行。

4）曝停比对有机物去除效果的影响

由于接种污泥取自污水处理厂的回流污泥，存在大量异养菌，因此 3 个反应器的出水 COD 均在 50mg/L 以下，去除效果较好，达到一级 A 标准。图 2-70 反映了三者出水 COD 及 COD 去除率的变化趋势。1 号、2 号、3 号的出水 COD 平均值分别为 47.02mg/L、43.65mg/L、40.32mg/L，COD 去除率平均值分别为 76.71%、78.44%、79.94%。可见，随着停曝时间的增加，曝停比的减小，COD 去除效果有些许的变好趋势，原因主要是由于反硝化作用强的反应器消耗 COD 更多一些。但是，三者 COD 去除效果整体上差异不大。

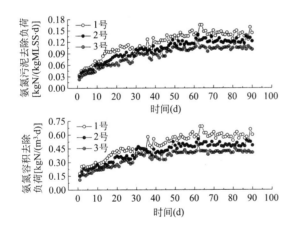

图 2-71　氨氮容积去除负荷及污泥去除负荷　　　图 2-72　污泥沉降性能对比图

5）氨氮去除效果

启动阶段，由于污泥活性逐渐增强使得三者的氨氮去除负荷均呈现递增趋势。后期高 DO 运行阶段，负荷趋于稳定，如图 2-71 所示，氨氮容积去除负荷均值分别为 0.57kgN/$(m^3 \cdot d)$、0.48kgN/$(m^3 \cdot d)$、0.40kgN/$(m^3 \cdot d)$，氨氮污泥去除负荷均值分别为 0.14kgN/$(gMLSS \cdot d)$、0.12kgN/$(gMLSS \cdot d)$、0.10kgN/$(gMLSS \cdot d)$。可见，停曝时间越长，曝停比越小，氨氮去除负荷越低。

6）曝停比对污泥沉降性能的影响

污水处理厂中发生的污泥膨胀大部分为丝状菌污泥膨胀,膨胀不仅易导致污泥流失,出水悬浮物增高还会使水质恶化,大大降低处理效果,是污水处理厂运行中常出现的最难解决的问题。一般认为 SVI(污泥容积指数)值大于 150mL/g 即发生了污泥膨胀。绝大多数丝状菌都是专性好氧菌,而活性污泥中的细菌有半数以上是兼性菌。间歇曝气中好氧与缺氧状态的交替可以抑制专性好氧丝状菌的过量繁殖。因此,间歇曝气中的好氧/缺氧状态交替有利于控制污泥膨胀,抑制丝状菌的生长。

由图 2-72 可知,接种污泥的 SVI 值大于 200mL/g,存在污泥膨胀现象。但是,3 个反应器分别经过 30d、28d、20d 的运行后 SVI 值开始下降,至第 44 天时分别降至 78mL/g、65mL/g、60mL/g,污泥沉降性能得到恢复。由此可见,3 号反应器单位厌氧时间最长,污泥沉降性能也最好。厌氧时间越长,转为好氧状态时,丝状菌越不能很快恢复活性,最终更易被抑制。

3. 结论

缺氧抑制 NOB 的活性,随着曝停时间比的缩小,亚硝化率增高,而氨氮去除负荷减小;在试验条件下,亚硝化反应启动速度最优的曝停时间比宜为 3∶1～3∶2 之间。曝停时间比越小,污泥沉降性能越好,越有利于抑制丝状菌污泥膨胀。

2.4.4 亚硝化颗粒污泥的培养强化及其特性

亚硝化作为厌氧氨氧化的前置工艺,其处理效果及稳定性是自养脱氮系统成败的关键,但实际研究中亚硝化反应器存在污泥难以持留及增长、抗冲击负荷能力差、长期运行容易失稳而转向全程硝化等问题。生活污水的氨氮浓度为 30～90mg/L,pH 为 7.2～7.8,FA 及 FNA 难以达到 NOB 抑制浓度,虽然可通过控制较低的 DO 浓度实现生活污水的亚硝化,但其亚硝化效果与氨氮氧化效率均有待提高。相比絮状污泥,颗粒污泥具备良好的持留富集性能和传质条件,因而将颗粒化技术应用于生活污水的亚硝化,有望实现高效稳定的处理。

1. 材料与方法

(1)试验装置与试验用水

SBR 反应器的直径为 8cm,高度为 100cm,总容积为 5L,有效容积为 4L。在反应器的底部设置曝气盘,采用鼓风曝气,用转子流量计调节曝气量为 2.0L/min,外部设置水浴套筒,由温度控制仪控制反应器内的温度,结构如图 2-73 所示。反应器通过时序控制器实现对反应过程的自动控制,每天运行 4 个周期,每个周期包含:进水(1min)、好氧曝气(控制曝气时间使氨氧化率维持在 80%～90%)、沉淀、排水(2min)、闲置。每个周期进、排水各 2.5L,容积交换率为 5/8。每天运行结束后用清水清洗污泥 2 遍,以防止闲置厌氧时发生反硝化反应。

试验用水取自某家属区化粪池,其 COD 浓度为 258.2～323.6mg/L,氨氮浓度为 66.6～85.4mg/L,NO_2^--N、NO_3^--N 的浓度几乎为 0,碱度(以 $CaCO_3$ 计,下同)为 496～614mg/L。

(2)接种污泥与试验方法

接种污泥取自北京市某污水处理厂的曝气池,经驯化使亚硝化率维持在 95% 以上,接种污泥浓度为 3.40gMLVSS/L。为成功培养亚硝化颗粒污泥,并实现其高效处理能力,

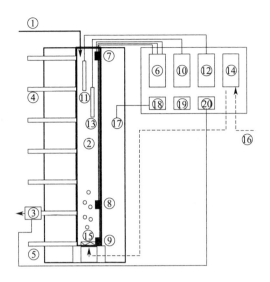

图 2-73 试验装置示意图

1—进水；2—SBR 反应器；3—电磁阀（出水）；4—取样孔；5—取泥孔；6—液位控制器；
7—最高液位端子；8—最低液位端子；9—液位器辅助端子；10—pH online 测定仪；11—pH 探头；
12—DO online 测定仪；13—DO 探头；14—气体流量计；15—曝气盘；16—进气端（接自空压机）；
17—水浴系统；18—水浴控制器；19—时序控制器；20—电磁阀控制器

将试验分为污泥颗粒化及处理性能强化 2 个阶段，污泥颗粒化阶段以生活污水为进水，维持温度为（30±1）℃，沉淀时间分 6 个梯度逐渐缩短：15min（第 1～20 周期）、12min（第 21～64 周期）、10min（第 65～100 周期）8min（第 101～148 周期）、6min（第 149～184 周期）、4min（第 185～360 周期），每个沉淀时间下经多个周期试验，待出水 SS 稳定后转入下一沉淀时间的运行；处理性能强化阶段维持温度和沉淀时间不变，向生活污水中投加（NH₄)₂SO₄ 和 NaHCO₃，使氨氮浓度为（175±10）mg/L，碱度为（1500±80）mg/L，以提高颗粒污泥处理负荷，待氨氮容积负荷稳定后不再投加药剂。

（3）分析方法

氨氮、NO_2^--N、NO_3^--N、SS、MLSS、MLVSS、SVI 等指标均采用国家标准方法测定，pH、DO 及温度采用便携式多参数测定仪测定，碱度采用全自动电位滴定仪测定，COD 采用 COD 快速测定仪测定，污泥形态采用光学显微镜和数码照相机观察，污泥颗粒平均粒径、粒径分布采用激光粒度仪进行分析。

2. 结果与讨论

（1）亚硝化颗粒污泥的培养

出水 SS、污泥平均粒径与沉淀时间的关系如图 2-74 所示。

出水 SS 主要由流失污泥组成，可以表征流失污泥量。接种污泥的平均粒径仅为0.083mm，粒径小于 0.2mm 的污泥占到 95.2%，为完全絮状污泥。当沉淀时间大于10min 时，出水 SS 浓度较低，较少的污泥被淘洗，粒径无明显变化。然而，当沉淀时间缩短至 10min 时，出水 SS 浓度增加明显，平均粒径开始快速增长，污泥开始明显聚集，至此阶段末期，污泥中出现少量肉眼可见的细小颗粒。当沉淀时间由 10min 缩短至 6min

时，随着出水 SS 浓度的不断升高，被淘洗出反应器的污泥不断增多，粒径增速也相应加快。当沉淀时间缩短至 4min 时，出水 SS 浓度达到最大值，絮状污泥被大量淘洗，颗粒粒径快速增长，至第 213 个周期，粒径大于 0.2mm 的污泥占到 77.4%，污泥以小粒径颗粒为主，平均粒径达到 0.4mm，颗粒污泥已基本形成。此后由于絮状污泥被充分淘洗，出水 SS 浓度大幅降低，流失的污泥主要由细小的颗粒污泥组成，此后反应器内细小颗粒快速增大且逐渐趋于球形，至第 360 个周期，粒径大于 0.6mm 的颗粒占到 57.7%，平均粒径达到 0.71mm，且形态接近球形。

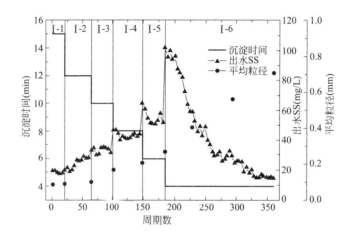

图 2-74　各阶段出水 SS、平均粒径与沉淀时间的关系

可见，控制沉淀时间是培养亚硝化颗粒污泥的有效手段，维持适当的沉淀时间，可将沉降性能较差、粒径较小的污泥淘洗出反应器，形成水力筛选作用，从而促使颗粒污泥成为主体。

（2）颗粒污泥的性能强化

污泥颗粒化阶段末期，亚硝化颗粒污泥已基本成熟，出水 NO_3^--N 浓度接近于 0，亚硝化率维持在 95% 以上，然而其氨氮容积负荷仅为 0.46kgN/（m³·d）左右，且随着颗粒的不断增大，氨氮容积负荷未见明显增长。分析原因是在前期的颗粒化过程中，采用生活污水为试验用水，由于控制沉淀时间来淘洗污泥，AOB 的增殖速度远不如异养菌，造成其在亚硝化颗粒污泥中所占的比例不高，进而氨氮容积负荷难以提高。

为了强化亚硝化颗粒污泥的处理能力，自第 361 个周期起向生活污水中投加氨氮，使进水氨氮浓度在（175±10）mg/L，至第 405 个周期，氨氮容积负荷由 0.46kgN/（m³·d）迅速增至 1.15kgN/（m³·d），此后连续 7d 负荷不再增长并保持稳定。之后恢复在生活污水条件下运行，氨氮容积负荷略有降低，第 440 个周期后稳定在 0.94kgN/（m³·d）。可见，在进水中投加氨氮可在短期（18d）内显著增强亚硝化颗粒污泥的氨氧化性能，且强化后的处理能力能稳定维持。这一方面是因为增加了 AOB 可利用的底物浓度，另一方面延长了每个周期的反应时间，有利于 AOB 的增殖，从而在短期内有效加强了 AOB 的处理能力及生物量，进而提高了反应器的氨氮容积负荷。

（3）亚硝化颗粒污泥的特性

1）物理特性

经过强化后的亚硝化污泥平均粒径达到 0.77mm，粒径大于 0.6mm 的颗粒占到 61.4%，颗粒为棕黄色，呈较规则的椭球形或球形，且较为密实，具体形态如图 2-75 所示。

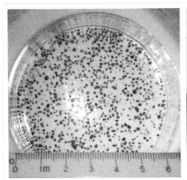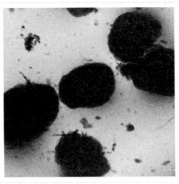

图 2-75 亚硝化颗粒污泥的肉眼及 40 倍显微镜照片（文后彩图）

由于颗粒污泥具有较大的粒径和较高的密度，其沉降性能要明显优于絮状污泥。图 2-76 为不同沉淀时间（3min、10min、15min）下亚硝化絮状污泥与颗粒污泥的 SVI 对比。可以看出，颗粒污泥的 SVI 值较低，絮状污泥 SVI_{30} 为（41.5±8）mL/g，远高于亚硝化颗粒污泥的（15±6）mL/g，颗粒污泥 3min 后沉降体积就基本维持不变，这意味着仅仅 3min 所有的污泥即完成沉降。SVI_3、SVI_{10} 和 SVI_{30} 基本相当；然而亚硝化絮状污泥在 3min 与 30min 沉淀时间下的沉降体积有较大差别，说明经较长时间后污泥才能沉降完全，SVI_3、SVI_{10} 和 SVI_{30} 有明显差别。

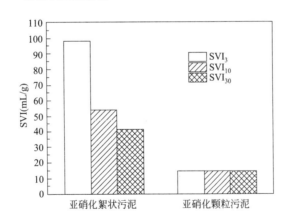

图 2-76 亚硝化污泥颗粒化前后的污泥容积指数（SVI）

2）脱氮特性

典型周期内，沉淀时间为 12min 时的亚硝化絮状污泥及经过处理而性能强化的亚硝化颗粒污泥对污染物的去除情况如图 2-77 所示。

对于亚硝化絮状污泥而言，随着氨氮浓度的降低，氨氮氧化速率及 $NO_2^- \text{-N}$ 生成速率呈逐渐降低趋势；而亚硝化颗粒污泥在处理过程中氨氮及 $NO_2^- \text{-N}$ 浓度近似呈线性变化，

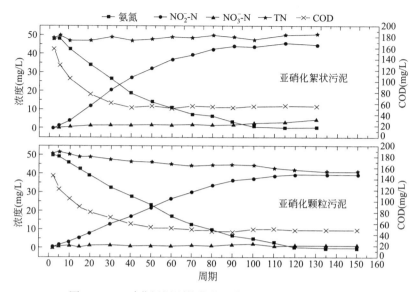

图 2-77　亚硝化污泥颗粒化前后典型周期内的基质变化

仅在反应末期氨氮浓度较低时氨氮氧化速率及 NO_2^--N 生成速率有所降低，可见相比絮状污泥，亚硝化颗粒污泥对于氨氮的氧化受基质浓度的影响较小。在氨氮完全氧化后，反应器处于无基质的延时曝气状态，溶液中 DO 达到 8mg/L 以上，亚硝化颗粒污泥反应器中的 NO_3^--N 浓度无明显变化，而亚硝化絮状污泥反应器中的 NO_3^--N 由 2.4mg/L 逐渐增加至 4.7mg/L，可见亚硝化颗粒污泥对于延时曝气有更好的耐受性，其亚硝化稳定性更强。Kishida 等发现，当液相 DO 浓度达到 5.5mg/L 时，DO 穿透颗粒污泥的深度仅为 0.1mm，当大于此深度时 DO 浓度基本为 0。污泥的颗粒结构能有效增加 DO 的传质阻力，使颗粒内部的 DO 维持在较低水平，从而维持亚硝化的稳定性。亚硝化颗粒污泥与絮状污泥对 COD 的去除规律基本相同，COD 浓度均在氨氮氧化 50% 左右时就基本不再变化。

3. 结论

（1）控制沉淀时间是培养亚硝化颗粒污泥的有效手段，选择适当的沉淀时间，可将沉降性能较差、粒径较小的污泥淘洗出反应器，形成水力筛选作用，从而促使颗粒污泥成为反应器主体。当沉淀时间大于 10min 时，亚硝化颗粒污泥难以形成，当沉淀时间为 4min 左右时，亚硝化污泥的颗粒化速度较快。

（2）颗粒污泥的亚硝化率维持在 95% 以上，亚硝化效果稳定，在进水中投加氨氮可在短期（18d）内显著增强亚硝化颗粒污泥的氨氧化性能，恢复正常进水后氨氮容积负荷达到 0.94kgN/(m³·d)，是强化前的 2 倍。

（3）相比絮状污泥，亚硝化颗粒污泥的沉降性能更优，其氧化氨氮的能力受基质浓度的影响更小，抵抗延时曝气的能力也更强。

2.5　硝化反应中氨转化率的控制研究

亚硝化反应是 ANAMMOX 反应的前处理，亚硝化和厌氧氨氧化两段反应协同才能高效经济地完成污水自养脱氮的过程。据 ANAMMOX 反应的基质比例，NO_2^--N：氨氮 ＝1.32：1 的要求，亚硝化反应阶段的氨转化率应为 57％，亚硝化率应为 100％，才算完整地完成了前处理的任务。

亚硝化反应的 HRT，反映了基质与微生物接触代谢的平均时间，HRT 的长短可以控制反应的进程，如 HRT 足够长，氨氮会全部转化为 NO_2^--N，HRT 过长还会向全程硝化进展的危险。缩短 HRT 可降低氨氮的转化率，客观上存在着的 HRT 时段，使氨氮的转化率处于 50％～60％之间，有特定的 HRT 对应着 57％的转化率。

亚硝化消耗碱度，1g 氨氮氧化为 NO_2^--N 要消耗 7.14g 碱度，当碱度不足时将影响亚硝化速率和反应进程。

本节研究通过 HRT 和碱度控制氨氮转化率的方法。

2.5.1 常温 CSTR 半亚硝化的启动与稳定运行

生活污水中的氨氮浓度通常在 40～70mg/L 范围内，温度 14～25℃，且硝化菌（AOB、NOB）具有生长缓慢、产率低和对环境条件敏感的特点。在缺少高温和 FA 与 FNA 联合抑制 NOB 的条件下，研究常温、低氨氮生活污水稳定亚硝化及出水氨氧化比率的调控更具有现实意义。本节采用生活污水经 A/O 除磷工艺处理后出水为试验用水，利用连续流完全混合反应器探求生活污水的亚硝化性能。

1. 材料与方法

（1）试验装置

试验所用反应器（图 2-78）由有机玻璃制成，有效容积为 425L，后接竖流式二沉池。

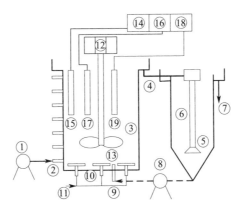

图 2-78　试验装置示意图

1—进水泵；2—进水口；3—反应器；4—连接管；5—反射板；6—二沉池；
7—出水口；8—污泥回流泵；9—污泥回流口；10—曝气盘；11—接自空压机；12—搅拌机；
13—搅拌浆；14—pH online 测定仪；15—pH 探头；16—DO online 测定仪；17—DO 探头；
18—ORP online 测定仪；19—ORP 探头

反应器底部设置 5 个 17cm 的膜片式曝气盘，通过空压机供氧，由转子流量计控制气量。通过 WTW 在线测定仪分别测定 pH、DO、ORP 及温度，设置搅拌器以提供泥水混合动力，保证曝气均匀。进水、污泥回流均采用蠕动泵控制。

（2）接种污泥与试验用水

接种污泥取自北京某污水处理厂 A^2/O 工艺的回流污泥，接种后反应器内污泥浓度为 5000mg/L。各阶段的试验用水水质见表 2-9 所列，前 3 个阶段使用人工配水，第 4 阶段采用生活污水经 A/O 生物除磷工艺处理后的出水，并向其中投加一定量的碱度物质。

CSTR-SN 启动研究期反应器进水水质　　表 2-9

试验阶段	运行天数(d)	运行方式	进水氨氮（mg/L）	COD（mg/L）	进水 pH
低氨氮启动	1～60	CSTR	75.884	—	7.8±0.2
高氨氮启动	61～77	SBR	216.293	—	7.8±0.1
高低氨氮稳定运行	78～94	SBR	201.407 77.71	— —	7.8±0.05 7.7±0.05
低氨氮稳定运行	95～155	CSTR	73.13	<50	7.9±0.1

（3）分析项目及方法

氨氮：纳氏试剂光度法。$NO_2^- \text{-} N$：N-(1-萘基)-乙二胺光度法。$NO_3^- \text{-} N$：紫外分光光度法。DO、温度、pH 及 ORP：WTW 在线测定仪。MLSS：手提式测定仪。COD：快速 COD 测定仪。

（4）电镜观察

取活性污泥 0.5g，加入 2.5% 的戊二醛后于 4℃ 冰箱固定 4h（pH=7.8）；用磷酸缓冲溶液（PBS，0.1mol/L）水洗 3 次，每次 10min；依次用 30%、50%、70%、90% 的无水乙醇进行脱水，每次 15min；通过体积比为 1:1 的无水乙醇和乙酸异戊酯溶液置换，以及乙酸异戊酯再一次置换，每次 15min；真空干燥，喷金，进行扫描电镜观察。

2. 结果与讨论

（1）亚硝化反应器的启动

以人工配制的低氨氮污水，连续流的运行方式启动亚硝化反应器，旨在通过调节曝气量的手段将硝化反应控制在生成 $NO_2^- \text{-} N$ 阶段。

试验初期（1～15d）控制反应器内 DO 在 0.2mg/L 左右，氨氮去除率小于 40%；为增强硝化细菌的活性，提高污泥的硝化性能，于第 16～30 天逐渐增加曝气量（4～7L/min），氨氮去除率有明显的提高，最高达到了 95%。在这前 30d 里，二沉池发生了污泥上浮现象，沉降性能较差的污泥随出水流失。反应器内污泥浓度有明显的下降（3520～1900mg/L），至第 25 天反应器内污泥浓度稳定在 1900mg/L 左右。

当污泥的硝化性能提升之后，将曝气量从 7L/min 降至 4L/min，系统中的 DO 浓度维持在 0.20～0.30mg/L 之间，经 2 个月的运行氨氮平均去除率仍大于 85%，但在整个启动过程中都是全程硝化，并未见 $NO_2^- \text{-} N$ 积累。欲利用 AOB 与 NOB 对 DO 的亲和力差别，抑制 NOB 的活性，实现亚硝化未能成功。

分析原因：进水氨氮为 60.6～94.5mg/L，而 CSTR 反应器无论在时间上还是空间上都呈现完全混合状态，使进水氨氮被稀释，反应器内氨氮实际浓度仅为 15mg/L 左右。

过低的氨氮值导致较低的 FA 浓度（平均为 0.3mg/L），对 NOB 没有抑制作用；启动期间反应器内平均温度为 22.9℃，AOB 和 NOB 都可适应，因温度扩大不了 AOB 与 NOB 在生长速率上的差距。综上可知，常温低氨氮连续流亚硝化系统仅通过低浓度 DO 控制无法在短期内抑制 NOB 的活性，不能达到快速启动亚硝化反应器的目的。

为在短期内实现反应器的启动及稳定运行，将进水氨氮浓度提高至 187～238mg/L，并采用 SBR 方式运行，曝气时间为 8h，曝气量为 4L/min，每天运行 2 个周期。

前 34 个周期的进水氨氮平均为 216mg/L，自第 12 个周期开始即出现明显的 NO_2^--N 积累，最高值达到 137mg/L。亚硝化率呈递增趋势，最终达到 90% 以上，而 NO_3^--N 的生成量逐渐减少。该阶段是通过进水的高氨氮作用产生较多的 FA（平均为 6.9mg/L），使系统中的 NOB 得到有效抑制，最终实现了亚硝化反应器的启动。为了强化 AOB 成为系统中的优势种群，又进行了 22 个周期的高氨氮稳定运行，进水氨氮平均为 201mg/L，对氨氮的去除率稳定在 75% 左右，而亚硝化率始终维持在 90% 以上，平均 NO_3^--N 生成量为 6.3mg/L，可见系统中 AOB 已经占主导地位。因此可向低氨氮阶段过渡，于是将进水氨氮浓度降至 71.7～84.6mg/L，曝气时间缩短至 5h 左右，曝气量则保持不变。

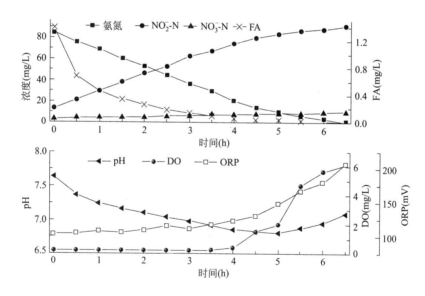

图 2-79　SBR-SN 典型周期内亚硝化效果及参数变化

图 2-79 是低氨氮进水条件下典型周期（第 56 个周期）内氮浓度、FA、DO、pH、ORP 随时间的变化情况。

进水 FA 为 1.4mg/L，随反应的进行 FA 迅速下降，NO_3^--N 浓度并没有因为 FA 浓度的降低而大幅度升高，进一步说明了 AOB 已在系统中占绝对优势。为防止过曝气而导致 NOB 活性恢复，在低氨氮过渡阶段采用实时控制策略监测系统内的 pH 拐点，严格控制曝气时间。通过 12 个周期的低氨氮运行，由于进水氨氮负荷的降低提高了对氨氮的去除率，使其升高至 90% 左右，而亚硝化率始终维持在 90% 以上，平均 NO_3^--N 产量小于 3mg/L。可见，亚硝化系统有一定的抵抗冲击负荷的能力。系统可转变为连续流运行。

（2）CSTR 低氨氮、半亚硝化稳定运行

第 95 天转变为连续流运行，DO 仍维持在 0.3mg/L 以下，HRT 调节于 5.5～9h，氮素转化情况如图 2-80 所示。

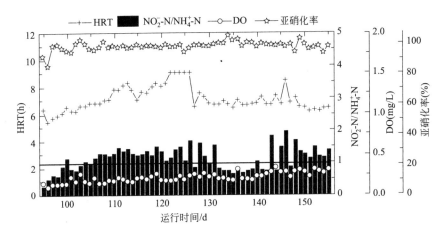

图 2-80　CSTR-SN 稳定运行阶段亚硝化效果

亚硝化率始终维持在 90％上下，表明 AOB 在硝化菌群系统中占据优势。氨转化率和出水 NO_2^--N/NH_4^+-N 比值随 HRT 的长短及进水氨氮浓度而变化。在低 DO 下，要想获得稳定氨氧化率，维持出水 NO_2^--N/NH_4^+-N 比值适于 ANAMMOX 反应基质比率要求，就要保证适宜的进水氨氮负荷，亦即相应的 HRT。本试验在进水氨氮 80mg/L，HRT 为 7～8h，可获得氨氮的转化率 57％，亚硝化率大于 95％，出水 NO_2^--N/NH_4^+-N 比值稳定在 1.32 左右的成果。高氨氮培养的亚硝化反应系统，可在低氨氮低氧及适应的进水负荷下稳定运行。

由于 ORP 值可反映环境氧化性或还原性的相对程度，故对连续流启动期和稳定运行期系统的 ORP 值进行对比，结果如图 2-81 所示。稳定运行阶段的 NO_3^--N 浓度明显小于启动阶段的，且稳定运行阶段的 ORP 值同样小于启动阶段的，说明 ORP 值对系统内的 NO_3^--N 含量具有一定的指示作用。

稳定运行期间，虽然 FA 浓度仍较低（与启动期同为 0.3mg/L），但通过对 HRT 与 DO 的调控，可以维系亚硝化，说明 FA 是影响亚硝化启动的重要因素，但不是维系亚硝化稳定运行的必要条件。

（3）HRT 与 DO 的联合调控寻求部分亚硝化反应优化工况

连续流完全混合反应器（CSTR）部分亚硝化反应稳定运行后，调控 HRT 和 DO 探求氨转化率、亚硝化积累率皆佳的运行工况，结果如图 2-82 所示。

阶段 1 将 HRT 经 4.5h 再降至 3.2h，DO 仍维持原范围（0.35mg/L），最初几天氨氧化率及 NO_2^--N/NH_4^+-N 比值大幅下降。表明硝化能力不足，于是在第 5～15 天固定 HRT 为 3.2h 不变，试调高 DO 浓度在 0.36～0.50mg/L 范围内，经氨氧化率的明显波动，终于在第 16～37 天 HRT=3.1h，DO=0.36～0.50mg/L 的条件下，氨氧化率稳定

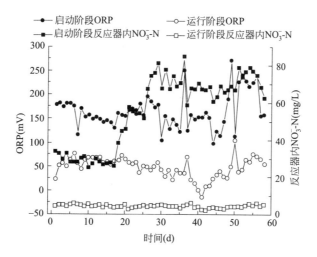

图 2-81　CSTR-SN 启动阶段与运行阶段 ORP 对比

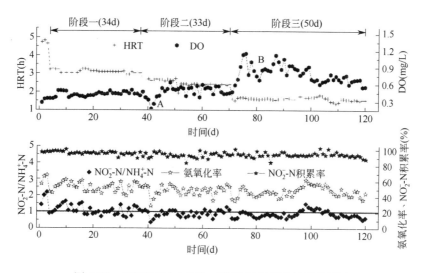

图 2-82　CSTR-SN 中 DO、HRT 对亚硝化效果的影响

在 53%，NO_2^--N/NH_4^+-N 比值稳定在 1.00 左右，适宜作为 ANAMMOX 工艺的进水。MLSS＝1200～2000mg/L，氨氮去除污泥负荷为 0.11kg NH_4^+/(kgMLSS·d)，系统处理效果良好。

阶段 2 为进一步提升处理负荷，于第 38 天再降低 HRT 至 2.5h 左右，结果由于 DO 过低（0.15～0.20mg/L）导致第 41～44 天的氨氧化率降低，NO_2^--N/NH_4^+-N 比值跌至 0.35。增大 DO 后，处理效果好转。在第 45～70 天，HRT＝2.5h，DO＝0.43～0.64m/L 范围内，MLSS＝1200～2000mg/L，亚硝化率维持在 90% 以上，NO_2^--N/NH_4^+-N 比值均值为 0.93，氨氮去除污泥负荷 0.35kg NH_4^+/(kgMLSS·d)。

而此后在第 75～95 天（第 3 阶段），HRT 降为 1.5h，同时提高 DO 浓度；到第 120 天时，DO 浓度 0.78mg/L，亚硝化率降低至 88%。但氨氧化能力仍然不足，氨氧化率下降至 40%，NO_2^--N/NH_4^+-N 比值为 0.63，结果表明，不但氨氧化率没有显著提升，还导致系统亚硝化率下降。

综上可见，较低的 HRT 虽可获得较大的氨氮去除负荷，在较低 HRT 水平下，为了获得同样的处理效果，势必要增加 DO 浓度，这使得系统的硝化反应向全程硝化发展。故建议 CSTR 部分亚硝化工艺的 HRT 应维持在 2.5h 以上。

实验为了探寻一定 HRT 下 DO 浓度对亚硝化率的影响，于第 121 天将 HRT 重新调至（3.0±0.2)h，增大曝气量，使反应器内 DO 浓度在 0.56～0.82mg/L 这一范围内运行近 25d，选取阶段 1 的相同 HRT，但 DO 范围为 0.40～0.50mg/L 的 20d 的运行数据进行比较（除 DO 外，其余条件基本相同），结果如图 2-83 所示。

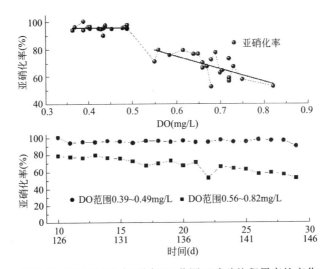

图 2-83　CSTR-SN 中不同 DO 范围亚硝酸盐积累率的变化

图 2-83 表明，DO 浓度在 0.56～0.82mg/L 这一范围时，亚硝化率较 DO 浓度在 0.35～0.5mg/L 有明显下降，由 90%降至 80%～50%且随运行时间的增加，亚硝化率持续下降。过量 DO 会破坏已经稳定的部分亚硝化系统，使其逐渐向全程硝化转变。

综上所述，DO 浓度对部分亚硝化工艺至关重要。反应器在 HRT＝3.0±0.2h 条件下运行时，DO＝0.50mg/L 是亚硝化率由高转低的临界浓度。过低的 DO 会降低氨氧化率，而 DO 浓度大于 0.50mg/L 不仅会使亚硝化向全程硝化转化。这是因为系统中一直存在着 NOB，只是丧失了活性，在高 DO 浓度长 HRT 条件下，其恰好处于底物 NO_2^--N 和 DO 均充足的环境，势必造成 NO_3^--N 的大量产生。

（4）启动期微生物种群演变

取接种污泥及启动成功后的污泥样品进行 SEM 观察，结果如图 2-84 所示。

由图 2-84 可知，接种污泥中的细菌形态多样，有长杆菌、球菌及短杆菌；而在稳定运行期，大多是排列紧凑的短杆菌。可见，随反应器的运行，污泥形态逐渐向短杆状转变，说明一些杂菌由于不适应反应器的运行条件而逐渐衰亡，种群结构发生了变化。这也佐证了亚硝化趋于稳定。

3. 结论

（1）在常温低氨氮条件下，CSTR 反应器由于 FA 值较低，仅通过控制 DO 浓度无法

 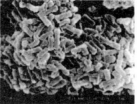

接种污泥　　　　　　　　　稳定运行期污泥

图 2-84　活性污泥电镜照片

在短期内实现亚硝化反应器的启动。采用 SBR 运行方式，原水氨氮浓度 200mg/L，FA 均值为 6.9mg/L 的条件下，仅 34 个周期亚硝化率即达到了 90％以上，且通过实时控制可避免过曝气，防止全硝化。

（2）启动成功后，转为常温生活污水连续流运行的 60d 中，通过联合调控 HRT 与 DO，系统的亚硝化率一直维持在 90％以上，出水 NO_2^--N/NH_4^+-N 比值平均值为 1.18。

（3）在常温生活污水连续流亚硝化系统中，在一定 HRT 下，DO 是影响亚硝化率的主要因素。DO 浓度小于 0.50mg/L 时，亚硝化率均维持在 90％以上；DO 浓度大于 0.50mg/L 时，亚硝化率随 DO 增大而减小；在一定的 DO 下，HRT 是影响氨氧化率的主要因素。综合考虑确定 HRT＝(3.0±0.2)h，DO＝0.40～0.50mg/L，为本实验的最优工况。可取得 95％以上的亚硝化率和 50％的氨转化率。

（4）FA 是影响亚硝化启动的主要因素，但不是启动成功后的亚硝化体系维持稳定的必要条件；在反应器启动至稳定运行的过程中，污泥形态逐渐由不规则向短杆状转变。

2.5.2　碱度对生活污水亚硝化率的影响

SHARON-ANAMMOX 工艺的基质 NO_2^--N 与氨氮的比例为 1.32，因此，当亚硝化反应器的氨氧化率为 56.9％时可获得最佳技术经济效果。氨氧化率一般可通过调节 HRT 或者碱度加以控制。HRT 与氨氮转化率具有很好的相关性。但是该方法依赖于稳定的进水基质浓度、微生物活性及微生物数量等，半亚硝化稳定性不强；控制碱度实现半亚硝化受基质浓度、微生物活性等影响较小，氨氧化率比较稳定。因此，碱度将成为控制亚硝化比例的有效手段。但目前关于碱度对亚硝化过程、亚硝化稳定性及微生物活性影响的研究鲜见报道。本文旨在研究进水碱度控制亚硝化反应氨氮转化率的同时，考察常低温生活污水亚硝化过程中碱度对硝化菌群的影响，为半亚硝化的稳定实现提供技术支持。

1. 实验

（1）实验装置

实验装置采用圆柱形序批式反应器（SBR），材料为有机玻璃。反应器内径 15cm，高50cm，有效体积为 7L。反应器内置搅拌器，底部安装曝气环，在反应器一侧等距设置 5个取样口，如图 2-85 所示。

（2）实验废水及接种污泥

实验废水采用实验室内处理生活污水的 A/O（厌氧/好氧）除磷工艺出水，实验期间A/O 出水水质：氨氮 75mg/L 左右，COD<50mg/L，NO_x^- <1mg/L，水温（15±3）℃。

进水中添加 $NaHCO_3$ 补充碱度。接种污泥为以 A^2/O 工艺运行的某城市污水厂的回流污泥，污泥取回后首先在高氨氮废水（氨氮浓度为 200mg/L 左右）中以 SBR 方式预驯化硝化菌群 2 周，之后接种至 SBR 反应器，接种时 MLSS 为 7.1g/L，MLVSS 为 5g/L，接种量为 4L。

（3）实验方法

实验包括启动（第 0～30 周期）、稳定运行（第 31～116 周期）、碱度影响试验（第 117～209 周期）3 部分。SBR 运行方案：进水 5min，曝气 4.5h，沉淀 30min，排水 5min，每天运行 2 个周期。稳定运行阶段逐渐减少曝气时间，碱度影响阶段恢复为 4.5h，逐渐降低进水碱度和氨氮比，考察不同比值下的氨氧化率和亚硝化率以及微生物活性的变化过程。整个试验过程曝气量恒定在 0.15～0.18L/min，初始 DO 在 0.8mg/L 左右。

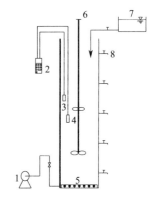

图 2-85　实验装置图
1—气泵；2—便携式 pH/DO 测定仪；
3—pH 探头；4—DO 探头；
5—曝气环；6—搅拌器；
7—进水；8—取样口

（4）分析项目及方法

氨氮：纳氏试剂分光光度法。$NO_2^- -N$：N-（1-萘基）-乙二胺分光光度法。$NO_3^- -N$：紫外分光光度法。碱度：电位滴定法。COD：5B-3B 型 COD 快速测定仪。MLSS：ROYCEMODEL711 快速测定仪。MLVSS：重量法。DO、pH、温度、ORP：WTW 多参数水质测定仪。亚硝化率、FA 和 FNA 分别按照公式(2-6)、式(2-7) 和式(2-9) 计算。

2. 结果与讨论

（1）亚硝化的快速启动

回流污泥在高氨氮中预驯化 2 周后接种至 SBR 反应器，在进水中投加 $NaHCO_3$ 补充碱度使碱度和氨氮比为 10，pH 和温度均不控制，每天取第 1 个周期的进出水测定各项参数。由图 2-86 可知，从接种完成开始 NOB 即受到很好的抑制，运行过程中 $NO_3^- -N$ 除了在第 3 周期有升高外，之后一直在 2mg/L 左右，$NO_2^- -N$ 生成量在 70mg/L 左右，亚硝化率在最初的波动之后，第 5 周期上升到 98.74%，之后一直稳定在 96% 以上。这说明经高氨氮预驯化的污泥中 NOB 已经受到很好的抑制，而 SBR 中较低的 DO 和适宜的碱度保证了对 NOB 的持续抑制。

启动后反应器内 AOB 具有较好的活性，经过一周的运行，氨氮转化率从最初的 64.59% 稳定在 95% 以上，最大氨氮氧化速率达 8.33mg/(g·h)。

（2）进水碱度对氨氮转化率的控制

碱度是 AOB 的无机碳源，亚硝化反应的重要基质之一。试验中逐渐减少进水碱度，分别在平均进水碱度和氨氮比为 10、7.6、6.6、5、3.6、3.0、2.4 的条件下考察氨氮转化率的变化，如图 2-87 所示。

由图可见，进水碱度和氨氮比为 10 和 7.6 时，氨氮几乎完全被氧化为 $NO_2^- -N$，氨氮转化率接近 100%。表明碱度充足或过量情况下硝化菌代谢能力旺盛，可将氨氮全部氧化。当平均进水碱度/氨氮比值降为 6.6 时出水氨氮升高，在碱度不足的第 5 天迅速升高到 9.7mg/L。随着碱度的继续降低出水氨氮持续升高，直至平均进水碱度和氨氮比降为

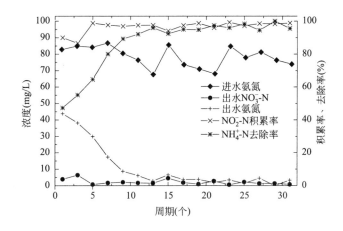

图 2-86　启动期间三氮变化及积累率与去除率的变化

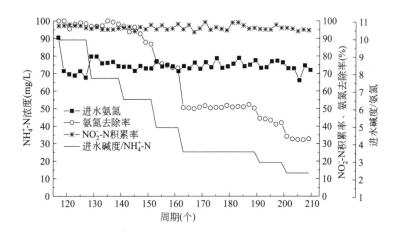

图 2-87　进水碱度对氨氮转化率的影响

3.6 时，出水氨氮升至 36.8mg/L，平均氨氮去除率为 51%，接近理想的厌氧氨氧化进水比例。之后继续降低碱度和氨氮比至 2.4，氨氮去除率降为 32.8%。表明当碱度与进水氨氮比值小于 6.6 时 AOB 的活性受到严重影响，氨氧化率随碱度/氨氮比值的减小而不断下降。但在整个过程中，亚硝化率一直稳定在 96% 左右，说明碱度的变化对 NOB 的抑制强度并无影响。将几个碱度不足情况下的平均氨氮转化率与进水碱度和氨氮比值（分别为 6.6、5.0、3.6、3.0、2.4）作图，如图 2-88 所示。

　　可以看出，随着进水碱度/氨氮比值的减少，氨氮转化率线性降低。在实际工程中，可以通过进水碱度和氨氮比值来控制氨氮转化率，达成 SHARON-ANAMMOX 自氧脱氮工程系统的高效经济运行。该关系式同样适用于连续流反应器。

　　（3）单周期碱度变化分析

　　张子健等认为碱度过量和不足都将抑制短程硝化进程，然而从上述分析可知，当碱度过量情况下亚硝化率变化不大，为了分析不同碱度下 NOB 的抑制机制，在每次改变进水

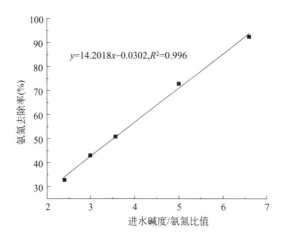

图 2-88　氨氮去除率与进水碱度/氨氮比的关系

碱度/氨氮比值运行 10～12 个周期后作周期试验。选择进水碱度和氨氮比值为 10（碱度过量）、7.6（碱度充足）、5.0（碱度不足）3 种情况进行分析。周期中碱度、氨氮、NO_2^--N 及 FA、FNA 的变化如图 2-89 所示。

（4）碱度、FA 及 FNA 对 NOB 的联合抑制

比较图 2-89（b）、（c）可知，氨氮均在碱度降为 50mg/L 以下时停止氧化，说明碱度小于 50mg/L 将限制 AOB 的活性。在图 2-89（a）和（b）中，氨氮停止氧化后至反应结束，NO_2^--N 均有 2mg/L 左右的减少，而图 2-89（c）中，氨氮停止氧化后 NO_2^--N 一直保持不变。这说明碱度充足的前 2 种情况 NOB 活性在周期末得到一些恢复，而碱度不足时 NOB 却一直被抑制。3 个周期曝气量相同，周期结束时 DO 均升高到 9.0mg/L 左右，pH 分别降为 7.2、7.0、5.7，因此，在该反应器中起抑制作用的应该是与 pH 有关的 FA 和 FNA，FA 与 FNA 是 NOB 的有效抑制剂。本试验中，在碱度过量周期中 随着碱度与氨氮的减少，pH 与 FA 逐渐降低，而 FNA 逐渐升高，当 FA 在第 150min 后降低到最低抑制浓度 0.1mg/L 时，FNA 增加到 0.034mg/L，至周期末的 0.046mg/L，远远小于 FNA 对 NOB 的抑制浓度 0.07mg/L；在碱度充足周期，FA 降低到 0.1mg/L 时，FNA 增加到 0.043mg/L，直至周期末的 0.065mg/L，依然对 NOB 抑制作用不够。这是由于碱度过量及充足时，pH 较高，FNA 升高缓慢，难以在 FA 失去抑制性之后及时起到抑制作用；在碱度不足周期，初始 FA 在 0.7mg/L，有效抑制 NOB 活性，当 FA 降至低于 0.1mg/L 时，FNA 已从最初的 0.004mg/L 升至 0.12mg/L，FNA 开始起到抑制作用，整个周期中，FA 和 FNA 的联合抑制使 NOB 被完全限制活性。因此，碱度不足更有利于亚硝化的稳定。

有研究认为，SBR 中应连续投加碱度保证合适的 pH，但是从本试验来说，保持 pH 不变无法使 FNA 及时升高到抑制浓度，最终将导致 NOB 活性的恢复。因此，在实际运行中应优先选择碱度不足条件下的部分亚硝化，在周期初始一次性投加碱度，充分发挥全周期内碱度和 FA、FNA 对 NOB 的联合抑制作用。同时也说明，反应器中维持一定数量的初始 NO_2^--N 浓度以提高 FNA 更有利于亚硝化的稳定，应选择适宜的换

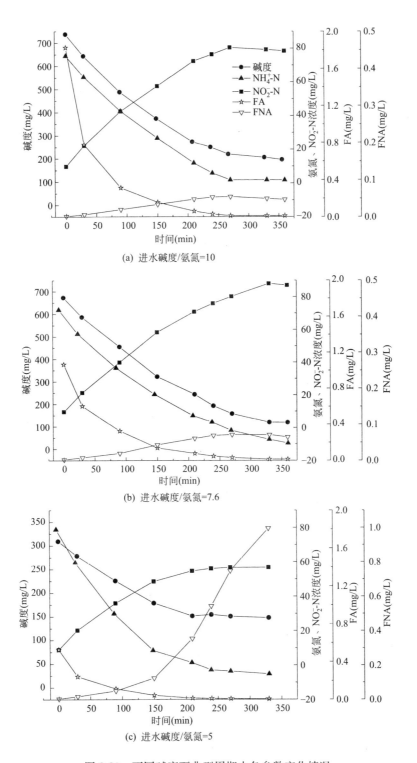

(a) 进水碱度/氨氮=10

(b) 进水碱度/氨氮=7.6

(c) 进水碱度/氨氮=5

图 2-89 不同碱度下典型周期内各参数变化情况

水比。

（5）周期内碱度对 NO_2^--N 浓度的指示作用

在同一周期中，NO_2^--N 浓度与碱度成线性负相关的关系，碱度随时间逐渐减少，NO_2^--N 逐渐增多。将 3 个周期内对应时间的 NO_2^--N 与碱度作图，分别得到 3 种进水碱度/氨氮比值下的关系式，结果如图 2-90 所示。

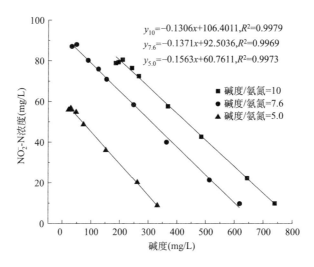

图 2-90   同一周期中 NO_2^--N 与碱度的关系

3 种碱度和氨氮比的关系式斜率相近，说明有较好的代表性。从这些关系式可知，碱度可以指示反应器中的 NO_2^--N 浓度，由于碱度的测定比 NO_2^--N 更简单、快速、低耗，可以通过碱度实时了解 NO_2^--N 浓度，从而控制曝气时间，使反应停止在适宜的氨氧化率下。

综上，在实际工程中，水质碱度不足时可以通过调节进水碱度和氨氮比控制氨氮转化率，从而调节出水 NO_2^--N 与氨氮比率；而在碱度充足时可以通过实时碱度指示 NO_2^--N 浓度，从而控制曝气时间来调节氨氧化率出水 NO_2^--N 与氨氮比率。

（6）碱度对微生物数量及活性的影响

试验过程中 MLSS 及 SVI 的变化如图 2-91 所示，试验中除了取样及排水造成污泥损失之外没有额外排泥。污泥接种后的第 7 个周期，MLSS 迅速下降，这可能是微生物对新反应器的适应最终导致的优胜劣汰的结果，之后在碱度即无机碳源充足的情况下，微生物在反应器内达到动态平衡，MLSS 稳定在 3700mg/L 左右。第 31～116 个周期为稳定运行阶段，曝气时间从 4.5h 减少到 2h，由于曝气时间不足，导致反应不充分，MLSS 有一定程度的减少，稳定在 3000mg/L 左右。之后，碱度影响阶段的曝气时间恢复为 4.5h，由于碱度及曝气时间足够，MLSS 显著上升至第 153 个周期的 3500mg/L，之后进水碱度和氨氮比降为 5.0，此时无机碳源浓度为 7.43mmol/L，经过 2d 的滞后期后，比无机碳源质量摩尔浓度降低到临界点 3.0mmol/g，MLSS 迅速下降。在该阶段，曝气量、温度、曝气时间及水质等均没有变化，导致 MLSS 减少的应该是无机碳源的缺乏使微生物不能合成足够的营养物质，生长与衰亡无法形成动态平衡，微生物数量下降。之后进水碱度和氨氮比继续减小，无机碳源浓度降到 3.49mmol/L，MLSS 也随之逐渐减少，SVI 值在末期降到 20mL/g 左右，反映出微生物严重营养不足。另一方面，由于碱度不足，每个周期的大部分时间反应器内 pH 处于 6.5 以下，严重抑制了 AOB 的生长及活性。

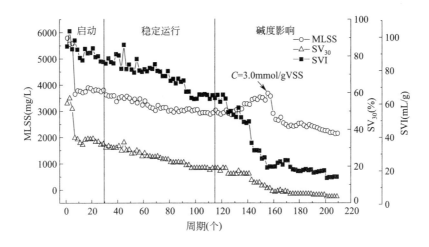

图 2-91 污泥性能在实验过程中的变化

碱度过量、碱度充足、碱度不足 3 种情况对应的无机碳源浓度分别为 14.82mmol/L、12.03mmol/L、7.43mmol/L，平均比无机碳源质量摩尔浓度分别为 7.31mmol/g、5.9mmol/g、4.0mmol/g，3 个周期中平均氨氮氧化速率分别为 16.35mg/(L·h)、15.65mg/(L·h)、12.38mg/(L·h)，平均比氨氮氧化速率分别为 8.06mg/(g·h)、7.68mg/(g·h)、6.67mg/(g·h)，可见无机碳源的不足导致微生物数量减少，同时也限制了 AOB 的活性，导致氨氧化速率降低。因此，在反应过程中，应保证反应器中无机碳源浓度不小于 7.43mmol/L，比无机碳源质量摩尔浓度不小于 3.0mmol/g。

3. 结论

（1）硝化污泥经高氨氮预驯化可以实现低温生活污水亚硝化的快速启动，且具有较高的亚硝化活性，氨氮转化率达 95% 以上，亚硝化率达 96% 以上，氨氮氧化速率达 8.33mg/(g·h)。

（2）碱度小于 50mg/L 时，氨氮将停止氧化。碱度能够指示反应器中 NO_2^--N 浓度。在碱度不足时可以通过调整进水碱度/氨氮比值控制氨氮转化率，碱度充足时通过碱度指示作用控制曝气时间从而控制氨氧化率。

（3）碱度不足更有利于亚硝化的稳定。当碱度作为反应器内唯一无机碳源时，长期碱度不足将导致微生物数量及活性下降，应定期适当补充无机碳源。

2.6 城市生活污水亚硝化反应器的稳定运行研究

据以上各节的研究成果，本节探求城市污水亚硝化反应器稳定运行的工艺技术。

2.6.1 SBR 亚硝化反应器的启动及运行稳定性

SHARON-ANAMMOX 为核心的自养脱氮工艺为污水生物脱氮领域开辟了新的思路。如将 A/O 除磷工艺与自养脱氮相结合，可经济地实现城市污水有机物、磷和氮的生物去除，完成深度净化和污水再生的目的。亚硝化作为中间工艺，衔接了污水除有机碳的二级处理工艺和后续的 ANAMMOX 脱氮工艺，要为 ANOMMOX 反应提供比率适宜的基质浓度，提供氨氮/NO_2^--N＝1：1.32 的原水。本试验由高浓度氨氮启动逐渐过渡到低氨氮生活污水，探讨在常温条件下 DO、FA、FNA、C/N 比值等影响亚硝化系统稳定运行的因素。为 ANOMMOX 技术能应用到城市生活污水脱氮作技术准备。

1. 材料与方法

（1）试验装置

反应器由有效容积为 120L 的圆柱形钢化玻璃制成，径深比值约为 1：1。反应器底部安装曝气盘，通过空压机供气，由气体流量计调节曝气量。水由反应器顶部瞬时进入，换水比约为 90%。反应器设置在线监测仪，实时监测 DO、pH、温度等，通过自动控制系统实现进水、曝气、沉淀、排水的自动化运行。

（2）试验用水及接种污泥

接种污泥取自北京市某污水处理厂曝气池中的硝化污泥，其在 DO 为 0.4~0.5mg/L、进水氨氮为 200mg/L 的驯化条件下即出现了 NO_2^--N 的积累，驯化 10d 后，氨氧化率和亚硝化积累率都达到 90% 以上，于是接种到反应器。

前期试验原水采用人工配水，即在自来水中投加硫酸铵、碳酸氢钠，并在每周期进水中加入 4L 经 A/O 除磷工艺的处理水，后期过渡到以 A/O 工艺的处理水作为进水。A/O 除磷工艺的原水来自某小区化粪池，具体水质见表 2-10。

A/O 工艺进出水水质 表 2-10

项目	氨氮 (mg/L)	NO_2^--N (mg/L)	NO_3^--N (mg/L)	COD (mg/L)	TP (mg/L)	碱度（以 $CaCO_3$ 计）(mg/L)
进水	76.43±12.28	<1.00	<1.00	325.5±20.44	5.78±1.96	420.66±80.32
出水	66.04±10.28	<2.06	<1.81	<60.0	<0.72	394.72±50.35

（3）试验方法

反应器采用 SBR 方式运行，运行参数见表 2-11。

反应器运行参数 表 2-11

项目	进水氨氮 (mg/L)	COD (mg/L)	曝气时间 (h)	周期 (个)	天数 (d)
配水 1	210.32±10.23		12	1~28	14
配水 2	160.57±9.38		11	29~76	24
配水 3	125.46±8.74		10	77~160	42
配水 4	66.53±6.59		8	161~218	29
过渡 1	76.22±5.59	<20	8	219~244	13
过渡 2	65.38±5.22	<40	6~8	245~272	14

续表

项目	进水氨氮 (mg/L)	COD (mg/L)	曝气时间 (h)	周期 (个)	天数 (d)
原水 1	52.83±18.85	<60	4～5	273～304	16
原水 2	60.52±4.27	<60	4～5	305～334	15

注：过渡 1、2 中的原水比例分别为 1/3、2/3；在原水 1 试验中发生了污泥膨胀，在原水 2 试验中则恢复了性能。

SBR 包括进水（5min）、曝气、静沉（0.1～2h）、排水（10min）4 个阶段，曝气时间随各个阶段的变化而不同。试验分 3 个阶段进行：第一阶段采用配水，且进水氨氮浓度由高浓度逐步降低直至与 A/O 工艺处理水浓度接近；第二阶段是过渡阶段，即逐步提高进水中 A/O 工艺处理水的比例，使反应器逐步适应 A/O 工艺出水水质；第三阶段直接采用 A/O 工艺出水作为反应器进水。DO 控制在（0.60±0.10）mg/L。

（4）分析项目及方法

氨氮、NO_2^--N、NO_3^--N 等均采用国家标准方法测定，DO、pH 等采用在线监测仪测定，粒径采用激光粒度仪测定。反应器每天运行 2 个周期，初期为防止 NOB 的增殖，采用限时曝气运行模式，保证出水氨氮有剩余，中后期通过实时监控系统，利用氨氮完全氧化时出现的 pH 拐点来终止曝气，防止因延时曝气将已积累的 NO_2^--N 进一步氧化。

2. 结果与讨论

（1）反应器的启动

反应器以高浓度氨氮的配水启动，共配水运行 218 个周期，其中含氨氮浓度递减的 3 个阶段。启动阶段进、出水氨氮及 NO_2^--N 浓度的变化如图 2-92 所示。在前 160 个周期采用了定时曝气运行模式，出水 NO_2^--N 和氨氮浓度均波动较大，反应时间也不易控制；从第 161 个周期起，采用实时控制的运行方式，即在 pH 出现拐点时及时停止曝气，出水氨氮浓度接近于 0 且较稳定。在逐步降低进水氨氮浓度的过程中，NO_3^--N 生成量始终保持在 8mg/L 以内，亚硝化率均保持在 98% 左右。亚硝化 SBR 反应器成功启动。

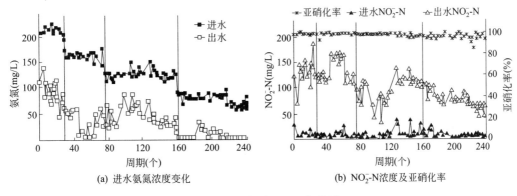

(a) 进水氨氮浓度变化　　　　(b) NO_2^--N 浓度及亚硝化率

图 2-92　配水阶段的运行效果

（2）亚硝化 SBR 反应器生活污水的稳定运行

为使系统逐步适应 A/O 工艺的出水水质，在第 219 周期起进水中逐渐增大生活污水比例。试验结果如图 2-93 所示。由于 A/O 工艺出水水质的波动，系统进水氨氮浓度不稳定，与配水阶段相比亚硝化率虽有所降低，但也基本维持在 90% 以上；进、出水 NO_3-N 浓度的差值小于等于 6mg/L，体系中亚硝化仍占绝对的主导地位。在反应器进水全部为 A/O 除磷工艺处理水后的试验结果如图 2-94 所示。由图可见，到第 303 个周期，亚硝化率恢复至 95% 以上，稳定后的平均氨氮转化负荷高达 $0.214kgN/(m^3 \cdot d)$。至此反应器实现了以 A/O 工艺出水为进水的稳定的亚硝化运行。

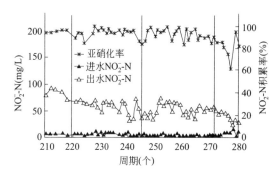

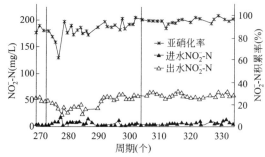

图 2-93　过渡阶段亚硝化　　　　　　　图 2-94　进水全部为原水时亚硝化率

（3）DO、FA 与 FNA 对亚硝化的影响

研究表明，AOB 的氧饱和常数为 $0.2 \sim 0.4mg/L$，而 NOB 的氧饱和常数为 $1.2 \sim 1.5mg/L$，当 DO 为 0.70mg/L 时，AOB 的增长速率是其最大生长率的 70%，而 NOB 的增长速率仅为其最大生长率的 35%。FA 与 FNA 对硝化菌有抑制作用，对于 AOB 和 NOB，FA 起始抑制浓度分别为 $10 \sim 15mg/L$ 和 $0.1 \sim 1.0mg/L$，FNA 的起始抑制浓度分别为 0.4mg/L 和 0.02mg/L。

试验过程中亚硝化率与进水 FA 浓度、出水 FNA 浓度的关系如图 2-95 所示。在配水 2 阶段（第 40~50 个周期）、配水 3 阶段（第 100~110 个周期）、配水 4 阶段（第 170~180 个周期）提高 DO 至 1.5mg/L，但亚硝化率仍保持在 95% 以上，可见在进水 FA > 3.0mg/L，出水 FNA > 0.03mg/L 时，FA 与 FNA 主要对 NOB 起抑制作用，而 AOB 受 FA 与 FNA 抑制作用甚小，是亚硝化能够维系的主要原因。而当反应器进入生活污水后，在第 274~276 个周期提高 DO 至 1.5mg/L 时，亚硝化率迅速下降至 86.5%。重新降低

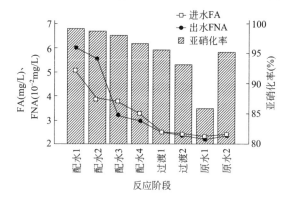

图 2-95　FA 与 FNA 浓度对亚硝化的影响

DO 至 0.6mg/L 后，亚硝化率在 2 个周期内即恢复到 95％以上。可见，在进水 FA＜2.5mg/L，出水 FNA＜0.025mg/L 时，对 NOB 失去了重要抑制作用，亚硝化体系需要靠低浓度 DO 与 FA、FNA 的耦合作用维系。

在运行了 305 个周期后，反应器趋于稳定，连续跟踪测定 10 个周期，其典型周期内氮素转化及指示参数值如图 2-96 所示。

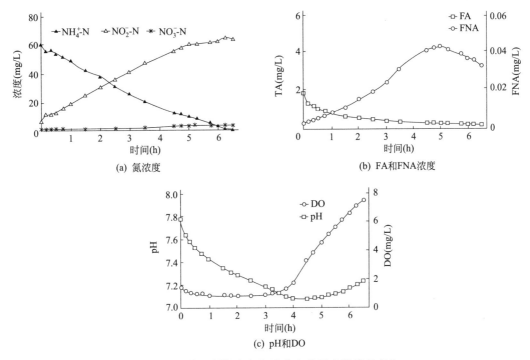

(a) 氮浓度   (b) FA和FNA浓度

(c) pH和DO

图 2-96　典型周期内氨氮浓度和指示参数值的变化

由图可见，反应 3h 后出现了 DO 拐点，此时氨氧化率不足 57％，NO_3^--N 仅积累了 0.18mg/L；5h 时出现了 pH 拐点，虽然氨氧化率已达 87％以上，但 DO 已在 4.55mg/L 以上，3～5h 内 NO_3^--N 积累了 1.27mg/L；可见，以 DO 为拐点可获得更高的亚硝化率但氨氧化率不足；而以 pH 为拐点时，氨氧化率虽高但 NO_3^--N 积累明显，故应综合考虑 pH 与 DO 的双拐点，选择在两者之间停止反应最佳。整个过程中 FA 由初始的 1.79mg/L 迅速下降至 0.06mg/L，同时 FNA 升至 0.046mg/L，交替抑制 NOB 保证了亚硝化系统的稳定。继续延时曝气至 6.5h 后停止曝气。在前 5h 的 NO_3^--N 共积累了 1.45mg/L。而延时的 1.5h 就积累了 1.48mg/L，可见延时曝气对于亚硝化系统的稳定具有极大的冲击性。在延时曝气的过程中，系统的 DO 浓度迅速上升，最大超过 6mg/L，这为 NOB 的生长繁殖提供了较好的条件。

（4）亚硝化系统的抗冲击负荷能力

在原水 1 阶段（第 273～280 个周期），由于反应器进水更换为生活污水的 A/O 工艺出水，并且 A/O 工艺装置出现污泥膨胀，出水水质大幅度波动并伴有污泥流失，对亚硝化系统形成较大冲击，出水 NO_3^--N 浓度明显升高，亚硝化率急剧降至 80％以下。通过及时降低 DO 至（0.40±0.10)mg/L 和调整反应时间，A/O 工艺的性能得以恢复，经过

23 个周期后亚硝化率也逐渐恢复至 95％以上。可见，反应器具备一定的抗冲击能力，当冲击因素消除后 AOB 很快适应了新环境，反应器可在短时间内恢复其性能。在试验中从未进行过专门的排泥。但在配水运行阶段，污泥浓度却一直呈下降趋势，直至达到 1.4g/L 的最低点才稳定，但沉淀时间却由开始的 1～2h 降低至 8～10min，此过程中观察到污泥从开始的黄棕色逐渐变红，其形态也由极小的絮状变为致密且肉眼可见的沙粒状，泥、水的分界面变得十分清晰，平均粒径达到 0.45mm。进入生活原水阶段后，污泥由红转黑，污泥浓度逐渐上升至 1.9g/L 左右，同时沉降性能进一步提高，沉淀时间缩短至 8min 以内，平均粒径达到 0.57mm。较强的沉降性能进一步提高了系统的抗冲击负荷能力。图 2-97 是以配水及 A/O 工艺出水为进水运行时活性污泥的镜检照片，可以看出反应器内污泥微生物结合紧密，并附着生长着钟虫，说明污泥的沉降性能良好。

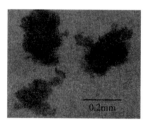 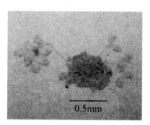

(a) 配水运行(第210个周期)　　(b) A/O工艺出水运行(第320个周期)

图 2-97　活性污泥的镜检照片（×10）（文后彩图）

3. 结论

（1）在进水 FA＞3.0mg/L，出水 FNA＞0.03mg/L 时，FA 与 FNA 交替抑制 NOB 的活性是亚硝化系统能够维系的主要原因；在进水 FA＜2.5mg/L，出水 FNA＜0.025mg/L 时，亚硝化体系需要靠低浓度 DO 与 FA、FNA 的耦合作用维系。

（2）以 DO 拐点作为控制策略可获得更好的亚硝化效果，但氨氧化率不足，如以 pH 拐点作为控制策略，氨氧化率虽高，但 NO_3^--N 积累明显，故应综合考虑 pH 与 DO 拐点，选择在两者之间停止反应，而过曝气对系统的稳定具有极大的冲击性。

（3）通过逐渐缩短沉降时间，系统可筛选出颗粒污泥，这提高了反应器的抗冲击能力。

2.6.2　连续流活性污泥亚硝化反应器的启动与稳定运行

本节在常温（16.4～25.5℃）、限氧（DO＝0.20～0.80mg/L）条件下，以 A/O 除磷工艺出水为原水配制试验用水，在中试规模的反应器中采用 SBR 及高低氨氮（平均值分别为 303.9mg/L 和 82.4mg/L）交替进水方式，探索亚硝化反应器的启动；然后以限时曝气策略维持生活污水连续流 SBR 稳定运行，以期为低氨氮城市生活污水的处理开辟一条新途径。

1. 试验材料及方法

（1）试验装置

试验装置如图 2-98 所示，由推流式反应器与竖流式二沉池组成。其中，推流式反应器分为 4 个等容格室，总容积为 1.2m³（2.0m×0.6m×1.0m），相邻格室间由不锈钢板分隔，并设置导流孔以防止返混，保证连续流运行时形成推流的水力条件。二沉池由有机玻璃制成，总容积为300L。进水及污泥回流采用蠕动泵驱动，用液体转子流量计标记流量，每个格室装有单独的气体流量计，可以根据需要灵活控制各格室的曝气量。反应器设有2个搅拌机，可以根据需要在不同的格室布置。

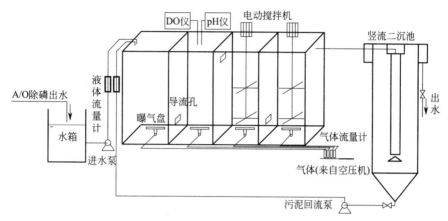

图 2-98　推流式部分亚硝化反应器流程图

（2）试验用水及分析方法

原水采用 A/O 除磷工艺出水，具体水质见表2-12所列，其中 COD 基本为难生物降解的有机物。

氨氮：纳氏试剂分光光度法。NO_2^--N：N-（1-萘基）-乙二胺光度法。NO_3^--N：紫外分光光度法；碱度：碱度仪；pH：WTW 在线 pH 计；DO：溶氧仪。

试验原水水质　　　　表 2-12

水质指标	COD (mg/L)	氨氮 (mg/L)	NO_2^--N (mg/L)	NO_3^--N (mg/L)	pH	TP (mg/L)
数值范围	30~70	43~90	0~1.99	0~5.70	7.71~8.43	4~7

（3）试验方法

试验1：高氨氮启动低氨氮稳定运行研究。接种污泥为某污水厂曝气池末端的硝化污泥，硝化性能良好。接种污泥量为600L，污泥浓度为6650mg/L，接种后反应器内 MLSS 为2750mg/L。在生活污水进水中添加（NH_4）$_2SO_4$ 使氨氮平均浓度为300mg/L，采用 SBR 低 DO 运行方式对硝化污泥进行驯化，1个反应周期包括进水（0.5h）、曝气、沉淀（1h）、排水（1h）、闲置5个阶段，每天运行2个周期。当亚硝化率超过90%时，直接以 A/O 工艺处理水为原水，仍采用 SBR 方式运行，使亚硝化污泥逐步适应较低的氨氮浓度；最后转变为低氨氮连续流运行，逐步调整各格室的曝气量及 DO、HRT 等参数，控制出水 NO_2^--N/NH_4^+-N 比值稳定在1.0左右，为后续的 ANAMMOX 提供合适的进水。

试验2：低氨氮启动研究。直接以 A/O 工艺处理水为原水，采用 SBR 及连续流运行方式启动亚硝化反应，考察其可行性和亚硝化反应的效率。

2. 结果与讨论

（1）试验1：高氨氮启动低氨氮稳定运行研究

1) 高氨氮下亚硝化反应器的启动

在高氨氮启动阶段和低氨氮限时曝气运行阶段的试验结果如图 2-99 所示。

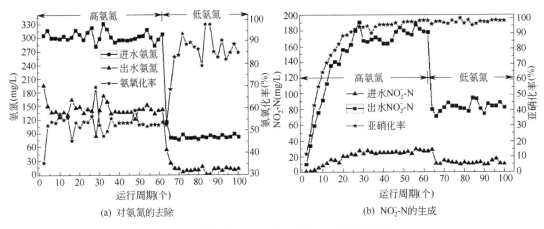

(a) 对氨氮的去除　　　　　　　　(b) NO$_2^-$-N 的生成

图 2-99　氨氮及氨氧化率、NO$_2^-$-N 及亚硝化率

由图 2-99 可知，高氨氮启动阶段初始的氨氮氧化率为 35.8%，出水 NO$_2^-$-N 仅有 10mg/L，而出水 NO$_3^-$-N 高达 85mg/L，亚硝化率只有 12%。适当延长曝气时间并调整 DO 后，在前 30 个周期亚硝化率呈持续上升趋势。第 4 个周期的氨氮氧化率提高至 52.6%，亚硝化率为 24.1%，至第 8 个周期时氨氮氧化率和亚硝化率都已超过 50%，之后亚硝化率一直保持在 90% 以上。说明系统的亚硝化效果稳步提高。这是因为高浓度氨氮为 AOB 提供了丰富的基质，高 FA 浓度对 NOB 起到了抑制作用，故反应器内 AOB 不断富集，NOB 逐步被淘汰。

图 2-100 为氨氧化率和出水 NO$_2^-$-N/NH$_4^+$-N 比例的变化曲线，在第 30～60 个周期进水氨氮浓度比较稳定，固定反应器各格室的曝气量均为 8L/min，曝气时间控制在 9～11h，氨氮氧化率平均为 53.1%，出水 NO$_2^-$-N/NH$_4^+$-N 比值平均为 1.23。亚硝化 SBR 反应器在高氨氮进水下启动成功。

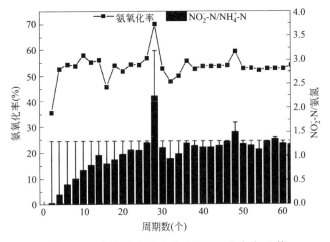

图 2-100　氨氧化率及出水 NO$_2^-$-N 与氨氮比值

经计算，在高氨氮启动期的氨氮浓度和 pH 下，周期进水 FA 平均为 11.36mg/L，随硝化反应的进行，出水 FA 渐渐降为 3.23mg/L，而反应器内 FNA 渐渐升高至出水的 0.034mg/L。众多文献指出，当 FA＞3mg/L 时就可以造成 NO_2^--N 的积累，当 FNA＞0.02mg/L 时会抑制 NO_2^--N 氧化菌，出现 NO_2^--N 的积累。因此，FA 及 FNA 对 NOB 的协同抑制作用保证了良好的亚硝化效果。

2) 低氨氮生活污水 SBR 亚硝化的稳定运行

亚硝化 SBR 反应器在运行 60 个周期后，转换为低氨氮生活污水运行。由图 2-99 可知，尽管低氨氮运行过程中也有短暂的过曝气情况，但氨氮氧化率一直在 90％左右，亚硝化率保持在 95％以上。说明反应器内硝化菌群经过高氨氮驯化后，AOB 占据优势，NOB 活性很低，亚硝化系统有一定抗冲击能力。

低氨氮亚硝化 SBR 运行期采取限时曝气策略，即在出现 pH 的"拐点"之前停止曝气，保持低 DO 环境。此外，低氨氮亚硝化 SBR 运行阶段，出水的 FNA 为 0.033mg/L，大于对 NOB 的抑制浓度 0.02mg/L，而小于 AOB 的抑制浓度 0.4mg/L。FNA 协同低 DO 实时曝气时间控制策略抑制了 NOB 的活性，使亚硝化率维持在 95％以上。

在 SBR 运行过程中污泥沉降性良好，SVI 为 60～90mL/g，MLSS 为 2300～2800mg/L，在高氨氮进水阶段去除负荷平均为 0.133kg 氨氮/(kgMLSS·d)，且比较稳定；在低氨氮进水阶段，虽氨氮氧化率提高，但基质浓度的大幅降低使平均去除负荷降至 0.096kg 氨氮/(kgMLSS·d)。

3) 低氨氮生活污水连续流亚硝化的稳定运行

在以 SBR 方式运行 100 个周期后，将反应器转变为连续流运行。保持 Q_{in}＝60L/h，$Q_{回流}$＝60～80L/h，首先调整反应器 4 个格室的曝气量分别为 3L/min、2L/min、2L/min、3L/min，使 DO 在 0.10～0.60mg/L 之间，氨氮氧化率接近 70％。

而后提高 HRT 为 7～9h，Q_{in} 为 130～160L/h 及污泥回流量为 60～80L/h，4 个格室的曝气量分别为 2L/min、2L/min、0L/min、3L/min（第 3 格室只进行搅拌），保持氨氮氧化率在 55％左右，使出水中仍有 20～40mg/L 的氨氮存在，这也使得 NOB 难以与 AOB 争夺有限的 DO。在连续流运行的 80d 内亚硝化效果良好，平均亚硝化率接近 100％。出水的 NO_2^--N/NH_4^+-N 均值为 1.32，为后续 ANAMMOX 提供了适宜的进水。

(2) 试验 2：低氨氮启动亚硝化反应器研究

1) 低氨氮污水 SBR 方式启动亚硝化

反应器内生活污水水温为 14.8～19.6℃，进水氨氮浓度为 53～90mg/L。启动期间进、出水氨氮浓度及氨氧化率的变化如图 2-101 所示，进出水 NO_2^--N 变化如图 2-102 所示。

由图 2-102 可以看出，运行初期的亚硝化率就达到了 60％左右，但对应的氨氧化率仅有 16％，出水 NO_2^--N 为 10mg/L，而出水氨氮高达 60mg/L。随后，为提高氨氧化率，促进 AOB 的生长富集，将好氧曝气时间由 14h 延长至 18.5h，氨氧化率达到 85％左右，而亚硝化率降至约 36％。此后采取实时控制好氧曝气时间的策略，即在氨氮被氧化完、pH 出现"拐点"之前及时停止曝气，在此策略下亚硝化率稳步提高，在运行到第 20 个周期时曾超过 70％，氨氧化率超过 80％，去除负荷达到 0.06～0.10kg 氨氮/(m³·d)。短程硝化初步启动成功，如图 2-103 所示。

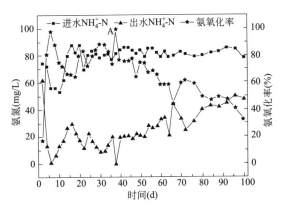

图 2-101　进、出水氨氮浓度及氨氧化率

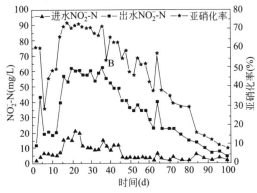

图 2-102　进、出水 NO_2^--N 浓度和亚硝化率

此后十几个周期亚硝化率虽保持在 70% 左右，出水 NO_3^--N 浓度维持在 25mg/L。但其后几十个周期里，如图 2-103 所示，亚硝化率一直下降至 5%。出水 NO_3^--N 高达 45mg/L。低氨氮生活污水亚硝化 SBR 反应器的培养失败，如图 2-104 所示。

分析认为，虽然在低 DO 值下，AOB 对氧的亲和力强于 NOB，但反应器硝化能力低下，在漫长超过 10h 曝气反应时间里，NOB 会逐渐适应低氧环境，NO_2^--N 的存在为 NOB 提供了基质，于是反应向全程硝化发展。

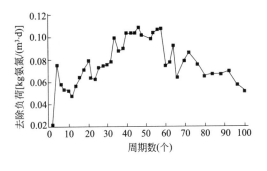

图 2-103　氨氮去除负荷

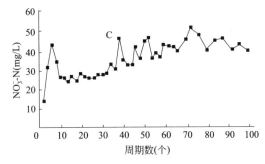

图 2-104　出水 NO_3^--N 浓度

2）低氨氮连续流启动亚硝化反应

连续流启动时，温度为 22.0~26.8℃。4 个格室采用渐减曝气，曝气量分别控制在 4L/min、3L/min、2L/min、1L/min，并适时调整，DO 值依次控制在 0.50mg/L、0.30~0.40mg/L、0.15~0.25mg/L、0.05~0.10mg/L。欲想 AOB 和 NOB 对氧的亲和力不同，在低 DO 浓度下培育亚硝化反应系统。启动初期 HRT 为 1d 左右，氨氧化率超过 80%。而后逐渐增大进水流量降低 HRT，在第 7~45 天 HRT 为 10~11h，在第 46~93 天 HRT 为 7~9h。但启动初期的 20d，出水 NO_2^--N 始终小于 1mg/L，亚硝化效果甚微。接种的硝化污泥种群种，在低氧连续流下 NOB 并没有受到抑制，仍会与 AOB 配合完成全程硝化。

AOB 在间歇好氧缺氧环境下，可以通过产率系数（Y_{AOB}）的增加来提高自身在反应器中的绝对生物量，并补偿因间歇缺氧引起的比底物利用速率下降，从而使比增殖速率

(L_m）和对氨氮的氧化速率不变；与此相反 NOB 却不具备这种补偿特性。于是第 21 天调整曝气策略，使 4 个格室的曝气量依次为 4L/min、0.5L/min、3L/min、0.5L/min 左右，调控 DO 值分别为 0.30～0.50mg/L、0～0.05mg/L、0.10～0.20mg/L、0～0.05mg/L，采取好氧/缺氧/好氧/缺氧的方式运行，改变供氧方式后，从最初到试验结束一个半月时期里，出水的 NO_2^--N 浓度一直在 1.5～0.5mg/L 间徘徊，全程硝化一直占主导地位。

连续流运行期间硝化污泥的沉降性能良好，SV 值在 15%～25% 之间，SVI 值为 60～120mL/g。第 20～80 天采取间歇排泥，控制泥龄在 45d 左右，希望通过控制 SRT 来淘汰 NOB。虽然在 25～28℃时，AOB 的比增长速率高于 NOB，但在低氨氮浓度下两者的产率均很低，通过调控 SRT 实现富集 AOB 和淘汰 NOB 也未能实现亚硝化反应。在常温、连续流、低氨氮浓度下，历时 3 个多月未能实现短程硝化的启动。

可见，仅依靠 DO、曝气方式及 SRT 的调整，难以实现亚硝化的启动，需联合温度、FA 及其他因素才能更快地实现短程硝化的启动。

3. 结论

(1) 高 FA（11.36mg/L）、FNA（0.033mg/L）及低 DO（<0.80mg/L）的联合抑制是实现 NOB 的淘汰、SBR 亚硝化启动的关键；高氨氮启动后，利用 FNA 协同低 DO 实时曝气控制策略抑制了 NOB 的活性，可维系低氨氮亚硝化 SBR 反应器的稳定运行。亚硝化率维持在 95% 以上；高氨氮启动后，低氨氮、连续流下控制 HRT 为 7～9h，各格室曝气量为 2～5L/min，DO 为 0.10～0.60mg/L，也可实现氨氮氧化率为 55%，亚硝化率在 95% 以上，出水 NO_2^--N/NH_4^+-N 平均值为 1.32，可为厌氧氨氧化提供适宜的进水。

(2) 在常温下以低氨氮生活污水 SBR 或连续流方式启动亚硝化反应，单靠控制 DO 浓度、曝气方式、HRT 及 SRT 等参数难以成功。

2.6.3 不同 DO 梯度 SBR 短程硝化

作为 ANAMMOX 的前置步骤，亚硝化由于难以维持长期稳定运行，成为限制自养脱氮工艺应用的瓶颈。因此如何实现与维持稳定的亚硝化成为目前污水生物脱氮领域的研究热点。

低 DO（DO<1.0mg/L）下相对于 NOB 而言，AOB 对 DO 的亲和力更强，容易实现稳定亚硝化。低 DO 虽然能够有效抑制 NOB 的增殖，但其会使得氨氧化速率和污泥负荷较低，且易导致丝状菌污泥膨胀，给实际工程带来很大困难。本试验直接以化粪池生活污水作为进水，在成功实现出水 COD 达标及亚硝化反应稳定后，通过逐步提高 DO 浓度，考察 DO 对生活污水 SBR 亚硝化的影响，探讨在提高氨氧化速率的同时维持亚硝化系统稳定运行的可能，并寻求常温生活污水 SBR 亚硝化系统对 DO 的耐受性及优化 DO 范围。

1. 实验材料与方法

(1) 试验装置

试验采用 SBR 反应器，反应器由有机玻璃制成，高 50cm，直径为 15cm，有效容积为 6L，换水比为 73%。反应器底部安装内径为 10cm 的曝气环进行微孔曝气，由气泵及气体流量计控制曝气强度。反应器内置搅拌机，以保证泥、水、气混合均匀。此外反应器内还安置有在线 pH、DO 探头，保证各参数的实时在线监测。进水、曝气和排水均采用自动控制，如图 2-63 所示。

（2）接种污泥与试验用水

接种污泥取自北京高碑店污水处理厂 A^2/O 工艺的回流污泥，接种后反应器内混合液悬浮固体浓度（MLSS）为 4000mg/L。试验用水取自某教工家属西区化粪池中的生活污水，不再另外投加任何其他物质，水质情况见表 2-13 所列。

试验水质情况 表 2-13

项目	氨氮 (mg/L)	$NO_2^- \text{-}N$ (mg/L)	$NO_3^- \text{-}N$ (mg/L)	pH	COD (mg/L)	BOD_5 (mg/L)	碱度 (以 $CaCO_3$ 计)(mg/L)
范围	50～100	<1	<1	7.0～7.8	300～400	120～150	550～610

（3）试验方法

采用 SBR 的运行方式，包括进水（2min）、搅拌及曝气、静置沉淀（30min）、排水（2min）。每天运行 2 个周期，曝气时间根据周期试验结果确定，试验阶段不对污泥龄进行控制。

（4）分析项目与方法

DO、温度、pH 均采用 WTW 在线测定仪测定，MLSS 采用 MODEL711 手提式测定仪测定，COD 采用 COD 快速测定仪测定。水样分析中氨氮测定采用纳氏试剂光度法，$NO_2^- \text{-}N$ 采用 N-（1-萘基）乙二胺光度法，$NO_3^- \text{-}N$ 采用紫外分光光度法，其余水质指标的分析方法均采用国标方法。

2. 结果与讨论

（1）生活污水亚硝化的启动

在初期的污泥驯化中，首先控制 DO 浓度为 0.8～1.0mg/L 运行 10d（20 个周期），使 AOB、NOB 均可得到快速增殖，自第 11 天开始限氧，控制 DO 浓度至 0.3～0.5mg/L，并且保持曝气时间不变，氨氧化率降低至 60% 左右，残留的一部分氨氮使出水中存在一定浓度的 FA，利用低 DO 及出水 FA 对 NOB 的双重抑制将 NOB 淘汰出系统，最终实现亚硝化的启动。试验结果如图 2-105 所示。

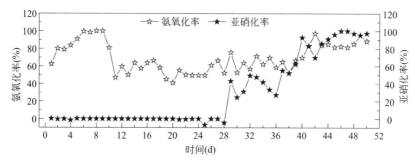

图 2-105 启动阶段氨氧化率及亚硝化率变化

由图 2-105 可知，在前 10d 高 DO（0.8～1.0mg/L）的运行中，出水中并没有 $NO_2^- \text{-}N$ 积累。此过程中氨氧化率逐渐上升，由最初的 62.61% 上升至第 6 天时的 99.58%，氨氮全部转化为 $NO_3^- \text{-}N$。可见 AOB 和 NOB 均得到了快速增殖并达到平衡。但由于 AOB

氧化 1g 氨氮的细胞产率为 0.29gVSS/g 氨氮,高于 NOB 的 0.084gVSS/gNO$_2^-$-N,因此即使 DO 浓度较高,AOB 的增殖速度也要高于 NOB。

由于 AOB 的氧饱和常数为 0.2~0.4mg/L,而 NOB 的氧饱和常数为 1.2~1.5mg/L,可知 AOB 对氧具有较强的亲和力。低 DO 条件下大量的 AOB 优先获得 DO,而 NOB 由于缺少 DO 使硝化作用减弱,从而限制了 NO$_3^-$-N 的产生,有利于 NO$_2^-$-N 的积累。自第 11 天起,降低 DO 至 0.3~0.5mg/L,控制曝气时间不变,氨氧化率降低,平均值为 58.4%,至第 29 天时出现了 NO$_2^-$-N 的积累,亚硝化率为 43%,至第 40 天时亚硝化率达 92.67%。于是第 41 天开始增加曝气时间,氨氧化率升高至 80% 以上,接下来 3d 的适应期后亚硝化率一直连续 7d 稳定在 90% 以上,标志着生活污水 SBR 短程硝化实现了成功启动。

降低 DO 后控制曝气时间不变,将氨氧化率控制在 60% 左右(均值为 58.4%),这样可以使出水中保留一定浓度的 FA,启动过程中进出水的 FA 浓度如图 2-106 所示。由图可知,低 DO 阶段(第 11~41 天),进水 FA 浓度范围为 0.82~1.56mg/L,均值为 1.24mg/L,出水 FA 为 0.15~0.57mg/L,均值为 0.31mg/L。而众多研究表明,当 FA 为 0.1~1.0mg/L 时,NOB 的活性开始受到抑制,因此反应过程中的 FA 浓度范围(0.31~1.24mg/L)也可以对 NOB 造成一定的抑制作用,有利于启动过程中 NO$_2^-$-N 的积累。

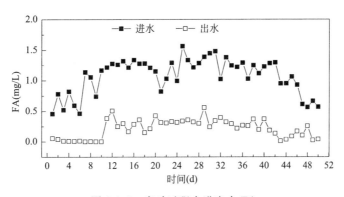

图 2-106 启动过程中进出水 FA

综上,低 DO(0.3~0.5mg/L)下,控制曝气反应时间使氨氧化率在 60% 左右,反应周期末尚存一定浓度的 FA(0.31~1.24mg/L),二者联合抑制了 NOB 的活性,实现了半亚硝化反应稳定运行。

(2)DO 对氨氮转化的影响

常温生活污水 SBR 亚硝化启动成功后,通过不断提高初始 DO 浓度(Ⅰ:0.5~1.0mg/L,Ⅱ:1.5~2.0mg/L,Ⅲ:2.5~3.0mg/L,Ⅳ:3.5~4.0mg/L,Ⅴ:4.5~5.0mg/L),探讨不同 DO 浓度对生活污水 SBR 亚硝化系统中 COD 和氨氮去除情况的影响以及能否在提高氨氧化速率的同时维持亚硝化稳定运行。试验结果如图 2-107 所示。

由图可知,5 个不同初始 DO 水平下(第 50~150 天),进水氨氮浓度为 50~74mg/L,出水氨氮均值为 3.1mg/L,氨氧化率平均值为 95%,说明氨氮基本转化完全,出水氨氮达一级 A 标准。Ⅰ~Ⅴ阶段的平均氨氮去除速率($\mu_{\text{NH}_4^+\text{-N}}$)如图 2-108 所示。

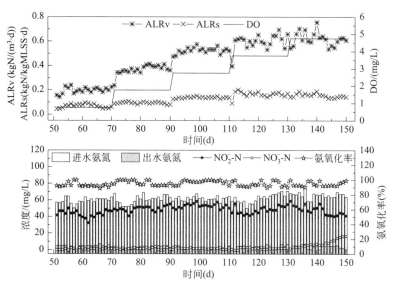

ALRv：氨氮去除容积负荷；ALRs：氨氮去除污泥负荷

图 2-107　不同 DO 浓度下进出水三氮浓度、氨氧化率及 ALRv、ALRs

由图 2-107 和图 2-108 可知，Ⅰ～Ⅴ阶段的平均氨氮去除容积负荷为 0.197kgN/(m^3·d)、0.367kgN/(m^3·d)、0.525kgN/(m^3·d)、0.597kgN/(m^3·d)、0.613kgN/(m^3·d)，平均污泥去除负荷为 0.068kgN/(kgMLSS·d)、0.093kgN/(kgMLSS·d)、0.138kgN/(kgMLSS·d)、0.165kgN/(kgMLSS·d)、0.144kgN/(kgMLSS·d)，平均氨氮去除速率（$\mu_{NH_4^+-N}$）分别为 0.0446mgN/(gMLSS·min)、0.0684mgN/(gMLSS·min)、0.0959mgN/(gMLSS·min)、0.111mgN/(gMLSS·min)、0.108mgN/(gMLSS·min)。可见在一定 DO 范围内（0.5～3.0mg/L），随着 DO 浓度的升高，氨氮去除负荷和氨氮去除速率均逐渐升高。第Ⅰ～Ⅲ阶段的 $\mu_{NH_4^+-N}$ 与其对应的 DO 浓度经拟合有很好的线性关系，如下式所示：

$$\mu_{NH_4^+-N}=0.027+0.025DO \tag{2-12}$$
$$R^2=0.99$$

但当 DO 由 2.5～3.0mg/L 升至 3.5～4.0mg/L 时，氨氮去除速率只增长了 0.015mgN/(gMLSS·min)，增幅较小；当 DO 由 3.5～4.0mg/L 升至 4.5～5.0mg/L 时，氨氮去除速率和氨氮去除污泥负荷均出现了些许降低的趋势。分析原因，在较高 DO 下异养菌的生长速率加快使得污泥中异养菌比例增加，导致氨氮去除速率和氨氮去除污泥负荷的降低。因此控制 DO 在 2.5～3.0mg/L 时的氨氮去除速率较高，也较经济，继续增大 DO 对增大速率无明显作用，意义不大。

（3）DO 对亚硝化稳定性的影响

图 2-109 为第 51～150 天 5 个不同 DO 浓度下亚硝化率的变化曲线。由图可知，当初始 DO 在 0.5～4.0mg/L 范围内时，亚硝化率可维持在 90% 以上，而当初始 DO 升至 4.5～5.0mg/L 时，亚硝化率出现下降趋势，至第 150 天时下降至 71.3%，NOB 不能被有效抑制，开始恢复活性，短程硝化系统的稳定运行遭到破坏。

如前节所述，当 DO=2.5～3.0mg/L 时，氨氮去除速率较高，较为经济，能够维持

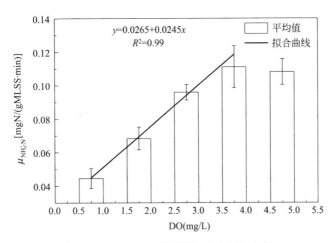

图 2-108 各DO下的平均氨氮去除速率

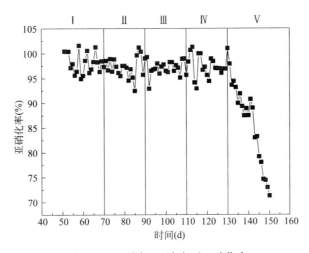

图 2-109 不同DO浓度下亚硝化率

生活污水亚硝化系统的稳定运行。因此，将 DO＝2.5～3.0mg/L 作为常温（20～25℃）生活污水 SBR 短程硝化的优化控制参数，且其耐受 DO 为 4.5～5.0mg/L。在 2.1.2 节中，以 A/O 出水（进水氨氮浓度为 45～80mg/L，pH＝7.54～8.11，COD 浓度小于 50mg/L）为研究对象，控制温度为 24.4～27.2℃，研究表明其优化 DO 为 0.72mg/L，耐受 DO 为 1.42～1.51mg/L。与其相比，本试验的优化 DO 及耐受 DO 均较大，两者的不同之处在于进水水质不同，造成体系内的菌种有所不同。本试验同时进行有机物降解和硝化反应，活性污泥菌胶团中既存在硝化细菌，又存在异养菌。异养菌在活性污泥中占绝大多数，硝化菌占很少比例。并且大部分硝化菌处于生物絮体内部。DO 需要穿透生物絮体进入内部供硝化菌呼吸，由于絮体外部异养菌对氧的大量利用和传质的限制，生物絮体内的 DO 值要低于液相值许多，使得 NOB 实际所接触到的 DO 值不足以使其恢复活性，进而保证亚硝化系统的稳定运行。此为原生活污水 SBR 短程硝化在较高 DO 下仍能稳定运行的主要原因。

另外，FA 与 FNA 对 NOB 的联合抑制也有利于维持亚硝化稳定运行。图 2-110 描述了第 80 天（初始 DO＝1.0～1.5mg/L）典型周期内 FA 与 FNA 的变化情况。研究发现，FA 和 FNA 对 NOB 产生抑制作用的浓度分别为 0.1～1.0mg/L 和 0.01mg/L 以上。由图可见，前 45min 内 FA 浓度大于 1.0mg/L，第 45 分钟后 FNA 大于 0.01mg/L，因此整个周期内 FA 与 FNA 对 NOB 的联合抑制也有利于高 DO 下生活污水 SBR 短程硝化系统的稳定运行。

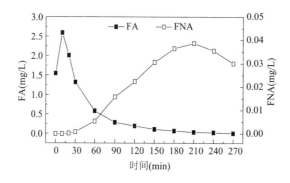

图 2-110　第 80 天典型周期内 FA 与 FNA

3. 结论

（1）在常温（20～25℃）的条件下，利用高 DO（0.8～1.0mg/L）—低 DO（0.3～0.5mg/L）梯度限氧及氨氧化率（60％左右）控制策略经 44d 实现了原生活污水 SBR 短程硝化的启动。

（2）在一定范围内，氨氮去除速率及 COD 去除速率均随 DO 浓度的升高而升高。将初始 DO＝2.5～3.0mg/L 作为常温生活污水 SBR 短程硝化的优化控制 DO，在该 DO 下既能保持较高的氨氮去除速率，同时能够维持稳定的短程硝化，其耐受 DO 为4.5～5.0mg/L。

（3）常温生活污水 SBR 亚硝化系统可以在高 DO 下仍能稳定运行，主要是由于：①菌胶团中异养菌占大多数且位于外部，其对氧消耗及传质的限制使得生物絮体内 NOB 接触到的 DO 值要低于液相值，异养菌间接地起到了对 NOB 一定的抑制作用；②反应周期内 FA 与 FNA 联合对 NOB 进行抑制。

2.6.4　不同曝气方式 SBR 短程硝化

目前维持生活污水亚硝化系统长期稳定运行还没有成熟的技术。在自然状态下，AOB 和 NOB 是互利共生关系：AOB 为 NOB 提供代谢基质 $NO_2^- \text{-}N$；NOB 为 AOB 清除反应生成物，使氨氧化能进行到底。要破坏这种关系，就得在它们共生的环境因子（pH、DO、FA、FNA、HRT、SRT 等）上，寻求它们之间微细的差异。

本节根据 AOB 和 NOB 对 DO 亲和力的差别，利用 AOB 对微好氧环境更敏感特性，系统地研究 SBR 反应器间歇曝气与连续曝气下的生活污水亚硝化工艺特性，以期更深入地了解两者之间的区别，探讨在提高常温低氨氮生活污水氨氧化速率的同时又有利于亚硝化长期高效稳定运行的曝气控制策略，克服亚硝化反应对环境的苛求和不易长期稳定运行的缺点，为其在城市污水处理中得到更广泛的应用提供基础数据与技术支持。

1. 材料与方法

（1）试验装置

试验装置采用 2 个完全相同的 SBR 反应器，如图 2-63 所示。反应器由有机玻璃制成，高为 50cm，直径为 15cm，有效容积为 6L，换水比为 73%。在反应器壁的垂直方向设置一排间距为 5cm 的取样口，用于取样和排水。反应器底部安装内径为 10cm 的曝气环进行微孔曝气，由气泵及气体流量计控制曝气强度。反应器内置搅拌机以保证泥、水、气混合均匀，此外还安置有在线监测 pH 和 DO 浓度的探头，保证各参数的实时在线监测。进水、曝气和排水均采用自动控制。

（2）接种污泥与试验用水

接种污泥来自高氨氮配水启动成功的亚硝化反应器，该反应器亚硝化率达 90% 以上。试验用 SBR 反应器 1 号和 2 号各接种 MLSS 浓度为 4000mg/L 的亚硝化污泥混合液 6L，充满全部有效容积。

试验用水取自某大学教工家属区化粪池中的生活污水，不再另外投加任何其他物质，水质情况见表 2-8 所列。

（3）试验方法

采用 SBR 的运行方式，包括瞬时进水（2min）、搅拌及曝气（时间根据周期试验结果确定）、沉淀（30min）、排水（2min）。每天运行 2 个周期。在试验阶段不排泥，不对污泥龄进行控制，温度均控制在常温（20～25℃）。1 号反应器曝气方式采用间歇曝气（曝气/停曝时间为 30min/10min），2 号反应器采用连续曝气。其他运行条件均相同。

接种后先用生活污水进行驯化，DO 为 0.5～1.0mg/L。初始周期亚硝化率大于 90%，COD 去除率仅为 40% 左右，表明接种的亚硝化污泥中异养菌数量较少，需经过一段适应时期培养，以增强对有机物降解能力。经 10d（20 个周期）的培养，出水 COD 浓度可达 50mg/L 以下，标志着适应阶段结束。

适应期结束后逐渐提高初始 DO 浓度水平（0.5～1.0mg/L、1.5～2.0mg/L、2.5～3.0mg/L 和 3.5～4.0mg/L），每个 DO 浓度运行 20d（40 个周期）。1 号反应器间歇曝气，2 号连续曝气，对比分析间歇曝气与连续曝气下，COD 和氨氮去除情况及亚硝化稳定性的区别。

（4）分析项目与方法

DO 浓度、温度和 pH 均采用 WTW 在线测定仪测定，MLSS 采用 MODEL711 手提式测定仪测定，COD 浓度采用 COD 快速测定仪测定。水样分析中氨氮浓度测定采用纳氏试剂光度法，$NO_2^- $-N 浓度采用 N-（1-萘基）乙二胺光度法，NO_3^--N 浓度采用紫外分光光度法，其余水质指标的分析方法均采用国标方法。本试验中亚硝化率、氨氧化率及 NO_3^--N 生成速率按式（2-6）、式（2-7）和式（2-9）计算。

（5）烧杯试验方法

为比较 2 种曝气方式下活性污泥中 NOB 的被抑制程度，在氧充足的条件下比较 2 个反应器污泥中 NOB 种群的相对数量。具体操作方法为：于反应结束后的 1 号和 2 号反应器中分别取 1L 泥水混合液置于 2 个相同的烧杯内，并且配置相同浓度的 NO_2^--N 溶液，进行连续曝气，控制 DO 浓度为 7.0～8.0mg/L，在相同条件下进行硝化速率对照。每隔一段时间取样测定三氮浓度，计算硝氮生成速率，即单位时间单位污泥浓度的 NO_3^--N 生成量，通过对比 NO_3^--N 生成速率定性比较 2 种条件下活性污泥中 NOB 种群的相对数量，从而反映 2 种曝气方式下亚硝化的稳定性。

（6）分子荧光原位杂交技术（FISH）

按照 Amann 的操作方法进行 FISH 分析。采用 NSO190（β-Proteo bacteria AOB）和 NIT3（Nitrobacteria）2 种探针对样品进行杂交，并采用 OLYMPUS BX52 荧光显微镜和 Image plus-pro6.0 软件对种群数量进行定量分析。

2. 结果与讨论

（1）COD 去除效果对比

由于接种亚硝化污泥来自无 COD 的高氨氮配水亚硝化反应器，导致接种污泥中的异养菌数量极低，表现在前几个周期内 COD 去除率较低。因此，种泥需经过一段对生活污水适应期，让异养菌得到一定增殖，以去除生活污水中的有机物，使其出水的 COD 达到一级 A 标准（<50mg/L）。图 2-111 反映了 2 种曝气方式下试验期间里 COD 的去除情况。

由图可以看出：第 1 天时 COD 去除率均不到 40%；经过 10d 的运行异养菌大量增殖，COD 去除率逐渐上升；至第 10 天时 1 号和 2 号的 COD 去除率分别达到 88% 和 84%，出水 COD 浓度分别为 41mg/L 和 50mg/L，标志着适应期结束。此后二者 COD 去除率均稳定在 80% 以上，但 1 号间歇曝气的平均 COD 去除率为 89.1%，略大于 2 号连续曝气的 83.7%。分析原因认为，间歇曝气中停曝出现的低 DO 浓度环境使得反硝化菌利用 COD 进行反硝化作用，从而使间歇曝气系统的 COD 去除率略高于连续曝气的去除率。

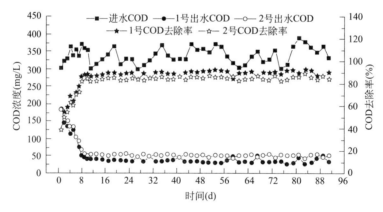

图 2-111　COD 去除效果对比图

1～90d 内 2 个反应器的 TN 损失情况如图 2-112 所示。由图可以看出：随着 DO 浓度的升高，1 号和 2 号反应器的 TN 损失均呈下降趋势，1～90d 内的 TN 损失平均值分别为 11.6mg/L 和 7.6mg/L，二者差值为 4.0mg/L。Mogens 等研究表明：在缺氧区，$1mgNO_3^-$-N 反硝化为 N_2，大约利用 8.6mg 的 COD，1mg 的 NO_2^--N 反硝化为 N_2，则需要 5.02mg 的 COD。于是，若反硝化 4.0mg/L 的 NO_2^--N，理论上需消耗 20.08mg/L 的 COD。而由图 2-111 可知：二者的 COD 出水平均浓度分别为 34.5mg/L 和 52.5mg/L，差值为 18mg/L，与理论值 20.08mg/L 较接近，这也证明了 1 号反应器相比于 2 号多去除的 COD 正是被反硝化所利用。

图 2-113 为 1 号和 2 号 SBR 反应器典型周期内 DO 和 COD 变化状态。图中可见周期

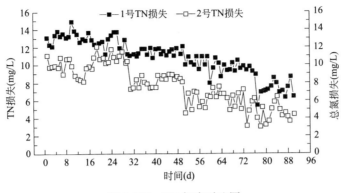

图 2-112 TN 损失对比图

末 COD 分别为 37mg/L 和 50mg/L，COD 去除率分别为 85.1％和 79.8％。在反应初期，刚进水时活性污泥处于"饥饿"状态，大量吸附污水中的小分子有机物，因此 2 个反应器在反应前 30min 内去除的 COD 分别占去除总量的 72.6％和 71.8％，二者相差仅 0.08％；而在剩余 240min 内的 COD 去除率分别为 12.9％和 8.1％，相差 4.8％。其原因就在于 1 号反应器的前 3 个停曝阶段 DO 浓度均小于 0.2mg/L，属于缺氧环境，3 个停曝阶段均有反硝化反应，消耗 COD 浓度分别为 12.8mg/L、5.7mg/L 和 4.0mg/L；1 号前 3 个停曝阶段的 TN 浓度损失分别为 2.50mg/L、1.00mg/L 和 0.75mg/L，消耗 COD 与 TN 浓度损失的比值分别为 5.12，5.7 和 5.3，与 5.02 较接近。因此，推测 1 号在前 3 个停曝阶段存在亚反硝化作用，可以去除一定量的 COD，而 2 号不存在停曝阶段，后 240min 内无明显的亚反硝化作用，导致其 COD 去除率相比于 1 号稍低。

综上所述，间歇曝气与连续曝气反应器的 COD 去除效果无较大差别，由于间歇曝气反应器的停曝阶段存在反硝化作用，使其相比于连续曝气反应器的 COD 去除率略高。

（2）氨氮去除效果对比

第一阶段（1～10d）的适应期结束后，通过提高初始 DO 浓度，对比各 DO 浓度下间歇曝气与连续曝气反应器的氨氮去除情况。图 2-114 所示为 1 号和 2 号氨氧化率、氨氮去除容积负荷及污泥负荷随初始 DO 浓度的变化图。

由图 2-114 可知：由于生活污水进水的氨氮浓度有波动，因此氨氧化率也存在一定的波动性，但整个试验过程中氨氧化率均在 80％以上，1 号和 2 号反应器的氨氧化率平均值分别为 92.6％和 92.1％，因此，氮素基本转化完全。Ⅰ～Ⅳ阶段的初始 DO 浓度分别为 0.5～1.0mg/L、1.5～2.0mg/L、2.5～3.0mg/L 和 3.5～4.0mg/L，随着初始 DO 浓度的增加，污泥活性提高，氨氮转化速率上升，容积负荷和污泥负荷也均呈上升趋势。1 号反应器各阶段的平均容积氨氮去除负荷分别为 0.208kg/(m³·d)、0.358kg/(m³·d)、0.556kg/(m³·d) 和 0.665kg/(m³·d)，2 号分别为 0.233kg/(m³·d)、0.380kg/(m³·d)、0.496kg/(m³·d) 和 0.645kg/(m³·d)；1 号反应器各阶段的平均污泥去除负荷 0.049kg/(kg·d)、0.073kg/(kg·d)、0.114kg/(kg·d)、0.130kg/(kg·d)，2 号分别为 0.053kg/(kg·d)、0.083kg/(kg·d)、0.124kg/(kg·d) 和 0.131kg/(kg·d)。可见，第Ⅰ和第Ⅱ阶段 1 号间歇曝气反应器的氨氮去除负荷比 2 号的小，而第Ⅲ和Ⅳ阶段中 1 号间歇曝气反应器的氨氮去除负荷比 2 号的大。这是因为在间歇曝气亚硝化系统中，AOB

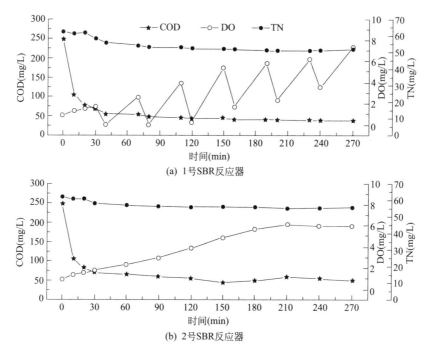

(a) 1号SBR反应器

(b) 2号SBR反应器

图 2-113　典型周期内 COD、TN、DO 变化

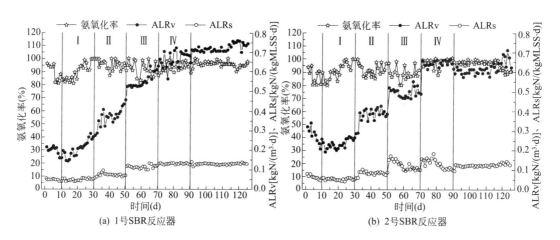

(a) 1号SBR反应器

(b) 2号SBR反应器

ALRv：氨氮去除容积负荷；ALRs：氨氮去除污泥负荷

图 2-114　不同 DO 下氨氧化率、氨氮去除容积负荷（ALRv）及污泥负荷（ALRs）

可以通过产率系数的增加来提高自身在反应器中的绝对生物量，并补偿因间歇曝气引起的比底物利用速率下降，从而使 AOB 的比增殖速率和氨氮的氧化速率不变。经过第Ⅰ和Ⅱ阶段的培养，至第Ⅲ和Ⅳ阶段时，间歇曝气中 AOB 的绝对生物量已经高于连续曝气系统，使得间歇曝气系统的氨氮氧化时间逐渐减小，具有更高的氨氮容积去除负荷。

　　因此，虽然间歇曝气系统存在的停曝阶段会使得比底物利用速率下降，使其前 50d 的氨氮去除负荷略比连续曝气系统的低，但是经过一段时间的培养，AOB 可以通过提高自身在反应器的绝对生物量使氨氮去除负荷增加，最终比连续曝气系统的高。

（3）亚硝化率

图 2-115 为 2 种曝气方式在不同 DO 浓度下亚硝化率及总氮损失率对比图。如图所示，第Ⅰ～Ⅲ阶段（1～70d），1 号和 2 号的亚硝化率均在 90％以上，均能维持亚硝化系统的稳定运行。当提高初始 DO 浓度至 3.5～4.0mg/L 时，2 号的亚硝化率呈逐渐递减的趋势，至第 91 天时已经下降至 72.9％。而 1 号的亚硝化率一直维持在 90％以上。自第 92 天开始，将 2 号的曝气方式改为间歇曝气（曝气/停曝时间为 30min/10min）进行恢复，亚硝化率开始逐渐回升，至第 106 天时，亚硝化率重新达到 90％，此后连续 20d 亚硝化率均未出现下降的趋势。由于初始 DO 浓度的提高使得连续曝气系统中 NOB 的活性不能被有效抑制，亚硝化遭到破坏；而间歇曝气利用 AOB 的"食物饥饿"特性及停曝时出现的低 DO 环境使得 AOB 的比增长速率增加，NOB 的比增长速率降低，从而更加有利于富集 AOB 抑制 NOB，不仅可以维持亚硝化的长期稳定运行，而且可以作为一种亚硝化破坏后的恢复策略。

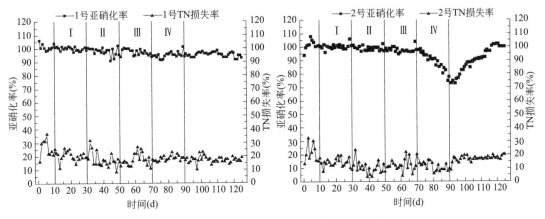

图 2-115 不同 DO 浓度下亚硝化率及 TN 损失率

（4）TN 损失

试验各阶段（1～90d）1 号和 2 号的平均 TN 损失率如图 2-115 所示，2 者 TN 损失率分别为 19.1％和 12.2％，间歇曝气相比于连续曝气 TN 损失率明显增大。因为反硝化作用会使得产生的 NO_3^--N 或 NO_2^--N 转化为 N_2，表明间歇曝气相比于连续曝气反硝化作用更加明显，更加有利于维持间歇曝气系统较高的亚硝化率。

由图可知：典型周期（第 34 天）内 1 号和 2 号的 TN 损失分别为 10.55mg 和 6.18mg，周期初始的 30min 内 1 号和 2 号反应器 DO 都低于 1.0mg/L，TN 损失几乎相等，1 号在前 2 个停曝时间段 DO 也小于 1.0mg/L，在低 DO 下也可能发生反硝化反应，造成 TN 损失。所以，1 号间歇曝气 SBR 反应器全部 TN 损失率明显高于 2 号连续曝气 SBR 反应器。

由图 2-115 中还可见，1 号后 4 个停曝阶段以及 2 号 30min 后的反应时间里，DO 都高于 2mg/L，TN 损失曲线平直，几乎没有 TN 损失。

（5）碱度

图 2-116 反映了 1～90d 内 2 种曝气方式下进水碱度、出水碱度以及碱度的消耗情况。如图所示，1 号和 2 号反应器进出水碱度差的平均值分别为 326.6mg/L 和 342.3mg/L

（以 $CaCO_3$ 计），两者差值为 15.7mg/L。理论上，反硝化 1mg/L 的 NO_2^--N 或 NO_3^--N 均生成 3.57mg/L（以 $CaCO_3$ 计）的碱度。2 个反应器 TN 损失的平均值相差为化 4.0mg/L，反硝 4.0mg/L 的 NO_2^--N 或 NO_3^--N 生成碱度的理论值为 14.28mg/L，与实际值 15.7mg/L 相差不大。这说明两者最终消耗碱度的差别正是由于反硝化过程所致。

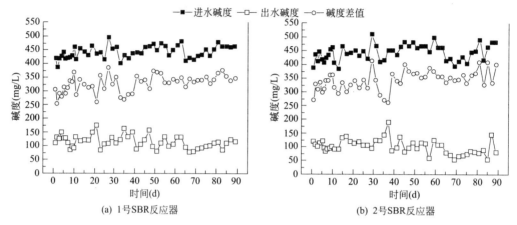

图 2-116　进水碱度、出水碱度及碱度差值对比图

亚硝化反应要消耗碱度，在供氧充足的条件下，反应器的氨氮容积去除率与碱度呈正相关。可见，1 号间歇曝气反应器中由于反硝化作用产生了部分碱度，使其碱度一直大于 2 号连续曝气反应器，对氨氮转化更加有利。

综上所述，间歇曝气亚硝化系统相比于连续曝气的优势主要体现在：①经过一段时间的培养，间歇曝气亚硝化系统的氨氮去除容积负荷比连续曝气系统的高；②间歇曝气不仅可以长期维持较高的亚硝化率，还可以作为连续曝气亚硝化破坏后的一种恢复策略；③间歇曝气还能够节能降耗，有利于亚硝化系统的经济高效运行。因此，间歇曝气亚硝化系统可以同时兼顾较高的氨氧化速率和亚硝化率，更加有利于常温条件下生活污水亚硝化的长期高效稳定运行。

（6）曝气方式对 NOB 的抑制程度比较

1）烧杯试验

通过烧杯试验比较 2 种情况下 NOB 的相对数量来间接反映 2 个曝气系统对 NOB 的抑制程度。第 65 天时，于反应结束后的 1 号和 2 号反应器中分别取 1L 泥水混合液于烧杯中，投加配制相同浓度亚硝酸钠溶液。在相同的条件下进行烧杯曝气试验，烧杯试验过程中一直控制 DO 浓度为 7.0～8.0mg/L，NOB 的活性可被充分激活。另置一不加泥水混合液的相同浓度亚硝酸钠溶液空白烧杯试验。空白对照试验中曝气结束后，只有 3mg/L 的 NO_2^--N 转化成了 NO_3^--N，说明空白对照的烧杯反应器中 NOB 菌数量甚少。图 2-117 所示为 1 号和 2 号烧杯试验的 NO_3^--N 生成速率对比图。

由图 2-117 可以看出：1 号和 2 号的 NO_3^--N 生成速率均呈现先上升后下降的趋势。原因如下：起初 NOB 的活性尚未被充分激活，因此，NO_3^--N 生成速率较低，随后逐渐增加至最大值；随着反应进行，NO_2^--N 逐渐转化为 NO_3^--N，NOB 的底物 NO_2^--N 成为限制因素，NOB 活性受到抑制，NO_3^--N 生成速率下降。

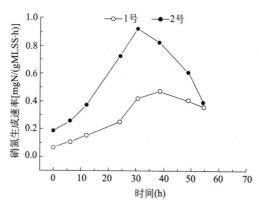

图 2-117 烧杯试验 NO_3^--N 生成速率

1 号在前 24h 内，NO_3^--N 生成速率一直小于 0.2mg/(g·h)，至第 40 小时时达到最大值 0.47mg/(g·h)；2 号的 NO_3^--N 生成速率一直比 1 号的高，其最大 NO_3^--N 生成速率为 0.92mg/(g·h)。由于烧杯试验过程中一直控制 DO 浓度为 7.0～8.0mg/L，NOB的活性可被充分激活，因此，NO_3^--N 生成速率与活性污泥中 NOB 种群的相对数量成正相关。由上述试验结果可知：1 号反应器内的 NOB 数量较低，其活性污泥中 NOB 的被抑制程度大于 2 号连续曝气反应器。而由图 2-115 可知：第 65 天时 1 号和 2 号的亚硝化率分别为 95％和 96％，此时两者均能够保持较高的亚硝化率稳定运行，经分析认为，此时 2 个反应器的运行条件均可抑制 NOB 的活性，亚硝化率得以维持，但是一旦运行条件有利于激发 NOB 的活性时（如更高的 DO 浓度），NO_3^--N 生成量增加，亚硝化系统便不能维持稳定运行。由此可见，间歇曝气系统能够有效抑制 NOB 的活性，从而抑制 NOB 的增殖。这一结论在 FISH 结果中也得到了进一步证实。

2）FISH 结果

为了考察间歇曝气对 NOB 的抑制作用，采用荧光原位杂交技术（FISH 技术）对 2 种曝气方式下污泥硝化菌群中 AOB 和 NOB 的相对比例进行检测。在试验的第 65 天，取与烧杯试验相同的污泥样品进行 FISH 检测，结果如图 2-118 所示。以可见光污泥总面积表征总微生物个数，用 AOB 占可见光污泥总面积的比例表征 AOB 相对数量，NOB 占可见光污泥样品总面积的比例表征 NOB 相对数量。

结果表明：在间歇曝气中，AOB 约占总菌群数的 30.2％，NOB 占 11.1％；连续曝气中 AOB 约占总菌群数的 24.8％，NOB 占 16.7％。由此可见：间歇曝气下污泥中 AOB 的相对数量比连续曝气的大，而 NOB 的相对数量比连续曝气的小。

综上所述，间歇曝气的供氧方式更加有利于富集 AOB，抑制 NOB。

3. 结论

（1）间歇曝气与连续曝气系统的 COD 去除效果无较大差别。间歇曝气反应器的停曝阶段存在反硝化作用，使其相比于连续曝气反应器的 COD 去除率略高。

（2）间歇曝气反应器经 50d 的运行后，其氨氮去除容积负荷开始比连续曝气反应器的大，污泥负荷两者相当。

（3）经过一段时间的培养，间歇曝气系统较连续曝气系统，其活性污泥中 AOB 的相

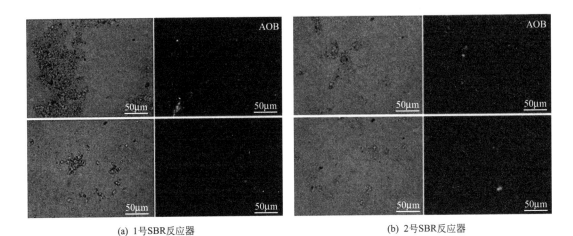

(a) 1号SBR反应器　　　　　　　　　　　(b) 2号SBR反应器

图 2-118　Fish 检测结果（文后彩图）

对数量较多，NOB 较少，更加有利于富集 AOB，抑制 NOB。

（4）相比于连续曝气，间歇曝气的供氧方式在节省能耗的同时，不仅可以长期维持较高的亚硝化率，而且可以作为连续曝气亚硝化破坏后的一种恢复策略，更加有利于常温生活污水 SBR 亚硝化的长期高效稳定运行。

第3章 城市生活污水 ANAMMOX 试验研究

早在 1977 年 Borda 基于热力学计算曾预言：自然界应该存在 2 类能够将氨氮氧化为 N_2 的化能自养型微生物，但是直到 1995 年荷兰代尔夫特理工大学一批学者才在反硝化流化床中发现了厌氧氨氧化现象，他们将该过程命名为 ANAMMOX，并率先开展了关于该过程代谢机理、微生物学基础以及分子生物学等方面的研究。目前已经证明：ANAMMOX 过程是一类具有特殊结构的浮霉目细菌以 NO_2^--N 为电子受体，CO_2 为主要碳源，在缺氧条件下将氨氮氧化为 N_2 的代谢过程，联氨和羟胺是重要的中间产物，其较为公认的化学计量式如下：

$$NH_4^+ + 1.31NO_2^- + 0.066HCO_3^- + 0.13H^+$$
$$\longrightarrow 1.02N_2 + 0.26NO_3^- + 0.066CH_2O_{0.5}N_{0.15} + 2.03H_2O \tag{3-1}$$

目前在荷兰、德国、瑞士、比利时、英国、澳大利亚和日本的废水处理系统中以及东非乌干达的淡水沼泽中和黑海的沉积物中等都发现了 ANAMMOX 菌，它们具有很高的活性，据报道其最高 TN 去除负荷为 $8.9 \pm 0.2 kgN/(m^3 \cdot d)$，氨氮基质代谢的最大比活性为 $55 nmol/(mg \cdot min)$。无论在人工生态系统中还是自然生态系统中，ANAMMOX 过程对于生物氮素转化和循环都起着非常重要的作用。如果将该过程用于废水的生物脱氮处理，相对传统硝化-反硝化工艺而言，则具有氧气需求量低，无需外加碳源，低污泥产量等优点。可见，ANAMMOX 技术在废水生物脱氮工艺中具有非常广阔的应用前景。虽然这类微生物的代谢活性非常高，但是它们的生长速率却非常低（$\mu = 0.0027h^{-1}$，倍增时间为 11d），且只有在细胞浓度 $> 10^{10} \sim 10^{11}/mL$ 时才具有活性。因此，ANAMMOX 菌在废水处理反应器中漫长的富集时间已成为目前该项技术大规模应用于废水处理实践的瓶颈。本试验利用 A/O 除磷工艺二级出水为试验用水，对通过好氧硝化生物膜快速启动 ANAMMOX 生物滤池的途径和其脱氮性能进行了研究。

3.1 生物滤池 ANAMMOX 研究

3.1.1 ANAMMOX 生物滤池的启动

1. 试验装置与方法

试验装置采用有机玻璃柱制成的生物滤池反应器模型，内径 60mm，高度 2.0m，柱内装填粒径为 2.5～5.0mm 的页岩陶粒，装填高度为 1.45～1.55m，底部设 50mm 高的河卵石承托层和黏砂块曝气头，壁上每 20cm 设 1 个取样口。反应装置如图 3-1 所示。

试验原水以某大学教工家属区生活污水的 A/O（厌氧/好氧）除磷工艺的二级出水为基础用水，人工投加适量 $NaNO_2$ 进行配水，以保证 ANAMMOX 反应的基质要求。基础用水水质：COD_{Cr} 50～60mg/L，氨氮 80～110mg/L，$NO_2^- -N$<1mg/L，$NO_3^- -N$<1mg/L，TP 0.18～0.74mg/L，水温 17～30℃，pH 7.65～7.79。另外，利用自来水稀释的方法获得不同的进水氨氮浓度，投加适当 $KHCO_3$ 增加进水的碱度。

试验运行分为 3 个阶段。

第一阶段，好氧硝化生物滤池启动阶段，常温下（17～24℃）运行。运行方式为下向流，滤柱底部曝气，气泡穿过滤料的方向与水流方向相反，以强化氧的传质效果。

第二阶段，ANAMMOX 生物滤池的启动阶段。为了能够提高滤料对 ANAMMOX 细菌的持留能力，试验通过好氧硝化生物膜向 ANAMMOX 生物膜转化的方式启动 ANAMMOX 生物滤池。

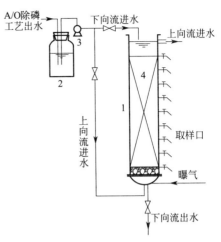

图 3-1　试验厌氧氨氧化装置示意图
1—上流式生物滤池；2—进水瓶（140L）；
3—进水泵；4—陶粒滤床

另外，由于 DO 对 ANAMMOX 菌具有毒害作用，因此利用硝化生物膜向 ANAMMOX 生物膜转化还可以消耗进水中携带的 DO，从而为 ANAMMOX 菌提供良好的缺氧环境。运行方式和第一阶段基本相同，但停止滤柱底部的曝气，另外由于 ANAMMOX 细菌的生理温度范围较高（报道为 20～43℃），因此对试验原水进行适当加热，温度控制在 25～30℃左右。

第三阶段，上向流 ANAMMOX 生物滤池的运行阶段。ANAMMOX 生物滤池启动成功后，由于所产生的 N_2 气泡需要向上穿过滤层释放到大气中，方向与水流方向相反，不利于 N_2 气泡的及时释放；而且气泡的不断聚合极易造成气塞现象，缩小过流面积和过流能力，从而影响滤柱的处理能力，因此这一阶段将试验滤柱的运行方式改为上向流，温度为室温（17～25℃左右）。

2. 结果与讨论

（1）好氧氨氧化生物膜的培养

在曝气的条件下，经生化处理的低 BOD 污水进入生物滤池后，在水中 $NH_4^+ -N$ 基质刺激下，硝化菌会繁殖起来，并逐渐在陶粒滤料上吸附、生长，并最终形成硝化菌为主的生物膜。因此，本章试验通过自然挂膜的方式对好氧硝化生物滤池进行启动。

首先，取运行正常的生化处理装置的出水，作为硝化试验滤柱的原水，并投加少量 NH_4Cl 和 $KHCO_3$ 以补充碱度。将其通入试验滤柱中到固定水位，然后通入压缩空气闷曝。每闷曝 1d 后换水，运行 2 周后改为连续流进水，滤速约为 0.8m/h。连续流运行 2 周后，开始测定进出水氨氮浓度，发现试验滤柱对氨氮已经具有明显的去除能力，如图 3-2 所示。继续运行约 2 个月后生物滤柱氨氮去除负荷最高达到 1.45kgN/(m^3·d)。期间第 30～47 天由于试验原水中碱度不足，曾造成生物硝化滤柱的氨氮去除负荷显著降低，最低降至 0.1kgN/(m^3·d)。但是通过人工投加 $KHCO_3$ 的方法补充碱度后，生物滤柱去除负荷恢复较迅速，第 68 天 $NH_4^+ -N$ 去除负荷恢复到了 1.24kgN/(m^3·d)。此时，认为硝化生物滤池基本启动成功。

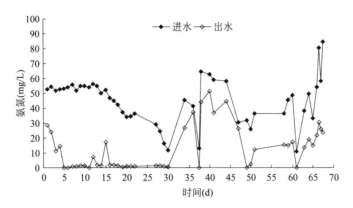

图 3-2　硝化生物滤池启动期的 NH_4^+-N 浓度

（2）在好氧硝化生物膜基础上启动 ANAMMOX 生物滤池

考虑到试验滤柱内的生物膜由好氧状态向缺氧状态转变需要一个过程，如果突然转变容易造成硝化生物膜的脱落和膜内生物的大量快速死亡。因此在接下来约 1 个月期间，试验生物滤柱白天曝气保持好氧状态，晚上停止曝气保持缺氧状态，并逐渐减小白天的曝气量，直到完全停止曝气。

从试验开始 100d 后完全停止了曝气，并向试验原水中人工投加与水中 NH_4^+-N 相应的 $NaNO_2$ 作为 ANAMMOX 过程的必要基质，启动 ANAMMOX 反应。另外，由于联氨和羟胺是 ANAMMOX 过程的重要中间产物，因此在该试验阶段向试验原水中投加 0.1mmol/L 的羟胺和联氨，以诱导硝化生物膜向 ANAMMOX 生物膜的转变。pH 保持在 7.27～8.32，符合 ANAMMOX 菌的生理范围。同时，定期检测试验滤柱进、出水氨氮、NO_2^--N 和 NO_3^--N 的浓度变化情况，如图 3-3～图 3-5 所示。

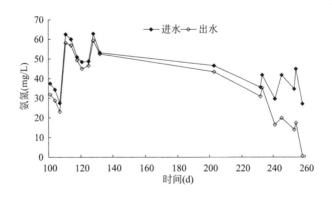

图 3-3　ANAMMOX 生物滤池转化期的氨氮浓度变化

由图 3-3～图 3-5 可知，停止曝气约 100d 后（第 203 天后），试验滤柱对进水中的 NH_4^+ 和 NO_2^- 产生了明显的同时去除现象，并产生少量 NO_3^-，在试验滤柱中也可以明显观察到大量气泡逸出，与 ANAMMOX 工艺过程的试验现象一致。随着进水氨氮负荷和 NO_2^--N 负荷的增加，氮素流失现象越发明显，TN 负荷（K_{TN}）迅速增加，如图 3-6 所示。另外，滤料表面颜色也开始由灰褐色转变为淡红色。

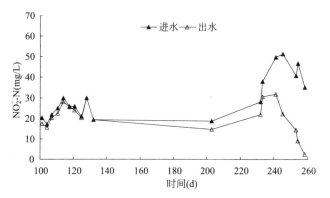

图 3-4　ANAMMOX 生物滤池转化期的 NO_2^- -N 浓度变化

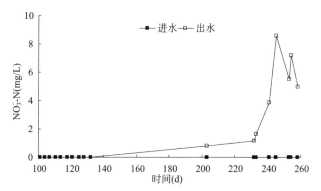

图 3-5　ANAMMOX 生物滤池转化期的 NO_3^- -N 浓度变化

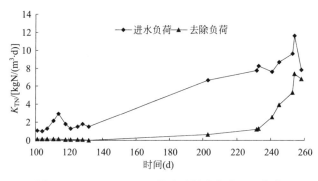

图 3-6　ANAMMOX 生物滤池转化期的 TN 负荷

由图 3-6 可知，ANAMMOX 生物滤柱在转变前期（第 100～203 天）的 TN 去除负荷升高得很慢，可见生物膜内优势微生物的转变需要一个很长的选择过程和适应过程，但是一旦新的优势菌种占据一定优势并适应了新的环境条件后，生物滤池活性便提高得很快，这个缓慢选择和适应的过程可以被称为"生物选择迟滞期"。第 203～258 天期间，ANAMMOX 生物试验滤柱的 TN 去除负荷迅速从 0.67kgN/（m^3 · d）提高到 6.8kgN/（m^3 · d），经计算系统微生物的表观比生长速率为 0.0018h^{-1}，倍增时间为 16.45d，与 Strous 等人报道的 0.0027h^{-1} 和 11d 较为接近，这个 ANAMMOX 活性快速提高的过程可称之为"生物快速增长期"。试验生物滤柱中各氮素化合物相互转化的化学计量关系在该试验阶段也具有明显变化，如图 3-7 所示。

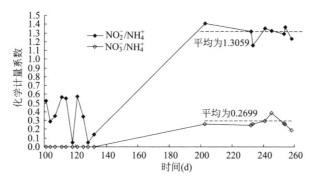

图 3-7　ANAMMOX 生物滤池转化期的氮素化学计量关系

"生物选择迟滞期"（第 $100 \sim 203$ 天）内反应器所消耗的 NO_2^-/NH_4^+ 之比变化杂乱无章，NO_3^-/NH_4^+ 比值趋近于 0；而第 203 天以后的"生物快速启动期"内消耗的 NO_2^-/NH_4^+ 之比和 NO_3^-/NH_4^+ 之比都分别趋向于稳定在某一数值，从图 3-7 可知这 2 个值平均为 1.3059 和 0.2699，与式（3-1）中的 1.31 和 0.26 基本一致，氮素化合物转化过程的比例系数符合 ANAMMOX 过程的化学计量学关系。因此，可以认为通过好氧硝化生物膜实现 ANAMMOX 生物滤柱的启动成功完成。

（3）存在的问题与运行方式的调整

本试验 ANAMMOX 生物滤柱启动成功以后表现出很强的脱氮能力，大量氨氮和 NO_2^--N 被同时成比例地转化为 N_2 和少量 NO_3^--N。但是，同时也发现下向流的运行方式存在非常严重的气塞现象，由于所产生 N_2 气泡的溢出方向与水流方向相反，大量 N_2 气泡受到滤层和水流的阻截作用被滞留于滤柱填料的孔隙中，急剧减小了滤床的过流面积和过流能力，甚至造成滤床无法过水的现象，因此使得 TN 去除负荷受到一定程度的限制，很难再进一步提高。基于以上考虑，本章 ANAMMOX 滤池反应器稳定阶段的运行方式改为上向流运行，以增强反应器的释气效果，避免发生气塞现象，从而尽可能提高反应器的脱氮效果。

对比试验装置如图 3-8 所示。4 组对比试验结果见表 3-1 所列，尽管右侧上向流的基质浓度要低于左侧下向流，但是其气体收集器（A）的产气量仍然明显较左侧下向流的气体收集器（B）要高。从而表明，上向流运行方式要优于下向流。

反应器运行方式对比试验产气量结果　　　　　　　　　　　　　　　　表 3-1

气体收集器	产气量(mL)			
A	18.0	9.6	14.4	14.8
B	10.6	7.0	8.0	8.1

3.1.2　上向流 ANAMMOX 生物滤池的脱氮效果

将图 3-1 的 ANAMMOX 试验反应器改为上向流运行方式后。进出水氮素化合物的浓度，如图 3-9～图 3-12 所示。

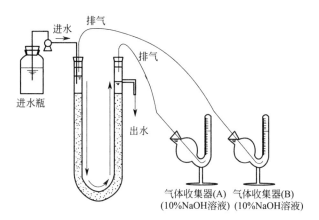

图 3-8　反应器运行方式对比试验装置

1. 上向流 ANAMMOX 生物滤池脱氮效果

试验结果表明，试验滤柱的 ANAMMOX 活性迅速得到提高，氨氮和 NO_2^--N 成比例下降，最高 TN 去除速率达到了 12.37kgN/(m^3·d)，比目前文献所报道的在气提式反应器中实现的最高值 8.9kgN/(m^3·d)和无纺布填料的厌氧生物滤池反应器中的 8.1kgN/(m^3·d)还要高出很多，是低浓度 NH_4^+-N 污水容积去除负荷的佼佼者。

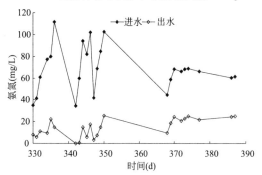

图 3-9　上向流 ANAMMOX 生物
滤池运行期 NH_4^+-N 浓度

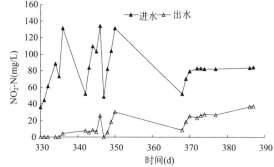

图 3-10　上向流 ANAMMOX 生物
滤池运行期 NO_2^--N 浓度

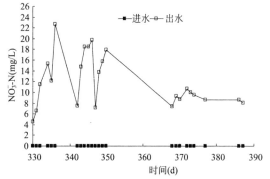

图 3-11　上向流 ANAMMOX
生物滤池运行期硝酸盐浓度

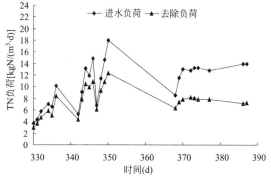

图 3-12 上向流 ANAMMOX
生物滤柱运行期 TN 负荷

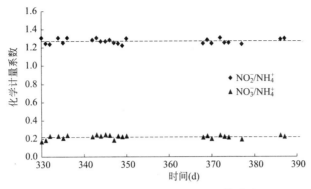

图 3-13 上向流 ANAMMOX 生物滤池
运行期的氮素化学计量关系

由此可见，上向流的运行方式对颗粒填料的 ANAMMOX 生物滤池具有积极作用。一方面，这可能是由于上向流运行时，水流方向同气泡运动方向相同，由于滤层中复杂的水流运动使得 ANAMMOX 过程所产生的 N_2 气泡可以及时释放逸出。从平衡学角度讲，生成物 N_2 的及时去除对反应的继续进行是有利的；另一方面，所生成的 N_2 气泡首先在滤层内不断碰撞长大，并形成肉眼可见的气囊，上向流的运行方式使得这些气囊能够很快地被推出滤层，这种气囊在滤层内周而复始不断地被形成和破坏，从而增加了滤层内水流的紊动程度，强化了基质与生物膜之间的传质效果，对提高反应速度也是有利的。

根据式（3-1），ANAMMOX 过程 NH_4^+：NO_2^-：NO_3^- 的摩尔化学计量关系为 1：1.32：0.26，理论最高 TN 去除率约为 88.7%。但是本试验上向流 ANAMMOX 试验滤柱在运行的过程中发现，其化学计量关系与以上数值存在一定的偏差，为 1：1.27：0.22，如图 3-13 所示，比理论 NO_2^- 和 NO_3^- 的计量系数稍低；另外，试验滤柱的 TN 去除率约为 90.3%，高于文献报道的理论值。推断这是由于试验滤柱中存在一定程度的异养反硝化造成的。反硝化过程有利于提高 ANAMMOX 生物滤池的 TN 去除效果。因此，本试验条件下，ANAMMOX 生物滤池的最佳进水基质 NO_2^-/NH_4^+ 比率应为 1.27，这是本试验条件下，一个厌氧氨氧化基质完全被消耗的临界值。当 $NO_2^-/NH_4^+ > 1.27$ 时，电子供体 NH_4^+ 反应完全，电子受体 NO_2^- 过剩，从而造成出水中含有一定量毒性较大的亚硝酸盐，需要对其进行再曝气硝化才可以排放；当 $NO_2^-/NH_4^+ < 1.27$ 时，电子受体 NO_2^- 反应完全，电子供体 NH_4^+ 过剩，出水中携带少量 NH_4^+。在实际污水处理中，条件较为复杂，运行工况和环境无法人工精确控制，因此，推荐 ANAMMOX 反应器的进水亚硝化积累率（NO_2^-/NH_4^+）要适当小于 1.27，在保证出水 NH_4^+-N 和 TN 排放标准的前提下使 NH_4^+-N 基质浓度稍稍过量。

2. 滤层内沿层脱氮效果解析

图 3-14 和图 3-15 分别给出了试验滤柱中各氮素化合物浓度和运行参数值随水流方向沿滤层厚度（H_L）的变化情况。从图 3-14 中可以清楚地看出沿滤层厚度 NH_4^+-N 和 NO_2^--N 成比例消耗，并伴随 TN 的明显损失和少量 NO_3^--N 的产生。与此同时，图 3-15 表明 pH 随着 ANAMMOX 过程的进行，呈逐渐升高趋势，COD 呈逐渐降低趋势。pH 的升高是由于 ANAMMOX 过程需要消耗氢离子而造成的，如式（3-1）所示。而 COD 的降

低，进一步证实了滤柱中存在一定程度的反硝化过程，反硝化脱氮消耗碳源从而引起了 COD 的沿程降低。

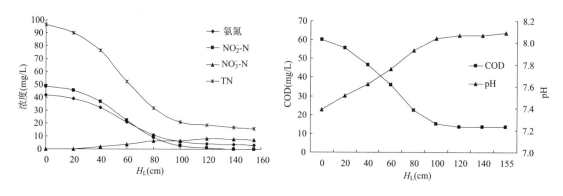

图 3-14　氮素化合物浓度随滤层厚度的变化　　　　图 3-15　pH 及 COD 随滤层厚度的变化

3. ANAMMOX 菌及其活性分布

从图 3-14 可以清楚地看出氮素化合物及 TN 浓度沿滤层深度的变化情况。进水中的 ANAMMOX 反应基质氨氮和 NO_2^--N 经过约 1m 的滤层厚度时已去除了约 94%，其中 40～100cm 滤层约占 70%。由此可见，试验滤柱的 ANAMMOX 生物量和活性并不是均匀分布的，而是主要分布在氮负荷较高的滤层进水侧中前部。这从滤柱填料表面 ANAMMOX 菌所特有的桃红色沿水流方向明显的深浅变化，也可得以证实。从进水侧开始，0～40cm 填料呈暗红褐色，40～100cm 填料颜色呈桃红色，100～155cm 逐渐转为暗红色。这也更加证实了 ANAMMOX 生物量分布在滤层进水侧中前部。图 3-14 中曲线的斜率反映了不同滤层深度的 ANAMMOX 活性，因此，对图 3-14 中曲线求一阶导数后作图，如图 3-16 所示。

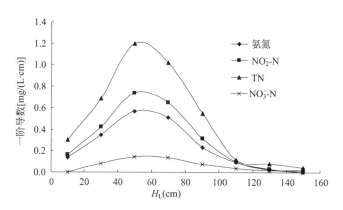

图 3-16　滤层内氮素化合物浓度一阶导数变化情况

图 3-16 表示出了不同滤层深度的 ANAMMOX 活性分布情况，活性随滤层深度呈"山脊"状分布。从进水开始，活性逐渐上升，而最大活性存在于滤层深 60cm 处，然后很快下降，到了后面滤层 ANAMMOX 几乎停滞。由于 ANAMMOX 活性和 ANAMMOX 生物量呈线性正相关，因此，图 3-16 也可以看作是 ANAMMOX 生物量在滤层不同深度的分布情况。由于进水中携带一定量的 DO（进水 DO 为 2～4mg/L），对 ANAMMOX 菌

产生一定的可逆性抑制，因此0～40cm的滤层虽然进水氮负荷较高，但活性并不是最高的。这段滤层内的微生物也相对最复杂，推测为异养菌、硝化菌和 ANAMMOX 菌共存。随着异养菌和硝化菌对进水中 DO 的消耗，逐渐为 ANAMMOX 菌创造了良好的缺氧环境，从而 ANAMMOX 活性逐渐提高，直至基质 NH_4^+ 和 NO_2^- 消耗到一定浓度以下时，由于氮负荷较低活性开始降低。另外，本试验中的 ANAMMOX 生物膜是由好氧硝化生物膜转化而来的，在好氧硝化运行阶段，底部曝气对下层填料的剪切效果最为剧烈，可能造成底部好氧硝化生物膜较薄，从而对转化后的 ANAMMOX 生物量分布也造成一定程度的影响。由此可见，滤层内的 ANAMMOX 活性和生物量分布状况主要是 DO 和氮负荷的共同结果，同时转化前好氧硝化生物膜的情况也可能对其产生一定程度的影响。

4. ANAMMOX 菌的分布对脱氮效果的影响

根据图 3-16 所示，由好氧硝化生物膜转化途径而自然培养起来的 ANAMMOX 生物膜反应器中，其 ANAMMOX 生物量的分布是呈"山脊"状不均匀分布的。为了考察 ANAMMOX 菌的分布情况对反应器脱氮效果的影响，本节试验将反应器中已经附着有生物膜的陶粒填料取出，人工混合均匀后进行淘洗，去掉已经脱落下来的生物膜，重新装填回反应器中。因此，重新装填后的 ANAMMOX 生物滤池反应器中的生物量是沿滤床深度均匀分布的，从而通过对比试验考察 ANAMMOX 菌分布状况对脱氮效果的影响。

由于生物填料淘洗过程中损失了一些 ANAMMOX 生物量，因此重新装填后的反应器 TN 去除负荷会有所降低，d 后运行的 20d 内（第 368～387 天），反应器 TN 去除负荷为 6.29～8.14kgN/(m^3·d)，平均为 7.55kgN/(m^3·d)，仍然保持了较高的脱氮活性，可见陶粒填料上生物膜生长状态良好，也较密实。但是，滤床内的氮素化合物及参数变化却发生了明显改变，如图 3-17 和图 3-18 所示。重新装填后，滤床内的氮素化合物浓度、COD 以及 pH 沿滤床深度的变化与原滤层的曲线分布（见图 3-14 和图 3-15）不同，基本呈线性变化，这也从侧面证实了重新装填后反应器内的 ANAMMOX 生物量是均匀的。

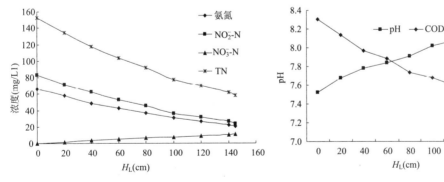

图 3-17　重新装填后氮素化合物　　　　图 3-18　重新装填后 pH 及 COD
　　浓度随滤层厚度变化　　　　　　　　　随滤层厚度变化

但是，重新装填后的 ANAMMOX 生物滤池反应器一直运行到最后（第 368～568 天），仍未再次出现之前那样的"山脊"状分布状态，反而随着反应器的不断运行，生物量具有逐渐自进水侧沿水流方向由高向低分布的趋势。这可能是由于陶粒填料上 ANAM-MOX 生物膜已经生长成熟，而且生物膜中微生物种类较为复杂多样，从而对进水中所携带部分 DO 具有较强的抵抗能力，因此反应器中的 ANAMMOX 生物量才会沿滤层厚度逐渐按由高至低的氮素负荷重新进行分布。

由此可见，ANAMMOX 生物膜一旦生长成熟，不但具有很高的活性，而且还具有很高的对 DO 及其他毒害因素的抵抗能力。同时也说明，在 ANAMMOX 生物滤池反应器的启动期，DO 对其具有较明显的影响。

5. ANAMMOX 生物滤池反应器脱氮机理模型探讨

ANAMMOX 菌是一类严格的厌氧菌，其进行的 ANAMMOX 过程在微量 DO 存在的条件下就会受到抑制，如果受抑制时间较长会使反应器逐渐丧失 ANAMMOX 活性。然而，本试验中试验原水来自 A/O 除磷工艺的出水（出水在好氧区一端），水中携有一定的 DO（约 2～4mg/L），但是经过长期运行并未发现试验 ANAMMOX 生物滤池反应器受到明显抑制。根据以上反应器中氮素化合物、生物活性、化学计量系数和有机物等分析可知，处理实际生活污水的 ANAMMOX 生物滤池反应器中存在多种不同类型的微生物和代谢过程，如：厌氧氨氧化、异养反硝化等。因此，根据以上论断和推测对本试验滤柱的脱氮机理可以建立推理模型，如图 3-19 所示。

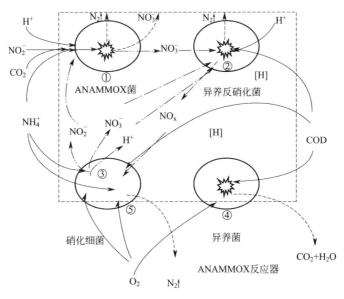

①：ANAMMOX 反应;②：异养反硝化反应;　　——→：进水基质
③：自养硝化反应;④：好氧氧化反应;　　　　 --→：中间产物
⑤：亚硝化单胞菌在 NO_x 刺激下的反硝化反应;　-----→：最终产物

图 3-19　试验 ANAMMOX 生物滤池反应器脱氮机理模型

ANAMMOX 生物滤池反应器内（图 3-19 中虚线方框内）可能存在 4 种不同类型的细菌，分别为 ANAMMOX 菌、异养反硝化菌、自养硝化菌以及异养菌等。异养菌和硝化菌不断消耗进水中所携带的 DO，从而为 ANAMMOX 菌创造良好的缺氧生态环境，使其免受 DO 的抑制，具有生态解毒的作用。异养反硝化菌在缺氧环境下利用 ANAMMOX 反应产生的 $NO_3^- \text{-N}$ 和进水基质中的有机物进行反应，产生 N_2 和少量 NO_x（NO 或 NO_2）。痕量 NO_x（$NH_4^+/NO_x = 1000 \sim 5000$）可以刺激和诱导亚硝化单胞菌的反硝化活性，实现同时硝化-反硝化，在有氧的条件下将氨氮氧化为 N₂，直接去除，从而在表观上降低了 ANAMMOX 反应中 NO_2^- 计量系数，这种新的工艺被称为 NO_x 工艺。ANAMMOX 菌在整个反应器中占绝对优势，实现污水中主体氮素的去除。但是，以上其他细菌的生态保护作用也起着不可忽视的作用。

3.1.3 低基质浓度 ANAMMOX 生物滤池脱氮效果

ANAMMOX 是近年来备受关注的一种高效低耗的生物脱氮技术。然而当前对于 ANAMMOX 生物脱氮的研究主要集中于低 C/N 的高氨高温废水处理，如污泥消化液、垃圾渗滤液等，限制了 ANAMMOX 技术在实际工程中的广泛应用。特别是随着水资源紧缺的局势日益严重，污水深度处理及循环利用已是解决水资源污染和短缺的重要途径之一，将 ANAMMOX 工艺应用于生活污水的深度处理无疑是很好的选择。由于城市污水经二级处理后水中 NH_4^+-N 的浓度很低（30～50mg/L），而在较低基质浓度下 ANAMMOX 技术是否适用目前还未知。下面针对这一问题进行深入探求。

1. 试验材料与方法

试验装置如图 3-20 所示。生活污水二级生物处理采用 A/O 除磷反应器，去除有机碳化物和磷；深度处理采用 ANAMMOX 生物滤柱，去除含氮化合物，从而达成国家一级 A 排放标准。ANAMMOX 生物滤柱有效容积约 5.0L，填料采用页岩颗粒（粒径 2.5～5mm），填料高度约为 1.8m，由滤池底部向上每隔 10cm 设取样口。ANAMMOX 生物滤池装置没有采取避光、绝氧等措施。

试验所用生活污水水质指标为：氨氮 50～86mg/L，CODcr 220～400mg/L，TOC 59.4～118.2mg/L。

ANAMMOX 生物滤池试验用水，即沉淀池出水水质指标为：氨氮 10～25mg/L，CODcr 25～40mg/L，TOC 7～12mg/L，水温 25～28℃。为满足 ANAMMOX 反应基质要求，试验用水中投加亚硝酸盐，使生物滤池进水中 NO_2^--N 与氨氮的比例满足试验需要。

本试验所有的监测项目均在北京工业大学水质科学与水环境恢复工程实验室中完成，具体检测方法和仪器为：纳氏试剂-分光光度计法、N-（1-萘

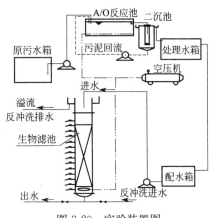

图 3-20　实验装置图

基）-乙二胺分光光度计法和 Oxi 315i 便携式溶解氧仪（WTW）、奥立龙 Thermo Orion Model 868。具体方法参见《水和废水监测分析方法》。

2. 结果与讨论

（1）低基质浓度条件下 ANAMMOX 反应的脱氮效果

ANAMMOX 生物滤柱处理水量为 10～20L/h，HRT 为 0.25～0.5h。保持进水氨氮为 10～25mg/L，人工投加 NaNO₂ 10～40mg/L 使 NO_2^--N/NH_4^+-N 比值为 0.85～1.74。逐日进出水的 NO₂-N 和氨氮比值浓度绘于图 3-21。由图可知，氨氮和NO_2^--N基本得到

去除，出水氨氮为 0～2.99mg/L，$NO_2^- $-N 为 0～8.63mg/L，最高去除率均达 100%。

将沿滤层氨氮、NO_2^--N 和 NO_3^--N 的变化绘于图 3-22。3 种形态氮的浓度变化量比值氨氮：NO_2-N：NO_3^--N＝1：1.32：0.22。Graaf 等人在 [15]N 示踪试验中得出，以 NO_2^--N 为电子受体的 ANAMMOX 过程中，NH_4^+-N 和 NO_2^--N 分别贡献 1 个 N 生成 N_2，同时还有少量的 NO_2^--N 会转化成 NO_3^--N，为 ANAMMOX 菌的生长提供还原力。若用 CH_2O 表示细胞物质，ANAMMOX 反应方程式可以表示为：

$$NH_4^+ +1.32NO_2^- +0.0425CO_2$$
$$\longrightarrow 1.045N_2+0.22NO_3^- +1.87H_2O+0.09OH^- +0.0425CH_2O \tag{3-2}$$

本试验氮素转化比率与上述报道吻合得很好，表明在氨氮为 10～25mg/L 的情况下 ANAMMOX 生物滤池仍正常、稳定运行。基质浓度是 ANAMMOX 菌的活性基础，很多研究者给出了氨及亚硝酸的上限抑制常数，但是对于在低基质浓度条件下的 ANAMMOX 反应活性却很少有人研究。本试验结果表明了 ANAMMOX 技术处理低 NH_4^+-N 污水的可行性。

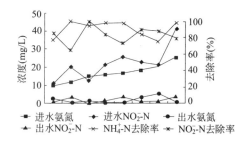

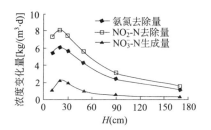

图 3-21　氨氮和 NO_2^--N 去除情况　　　　图 3-22　3 种形态氮的浓度变化量

（2）NO_2-N/氨氮比值对脱氮效果的影响

令 $\delta＝NO_2^-$-N/NH_4^+-N，在不同的进水 NO_2^--N 与氨氮比（δ）下，ANAMMOX 生物滤池内的脱氮效果如图 3-23 所示。图中可见随着 δ 的增大，氨氮和 NO_2^--N 各自的去除负荷 L_N 先略微降低，然后升高达到峰值后又迅速下降。在 $\delta＝1.2～1.6$ 时，NH_4^+-N 和 NO_2^--N 的去除负荷最高。

为了确定最佳比值，试验了 $\delta＝1.24$、1.34、1.60 时氨氮和 NO_2^--N 随滤层深度 H 的去除情况。图 3-24 是氨氮浓度沿滤层深度的变化，图 3-25 为 NO_2^--N 浓度沿层去除情况。

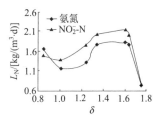

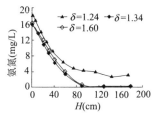

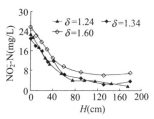

图 3-23　不同 δ 下的　　图 3-24　不同 δ 沿滤层　　图 3-25　不同 δ 沿滤层
氨氮和 NO_2^--N 去除负荷　　　氨氮浓度　　　　　　　氨氮浓度

从图 3-24 和图 3-25 可知，$\delta=1.24$ 时氨氮去除不彻底，$\delta=1.60$ 时 NH_2^--N 的去除不彻底；$\delta=1.34$ 时氨氮和 NO_2^--N 在滤池内同时基本得到去除。因此，在低基质浓度下 ANAMMOX 反应适宜的 δ 值为 1.34。

试验结果与文献报道的适宜比值 $1.28\sim1.32$ 数值接近，因此可以认为在低浓度条件下 ANAMMOX 菌具有良好的活性，仍可以进行 ANAMMOX 反应。

（3）低基质浓度条件下 ANAMMOX 生物滤池工作性能

图 3-24 和图 3-25 也反映了 ANAMMOX 生物滤池内氨氮和 NO_2^--N 的去除情况。氨氮和 NO_2^--N 的去除率随滤池深度加深而增大。在滤层深度 $H=60cm$ 处 NH_4^+-N 去除率达到 97%，NO_2^--N 的去除率为 77%；$H>60cm$ 后，氨氮和 NO_2^--N 的去除率增幅较小。在 $H=0\sim10cm$ 时，ANAMMOX 生物滤池的去除效率并没有达到最高。这可能是由于这部分微生物最先接触原水，也最容易受水质以及环境因素的影响。$H=20\sim40cm$ 时，水质和环境条件较为稳定，同时反应基质充足，ANAMMOX 菌的活性最高，以后随着滤池深度加深，ANAMMOX 生物滤池的去除效率逐渐降低。特别是在 60cm 以后，由于基质浓度极低（$H=60cm$ 处，氨氮 = 3.37mg/L，$NO_2^--N=6.46mg/L$），厌氧氨氧菌的生长繁殖受到限制，菌体数量明显减少，宏观表现为滤料上附着的生物膜不明显，因而 ANAMMOX 反应进行缓慢，直至 $H=130cm$ 处 ANAMMOX 反应基本停止。

3. 结论

（1）在氨氮为 $10\sim25mg/L$ 的较低范围内，ANAMMOX 反应器运行稳定，ANAMMOX 反应可以发生。

（2）在 $NO_2^--N/NH_4^+-N=1.34$ 时，氨氮和 NO_2^--N 在 ANAMMOX 滤池内具有较高的去除效率。

（3）根据氨氮和 NO_2^--N 在 ANAMMOX 生物滤池内的去除情况，可以得出生物滤池脱氮高效段滤池深度为 $0\sim60cm$。脱氮高效段的确定可以为实际工程中生物滤池的设计提供参数，但滤池有效深度的确定还需要进一步的试验得出。

3.1.4 城市生活污水 ANAMMOX 生物滤池的稳定性

虽然以 ANAMMOX 作为核心工艺处理城市生活污水具有技术经济优势，但在国内外，工程实践甚或生产性试验研究鲜见报道，其可行性及稳定性尚需探求。ANAMMOX 工艺依据微生物聚集附着形式可分为活性污泥法和生物膜法。同活性污泥法相比，生物膜 ANAMMOX 工艺更易于启动，且具有较强的抗冲击性，更易于实现 ANAMMOX 工艺在生活污水脱氮上的应用。

试验采用上向流火山岩生物滤柱，内径 500mm，高 2m，总容积 $0.216m^3$，反应区容积 $0.135m^3$。如图 3-26、图 3-27 所示，内部自下至上装填粒径分别为 $12\sim15mm$、$8\sim10mm$、$4\sim6mm$，对应高度为 0.2m、0.6m、0.2m 的火山岩填料，填充比为 50%，反应器壁每间隔 10cm 设置取样口，间隔 30cm 设置取滤料口。试验在室温条件下进行，为避免温度变化带来的影响，设置恒温系统，对温度进行梯度调节，温度调节时不进行工况调整，以纯化影响因素。

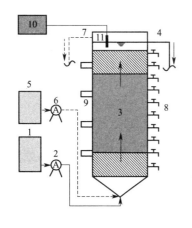

图 3-26　生物滤柱试验装置图

1—进水水箱；2—进水水泵；3—火山岩滤层；

4—出水口；5—反冲洗水箱；6—反冲洗水泵；

7—反冲洗出水口；8—取样口；9—取料口；

10—控制主机；11—在线探头

图 3-27　生物滤柱照片（文后彩图）

试验分 2 个阶段进行。阶段 I 是高基质浓度向低基质的驯化阶段，使生物滤柱逐渐适应常低温低氮素的生活污水水质；阶段 II 为实际生活污水试验，最终实现了生活污水的稳定运行。

阶段 I 的试验用水是用自来水和 $(NH_4)_2SO_4$、$NaNO_2$，配制氨氮/$NO_2^--N=1:1.3$ 的各种 TN 浓度原水，每次配水总体积为 141.5L，同时外加 10L 左右经 A/O 生化处理设备净化过的小区生活污水，以满足微生物各种生理元素的需求。阶段 II 用经 A/O 生化反应器去除了易降解有机物和磷的生活污水。

1. 试验滤柱各阶段运行效果

（1）阶段 I 运行效果

阶段 I 运行效果如图 3-28 所示，从 0～173d 是由高基质浓度配水开始，并逐渐降低进水浓度的变基质阶段，如图 3-28(a) 所示。0～100d 将进水水质从 TN＝240mg/L 慢慢降至 TN＝50mg/L，以逐渐接近生活污水的低氮素浓度，降基质过程中保持进水各基质比例不变。

0～48d（I-1），在进水 TN＝240mg/L 水平下，平均 TN 去除负荷为 1.60kg N/(m^3·d)。

从第 49 天起（I-2）将进水 TN 浓度降低至 120mg/L 水平，TN 去除负荷也随之突降至 1.35kgN/(m^3·d)，到第 79 天反应器去除效果趋于稳定，平均 TN 去除负荷升至 1.76kgN/(m^3·d)。第 83 天起水温由 23℃降至 20℃，TN 去除负荷骤降至 1.37kgN/(m^3·d)，其后始终稳定在这一数值至第 92d。

从第 92 天起（I-3）再次降低 TN 浓度至 50mg/L，TN 去除负荷随之降至 0.87kgN/(m^3·d)。滤速为 5.98m/h，第 101～109 天 HRT 为 0.55h，平均 TN 去除率为 82.22％。

第 103 天起滤速提升至 7.27m/h，平均 TN 去除率为 80.84％，第 115 天起滤速提升

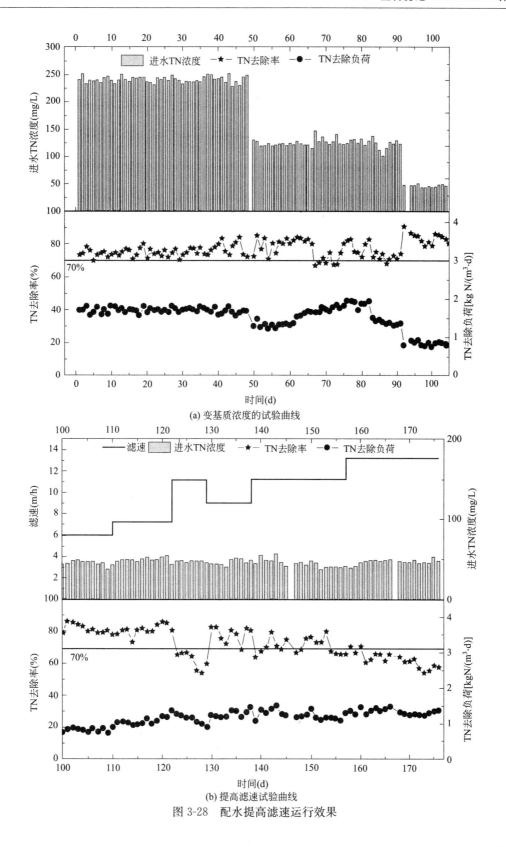

(a) 变基质浓度的试验曲线

(b) 提高滤速试验曲线

图 3-28 配水提高滤速运行效果

至 11.20m/h，平均 TN 去除率降至 63.71%，由于滤速提升幅度过大，滤柱不能适应当前滤速，在第 122 天将滤速降低至 9.00m/h，平均 TN 去除率迅速回升至 75.85%。第 131 天起滤速再次提升至 11.20m/h，平均 TN 去除率为 71.66%，TN 去除负荷达到 1.38kgN/(m^3·d)，已达到 TN＝120mg/L 的稳定期负荷水平。第 157 天起滤速进一步提升至 13.21m/h，TN 去除负荷虽未下降，但 TN 去除率降至 65.65%。第 168 天反应器温度由 19℃下降至 18℃，TN 去除负荷也随之下降至 1.25kgN/(m^3·d)，并保持稳定。

（2）阶段Ⅱ运行效果

从第 174 天开始，反应器进水改为北京市某小区化粪池水经厌氧-好氧除磷、亚硝化工艺处理后的出水，BOD 为 7～20mg/L，SS 为 10～20mg/L，TN 为 45～55mg/L，通过调整前序工艺使 NH_4^+-N/NO_2^--N 在 1∶1～1∶1.3。但此时环境温度变化剧烈，温控系统又出现故障，水温变化大，TN 去除率下降至 50%～60%。TN 去除负荷从 1.25kgN/(m^3·d)逐渐下降至 0.73kgN/(m^3·d)。受进水悬浮物影响，厌氧氨氧化滤柱出现堵塞，在第 189 天、第 212 天分别采用气水联合方式对滤柱进行反冲洗，反冲洗水流量为 4m^3/min，气体流量为 10L/min，反冲洗时间为 5min。反冲洗后 TN 去除负荷略有下降，并在 4d 内恢复至反冲前水平。

在第 197 天恢复温控系统，反应器运行渐渐稳定。第 262～316d 反应器稳定运行的效果如图 3-29 所示，此时温度稳定为 16℃，维持进水 BOD 为 15mg/L，提高 HRT 至 0.55h，滤速 5.98m/h。平均进水氨氮 25mg/L，NO_2^--N 27mg/L；出水氨氮 2.8mg/L，NO_2^--N 2.0mg/L；出水 TN 为 9.38mg/L，TN 去除率达到了 81.00%，TN 去除负荷为 0.93kgN/(m^3·d)，出水 TN 优于《城镇污水处理厂污染物排放标准》的一级 A 标准，甚至达到了更为严格的《北京市污水处理厂水污染物排放标准》一级标准（TN＜10mg/L）。

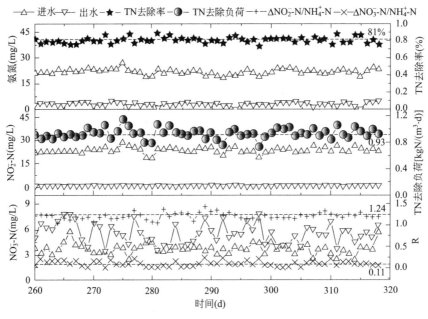

图 3-29　生活污水处理效果

2. 结果分析与讨论

（1）温度对厌氧氨氧化滤柱处理效果的影响

温度对生化反应有重要影响。随着温度的变化，微生物活性变化显著。ANAMMOX 反应的最适宜温度为 30～40℃。杨洋的研究结果表明在 30～35℃ 时，ANAMMOX 菌的活性最高，当温度低于 30℃ 时其活性明显下降，在 25℃ 和 20℃ 时活性分别为最高时的 76% 和 37%。

由于本试验过程历时近一年，设置了恒温系统，有意使温度呈梯度下降，经历了 24℃（第 75～82 天）、22℃（第 0～74 天）、20℃（第 83～167 天）、18℃（第 168～196 天）、16℃（第 197～315 天）5 个梯度，考察在较低温度下各温度梯度与 TN 去除负荷的关系，如图 3-30 所示。并在 16℃ 时稳定运行超过 100d。结果表明，如前节所述，ANA-MMOX 生物滤柱在低温下也可获得较好的效果。但 20℃ 的去除负荷为 24℃ 的 71.12%，16℃ 去除负荷为 24℃ 的 48.13%，仍然对 $\ln(NRR)$ 与 $1/T$ 进行拟合，拟合结果如公式(3-3)所示，$\ln(NRR)$ 与 $1/T$ 呈线性关系，$R^2 = 0.9772$，斜率为 -7560.06（NRR 为 TN 去除负荷）。

$$\ln(NRR) = 26.081 - 7560.06T^{-1} \tag{3-3}$$

ANAMMOX 反应属于酶促反应，在适宜的温度范围内，反应速率常数与温度符合 Arrhenius 方程，即 $\ln k = \ln A - E_a/RT$，k 为反应速率，R 为气体常量，E_a 即为活化能，根据拟合直线的斜率可得生物滤柱的 ANAMMOX 反应的活化能 $E_a = 62.824\text{kJ/mol}$，这与 Strous 的结论（70kJ/mol）近似。

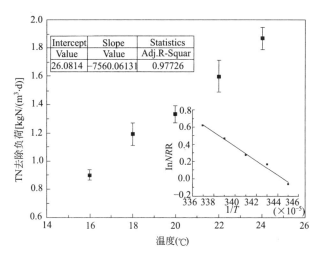

图 3-30　工况稳定期温度与平均 TN 去除负荷的关系

（2）基质浓度对 ANAMMOX 滤柱处理效果的影响

根据质量作用定律反应速率与基质浓度（底物浓度）正相关，但是作为生化反应的 ANAMMOX 过程，过高的底物（NH_4^+、NO_2^-）浓度对 ANAMMOX 菌的活性和厌氧氨氧反应过程具有抑制作用。如图 3-28(a)所示，TN=120mg/L 阶段较 TN=240mg/L 阶段，尽管基质浓度降低了一半，但 TN 去除负荷不降反升，提高了约 10%。可见，TN=240mg/L 时底物对 ANAMMOX 反应有一定程度的抑制。近年来的研究表明，真正抑制

ANAMMOX 反应的不是氨氮浓度，而是 FA。而 Waki 等的研究表明 FA 的抑制浓度为 13～90mg/L。本研究从 TN 240mg/L 降至 120mg/L 时，FA 由 3mg/L 降低至 1.5mg/L，均与 Waki 所得出的抑制浓度相差悬殊，所以 FA 不应是主要的抑制因素。Jaroszynski 等的研究表明，NO_2^--N 浓度在 5～280mg/L 都会对 ANAMMOX 反应产生抑制，而随着 NO_2^--N 浓度的提高，抑制作用会越来越明显。最新的研究表明，对 ANAMMOX 反应真正起抑制作用的是 FNA。Fernandez 等的研究表明 FNA 对于 ANAMMOX 的半抑制浓度为 11μg/L，但是 1.5μg/L 以上的 FNA 就会引起 TN 去除效果的下降并降低系统稳定性，FNA 低于 0.5μg/L 的水平才能够使系统恢复稳定。研究过程中 NO_2^--N 浓度由 130mg/L 降低至 65mg/L，而进水 FNA 由 35.2μg/L 下降至 13.5μg/L，因此其对于 ANAMMOX 的抑制减弱，是反应器效果提升的主要原因。

TN＝50mg/L 阶段与 TN＝120mg/L 阶段在同等温度下的最大 TN 去除负荷相当，此时 FA 为 1.5～0.24mg/L，FNA 为 13.5～7.4μg/L。说明 TN 小于 120mg/L 时，底物 FNA 浓度对 ANAMMOX 菌活性的毒害和底物浓度对反应速度促进已达平衡，不会对 ANAMMOX 过程产生抑制。可以明确，氨氮含量 40～80mg/L 的城市生活污水水质适宜 ANAMMOX 生物自氧脱氮工艺。

（3）滤速对厌氧氨氧化滤柱处理效果的影响

试验过程中研究了在不同滤速（5.98m/h、7.27m/h、11.20m/h、9.00m/h、11.20m/h、13.21m/h，对应的 HRT 分别为 0.55h、0.45h、0.3h、0.37h、0.3h、0.25h）条件下滤柱的运行效果，如图 3-28（b）所示。

当滤速小于 9.00m/h 时，HRT 大于 0.37h，随着滤速的增大，TN 去除负荷逐渐上升，TN 去除率无明显变化，这主要是由于反应时间充足，TN 去除负荷上升主要是由于进水负荷增加所引起；当滤速大于 9.00m/h 时，HRT 小于 0.37h，随着滤速的增大，TN 去除负荷上升幅度较小；当滤速达到 11.20m/h 已基本稳定，难以进一步提高，同时 TN 去除率不断降低。这是由于反应时间不再充足，单纯增加进水负荷已不能提高 TN 去除负荷，反应器达到了处理极限。

滤速一方面影响 HRT，另一方面，高滤速也对生物膜反应器产生冲击，威胁生物膜的附着性能。将试验进程中典型时日，即第 124 天（滤速 7.27m/h），第 154 天（滤速 11.2m/h），第 200 天（滤速 13.2m/h）的反应器稳定运行条件下，沿水流方向滤程深度的去除率和去除负荷点绘在坐标纸上，得图 3-31。如图 3-31 所示，各滤速下滤层的去除能力都基本稳定，TN 去除仍集中于 0～70cm，并未因滤速的增加而引起滤层的向上迁移，说明反应器能够适应较高滤速的运行及承受此滤速下的冲击。滤速最高达 13.21m/h 的第 156～170 天，反应器处理效果仍然稳定，并未因高滤速导致生物膜脱落，而损坏反应器的正常运行。

通过对比不同滤速下处理效果稳定期滤层对于 TN 的去除，综合考虑 TN 去除负荷，TN 去除率及水力负荷，滤速应控制在 9.00～11.21m/h 之间，即 HRT 介于 0.37～0.30h，生物滤柱能够承受低进水基质所带来的高水力负荷冲击，而不显著降低 TN 去除负荷，运行稳定。

对于火山岩生物滤柱的研究，国内外其他学者的研究鲜见报道，但 Strous 采用容积为 2.25L 的玻璃珠填料固定床反应器其滤速为 0.2m/h，Furukawa 采用 2.8L 的聚丙烯填料反应器其滤速为 0.24m/h。本试验条件下 ANAMMOX 生物滤柱滤速应控制在 9.00～11.21m/h 之间，可以稳定运行。

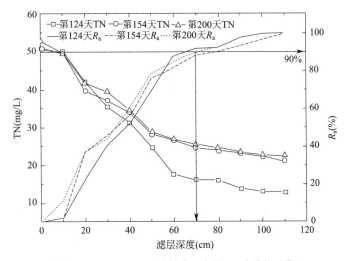

R_a 为到该滤层深度 TN 去除占反应器 TN 去除的百分比

图 3-31 各滤速下沿进水滤层深度 TN 去除效果

（4）有机碳源对滤柱处理效果的影响

试验研究了有机碳源对于生物滤柱的影响，在第 197 天反应器温度稳定后，此时进水 BOD 为 10mg/L，出水 BOD 为 2mg/L 左右，TN 去除负荷稳定在 0.93kgN/(m³·d)，TN 去除率稳定在 42.92%。但消除进水的 BOD 后，TN 去除负荷下降超过 20%，TN 去除率降至 33.44%，降低了近 10%，此后恢复有机碳源（BOD=15mg/L）后，出水 BOD <7mg/L，TN 去除负荷恢复至 0.94kgN/(m³·d)，TN 去除率恢复至 42.32%，分析认为是有机碳源一方面抑制了厌氧氨氧化的活性，另一方面作为反硝化的底物，使进水中含有的以及 ANAMMOX 过程中生成的 NO_3^--N 反硝化。消除 BOD 后，TN 去除负荷下降，表明有机碳源的影响以反硝化为主，抑制为辅。恢复 BOD=15mg/L 后，TN 去除负荷恢复至此前 BOD=10mg/L 水平，进一步验证了有机碳源作为反硝化底物提高反应器的脱氮效果远高于其对厌氧氨氧化的抑制，这也说明 15mg/L 的 BOD（此时 C/N 为 0.3）不会对生物滤柱产生抑制。

国内外研究者对于有机碳源的研究也得到了与本研究相似的结论。杨洋的研究表明，较低的有机质含量（20mg/L 葡萄糖）不会对 ANAMMOX 产生抑制，杨凤林通过投加 C/N 为 0.5 的有机质使 CANON 反应器的 TN 去除率提升了 24%，Molinuevo 在 C/N 为 0.9 的条件下，得到了高达 92.1% 的 TN 去除率，适宜的有机质含量能够有效提升反应器的总体运行效果。实验采用生活污水后在稳定运行阶段亦获得了超过 80% 的 TN 去除率，表明对于 C/N 小于 0.3 的生活污水，能够实现其在生物滤柱内厌氧氨氧化与反硝化的高效与稳定运行。

（5）生物滤柱稳定性分析

试验自基质降至 TN 为 50mg/L 至试验结束运行超过 220d，自改用含有机碳源的实际生活污水至试验结束运行超过 140d，之后进行其他试验研究。期间滤柱处理效果稳定，低基质浓度及有机碳源并未对生物滤柱的稳定性产生影响，而对于滤层结构及计量系数的研究也进一步证明了滤柱的稳定性。

1）滤层结构

在反应器稳定运行的第 124 天、第 154 天、第 200 天分别对滤层的去除效果进行了测定，对应的滤速分别为 9.00m/h、11.20m/h、13.21m/h，且第 200 天时进水含有机碳源 BOD=15mg/L，其结果如图 3-31 所示。可以看到，反应器 90％的 TN 去除均位于距进水端 0.7m 附近，无论滤速的改变，还是有机质的有无，滤层主要功能区无明显变化，说明滤层处于稳定状态，进一步证明了反应器对滤速及有机碳源的耐冲击性能及适应性能。

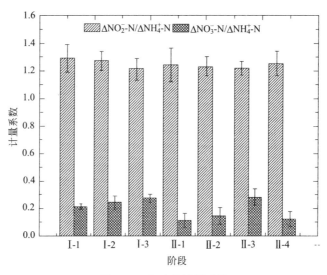

图 3-32　各阶段计量系数

2）厌氧氨氧化计量系数

ANAMMOX 反应的计量系数是评价厌氧氨氧化稳定性的重要指示参数。Strous 的研究表明，$\Delta NO_2^- \text{-N}/\Delta NH_4^+ \text{-N}$ 比值、$\Delta NO_3^- \text{-N}/\Delta NH_4^+ \text{-N}$ 比值分别为 1.31 和 0.26，本试验各阶段的平均 $\Delta NO_2^- \text{-N}/\Delta NH_4^+ \text{-N}$、$\Delta NO_3^- \text{-N}/\Delta NH_4^+ \text{-N}$ 如图 3-32 所示。引入有机碳源前 $\Delta NO_2^- \text{-N}/\Delta NH_4^+ \text{-N}$ 比值、$\Delta NO_3^- \text{-N}/\Delta NH_4^+ \text{-N}$ 比值分别介于 1.21～1.29 及 0.21～0.30，且较为稳定，与 Strous 研究结果较为接近，表明反应器内的脱氮反应以厌氧氨氧化为主；引入有机碳源后 $\Delta NO_2^- \text{-N}/\Delta NH_4^+ \text{-N}$ 比值无明显变化，$\Delta NO_3^- \text{-N}/\Delta NH_4^+ \text{-N}$ 比值降至 0.11，表明实际生成的 $NO_3^- \text{-N}$ 较上阶段更低，反应器内反硝化反应增强，将生成的 $NO_3^- \text{-N}$ 部分去除，但 $\Delta NO_2^- \text{-N}/\Delta NH_4^+ \text{-N}$ 比值仍能重新保持稳定，进一步验证了有机碳源的存在促进了反硝化，但未影响 ANAMMOX 的稳定性。

3.2　低氨氮污水 ANAMMOX 的影响因素研究

目前，我国大多数城市污水用传统脱氮技术达到国家排放标准已陷入困境。ANAM-MOX 过程的发现为废（污）水的处理提供了一个全新的生物脱氮技术，它以氨氮作为电子供体，$NO_2^- \text{-N}$ 作为电子受体，在厌氧条件下完成氮的去除过程。与传统的全程硝化过程相比，ANAMMOX 过程可节省 62.5％的供氧量和 50％的耗碱量，无需外加碳源且短程硝化-ANAMMOX 过程的产泥量只有传统生物脱氮过程的 15％。但 ANAMMOX 技术目前多被用于处理高 NH_4^+-N 高温废（污）水上，笔者经过多年的试验研究，探求了将 ANAMMOX 技术应用于城市污水深度处理之中。为此本章将开展生活污水 ANOMMOX 脱氮的影响因素研究。

试验装置采用下向流生物膜滤池，由有机玻璃制成，内径为 7cm，高为 2m；填料采用页岩颗粒（粒径为 2.5～5mm），填料高度为 1.6m。具体如图 3-33 所示。

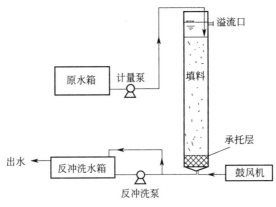

图 3-33　试验装置

试验原水为某城市生活污水处理厂的二沉池出水，其 COD 为 25～45mg/L，TOC 为 9～12mg/L，氨氮为 15～40mg/L，pH 为 7.40～7.85，水温为 25～28℃。

在生物滤池中接种污水厂硝化污泥培养 ANAMMOX 菌生物膜。在试验原水中投加 NO_2^--N 使 NO_2^--N/NH_4^+-N 为 1.3：1，以满足 ANAMMOX 菌的脱氨需要，并维持滤速为 2.49m/h。经过约 2 个月的运行，滤料上附着的生物膜颜色发生了明显的变化，由硝化生物膜的土黄色逐渐转变为棕褐色，随着 ANAMMOX 菌生物量的增多滤料上生物膜的颜色又逐渐变为红色，进水泵的输水管壁上也附着了大量的 ANAMMOX 菌。当维持原水的氨氮为 40mg/L 时，ANAMMOX 滤池对氨氮的去除率稳定在 98％以上。至此，培养阶段结束。滤池稳定运行后进行脱氮效果影响因素的试验。

试验中的分析项目及方法：COD：重铬酸钾法。TOC、IC：燃烧氧化-非分散红外吸收法。氨氮：纳氏试剂分光光度法。NO_2^--N：N-（1-萘基）-乙二胺分光光度法。NO_3^--N：麝香草酚分光光度法。DO、pH：电化学探头法。温度：温度计。

3.2.1　NO_2^--N 对 ANAMMOX 的影响

1. 反应速率的影响

ANAMMOX 过程的基质是氨氮和 NO_2^--N，对于许多微生物而言 NO_2^--N 是有毒害作用的；并且据国内外研究结果显示，NO_2^--N 和 NH_4^+-N 的浓度过高均会对 ANAMMOX 过程产生抑制。虽然对于 NO_2^--N 的抑制浓度各研究者的结果不同，这可能与实验水质及所采用的具体工艺形式有关，但有一点是都认同的，即高浓度的 NO_2^--N 会对 ANAMMOX 过程产生抑制作用。

本研究进一步探讨 ANAMMOX 工艺在处理低氨氮废水时 NO_2^--N 的抑制作用。此外，由于 ANAMMOX 生物膜滤池中的生物量由悬浮生长的活性污泥絮体和固着生长的生物膜两部分组成，均难以精确计量污泥负荷率，因此本试验中以滤池中 NH_4^+-N 的最大去除速率来表示 NO_2^--N 的抑制作用。

从表 3-2 可以看出，在进水氨氮浓度为 36～40mg/L 时，随着原水中 NO_2^--N 浓度的提高氨氮的最大去除速率也随之增大，当进水 NO_2^--N 浓度为 118.4mg/L 时，NH_4^+-N 最大去除速率达最高值 3.28mg/(L·min)；但当进一步提高原水中 NO_2^--N 浓度时，氨氮最大去除速率亦无增高，反而逐渐降低。这说明高浓度的 NO_2^--N（本试验的结果为＞118.4mg/L）对 ANAMMOX 反应产生了抑制作用。

不同 NO_2^--N/NH_4^+-N 比值时氨氮的最大去除率　　　　　　　　　　　　表 3-2

氨氮 (mg/L)	NO_2^--N (mg/L)	氨氮的最大去除速率 [mg/(L·min)]
36～40	15.4	1.04
	34.1	1.78
	36.1	1.9
	51.6	1.99
	53.1	2.63
	56	2.89
	67.7	2.91
	106.3	3.25
	118.4	3.28
	124.5	3.02
	129	2.87
	136	2.51

可见在用 ANAMMOX 深度处理生活污水（低氨废水）时，NO_2^--N 在一定程度上的提高有利于加快 ANAMMOX 反应的进程，但同时也存在 NO_2^--N 浓度过高引起的抑制效应。在本实验中 NO_2^--N 浓度超过 118.4mg/L 时，就已不是 ANAMMOX 的理想状态，对 ANAMMOX 过程产生明显的抑制作用，氨氮去除速率下降。当 NO_2^--N 浓度 129.0mg/L 时，氨氮最大去除速率为 2.87mg/(L·min)；当 NO_2^--N 浓度高达 136.0mg/L 时，氨氮最大去除速率与 NO_2^--N 浓度为 118.4mg/L 时相比，下降了约 23.5%，为 2.51mg/(L·min)。这说明当 NO_2^--N 浓度过高时将会对 ANAMMOX 反应产生抑制作用，但此时 ANAMMOX 反应并没有停止，ANAMMOX 菌仍保持较高的活性。可见，在用 ANAMMOX 深度处理生活污水（低氨废水）时，NO_2^--N 的抑制作用具有自身的特点，与 Christian Fux、Strous 等在处理高氨废水时所得的结果有明显的差别。

2. 适宜的氨氮/NO_2^--N 比值的确定

根据上述试验可以看出，在一定浓度下 NO_2^--N 越高氨氮去除速率越快。为了考察 ANAMMOX 滤池总体脱氮效果，试验中一直跟踪监测 NO_2^--N 和氨氮的变化情况，现仅

列出 NO_2^--N：氨氮为 1.0：1、1.3：1、1.4：1 时的 3 组数据，如图 3-34 所示。

从图 3-34(a)可以看出，当进水中 NO_2^--N：氨氮＝1.0：1 时，在沿水流方向滤层 60cm 高度处 ANAMMOX 反应即已停止，此时虽然还残留有氨氮，但是由于 NO_2^--N 不足，ANAMMOX 菌得不到充足的电子受体，反应停止，从而导致氨氮未得到完全去除。

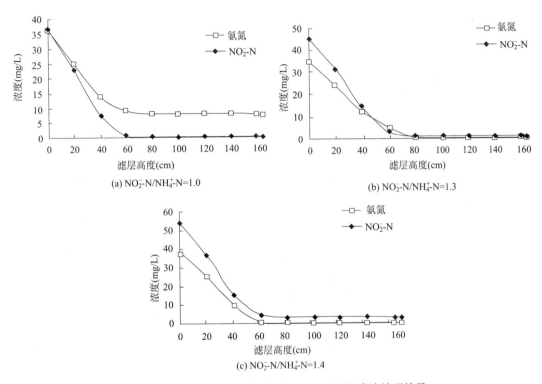

图 3-34　不同 NO_2^--N：氨氮时 ANAMMOX 滤池处理效果

当进水中 NO_2^--N：氨氮＝1.4：1 时（图 3-34c），电子受体 NO_2^--N 充足，氨氮去除速率较高，高于 NO_2^--N：氨氮 $\leqslant$1.3：1 时的速率，但是氨氮完全去除后，出水中仍有多余的 NO_2^--N；而当 NO_2^--N：氨氮＝1.3：1 时（图 3-34b），电子受体与电子供体完全反应，ANAMMOX 滤池出水中 NO_2^--N 和氨氮趋于 0。从以上数据分析可见，在将 ANAMMOX 应用于生活污水（低氨废水）深度处理时，进水中 NO_2^--N：氨氮＝1.3：1 是获得良好脱氮效果的适宜配比，而这也进一步证明了 Strous 通过元素平衡做出的厌氧氨氧化化学计量关系的推断。

3. 结论

ANAMMOX 过程的基质是氨氮和 NO_2^--N，而过高浓度的 NO_2^--N 和氨氮均会对 ANAMMOX 过程产生抑制作用。本研究在成功应用 ANAMMOX 于生活污水深度处理的基础上，进一步探讨了 NO_2^--N 浓度对 ANAMMOX 反应速率的影响。实验结果显示，一定程度上 NO_2^--N 浓度的提高有利于加快 ANAMMOX 反应的进程，但当 NO_2^--N 高于 118.4mg/L 时，就已不是 ANAMMOX 的理想状态。从而证实在处理低氨废水中高浓度的 NO_2^--N 对 ANAMMOX 也存在明显的抑制作用，但是，此时 ANAMMOX 细菌仍存在较高的活性；而从 ANAMMOX 滤池总体脱氮效果考虑，推荐进水中适宜的 $NO_2^- $-N：氨氮为 1.3：1。

3.2.2　碳素的影响

1. IC 对 ANAMMOX 反应速率的影响

Graaf 等人早在 1996 年的研究结果就显示，ANAMMOX 菌能在以 CO_2 或碳酸盐为唯一碳源的无机盐培养基中生长。Strous 通过元素平衡推断出 ANAMMOX 反应的化学计量关系（式 3-1）。

由（式 3-1）可以看出，该脱氮反应过程中不需消耗有机碳，只需一定量的碳酸盐作碳源。徐昕荣等认为：无 $KHCO_3$ 时 ANAMMOX 活性被抑制，$KHCO_3$ 为 $500mg/L$ 的条件下反应仍能够顺利进行。由于本试验原水为二沉池出水，不能实现进水中 IC 为 0，因此本试验从 IC 为 30.08mg/L 开始考察其对 ANAMMOX 滤池运行效果的影响。此外，由于 ANAMMOX 滤池中的生物量由悬浮生长的活性污泥絮体和固着生长的生物膜两部分组成，均难以精确计量污泥负荷率。因此，本试验中重点考察沿水流方向滤层起始段 20cm 处氨氮的平均去除速率，以之表示 ANAMMOX 速率。试验结果见表 3-3 所列。

不同进水 IC 时氨氮的最大去除率　　　　　　　　　　表 3-3

进水 IC （mg/L）	进水氨氮 （mg/L）	氨氮的最大去除速率 ［mg/(L·min)］
30.08	76.4	4.46
48.96	58.1	4.62
55.77	62.3	4.99
61.39	50.7	3.83
110.7	57.1	3.75

从表 3-3 可以看出，当进水 IC 从 30.08mg/L 升高至 55.77mg/L 时，氨氮去除率也逐渐随之升高，从 4.46mg/(L·min)升至 4.99mg/(L·min)。但是，当进一步提高进水 IC 浓度时，氨氮去除速率没有升高反而出现下降的趋势。这说明，适当增加进水 IC 浓度可刺激 ANAMMOX 菌的生长，加快式(3-1)反应向右进行，从而使滤柱中氨氮的去除速率有所增加；但当 IC 超过一定范围时，同样也会刺激异养型反硝化菌的生长，增强了它与 ANAMMOX 菌竞争基质（NO_2^--N）的能力，因而出现了 IC 浓度升高时氨氮去除速率下降的现象。可见，一定范围内 IC 浓度的提高（本试验浓度限值为 IC$\leqslant$55.77mg/L），将利于 ANAMMOX 菌的生长。

2. TOC 对 ANAMMOX 反应速率的影响

从 ANAMMOX 的反应机理来看，ANAMMOX 过程是在自养微生物作用下完成的，根据式(3-1)该脱氮反应是以氨氮作为电子供体、以 NO_2^--N 为电子受体，在厌氧条件下完成氮的去除，且在此过程中不需消耗有机碳。在本脱氮系统运转稳定后保持进水氨氮基本不变为（58.0±4.0）mg/L，在不同进水 TOC 的情况下，ANAMMOX 反应速率见表 3-4。

不同进水 TOC 时氨氮的最大去除率 表 3-4

进水 TOC （mg/L）	进水氨氮 （mg/L）	氨氮去除速率 [mg/(L·min)]
13.09	57.5	3.69
15.74	57.5	3.62
16.06	57.1	3.59
17.28	55.3	3.36
32.29	54.1	2.33
45.97	61.5	2.12

从表 3-4 可见，在维持进水氨氮浓度基本不变的前提下，随着进水 TOC 浓度增加该反应器的氨氮去除速率随之下降。这一结果表明，有机物浓度的高低对 ANAMMOX 反应存在很大的影响。这可以从两方面进行解释：一方面，ANAMMOX 菌属于化能自养的专性厌氧菌，当存在有机物时反应器中的异养菌增殖速度远远超过 ANAMMOX 菌，从而抑制了 ANAMMOX 菌的活性，使其厌氧氨氧化效率随之降低；另一方面，异养菌同样也可以和 ANAMMOX 菌竞争 NO_2^--N 作为电子受体，从而限制 ANAMMOX 反应。试验中还观察到，随着滤池在这种较高有机碳废水中运行时间的延长，滤料上生长的生物膜颜色也逐渐由原来的红色变为暗红色。本试验中高浓度 TOC 状态下运行 2~3d 后滤池仍可恢复至原来的处理水平；但当在高浓度 TOC 状态下运行约 2 周后生物膜颜色变为暗黑色，处理系统已不可恢复。

据资料显示，Toh S K 等利用 ANAMMOX 处理焦炉废水，其反应速率为 20~60mgN/(L·d)；Strous 等在进水氨氮浓度 70~840mg/L 时其 ANAMMOX 反应器中 TN 去除负荷为 1.1kg/(m³·d)；Sliekers 等处理高氨废水时，其 ANAMMOX 反应器的氨容积负荷可达 1.5kgN/(m³·d)。本试验中当进水 TOC 为 45.97mg/L 时，氨氮去除速率为 3.05kg N/(m³·d)，远高于以上报道的处理高氨废水时的反应速率。由此也可以看出，虽然 ANAMMOX 反应是在处理高氨高碳废水时发现的，但就反应速率上而言，它更适合于处理低氨低碳废水。

此外，本反应器是以曝气生物滤池为基础启动的 ANAMMOX 反应器，滤池中各类菌种共存，而且，本试验原水中还存在有部分分子态氧，由于有机物的加入反应器中存在的 NO_3^--N 可以被异养菌还原为 NO_2^--N，从而为 ANAMMOX 菌所利用，增强反应器的处理效果，但与主反应相比，此作用是微弱的。

3. TOC 对基质去除比例的影响

从以上试验结果可以看出，有机碳的存在将会降低 ANAMOX 菌的活性，本试验中，在保持进水氨氮为（58.0±4.0）mg/L，NO_2^--N∶氨氮为 1.3∶1，滤速为 2.49m/h 的前提下，进一步考察了 TOC 对 ANAMMOX 滤池脱氮能力的影响。图 3-35 分别列出了 TOC 为 13.09mg/L、32.29mg/L、45.97mg/L 时，滤池中氨氮、NO_2^--N、TOC 的去除效果。

从图 3-35(a)可以看出，当进水中 TOC 为 13.09mg/L 时，进水中的氨氮和 NO_2^--N 均得到了有效的去除，出水中的 NO_2^--N 和氨氮均趋于 0；而在图 3-35(b)中，当进水中

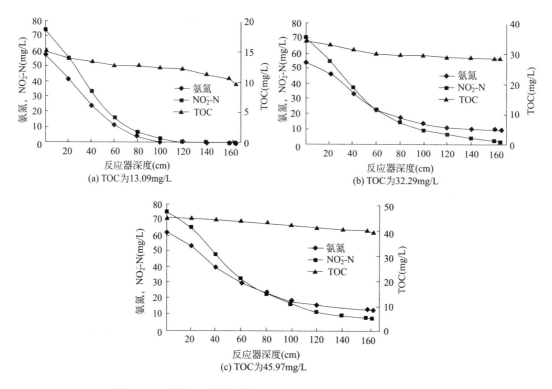

图 3-35　不同 TOC 浓度时 NH₃-N、NO₂⁻-N、TOC 的去除效果

的 TOC 增加到 32.29mg/L 时，出水 NO_2^--N 为 2.15mg/L，而出水氨氮为 10.2mg/L。从这可以看出，虽然这 2 组试验的进水氨氮浓度基本相同且均保持进水中 NO_2^--N：氨氮为 1.3：1，但出水中，图 3-35(b) 的氨氮和 NO_2^--N 的消耗比率却发生了变化，NO_2^--N 消耗量明显高于氨氮的消耗量。分析试验数据得到，在图 3-35(a) 中，NO_2^--N：氨氮为 1.30：1；图 3-35(b) 中 NO_2^--N：氨氮为 1.47：1；图 3-35(c) 中 NO_2^--N：氨氮为 1.48：1。由此可以推断，由于 TOC 的介入刺激了异养型反硝化菌的生长，增强了它与 ANAMMOX 菌竞争基质（NO_2^--N）的能力，因而出现了 TOC 浓度升高时 NO_2^--N：氨氮升高的现象。可见 TOC 的介入将不利于 ANAMMOX 菌的生长，从而进一步证实了该技术适合于处理低碳废水。

4. 结论

在将 ANAMMOX 技术成功应用于市政污水深度处理中后，本课题进一步深入探讨了废水中不同类型的碳源对 ANAMMOX 反应的影响，得出以下结论：

（1）一定范围内 IC 浓度的提高（本试验中的界限值为 IC≤55.77mg/L），将利于 ANAMMOX 菌的生长，当进一步提高 IC 浓度时 ANAMMOX 反应速率将会降低。

（2）TOC 的存在将会降低 ANAMMOX 菌的活性，且浓度越高其抑制作用越强，短时间内该抑制作用是可逆的。

（3）TOC 浓度越高 ANAMMOX 反应器中 NO_2^--N 消耗量越大。为达到更好的去除效果，可以提高进水中 NO_2^--N/NH_4^+-N 的值。

（4）从脱氮速率上比较，ANAMMOX 技术更适于处理低氨废水。

3.2.3 温度的影响

1. 温度对 NH_4^+-N 去除速率的影响

表示温度对生物处理的影响，最原始的是 Arrhenius（1889）方法，即为：

$$k = A \times e^{-\mu RT} \tag{3-4}$$

式中　k——由温度决定的速率系数；

　　　A——常数；

　　　μ——温度系数；

　　　R——气体常数；

　　　T——绝对温度。

此外，Arrhenius 方程只在速率系数随温度升高而增加的温度范围内适用。根据郑平的研究，当温度从 15℃ 升到 30℃ 时，ANAMMOX 速率随之增大；因此，ANAMMOX 反应也适用于该方程。此外，由于本试验采用的是缺氧生物膜滤池，参与 ANAMMOX 反应的氨氮、NO_2^--N 沿水流不断减少；根据课题的前期研究，氨氮去除速率亦随反应物浓度而改变，因此，试验中重点考察沿水流方向滤层起始段 20cm 处 NH_4^+-N 的平均去除速率。

不同温度下氨氮去除速率　　　　　　　　　　　表 3-5

温度（℃）	进水氨氮 （mg/L）	氨氮去除速率 [mg/(L·min)]
15.9		9.69
19.0		12.81
21.3	50.0±1.3	14.23
25.0		16.41
27.8		17.96

试验期间滤池进水水温为 15～30℃，为考察 ANAMMOX 处理实际市政污水时的效果，未对处理水额外加热，从而也便于该技术的推广。在保持进水中氨氮基本恒定（氨氮 =50.0mg/L±1.3mg/L）的情况下，不同温度下的氨氮去除速率详见表 3-5。

从表 3-5 可以看出，随温度的升高（15～30℃）氨氮去除速率也随之增大，进一步证实了可以用 Arrhenius 方程对 ANAMMOX 反应进行深度研究。对公式（3-4）进行变形，得：

$$\ln k = -\frac{U}{R} \frac{1}{T} + \ln A \tag{3-5}$$

即 $\ln(k)$ 与（$1/T$）呈线性相关。根据表 3-5 中的数据作 $\ln(k)$ 与（$1/T$）曲线，结果如图 3-36 所示。

从图 3-36 可以看出，$\ln(k)$ 与 $1/T$ 线性相关性很高（$R^2 = 0.957$）。图中直线斜率即为（U/R），与 y 轴的截距即为 $\ln A$，从而得出该 ANAMMOX 滤池氨氮去除速率（系数）与温度的关系式为：

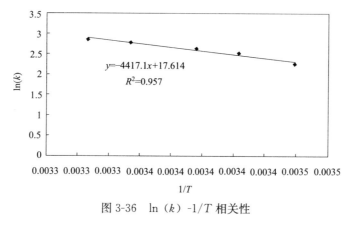

图 3-36　ln（k）-1/T 相关性

$$k = 446 \times 10^7 \times e^{-\frac{44171}{273.15 + \theta}}$$ (3-6)

式中，温度 θ 单位为摄氏度（℃）。根据 Jetten 等人的研究结论：ANAMMOX 温度范围为 20～43℃，对于城市生活污水的二级处理水而言，本试验过程中没有超过 40℃，因此，结合本试验限定该方程的温度范围为 15～40℃。

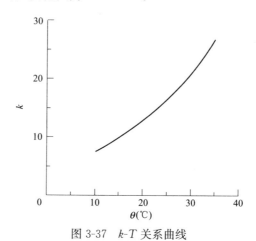

图 3-37　k-T 关系曲线

2. 误差分析

利用式(3-6)绘图得到温度与 ANAMMOX 反应器氨氮去除速率的关系，如图 3-37 所示。

根据图 3-37 推算几个温度下的速率值进行误差分析，列于表 3-6 中。

阿累尼乌斯拟合公式误差分析

表 3-6

温度（℃）	实测值	计算值	绝对误差	相对误差
15.9	9.69	10.3	−0.61	−6.34%
19.0	12.81	12.12	0.69	5.4%
21.3	14.23	13.64	0.59	4.16%
25.0	16.41	16.43	−0.02	−0.11%
27.8	17.96	18.58	−0.62	−3.46%

从表 3-6 中可看出，实测值与计算值之间的绝对误差为±0.69，相对误差±6.34%。

3. 温度对容积负荷率的影响

从上述分析可以看出，ANAMMOX 滤池中氨氮去除速率随温度的升高而增大；试验过程中一直跟踪监测滤池中氨氮浓度沿滤层深度的变化情况，发现随着处理水温的不同，全滤层对氨氮的去除能力也有所变化，如图 3-38 所示。

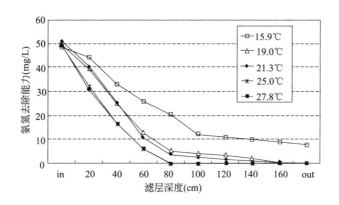

图 3-38 不同温度下 ANAMMOX 滤池运行效果

从图 3-38 可以明显地看出，当进水氨氮＝(50.0±1.3)mg/L 时 ANAMMOX 滤池在不同温度下沿滤层去除氨氮的能力也有所变化。当处理水温≥25.0℃时在滤层 80cm 深处 NH_4^+-N 已完全被去除；当 19℃＜水温≤25℃时在滤层 80cm 深处氨氮去除了 90%，至滤池出水处（165cm），氨氮才被 100%除去；当水温为 15.9℃时不但速率下降（图 3-38 中曲线的斜率变缓），而且滤池出水中仍残留有氨氮。

图 3-39 详细列出了温度 27.8℃和 15.9℃时 ANAMMOX 滤池在不同氨氮容积负荷率情况下的运行效果曲线。从图中可以确定，当水温为 27.8℃时，ANAMMOX 滤池氨氮容积负荷率为 116.88mg/(L·h)，低于此容积负荷率进水 NH_4^+-N 可完全去除；当水温 15.9℃时，NH_4^+-N 容积负荷率 78.11mg/(L·h)。

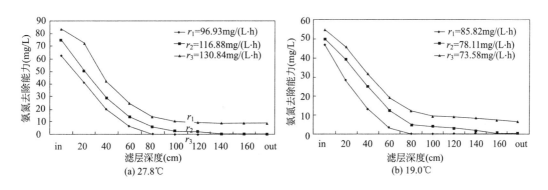

图 3-39 不同温度下 ANAMMOX 滤池的处理能力

4. 结论

（1）ANAMMOX 滤池中氨氮去除速率随温度的提高而增大。

（2）利用 Arrhenius 公式推算出该 ANAMMOX 滤池的反应动力学参数，指出氨氮去除速率与温度的关系式为：$k = 4.46 \times 10^7 \times e^{-44171/273.15\theta}$（$t$ 为 15～40℃）且实测值与计算值之间的绝对误差为±0.69，相对误差±6.34%。

（3）随着处理水温的不同，ANAMMOX 滤池的氨氮容积负荷率也有所变化：当水温为 27.8℃ 时，ANAMMOX 滤池的氨氮容积负荷率为 116.88mg/(L·h)；当水温为 15.9℃时，NH_4^+-N 容积负荷率为 78.11mg/(L·h)。

3.2.4　pH 的影响

1. ANAMMOX 菌脱氨过程中 pH 的变化

据 Strous 等人报道，ANAMMOX 反应的适宜 pH 为 6.7～8.3，最大反应速率出现在 pH 为 8.0 左右。为进一步考察 ANAMMOX 技术处理低氨氮污水时 pH 的变化，检测了 ANAMMOX 滤池沿程的 pH，结果如图 3-40 所示。

从图 3-40 可以看出，随着 ANAMMOX 反应的进行，滤池中 pH 沿程增加，当 ANAMMOX 反应结束时 pH 趋于平稳。Strous 曾推断，因 ANAMMOX 过程是在自养微生物作用下完成的，需一定量的 CO_2 作碳源。由此可见，尽管 ANAMMOX 菌的异化作用不会影响 pH，但自养生物会通过固定 CO_2 致使周边环境呈碱性，因此，为保证 ANAMMOX 反应的顺利进行应当控制反应器中的 pH。

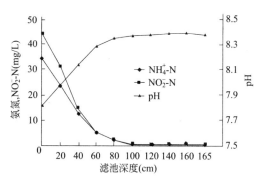

图 3-40　ANAMMOX 滤池沿程的 pH

2. pH 对脱氮效果的影响

文献显示，ANAMMOX 菌的生理 pH 范围为 6.7～8.3，最佳 pH 为 8，为偏碱性环境。另外，理论上任何微生物都存在一个适合其生存的 pH 范围，因此本节通过 HCl 和 NaOH 改变 ANAMMOX 生物滤池反应器进水的酸碱度，从而考察 pH 对反应器脱氮性能的影响，并确定本试验条件下上向流 ANAMMOX 生物滤池反应器的最佳 pH 范围。

本节试验进水 NH_4^+-N 浓度稳定在 56mg/L 左右，NO_2^--N 浓度稳定在 50mg/L 左右，水力负荷为 3.90m³/(m²·d)左右，从而进水 TN 负荷基本稳定在 6.63kgN/(m³·d)，不同进水 pH 下 ANAMMOX 反应器的 TN 去除负荷如图 3-41 所示。

由图 3-41 可以看出，本节试验条件下，pH 对反应器 TN 去除负荷的影响关系呈较为尖锐的"山脊"状。最佳的 pH 范围为 7.3～7.6，偏碱性，且比较狭窄，过高和过低的 pH 均会导致反应器脱氮性能的明显降低。

3.2.5　磷酸盐的影响

城市污水中含有一定浓度的磷酸盐，当 ANAMMOX 前端的处理单元对磷没有去除或去除不够彻底时会有部分磷酸盐进入 ANAMMOX 单元，而不同浓度的磷酸盐对 ANAMMOX 反应是否会造成影响值得深入研究。

笔者在常温条件下采用生物滤池处理低氨氮城市污水，考察了不同浓度的磷酸盐对 ANAMMOX 脱氮效能的影响及其功能恢复情况，以期为 ANAMMOX 工艺的稳定运行提供技术支持。

1. 磷酸盐对 TN 去除负荷的影响

在进水氨氮浓度约为 70mg/L，$NO_2^- $-N 浓度约为 90mg/L，水力负荷为 $1.8m^3/(m^2 \cdot d)$，pH 为 $7.45\sim8.29$，温度为 $17.4\sim18.6℃$ 的条件下考察了进水 TP 浓度对生物滤池去除 TN 的影响，结果如图 3-42 所示。

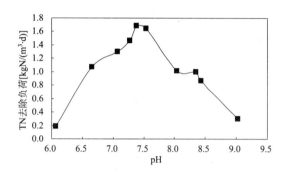

图 3-41　pH 对 TN 去除负荷的影响

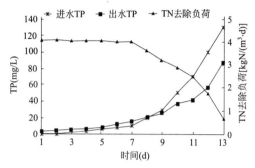

图 3-42　进水 TP 对 TN 去除负荷的影响

从图 3-42 可以看出，随着进水 TP 浓度的增加生物滤池对 TN 的去除负荷先保持稳定然后急剧降低。当进水 TP≤10mg/L，氨氮稳定在 70mg/L 左右，$NO_2^- $-N 稳定在 90mg/L 左右时生物滤池对 TN 的去除负荷基本保持在 $4kgN/(m^3 \cdot d)$ 左右，但出水 TP 浓度反而大于进水，这是由于原水中含有少量的磷酸盐，且滤池对其基本上没有去除效果。当进水 TP 大于 10mg/L 时随着 TP 浓度的不断增加，TN 的去除负荷呈明显下降的趋势；当进水 TP 为 130mg/L 时 TN 的去除负荷下降到 $0.67kgN/(m^3 \cdot d)$，仅为原来的 16.8%；该阶段进水 TP 浓度高于出水，说明磷可能参与了某些反应，从而使 TP 浓度有所下降。由于生物滤池对 TN 去除负荷的减小与 TP 浓度的下降几乎是同时发生的，故认为两者之间应该存在某种联系。

试验中发现当 TN 的去除负荷开始出现明显下降趋势时，在滤池的孔隙中井始出现乳白色颗粒沉积物，而且随着 TP 浓度的增加沉积物也越来越多。显微镜照片显示（图 3-43），沉积物填充了红褐色 ANAMMOX 菌颗粒周围的孔隙，且其中有明显的晶体存在，该晶体的形状非常规则，均为立体十字交叉结构。

采用 X 射线衍射晶相分析法对沉积物进行了物相分析，主要成分为六水合磷酸铵镁（简称 MAP，俗称鸟粪石），其次为碳酸钙和磷酸钙。MAP 的形成主要是由于化学结晶的作用，当水中 Mg^{2+}、NH_4^+ 和 PO_4^{3-} 的浓度超过 MAP 的溶解度时便会形成结晶，且其不易溶解，较易从水中分离出来。本试验中鸟粪石、碳酸钙和磷酸钙的形成无疑与投加磷酸盐有关。

2. 运行效能的恢复

为了验证鸟粪石晶体的生成是造成系统脱氮负荷下降的主要原因，终止了磷酸盐的投加。结果表明，当停止投加磷酸盐后乳白色的沉积物迅速减少，且在进水 NH_4^+-N 和

图 3-43 磷酸盐影响试验中的含磷污泥照片（文后彩图）

$NO_2^- -N$ 分别为 70mg/L、90mg/L 的条件下，24h 后对 TN 的去除负荷就恢复到了 2.06kgN/(m^3·d)，为原来的 51.5%。由此可知进水磷酸盐浓度的增加确实影响了 AN-AMMOX 效果。经分析磷酸盐本身并没有对 ANAMMOX 反应造成明显的生理学抑制，较高浓度的磷酸盐对 ANAMMOX 反应的影响并非生物作用，之所以造成对 TN 去除负荷的下降，主要是进水磷酸盐浓度的升高导致鸟粪石等沉积物的形成，这些沉积物在反应器内积累，并占据了滤料之间的部分孔隙，阻滞了 ANAMMOX 反应基质的正常传递，使得反应器的脱氮负荷明显下降。

通过投加稀盐酸来降低进水 pH 至 6.00～6.70 并进行反冲洗，以期进一步恢复生物滤池的运行效能。当投加了适量的稀盐酸后生成乳白色沉积物的化学反应基本得到抑制；然后，用自来水进行反冲洗约 10min，再运行 24h 后脱氮负荷恢复到了 3.55kgN/(m^3·d)，为系统正常运行时的 88.8%。综上所述，通过短期降低反应器进水的 pH 及进行适当的反冲洗，可以将生物滤池内的乳白色沉积物去除，同时其运行效能也可得到迅速恢复，这进一步验证了磷酸盐对 ANAMMOX 的影响属于可逆性抑制作用。

3. 结论

当磷酸盐浓度大于 10mg/L 时，在 ANAMMOX 生物滤池中将有以鸟粪石为主的晶体产生，这些鸟粪石晶体占据了滤料之间的部分孔隙，从而阻塞了水流通道，造成 ANA-MMOX 反应基质的缺乏，致使生物自养脱氮负荷明显降低。然而，这种抑制主要为鸟粪石晶体等沉积物的物理阻滞作用，且该抑制作用是可逆的。因此，通过减少磷酸盐的投加量可使系统的脱氮负荷得到明显提高，再通过短期降低进水的 pH 至 6.00～6.70 和进行反冲洗，可使脱氮活性迅速恢复。

3.2.6　反冲洗的影响

虽然 ANAMMOX 菌的生长速率较低，但是试验过程中发现，随着反应器的不断运行，ANAMMOX 生物量的生长并不仅限于陶粒填料上的生物膜形式，填料的空隙间也生长有大量红色生物，且其他污泥颗粒（包括无机 SS 以及异养菌等其他生物污泥）也被截留于滤池反应器中，从而造成生物滤池反应器水头损失不断增加，过流能力相应减小，基质传质能力受限，会影响反应器的总体运行稳定性和处理能力，因此 ANAMMOX 反应器也需要定期进行一定程度的反冲洗，以保证反应器的正常运行和生物量的平衡。

反冲洗过程不但清理了滤床填料间隙内的通道，恢复了滤床内的水力条件，而且剥离掉了异养菌及硝化菌含量较高的外层生物膜，对于生物膜具有更新作用，因此反冲洗过程对于 ANAMMOX 生物滤池反应器的生物膜更新具有不可忽视的积极作用。但是生物滤池反冲洗过程的水力紊动程度及水力剪切力相对正常过滤而言是极大的，会对反应器内的生物量造成很大程度的损失。为考察反冲洗过程对反应器的生物量和活性的影响，进行了如下试验。采用自来水对试验 ANAMMOX 生物滤池进行了较彻底的反冲洗（反冲洗历时 30min，反冲洗强度为 $35L/(s \cdot m^2)$）。反冲洗后将滤床排空后再进行进水，考察反冲洗后 0～3h 内的出水水质情况，如图 3-44～图 3-47 所示。

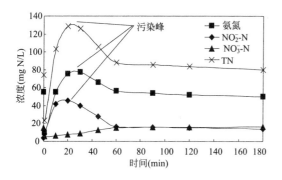

图 3-44　反冲洗前后出水氮素化合物浓度变化

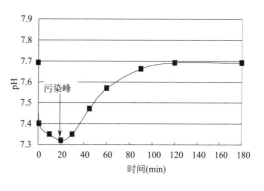

图 3-45　反冲洗前后出水 pH 变化

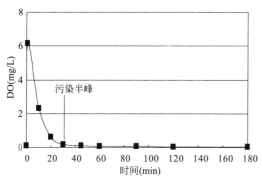

图 3-46　反冲洗前后出水 DO 浓度变化

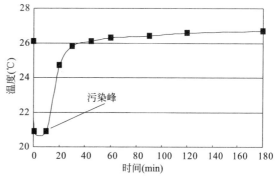

图 3-47　反冲洗前后出水温度变化

由图可知，反冲洗后 ANAMMOX 生物滤柱出水的水质变化曲线中均存在一个明显的"污染峰"或"污染半峰"。由此可将曲线分为 3 个阶段：第 1 阶段，即污染峰的左半峰，为滤床内残留清洁反冲洗水与进水混合形成的稀释半峰，该阶段清洁水逐渐与进水混合被推流排出，ANAMMOX 滤柱活性尚待恢复，出水氮素化合物浓度不断增高，该阶段大约历时 30min；第 2 阶段，即污染峰的右半峰，为滤床的活性恢复半峰，该阶段进水中污染物与生物膜之间的传质平衡与代谢平衡逐渐恢复，污染物质开始被逐渐去除，是一个滤床逐渐恢复 ANAMMOX 活性的过程，该阶段也大约历时 30min，该阶段末反应器脱氮性能基本恢复到反冲洗前的状态；第 3 阶段，即整个污染峰被拉平直至消失过程，为滤床活性的恢复稳定过程，之后的 2h 均属于该阶段，该阶段末期反应器脱氮性能不但得到了充分恢复，而且较反冲洗前有所改善和提高。

反冲洗后 63d 内 ANAMMOX 生物滤池反应器的去除负荷如图 3-48 所示。

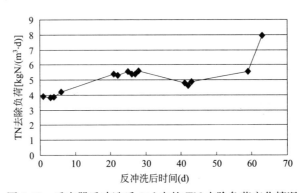

图 3-48　反应器反冲洗后 63d 内的 TN 去除负荷变化情况

通过以上分析可知，适度的反冲洗过程对于 ANAMMOX 生物滤柱的脱氮性能没有较明显影响，反冲洗后约 1～3h 反应器内的 ANAMMOX 活性就能恢复到反冲洗之前的状态，而且适度的反冲洗有助于 ANAMMOX 生物滤柱中生物膜的更新和脱氮性能的持续提高。本试验条件下，正常运行状态的反冲洗周期约为 2 个月。

3.2.7　ANAMMOX 生物膜性状

1. 宏观性状

本试验进行到第 350d 时，对 ANAMMOX 生物滤柱中的生物膜性状进行了观察。成功启动后的 ANAMMOX 生物滤柱中陶粒填料被一层红色密实的生物膜所包裹，如图 3-49 所示，与其他文献报道的典型 ANAMMOX 污泥颜色相符。从反应器中沿滤床深度的颜色分布来看，40～100cm 处的红色最深，生物膜红色越深其中所含的 ANAMMOX 菌比例和活性越高。

另外，还对 ANAMMOX 生物滤池反应器反冲洗下来的生物膜碎片进行了性状的观察，如图 3-50 所示。一般呈红色的颗粒污泥状，沉降性极好。

2. 微观性状

从反应器中取出生物膜样品和反冲洗脱落的生物膜样品，并对其进行了显微镜的观察，如图 3-51 所示。图 3-51(a)～(f) 为不同放大倍数（40 倍、100 倍和 400 倍）的普通光学显微观察，图 3-51(g)、(h) 为放大 1000 倍的油镜观察效果。从图 3-51(g)～(h)可

图 3-49 ANAMMOX 生物滤池反应器中的生物膜照片（文后彩图）

以看出，ANAMMOX 菌被包埋于胞外多聚物内，在胞外多聚物的间隙中可观察到典型的 ANAMMOX 菌个体镶嵌形态（图 3-51（g）），将其破碎游离后可以看到 ANAMMOX 菌为典型的球状菌。另外，从图 3-51(a)、(c)、(e)、(f) 可以看出，ANAMMOX 菌趋向于成簇群生的生存方式，通过胞外多聚物聚集在一起，其所形成的生物膜以"菜花状"的团形结构进行增殖和生长，生物膜内同时可观察到大量丝状菌，丝状菌互相搭接和缠绕，起到了架桥的作用，有效地持留了相关的微生物，构成了生物膜的骨架。这种成簇群生方式不但有利于代谢的协同作用，而且有利于中间有毒代谢产物的及时消耗和极端条件下生物膜的抵抗性。图 3-51(b)和(d)为低基质条件下由于机制缺乏而造成一部分生物膜变黑的显微照片，可以看出生物膜变成黑色的部分除了颜色外，其他地方与正常的生物膜完全一样，这是由于基质缺乏条件下，ANAMMOX 菌体内缺少一种亚铁血红素 c-型细胞色素 Cyt3 的缘故。另外，试验发现，只要给予充足的基质负荷，这种由于基质缺乏而变黑的生物膜 1 周内就会恢复颜色和活性。

图 3-50 ANAMMOX 生物滤池反应器反冲洗出的生物膜照片（文后彩图）

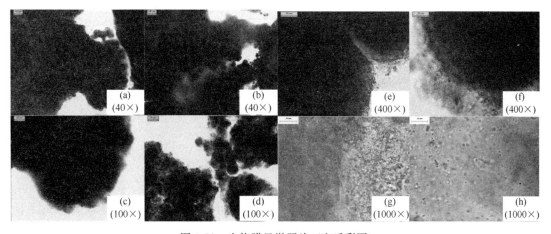

图 3-51 生物膜显微照片（文后彩图）

163

3.2.8　其他因素的影响

Strous 等的研究结果表明，在 DO 浓度为 0.5%～2.0% 空气饱和度的条件下，ANAMMOX 活性被完全抑制。此外，现有资料显示，ANAMMOX 菌属光敏性微生物，光能抑制其活性，国内外研究中通常将 ANAMMOX 试验装置置于黑暗中进行。本试验未对反应器进行特殊的避光处理也同样获得了较好的效果，对于光的影响还有待于进一步的研究。有研究表明磷酸盐对 ANAMMOX 菌也会产生影响，ANAMMOX 菌富集培养物只能耐受 1mmol/L 的磷酸盐，浓度达 5～50mmol/L 时可导致 ANAMMOX 活性完全丧失；国内外学者还进行了细菌抑制或灭活试验，表明抗菌素、杀菌剂（$HgCl_2$）、氧化磷酸化解耦联剂等都会不同程度地降低 ANAMMOX 活性，有的甚至使其活性完全丧失。在处理低 NH_4^+-N 污水时这些影响因素还有待进一步的探讨。

本节通过上述研究得到如下结论：

（1）当 NO_2^--N 浓度较低时提高 NO_2^--N 浓度可促进 ANAMMOX 反应的进行；当 NO_2^--N 浓度过高时（>118.4mg/L）则会对 ANAMMOX 反应产生抑制作用，但此时 ANAMMOX 反应并没有停止，ANAMMOX 菌仍保持较高的活性。

（2）适当增加进水的 IC 浓度可刺激 ANAMMOX 菌的生长，但过高浓度的 IC 会给 ANAMMOX 菌的生长带来不利影响。

（3）TOC 的存在不利于 ANAMMOX 反应的进行。

（4）ANAMMOX 反应对温度的变化比较敏感，低温不利于 ANAMMOX 反应的进行。

（5）ANAMMOX 菌的自养固定 CO_2 过程会导致周边环境呈碱性，为保证反应的顺利进行应当控制反应器中的 pH。

3.3　生活污水 ANAMMOX 生物滤池扩大试验研究

在前期小试研究的基础上，以污水 A/O 除磷工艺以及亚硝化工艺出水为试验进水，接种普通活性污泥启动一个有效容积为 185L 的 ANAMMOX 生物滤柱。启动成功后，进行生活污水 ANAMMOX 工艺与亚硝化工艺耦合自氧脱氮试验研究。为推动 ANAMMOX 工艺生物滤柱早日在城市生活污水处理实际工程中的应用提供进一步的技术支持。

试验装置流程如图 3-52 所示。生物滤柱如图 3-53 所示，内径 500mm，高 2m，总容积 216L，有效容积 185L。柱内装填级配火山岩填料，装填高度为 1.8m，滤柱从下部到顶部装填粒径分别为 30～50mm、8～10mm、4～6mm，装填高度分别为 0.2m、0.6m、1.2m。反应器壁每间隔 10cm 设置取样口，间隔 30cm 设置取滤料口，水流方向为上向流，最上端设有一个出水口。底部安装曝气装置，通过转子流量计来控制反应器中 DO 浓度。

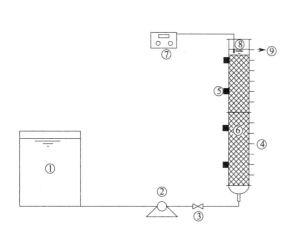 

图 3-52 试验装置流程示意图
1—水箱；2—蠕动泵；3—阀门；4—取水口；
5—取滤料口；6—滤料层；7—在线监测仪；
8—探头；9—出水口

图 3-53 扩大启动试验装置照片（文后彩图）

试验用水为：某小区生活污水经厌氧/好氧（A/O）生物除磷二级处理出水和 A/O 出水经部分亚硝化反应器出水作为基础用水，水质见表 3-7 所列。

进水水质指标 表 3-7

项目	COD (mg/L)	BOD_5 (mg/L)	氨氮 (mg/L)	NO_2^--N (mg/L)	TP (mg/L)	pH
A/O 二级出水	50～80	≤15	60～80	≤0.25	≤0.5	7.0～8.0
部分亚硝化出水	<50	<10	20～40	20～40	≤0.5	7.0～8.0

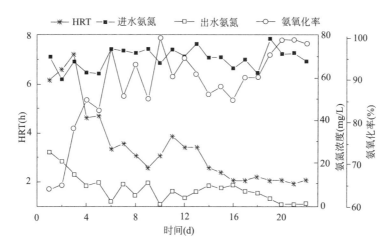

图 3-54 硝化挂膜阶段逐日氨氮去除情况

试验柱接种硝化污泥后连续引入氨氮浓度为 61.96～73.63mg/L 的试验室 A/O 除磷装置的出水，并保持了进水氨氮浓度和曝气量基本不变。通过逐步降低 HRT 的方式增加进水氨氮负荷，促进硝化生物膜的培养。图 3-54 为硝化挂膜阶段进出水氨氮以及氨氮去除率随 HRT 的减小逐日变化情况。由图可知，尽管 HRT 开始为 6～7h，一周后降至 3.56h，出水氨氮却由 25mg/L 降至 8mg/L，去除率已经达到 90% 以上。在第 20 天时，HRT 已降至 2.0h，其中出水氨氮浓度为 1mg/L，硝化负荷已达到 0.71kgN/(m³·d)，另外还观察到火山岩填料表面已附着大量的黄褐色的硝化污泥，此时表明硝化挂膜阶段已经基本完成。表明选择 A²/O 工艺回流污泥作为接种污泥和梯次增加进水负荷培养硝化生物膜是成功的。

3.3.1　ANAMMOX 生物滤池的启动

在硝化挂膜结束后进入 ANAMMOX 菌的筛选和驯化间歇曝气阶段，此阶段好氧状态下接入 A/O 二级出水，厌氧状态下接入亚硝化出水。在逐渐缩短好氧时间和降低 DO 浓度并最终完全进入厌氧状态的过程中，滤柱进出水氨氮、NO_2^--N 浓度变化和 TN 去除状况情况如图 3-55 和图 3-56 所示。由图 3-55 可知，改为好氧、厌氧间歇方式运行后，开始 2d 氨氮和 NO_2^--N 去除率都较高，分别为 74.56% 和 53.18%，一方面是由于好氧阶段残留的 DO 为 AOB 氧化氨氮提供了好氧环境，另一方面说明接种的污泥存在一定量的反硝化菌，进水中存在的以及部分微生物死亡形成的有机物为反硝化细菌提供了有机碳源。

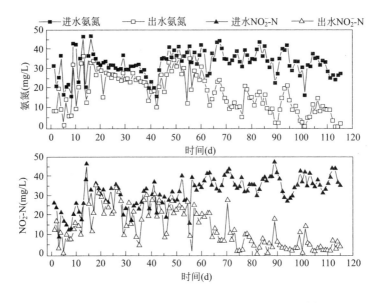

图 3-55　驯化以及诱导启动阶段氨氮和 NO_2^--N 去除情况

但一周之后出水氨氮和 NO_2^--N 去除率渐渐下降，在运行第 25 天时氨氮和 NO_2^--N 去除率分别为 17.60% 和 3.76%，TN 去除负荷为 0.02kgN/(m³·d)。说明反应器中的反硝化菌正在逐步被淘汰，活性和数量逐步降低，期间由于 ANAMMOX 菌富集程度还不高，未显现出活性，此后一段时间内 NH_4^+-N 和 NO_2^--N 去除率并没有明显提高。可见，ANAMMOX 菌成为生物膜中的优势微生物需要一个很长的选择和适应的过程，此过程可以称为"活性迟滞期"。

另外在驯化阶段并未直接由好氧直接转入厌氧，而是采取间歇好氧、厌氧方式，其后又逐步降低 DO 浓度以及好氧时间。这种方式避免了滤柱中的硝化生物膜的脱落以及降低了因生物膜内硝化细菌死亡解体所释放的 NH_4^+-N 浓度。同时也有利于筛选具有 ANAMMOX 功能的兼性硝化细菌或者反硝化细菌，缩短启动的时间。阶段 2 起初并未出现其他研究者所得到的"菌体自溶阶段"即出水氨氮浓度大于进水的现象，而是出现 NH_4^+-N 和 NO_2^--N 同时去除的情况，这是由于接种前硝化污泥利用低 COD 污水进行了驯化，已淘汰了大部分的异养微生物的结果。

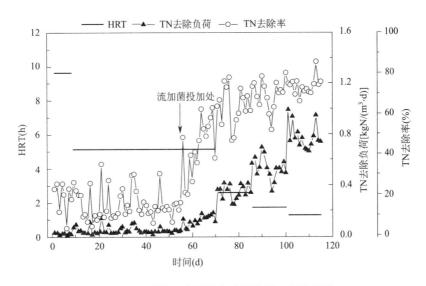

图 3-56　驯化以及诱导启动阶段 TN 去除情况

为了缩短"活性迟滞期"，在第 55 天向反应器中接种 2L 左右 MLSS 为 4250mg/L 的 ANAMMOX 污泥，进入诱导启动阶段。反应器中立即显现出厌氧氨氧化功能，并呈现出指数增长趋势。通过向反应器中投加优质 ANAMMOX 菌种，提高了 ANAMMOX 菌数量及其在菌群中的比例，强化了 ANAMMOX 功能。在第 75 天时 NH_4^+-N 和 NO_2^--N 去除率已为 62.64％和 76.47％，TN 去除负荷也已迅速提高到 0.18kgN/(m^3·d)。此后进一步通过降低 HRT 的方式，在第 115 天当 HRT 为 1.28h 时，最高 TN 去除负荷可达到 0.92kgN/(m^3·d)，最高 TN 去除率为 85.15％，见图 3-56。同时可以观察到滤柱底部部分生物膜由黑色逐步转为暗红色。可以说明，ANAMMOX 生物滤柱已经启动成功。TN 去除负荷快速提高的过程可以称为"活性提高期"。

3.3.2　ANAMMOX 生物滤池启动过程指示参数

1. pH 作为指示参数的研究

试验进水 pH 变化范围为 7.0～8.0，适宜硝化细菌和 ANAMMOX 菌的繁殖代谢对 pH 的要求，因此并未对进水中 pH 进行控制。但硝化细菌是产酸细菌，而 ANAMMOX 菌和反硝化细菌均为产碱细菌，因此，启动过程中反应器进出水 pH 是有变化的，其差 ΔpH 的变化正好反映了反应器内各菌群数量和活性的变化。

图 3-57 反映了 ANAMMOX 生物膜反应器驯化以及诱导启动过程进、出水 pH 以及

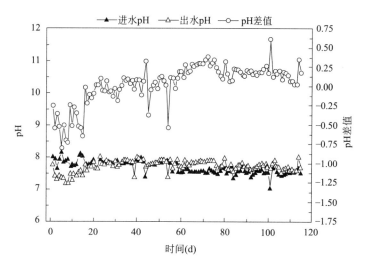

图 3-57　驯化以及诱导启动阶段 pH 变化情况

ΔpH 变化情况，在驯化阶段初期出水 pH 一直低于进水，第 28 天出水、进水 pH 之差 ΔpH 绝对值最大达到-0.80 后逐渐减小。分析其原因是由于采用间歇运行方式后曝气阶段残留的 DO 较高以及曝气时间过长，其未对硝化细菌的数量和活性产生抑制，硝化反应仍在进行。之后随着曝气量以及曝气时间的降低，硝化细菌的数量和活性开始逐渐降低，而反应器中的反硝化菌与 ANAMMOX 菌的数量和活性开始逐渐提高。进入"活性迟滞期"后，第 45 天的 ΔpH 为 0.02，第一次出现大于 0 的现象，之后一直到接种 ANAMMOX 污泥进入诱导启动阶段前，进出水 pH 基本持平，ΔpH 趋于 0。而同时在这期间三氮的去除比例关系也是杂乱无章的，也说明了 ANAMMOX 反应还未成为反应器中的主导反应，硝化细菌、反硝化细菌、ANAMMOX 菌处于一个动态的竞争过程。第 55 天加入 ANAMMOX 菌进入诱导启动后，ANAMMOX 菌成为反应器的主导菌群，出水、进水 pH 之差 ΔpH 立即出现较大提高，在第 95d 时 ΔpH 也已增加到 0.39。因此，ΔpH 可以作为 ANAMMOX 反应器启动进程的重要指示参数，ΔpH 为负值表明硝化反应占优势，ΔpH 越大硝化反应活性越大；ΔpH 为正值表明 ANAMMOX 反应占优势，ΔpH 越大 ANAMMOX 反应活性越大。

2. 三氮变化比例分析

在驯化阶段"活性迟滞期"，虽然伴随着明显的氨氮和 $NO_2^- $-N 损失，但是 $NO_2^- $-N 去除量与氨氮去除量比值（$NO_2^- $-N/$NH_4^+ $-N）以及 $NO_3^- $-N 生成量与氨氮去除量比值（$NO_3^- $-N/$NH_4^+ $-N）却杂乱无章。而接种 ANAMMOX 菌后，进入诱导启动阶段"活性提高期"，如图 3-58 所示，反应器进出水 $NO_2^- $-N/$NH_4^+ $-N 比值及 $NO_3^- $-N/$NH_4^+ $-N 比值也趋于某一特定值。$NO_2^- $-N 去除量与氨氮去除量为 1.34；$NO_3^- $-N 生成量与氨氮去除量比值为 0.24，接近理论值。$NO_2^- $-N/$NH_4^+ $-N 比值及 $NO_3^- $-N/$NH_4^+ $-N 比值关系是厌氧氨氧化启动进程的重要参数。本试验诱导启动阶段后期，$NO_2^- $-N/$NH_4^+ $-N 比值及 $NO_3^- $-N/$NH_4^+ $-N 比值趋于稳定，并与理论值接近，表明 ANAMMOX 反应启动成功。不同试验得出的三氮比值关系相近而不完全相同。我们曾利用 A/O 出水投加 $NO_2^- $- N 的模拟废水启动 ANAMMOX 生物膜反应器，得到 $NO_2^- $-N$/NH_4^+ $-N 比值及 $NO_3^- $-N$/NH_4^+ $-N 比值分别为 1.38 和 0.40，而周凌、操家顺等人在低基质模拟废水下成功启动 SBR-ANAMMOX 反应器，得到的 $NO_2^- $-N$/NH_4^+ $-N 比值及 $NO_3^- $-N$/NH_4^+ $-N 比值分别为 1.02 和 0.17。

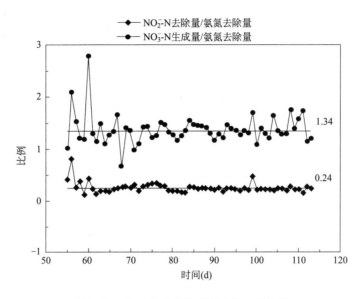

图 3-58　诱导启动阶段氮素转化比例关系

不同研究者试验得到的三氮比值关系的不同是与启动后反应器微生物群落结构不同有关系。虽然不同反应器都已显现出厌氧氨氧化特性，但是由于启动接种污泥起初、启动过程中以及启动后的进水水质等各方面的差异，使得反应器存在以 ANAMMOX 反应为主导反应的同时存在其他反应。本试验中前段亚硝化工艺部分 AOB 细菌不可避免地随进水进入 ANAMMOX 反应器，试验进水并未进行除氧处理也为 AOB 细菌提供了生存条件；进水中残留的部分 COD 以及微生物死亡形成的有机物也为反硝化细菌提供了生存条件；此外，反应器中还可能存在其他微生物。

3. ANAMMOX 生物滤池进水 $NO_2^- $-N$/NH_4^+ $-N 比值对脱氮效率的影响

由厌氧氨氧化经验反应式可知，$NO_2^- $-N 和氨氮是 ANAMMOX 反应的基质，ANAMMOX 反应的理论去除比例 $NO_2^- $-N$/NH_4^+ $-N$=1.32$，进水 $NO_2^- $-N$/NH_4^+ $-N 比值变化将直接影响反应器的脱氮效率。实际上，由于其前段半亚硝化工艺难以调控，导致其出水 $NO_2^- $-N$/NH_4^+ $-N 比值往往偏离理论值 1.32。厌氧氨氧化滤柱由驯化开始的 116～166d 的逐日进水 $NO_2^- $-N$/NH_4^+ $-N 比值和 C/N 比值以及出水 TN 去除率绘于图 3-59。

由图 3-59 可知，在第 122 天与第 126 天进水 $NO_2^- $-N$/NH_4^+ $-N 分别为 2.71 和 2.97，从而导致出水中 $NO_2^- $-N 的剩余，出水 TN 分别为 29.13mg/L 和 20.32mg/L，去除率也都只有 46.00% 和 46.02%。在第 149 天和第 150 天进水 $NO_2^- $-N$/NH_4^+ $-N 比值分别只有 0.28 和 0.23，导致了出水中氨氮的剩余，出水 TN 分别为 39.38mg/L 和 34.98mg/L，去除率分别为 37.62% 和 39.36%。而其他时日 $NO_2^- $-N$/NH_4^+ $-N 在比值 1.2～1.5 之间，TN 去除率可达 75～90%。

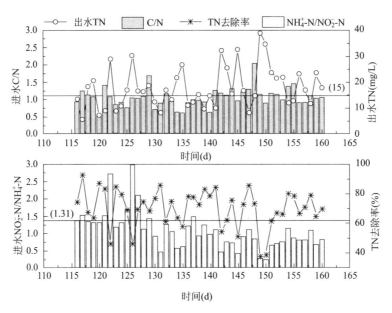

图 3-59　ANAMMOX 生物滤柱进水 COD/TN 比及 NO_2^--N/NH_4^+-N 比与出水 TN

从图 3-59 可知，本试验中 ANAMMOX 生物滤柱出水 TN 达到《城镇污水厂污染物排放标准》一级 A 标准（TN<15mg/L）的 NO_2^--N/NH_4^+-N 比值范围应为 0.87~1.48。

另外，有机碳源的存在也是影响 ANAMMOX 工艺出水的重要因素。虽然有机碳源对于 ANAMMOX 反应具有抑制作用，但有机物存在，其作为电子供体与 NO_3^--N 和 NO_2^--N 发生反硝化反应，反硝化菌比 ANAMMOX 菌更容易利用 NO_3^--N 和 NO_2^--N。所以适宜的有机碳源的存在可以促成 ANAMMOX 菌与反硝化菌的协同作用，降低反应器出水中的硝酸盐浓度，从而可以降低出水中的 TN 浓度。由图 3-59(a)可知，来自于前段亚硝化工艺出水的 COD/TN 比值的变化，并没有对 ANAMMOX 生物滤柱的 TN 去除产生很大的影响。在第 120d 进水 NO_2^--N/NH_4^+-N 比值为 1.30，而进水 COD/TN 比值却只有 0.55 时，出水 TN 为 7.20mg/L，TN 去除率为 86.76%。在第 148 天，进水 NO_2^--N 比值/NH_4^+-N 比值为 0.90，进水 COD/TN 比值为 2.03，此时出水 TN 为 15.00mg/L，TN 去除率为 73.66%。因此，当 NO_2^--N/NH_4^+-N 比值适宜，进水 COD/TN 比值为 0.55~2.03，厌氧氨氧化生物滤柱在反硝化和 ANAMMOX 反应协同作用下都可取得较好的 TN 去除效果。

Winkler 等人研究表明 ANAMMOX 可以应用于 COD/TN 小于 0.5 的常温城市生活污水。赖杨岚等人对于 ANAMMOX 菌与反硝化菌的协同作用表明在 COD/TN 比值为 1.46 时，TN 去除率达到最佳。黄孝肖等人也提出实现厌氧氨氧化与反硝化耦合的最适合 C/N 比值为 0.5~1.0。

3.3.3　ANAMMOX 生物滤池氮素转化特性

为了探索 ANAMMOX 生物滤柱对基质转化特性，在常温条件下，考察了 ANAMMOX 生物滤柱在不同基质浓度、不同 HRT 下的脱氮性能，并对 ANAMMOX 菌数量和活性沿滤柱高度的分布情况、微生物形态进行了分析,最后对 ANAMMOX 菌种属进行了鉴定。

试验滤柱在常温 (18.5～24.4℃) 和 pH 为 7.25～7.70 的条件下,采用高基质低流量的运行稳定后,按照氨氮：$NO_2^--N=1:1.3$ 的方式逐步降低进水 TN 的浓度,最终由高基质、低流量转为低基质、高流量下运行。

试验用水采用人工配水的方式,用自来水和 $(NH_4)_2SO_4$、$NaNO_2$ 配制氨氮：$NO_2^--N=1:1.3$ 的试验用水,每次配水总体积为 1415L,同时外加 10L 左右经 A/O 生化处理设备净化过的小区生活污水,以满足微生物各种生理元素的需求。生物滤柱进水基质浓度梯次变化和 HRT 见表 3-8 所列。

本试验在保证进水负荷基本不变的条件下,氨氮浓度由(187.9 ± 35.9)mg/L 降低到(45.8 ± 7.9)mg/L,水力负荷由 $1.90m^3/(m^2 \cdot d)$ 提高到 $8.22m^3/(m^2 \cdot d)$,虽然生存环境变化激烈,TN 容积去除负荷却并没有因此而降低,说明 ANAMMOX 生物滤柱具有良好的 ANAMMOX 菌持有能力,抗基质浓度和水力负荷冲击能力,能够有效地减少 ANAMMOX 菌的流失。ANAMMOX 生物滤柱对于不同基质浓度存在较好的适应能力。

运行工况和进水水质指标 表 3-8

项目	时间	HRT (h)	NH_4^+-N (mg/L)	NO_2^--N (mg/L)	NO_3^--N (mg/L)
高基质启动阶段	第 0～58 天	1.54～1.16	156.8～223.8	204.6～309.0	11.3～24.5
降基质阶段	第 59～95 天	1.16～0.59	79.2～170.5	114.6～227.5	4.1～10.6
第一低基质运行阶段	第 96～140 天	0.59～0.53	79.1±5.2	106.8±7.5	5.8±1.8
第二低基质运行阶段	第 141～170 天	0.53～0.36	45.8±7.9	67.8±6.4	5.8±3.4

1. 滤池氮素转化关系分析

将试验中不同进水基质浓度下三氮转化比例分析绘于图 3-60 中。如图 3-60 所示,氮素转化比率相当稳定。拟合直线中的斜率代表了三氮去除比例。其中 $\Delta NO_2^--N/\Delta NH_4^+-N=1.30$,$R^2=0.99$；$\Delta NO_3^--N/\Delta NH_4^+-N=0.20$,$R^2=0.98$,说明上述数据离散程度较小,相关关系密切。证明了 ANAMMOX 菌为 ANAMMOX 生物滤柱绝对优势菌种以及其活性的稳定。

现在国际较为认可的经验反应式中 NO_2^--N 去除量/氨氮去除量 ($\Delta NO_2^--N/\Delta NH_4^+-N$) =1.32,$NO_3^--N$ 生成量/NH_4^+-N 去除量 ($\Delta NO_3^--N/\Delta NH_4^+-N$) =0.26。本试验这 2 个比值均略低于文献报道,一方面可能是由于进水含有残留 DO (DO 达到6～8mg/L),使得 ANAMMOX 生物滤柱中含有部分硝化细菌,另一方面 A/O 二级出水中含有的以及菌体自身死亡产生的有机质为反硝化细菌也提供了生存环境,由于硝化菌和反硝化菌的参与使得氮素转化比率稍偏离理论值。

2. 滤层对氮素的去除性能分析

在上向流 ANAMMOX 滤柱中,沿滤柱高度氨氮和 NO_2^--N 不断被消耗,同时伴随着 N_2 和少量 NO_3^--N 的产生。图 3-61 为氮素沿滤柱高度变化情况。

当进水经过滤柱高度 115cm 处,当进水氨氮浓度为 77.62mg/L 时,氨氮和 NO_2^--N 的去除率已分别达到 86.86% 和 82.09%,TN 去除率已达到 80.37%。

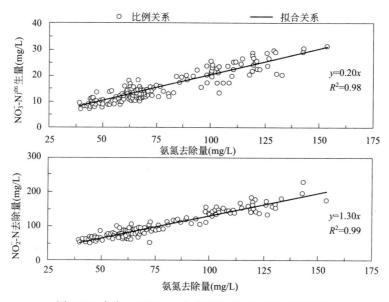

图 3-60　氨氮、NO_2^--N 去除量及 NO_3^--N 生成量比率

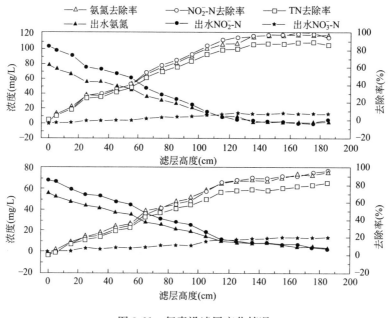

图 3-61　氮素沿滤层变化情况

当进水氨氮浓度为 55.85mg/L 时，氨氮和 NO_2^--N 的去除率 91.31％、83.26％，TN 去除率达 71.87％。在进水经过滤柱高度 115cm 处，TN 去除量占到整个滤柱 TN 去除量的 90.03％ 和 89.86％。

由此可知，长期运行下的 ANAMMOX 生物滤柱，ANAMMOX 菌的活性和数量沿滤柱高度分布是不均匀的，在进水侧滤柱中下部分（H＝0～115cm）ANAMMOX 的数量和活性较高。

另外，ANAMMOX 菌富含血红素-C，成熟的 ANAMMOX 污泥呈胭脂红，不同运行阶段的 ANAMMOX 污泥颜色会存在差异，因此污泥颜色的差异可以作为判断 ANAMMOX 菌数量和活性的重要手段。随着反应器的运行，ANAMMOX 生物滤柱逐步呈现出下层进水侧暗红褐色，中层桃红色，上层出水侧暗红色的颜色梯度（图 3-62）。结合图 3-61 中的氮素沿滤层变化情况，可以判断滤柱中部（H＝40～115cm）ANAMMOX菌的数量和活性是最高的。ANAMMOX 菌沿滤柱高度分布不均是滤柱长期运行作用的结果。由于进水没有进行去氧处理，下部虽然有着较高的 TN 去除效果，但这应该是多种菌共同作用的结果。DO 的存在一方面使 ANAMMOX 菌的活性受到了可逆性抑制，另一方面为 AOB 等其他好氧菌提供了生存条件，与 ANAMMOX 菌竞争基质。上部 ANAMMOX 菌数量和活性不高的原因主要是受到氮负荷较低的影响。

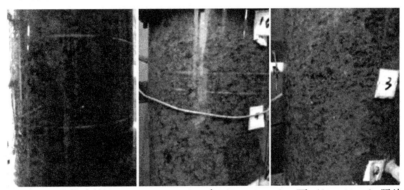

图 3-62 ANAMMOX 生物滤柱上（140～160cm）、中（70～90cm）、下（20～40cm）照片（文后彩图）

3. 微生物形态分析和 ANAMMOX 菌种属鉴定

（1）微生物形态分析

试验进行到第 150 天，从反应器滤层上（H＝165cm）、中（H＝85cm）、下（H＝20cm）部位的滤料表面取生物膜，进行革兰氏染色，用普通光学显微镜和电镜观察。图 3-63(a)～(c)分别为从滤层上、中、下部取生物膜样品，通过油镜放大 1000 倍的结果，(d)～(f)为滤柱上、中、下部生物膜样品扫描电镜放大 10000 倍的照片。

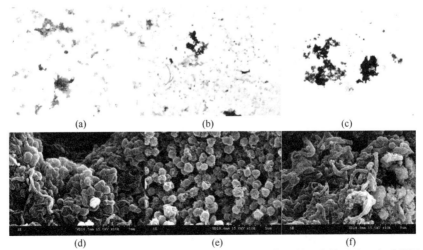

(a)   (b)   (c)

(d)   (e)   (f)

图 3-63 厌氧氨氧化滤柱上、中、下部 ANAMMOX 菌显微、电镜照片（文后彩图）

由图 3-63 可以观察到，(a)～(c)中都存在着革兰氏阴性菌和阳性菌，但是所占比例有所不同。(a) 中多为革兰氏阴性菌，只有零星的阳性菌存在，(c) 中革兰氏阳性菌的数量占到了大多数，而 (b) 中革兰氏阴性菌的比例明显要高于阳性菌。为了更清楚观察反应器中生物膜微生物性状，对滤层上、中、下部生物膜样品通过扫描电镜放大 10000 倍。(d)～(f)均可以看到球形细菌的存在，而国内外已报道的典型 ANAMMOX 菌多为革兰氏阴性、直径约 1μm 的球形菌，可以推测图中所观察到的革兰氏阴性、球形菌为 ANAMMOX 菌。(d) 中 ANAMMOX 菌的排列较 (f) 更致密，这是由于长期受到低基质浓度限制影响的结果。

图 3-64　ANAMMOX 生物滤柱上、中、下 ANAMMOX 菌 DGGE 图谱

3-63(f)中的微生物种类明显高于 (d)、(e)，而且 (d)、(e) 中单位面积的 ANAMMOX 菌相对数量远多于 (f) 中，这说明下部的微生物种类更丰富，而滤柱中部、上部的 ANAMMOX 菌的相对数量在生物膜中占有的比例较下部更高，这与显微镜观察到的结果一致。通过电镜图 3-63(d)～(f)我们还可以看到胞外多聚物和一定量的丝状菌存在，推测丝状菌在生物膜的形成中起到了骨架和架桥的作用，微生物产生的胞外多聚物起到了黏结作用，在两者的联合作用下，ANAMMOX 菌和其他菌种与丝状菌共生在一起，形成了电镜中的微观结构。

(2) ANAMMOX 菌种属鉴定

在第 150 天运行时，取 ANAMMOX 菌进行了 PCR-DGGE 分析，如图 3-64 所示，试验中 PCR 引物采用 Amx368-GC 和 Amx820，特异性扩增 ANAMMOX 菌 16SrDNA 基因。可以得出，ANAMMOX 生物滤柱上、中、下部可能均存在着 2 种 ANAMMOX 优势菌种。对条带 1 和 2 进行切胶、PCR 扩增、克隆测序，鉴定结果见表 3-9。

ANAMMOX 菌 16SrRNA 克隆测序结果　　　　　　　　　　　　表 3-9

条带(基因号)	ANAMMOX 最相似序列(登录号)	相似度(%)
1(JQ796376)	*Candidatus Kuenenia* stuttgartiensis(AF375995.1)	97
2(JQ796377)	*Candidatus Kuenenia* stuttgartiensis(AF375995.1)	99

由表 3-9 可以得出，条带 1 和 2 均与 *Candidatus Kuenenia* stuttgartiensis 最相似，相似度分别为 97% 和 99%。另外，有研究表明，在不同的生存环境中，ANAMMOX 菌的群落结构有一定的不同，在某种特定的生存环境中，通常只有一个种属的 ANAMMOX 菌占优势。

因此，推测 ANAMMOX 生物滤柱中只存在一种 ANAMMOX 菌属——*Candidatus Kuenenia* stuttgartiensis，该菌最早也是发现于生物滤柱中，呈球状，1μm 左右，具有典型的 ANAMMOX 菌结构特征，与本试验观察到的结果一致。另外，为了保持高效的 ANAMMOX 活性，大部分研究者将 ANAMMOX 反应器温度控制在 30℃或 35℃，而在本试验中反应器一直处于常温状态（18.5～24.4℃），并经历了高、低不同基质浓度，但都能够保持高效稳定的脱氮效果。因此可以得到，*Candidatus Kuenenia* stuttgartiensis

对于温度和基质浓度有着更广泛的适应性，能够在常温和高、低不同基质浓度下保持较高的活性。

3.3.4 水力负荷对 ANAMMOX 生物滤柱的影响

ANAMMOX 菌生长速率低，世代时间长，水力负荷越低，流速越低越有利于富集培养 ANAMMOX 菌。但是，ANAMMOX 菌代谢将会产生 N_2，降低水力负荷，将会使 N_2 附集在填料中间并聚集最终形成气囊，进而影响反应器的处理能力。所以，对于低 NH_4^+-N 污水 ANAMMOX 生物滤柱，水力负荷过低或过高，都将无法达到理想菌种富集量和处理负荷，水力负荷是低 NH_4^+-N 污水 ANAMMOX 生物滤柱反应器重要的技术经济参数。

本章主要研究常温上向流 ANAMMOX 生物滤柱抗水力负荷冲击能力及水力负荷与 Δ_{pH} 的关系。

1. 抗水力负荷冲击试验方案

保持 ANAMMOX 试验滤柱进水 NH_4^+-N 浓度（46.91±7.38）mg/L，NO_2^--N 浓度（63.78±9.61）mg/L 稳定，改变进水流量，进行水力负荷冲击试验。将试验分为 5 个水力负荷冲击阶段，历时 106d 见表 3-10 所列。

抗水力负荷冲击各阶段试验参数　　　　　　表 3-10

名称	时间	水力负荷 $[m^3/(m^2 \cdot d)]$	HRT (h)	进水 pH	温度 (℃)
第一阶段	第 1～10 天	5.95	0.48		
第二阶段	第 11～20 天	6.94	0.41		
第三阶段	第 21～32 天	7.93	0.36	7.08～7.50	18.9～25.2
第四阶段	第 33～44 天	8.92	0.32		
第五阶段	第 44～106 天	9.91	0.29		

2. 水力负荷冲击下的 TN 去除效果

将试验过程中各阶段每日的水力负荷、TN 去除率、TN 去除负荷都点绘在坐标图中，得图 3-65。由图 3-65 可知，前 3 个阶段，尽管水力负荷由 $5.59m^3/(m^2 \cdot h)$ 经 $6.94m^3/(m^2 \cdot h)$ 升到 $7.93m^3/(m^2 \cdot h)$，TN 去除率基本上维持稳定，平均 TN 去除率分别为 80.7%、83.4%、82.2%，TN 去除负荷随着水力负荷的提高而提高，平均 TN 去除负荷分别为（2.05±0.27）$kgN/(m^3 \cdot d)$、（2.40±0.42）$kgN/(m^3 \cdot d)$、（2.26±0.45）$kgN/(m^3 \cdot d)$。由此可知，在水力负荷一定范围（5～8 $m^3/(m^2 \cdot h)$）内，水力负荷的提高不会伤害滤柱 ANAMMOX 反应活性，TN 去除率基本不变，而 TN 去除负荷却有了提高。

第四阶段当水力负荷提高为 $8.92m^3/(m^2 \cdot d)$ 时 TN 去除率发生了突降，从原来的 86.9% 降到 68.6%，TN 去除负荷也由 2.27$kgN/(m^3 \cdot d)$ 降为 1.96$kgN/(m^3 \cdot d)$，之后 TN 去除率又恢复到 82.1%，TN 去除负荷最高值达到 3.69$kgN/(m^3 \cdot d)$，分析其原因一方面可能是由于水力负荷的突增导致滤柱中一部分 ANAMMOX 菌的流失，并缩短了进水与 ANAMMOX 生物膜的接触时间，促成了试验滤柱净化效果

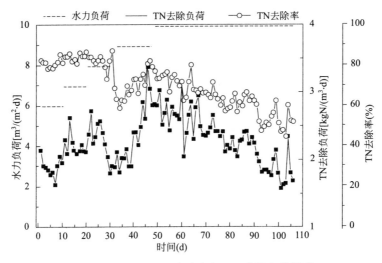

图 3-65　各阶段 TN 去除率与 TN 去除负荷情况

的一时下降。但是几天之后 ANAMMOX 菌适应了新环境，又很快增殖，单位时间 ANAMMOX 菌新生成量高于流失量，使得新生成的 ANAMMOX 菌很快补充了这部分缺失量，在水力负荷为 8.92m³/(m²·d)时流失量和生成量又达到了一个新的动态平衡。

第五阶段，水力负荷提到 9.91m³/(m²·h)之后，TN 去除负荷和 TN 去除率都出现了缓慢下降的趋势，此后未出现恢复迹象，TN 去除负荷由原来的 3.52kgN/(m³·d)降为 1.75kgN/(m³·d)，TN 去除率由原来的 79.2% 降为 44.7%，说明水力负荷提高到 9.91m³/(m²·d)，高强度水力冲刷和极短的接触时间已伤害了 ANAMMOX 菌生物群系的代谢平衡，滤柱中随水流流失的 ANAMMOX 菌量已经超过其增长量，滤柱中 ANAMMOX 生物量逐渐降低，因此导致脱氮效果持续恶化。已是滤柱实现可持续运行的水力负荷极限值。

由此可知，ANAMMOX 生物滤柱具有较高的抗水力负荷冲击能力，在水力负荷小于 8.92m³/(m²·d)时可以实现持续高效脱氮；在水力负荷大于 9.91m³/(m²·d)时导致 ANAMMMOX 菌数量的减少，活性的降低，ANAMMOX 生物滤柱的脱氮效果持续恶化。

3.4　颗粒污泥在 ANAMMOX 工艺中的应用研究

前述研究中，厌氧氨氧化火山岩生物滤柱成功实现了生活污水化脱氮处理。但是火山岩生物滤柱易堵塞，运行操作繁杂，处理效果相对较低。为进一步提高处理效果及避免堵塞问题给实际运行带来的不便，探求具有较高负荷容量和稳定性的颗粒污泥活性污泥法实现生活污水 ANAMMOX 脱氮高效稳定运行。

本节采用升流式厌氧污泥床，通过接种成熟 CANON 火山岩生物滤柱的反冲洗水的沉淀污泥，优化运行工况及反应器构造改进，成功培养了 ANAMMOX 颗粒污泥，建立了颗粒污泥 ANAMMOX 反应器，提高城市生活污水脱氮处理效率。

3.4.1　颗粒污泥 ANAMMOX 反应器的启动

1. 试验装置和接种污泥

采用升流式厌氧污泥床（UASB）作为实验用反应器，如图 3-66、图 3-67 所示，反应器内径为 10cm，总容积 16L，有效容积 7.8L。反应区顶部装填火山岩滤料代替三相分离器以强化三相分离效果保证污泥截留，装填高度为 0.3m，填充比为 55%；下部为活性污泥反应区，高度为 1.5m。反应器外设置循环水浴，对反应器温度进行控制。

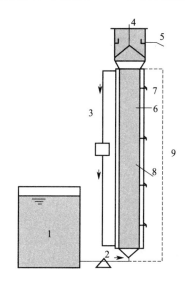

图 3-66　升流式厌氧污泥床试验装置图

1—水箱；2—蠕动泵；3—循环水浴；4—排气口；
5—出水口；6—悬浮区；7—取样口；8—反应区；
9—出水回流管路

图 3-67　升流式厌氧污泥床照片（文后彩图）

试验各阶段水质见表 3-11 所列。

升流式厌氧污泥床各阶段进水水质　　　　　　　　　　表 3-11

时间	水质	NH_4^+-N (mg/L)	NO_2^--N (mg/L)	BOD (mg/L)
第 0～105 天	模拟废水	100	130	—
第 106～150 天	模拟废水	50	65	—
第 151～210 天	模拟废水	20	26	—
第 289～349 天	实际污水	20	26	15

接种污泥：为减少启动时间，试验接种含大量 ANAMMOX 菌且对于 DO 具有一定适应性的一体化全程自养脱氮工艺（CANON）生物膜。

2. 试验方法和结果

试验开始接种了 60g CANON 火山岩生物滤池洗脱的污泥，反应器内污泥浓度为 5gMLSS/L。在进水 TN 为 240mg/L 水平下运行，反应器水温控制在 30℃。运行工况和脱氮效果如图 3-68 所示。运行开始的 15d 内 TN 去除负荷渐渐增加到 2.50kgN/m³/d，而后由于污泥流失，第 30 天反应器 TN 去除负荷已不断下降至 1.52kgN/(m³·d)。第 31 天再次接种污泥 33g，反应器内污泥浓度再次恢复至 5gMLSS/d，TN 去除负荷很快提高到 3.37kgN/(m³·d)。但污泥仍慢慢流失，至第 90 天 TN 去除负荷再次降至 1.34kgN/(m³·d)，去除率已不足 30%。污泥流失不但降低了反应器污泥浓度和脱氮效果，同时难以促使污泥颗粒成长。

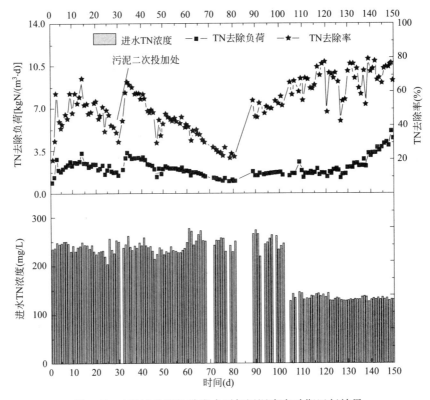

图 3-68　ANAMMOX 升流式厌氧污泥床启动期运行效果

为防止污泥进一步流失，在反应器上部装填 30cm 高火山岩滤料代替原反应器三相分离器，对升流式厌氧污泥床（UASB）构造进行一点改进。于第 90 天重新运行，第 105 天起将基质浓度降至 TN 为 120mg/L，如图 3-68 右侧曲线所示，反应器去除效果继续不断提高，至第 150 天，反应器去除负荷达到 5.13kgN/(m³·d)，去除率达到 76.34%。至此完成了 ANAMMOX 升流式厌氧污泥床的启动。

在 150d 内通过污泥的二次投加、HRT 的控制、基质的降低及反应器改造最终实现了颗粒污泥的启动，反应器 TN 去除负荷超过了 4kgN/(m³·d)，污泥粒径达到 1.0mm，在之后的 60d 内污泥处理效果不断强化，最终其平均 TN 去除负荷达到了 8.0kgN/(m³·d)，颗粒污泥平均粒径达到 1.48mm。

试验第 2 阶段（第 151～210 天），3 次提高进水流量，HRT 由 0.45h 降至 0.29h，上升流速由 4m/h 提高到 6.2m/h，以强化颗粒污泥的成长。试验结果如图 3-69 所示。脱氮效果继续提高，最高 TN 去除率达到 80%，平均 TN 去除率为 73.11%；而最高 TN 去除负荷达到 8.15kgN/(m³·d)，平均 TN 去除负荷达 7.7kgN/(m³·d)。表明反应器内活性污泥絮体颗粒在成长，污泥浓度在提高。

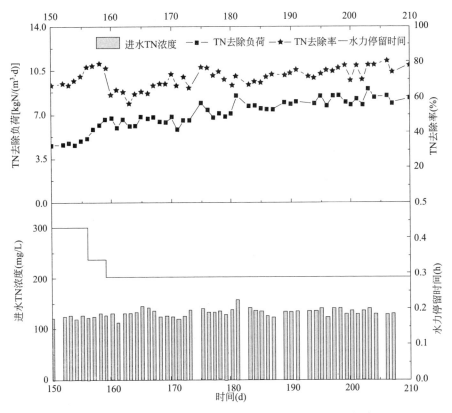

图 3-69　ANAMMOX 升流式厌氧污泥床提高滤速期运行效果

试验第 3 阶段为降水温和基质浓度阶段：

第 212～226 天春节期间将反应器内污泥取出，置于 4℃冰箱中存储，假期结束后，将污泥重新置于反应器中继续运行，发现反应器 TN 去除负荷由假期前的 7.40kgN/(m³·d)降至 4.50kgN/(m³·d)，并在之后的 3d 内保持稳定。为适应城市生活污水的常温条件，停止采用循环水浴对反应器温度进行控制，将温度降至室温水平的 18～21℃。

如图 3-70 所示，降温后反应器 TN 去除负荷降至 2.54kgN/(m³·d)。第 230～250 天，反应器 TN 去除负荷不断回升至 3.3kgN/(m³·d)，并在之后的 15d 内保持稳定，温度的降低并未使反应器失稳，其仍然能够较为高效地运行。

第 268 天进一步将基质浓度降至 50mg/L 的生活污水水平，如图 3-70 所示。反应器 TN 去除负荷下降致 2.45kgN/(m³·d)，并最终稳定在 2.70kgN/(m³·d)，平均 TN 去除率为 79%。

试验第 4 阶段为生活污水脱氮阶段：

生物滤池的研究结果表明：20mg/L 以下的 BOD 水平并未引起 ANAMMOX 反应的退化，甚至由于反硝化反应的存在，在一定程度上提高了反应器总体去除效果。因此从第 289 天起，反应器进水改为北京市某小区化粪池水经厌氧-好氧除磷-亚硝化工艺处理后的出水，TN 为 45～55mg/L，其中氨氮为 20～25mg/L，NO_2^--N 为 25～30mg/L；SS 为 10～20mg/L，BOD 为 7～20mg/L。试验结果如图 3-72 所示。第 289～295 天由于生活污

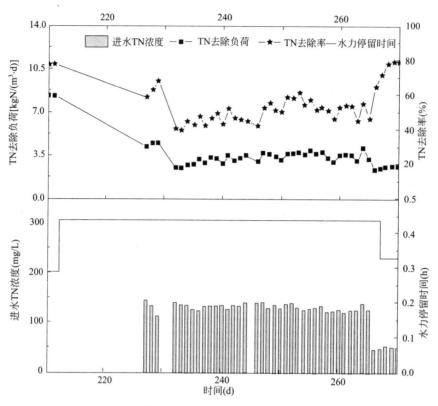

图 3-70　降温过程运行效果

水的引入，反应器处理效果出现波动，随后趋于稳定，TN 去除负荷和 TN 去除率略微提高。这是因为反应器中细菌复杂，除 ANAMMOX 菌外，还存在着包括异养反硝化菌在内的多种细菌，反硝化菌能够利用生活污水中存在的部分 BOD 实现对于 NO_3^--N 的部分去除，从而提高了系统的 TN 去除率。该阶段运行 60d 中反应器处理效果稳定，平均出水 TN 为 11.39mg/L，平均 TN 去除负荷为 2.77kgN/(m³·d)，平均 TN 去除率为 79%。出水 TN 基本满足《城镇污水处理厂污染物排放标准》的一级 A 标准要求。

3. 升流式厌氧污泥床（UASB）颗粒污泥粒径和浓度的增长分析

（1）污泥浓度的增长

试验中每隔 15d 对反应器内污泥浓度进行测定，如图 3-72 所示，反应器内污泥浓度的变化可分为 3 个阶段，即流失期、平稳期及高速增长期。污泥流失期为第 0～90 天。由于接种的是高活性生物膜污泥，污泥产气上浮明显，其自沉降能力较弱，上浮后不易下沉，三相分离器不足以将污泥全部截留，造成了污泥的大量流失，二次添加污泥后其流失更为明显。第 91～120 天为第一平稳期。将反应器改造后，由于火山岩填料的存在，能有效拦截大量的上浮污泥，上浮污泥随内循环被回流至反应器底部，第 105 天降低了进水基质浓度，进水 NH_4^+-N 浓度由 100mg/L 降低至 50mg/L，进水 NO_2^--N 浓度由 130mg/L 降低至 65mg/L，对应的 FNA 由 35.2ug/L 下降至 13.5ug/L，其抑制作用降低，颗粒污泥的处理效果上升，也进一步提高了污泥量的积累。经过 30d 的运行，火山岩滤料上部拦截的污泥附着在滤料上，使滤料层孔隙率不断下降，进一步提高了截留能力。测定结果显

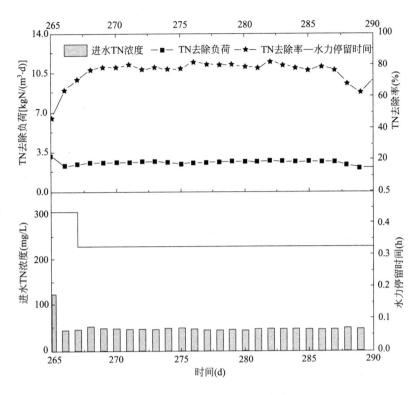

图 3-71　降基质过程运行效果

示，已初步形成肉眼可见的颗粒污泥图 3-75(a)，其较好的沉降性能降低了污泥流失。之后的第 121～225 天为污泥高速增长期。

颗粒污泥升流式厌氧污泥床较普通活性污泥法有着更高的容积负荷，这主要是由于其特殊的结构，能够在单位容积内获得更高的污泥浓度，提高了反应器内的污泥量，从而提高反应器处理效果。

(2) 颗粒污泥粒径的增长

试验过程中从第 105 天起采用湿式筛分法测定颗粒粒径分布，其结果如图 3-74 所示。第 105 天颗粒污泥的粒径大部分均集中于 0.9mm 以下，平均粒径为 0.65mm，尚有部分小于 0.3mm 的微粒存在；第 180 天颗粒污泥平均粒径已达到 1.46mm，且 70% 以上集中于 0.9～2.0mm，其余部分则平均分布在 0.6～0.9mm 与 2mm 以上两部分，表明反应器在运行过程中污泥粒径不断增大，并趋向于均匀；第 276d 颗粒污泥平均粒径已缓慢增长至 1.72mm，如图 3-75(b) 所示，而至第 310 天颗粒污泥平均粒径为 1.76mm，且各个粒径梯度污泥的百分比基本相同，表明在运行后期，颗粒污泥粒径已基本维持稳定。

从图 3-74 可知，颗粒粒径的增长主要集中在第 150～210 天，即污泥增长强化阶段。此阶段曾先后 2 次大幅度降低 HRT 提高上升流速，从而提高了反应器内的水力剪切力，水力筛选为颗粒污泥粒径的增长带来了外在动力，颗粒污泥迅速增长并趋于稳定。而另一方面此阶段污泥浓度迅速提高，有利于污泥间互相黏附，从而不断聚合变大。

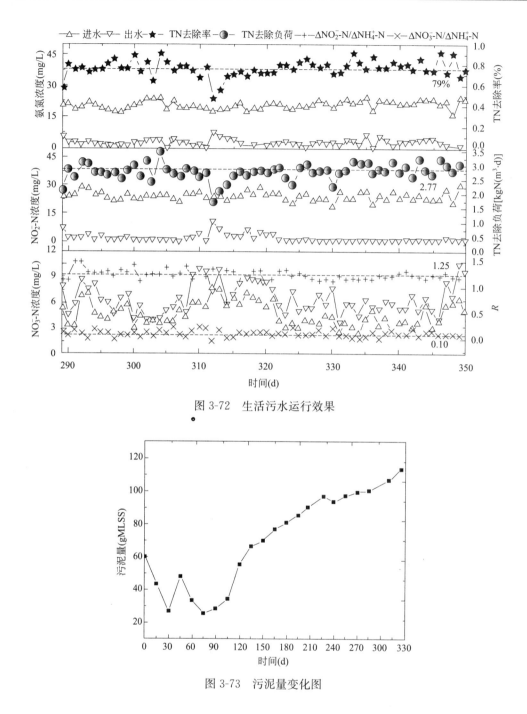

图 3-72 生活污水运行效果

图 3-73 污泥量变化图

3.4.2 改良型 UASB 的 ANAMMOX

目前，成功实现 ANAMMOX 反应的有厌氧生物滤池反应器、序批式厌氧污泥床、UASB 等。虽然 UASB 的密封性能较好，具有较高的污泥截留能力和较好的传质效果，能实现较高的处理负荷。但 ANAMMOX 菌为自养菌，增殖速度缓慢，在长期的运行过程中发现，随着断面流速的增大，其污泥流失严重，导致反应器的处理能力下降。因此

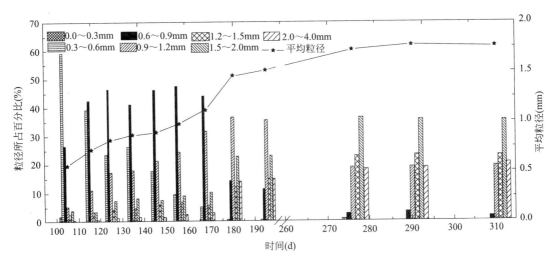

图 3-74　试验过程中颗粒污泥粒径的变化

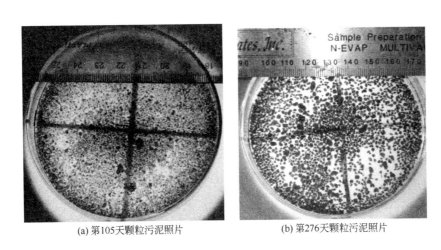

(a) 第105天颗粒污泥照片　　　　　　(b) 第276天颗粒污泥照片

图 3-75　颗粒污泥照片（文后彩图）

UASB 反应器结构的改进对于缩短 ANAMMOX 反应器的启动期具有重要的意义。

生物膜反应器中的载体具有吸附作用，使微生物黏附在其表面而形成一定厚度的生物膜，从而保证了较好的生物滞留作用，可减少污泥流失。

因此在 UASB 反应器上部添加聚乙烯辫带式填料，成为改良型升流式厌氧污泥床，可以强化生物滞留作用，减少污泥流失，其下部则为颗粒活性污泥区，将加速 ANAMMOX 反应器的快速启动。

1. 试验装置与试验方法

（1）试验装置

改良型升流式厌氧污泥床（UASB）如图 3-76 和图 3-77 所示，反应器内径为 10cm，总容积为 16L，有效容积为 7.8L。上部为生物膜反应区，高度为 0.5m，装填聚乙烯辫带式填料，填充比为 25%；下部为活性污泥反应区，高度为 0.5m。

（2）接种污泥

接种厌氧氨氧化火山岩生物滤柱洗脱后的生物膜，接种量为 39.8g。反应器外设置循环水浴，控制反应器为恒温。

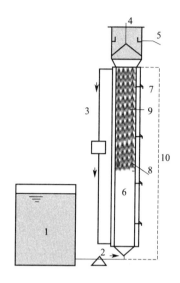

图 3-76　试验装置示意图

1—水箱；2—蠕动泵；3—循环水浴；4—排气口；

5—出水口；6—活性污泥反应区；7—取样口；

8—生物膜反应区；9—聚乙烯辫带式填料；

10—出水回流管路

图 3-77　启动及水力剪切试验装置照片
（文后彩图）

（3）试验方法

试验采用模拟废水，氨氮和 NO_2^--N 分别由 $(NH_4)_2SO_4$ 和 $NaNO_2$ 提供，同时投加微量元素浓缩液和 $KHCO_3$ 等碱度物质。在试验过程中根据氨氮浓度的变化分为 3 个阶段，各阶段的水质及控制参数见表 3-12 所列。按表中的模拟水质和断面流速反应器连续运行 203d，在反应器运行过程中，微生物量不断增加，为避免进水基质不足，影响 AN-AMMOX 菌的生长，当反应器对 TN 的去除率连续 3 d 超过 65％ 时即缩短 HRT，每次不超过 20％。

试验用水水质及控制参数　　表 3-12

阶段	时间	氨氮（mg/L）	NO_2^--N（mg/L）	断面流速（m/h）	温度（℃）
Ⅰ-1	第 0～47 天	170	230	0.23	34.9
Ⅰ-2	第 48～78 天	170	130	0.23	35.1
Ⅱ-1	第 79～129 天	100	130	0.23～1.04	33.2
Ⅱ-2	第 130～146 天	100	130	1.04	33.3
Ⅲ-1	第 147～169 天	55	78	1.04～4.68	30.2
Ⅲ-2	第 170～203 天	55	78	4.68	30.3

4）分析方法

氨氮采用纳氏试剂光度法测定，NO_2^--N 采用 N-（1-萘基）-乙二胺分光光度法测定，NO_3^--N 采用紫外分光光度法测定，pH、DO 采用在线及便携式测定仪测定。

颗粒粒径分布采用湿式筛分法测定，即将待测污泥放入配制好的磷酸缓冲液（磷酸二氢钾、磷酸二氢钠、磷酸氢二钾分别为 4g/L、5.1g/L、1.1g/L）中稀释，然后将标准筛按孔径大小由上而下放置，将混合的污泥样倒入筛网并用少量缓冲液淋洗，测定不同粒径范围的颗粒污泥的 TSS 与 VSS。

2. 结果与讨论

（1）改良型升流式厌氧污泥床的脱氮效果

反应器处理效果如图 3-78 所示。在 0～47d 反应器进水 TN 为 400mg/L，对 TN 的去除负荷经过 17d 后维持在(0.69 ±0.1)kgN/(m³·d)，平均去除率仅为 36.61%，难以增长。

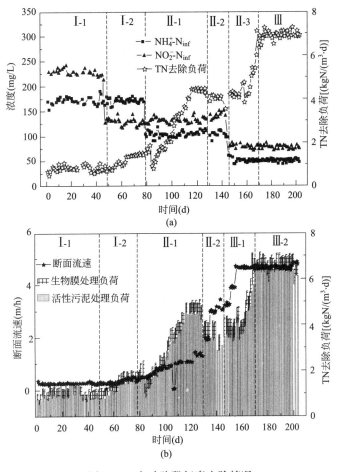

图 3-78　启动阶段氮素去除情况

在第 48～78 天维持进水 NH_4^+-N 浓度不变，将进水 NO_2^--N 浓度由 230mg/L 降低至 130mg/L，对 TN 的去除负荷随即快速增长，至第 68 天去除负荷达到了 1.40kgN/(m³·d)，去除率上升至 61.85%，并连续 10d TN 的去除负荷维持在 1.40kgN/(m³·d)。

在第 79～129 天再将进水 NH_4^+-N 浓度由 170mg/L 降至 100mg/L，并不断增大断面流速。到第 110 天反应器断面流速升至 1.04m/h，对 TN 的去除负荷增至 4.43kgN/(m³·d)。

自第 130 天起由于进水 pH 过低，在进水中添加 NaHCO₃，由于进水碱度不稳定，导致对 TN 的去除负荷出现波动。至第 146 天进水碱度稳定后，对 TN 的去除负荷也恢复稳定，维持在 $4.24kgN/(m^3 \cdot d)$。

在 $147 \sim 169d$ 降低进水 NH_4^+-N 至 55mg/L、NO_2^--N 至 78mg/L，不断增大反应器断面流速，对 TN 的去除负荷出现快速增长，至第 169 天断面流速增至 4.68m/h，平均 TN 去除负荷达到 $7.11kgN/(m^3 \cdot d)$。

在第 $170 \sim 203$ 天对 TN 的去除负荷稳定在 $(7.11 \pm 0.10)kgN/(m^3 \cdot d)$，为厌氧生物滤池的 2 倍，充分表明了改良型升流式厌氧污泥床的强力持有高污泥浓度和脱氮能力。

（2）FA、FNA 与脱氮效果

试验表明，在阶段 Ⅰ-1 中 NO_2^--N 浓度为 230mg/L，相应 FNA 浓度为 85μg/L，TN 去除负荷稳定在 $0.69kgN/(m^3 \cdot d)$；在阶段 Ⅰ-2 中 NO_2^--N 浓度为 130mg/L，FNA 降至 40μg/L，TN 去除负荷即呈线性增长最终达到 $1.40kgN/(m^3 \cdot d)$，增长 1 倍。可解释为在阶段 Ⅰ-1 中 ANAMMOX 菌的活性受到 FNA 抑制，致使 TN 去除负荷难以增长。FA 与 FNA 是 ANAMMOX 反应的重要影响因素。Waki 等的研究表明，FA 为 $13 \sim 90mg/L$ 时厌氧氨氧化会受到抑制。试验过程中 FA 浓度始终在 4.55mg/L 以下，远远低于抑制浓度范围，因此在Ⅰ-1 阶段中 FA 不是抑制 ANAMMOX 菌活性及导致负荷难以增长的主要因素。

Chen 等在运行 EGSB 反应器时发现 FNA 浓度为 134.4μg/L 时，ANAMMOX 菌的活性会受到抑制。郑平等利用 UASB 研究得出 FNA 浓度为 77.7μg/L 时，ANAMMOX 菌的活性降低了 12%。本试验过程中，在阶段Ⅰ-1 浓度为 85μg/L 的 FNA 抑制了 ANAMMOX 反应。由此看来 ANAMMOX 更适应于低 NH_4^+-N 污水，瓶颈在于稳定的亚硝化率。

（3）聚乙烯瓣带式填料的作用

本试验采用上部添加聚乙烯瓣带式填料的 UASB，通过不断降低 HRT，在第 155 天时对 TN 的去除负荷即达到 $7.11kgN/(m^3 \cdot d)$。与相关研究相比有了重大突破，左剑恶利用 UASB 在 220d 内完成了 ANAMMOX 工艺的启动，但容积负荷仅为 $0.43kgN/(m^3 \cdot d)$。这是因为 UASB-ANAMMOX 反应器虽然具有较好的污泥持留能力，但是随着断面流速的改变，仍会造成一定量的 ANAMMOX 优势菌种流失，妨害了 UASB-ANAMMOX 反应器去除负荷的增长。

为验证在 UASB 反应器上部添加聚乙烯瓣带式填料对 ANAMMOX 菌的截流作用，在该试验结束后，拆除上部聚乙烯瓣带式填料，重新接种上向流生物滤柱洗脱后的生物膜进行试验研究，控制起始 HRT 为 1.80h，结果如图 3-79 所示。运行 54d 后反应器中污泥浓度由 17.1g/L 降至 2.37g/L，对总氮的去除负荷由起始的 $3.1kgN/(m^3 \cdot d)$ 降至 $0.5kgN/(m^3 \cdot d)$。于是在 UASB 上部重新填充聚乙烯瓣带式填料，控制 HRT 为 1.25h 继续运行，当对 TN 的去除率连续 3d 超过 65% 之后再缩短 HRT，每次不超过 20%。结果显示，污泥浓度与对 TN 的去除负荷在添加填料后开始逐步增加，至第 123 天污泥浓度增至 4.87g/L，去除负荷升至 $9.24kgN/(m^3 \cdot d)$。可见，在不断增大断面流速之时，聚乙烯瓣带式填料能有效减少污泥的流失，保证了其污泥浓度，从而在较短的时间内实现较高的处理负荷。

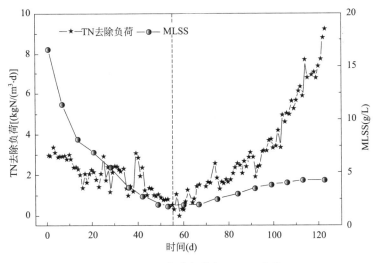

图 3-79　TN 去除负荷与 MLSS 变化

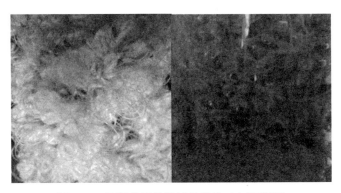

图 3-80　挂膜前后软性填料照片（文后彩图）

　　UASB 反应器上部添加聚乙烯瓣带式填料不但起到截流 ANOMMOX 污泥的作用，而且本身也是 ANOMMOX 生物膜的良好载体。试验过程中对上部生物膜区的处理能力进行了测定，如图 3-78(b) 所示，在整个试验过程中，虽然 HRT 不断缩短，使得反应器中断面流速不断增大，但是上部生物膜的处理能力基本维持不变，为 (0.5 ± 0.2) kgN/$(m^3 \cdot d)$。表明改良型 UASB 上部的聚乙烯填料表面因形成 ANAMMOX 生物膜，增加了反应器中的微生物量，提高了反应器的处理能力。图 3-80 为挂膜前后软性填料照片。

　　一般而言，在 UASB 反应器中随着断面流速不断增大，对 TN 的去除负荷虽然不断增加，但是对 TN 的去除率会有所下降。在本试验中当断面流速增大时，对 TN 的去除负荷不断增大，而去除率却基本保持不变。表明上部填充聚乙烯瓣带式填料的 UASB 与普通 UASB 相比，具有较强的抗水力冲击能力。

　　综上所述，反应器上部添加的填料具有良好的吸附作用，使微生物黏附在其表面形成一定厚度的生物膜，对反应器的污泥起到很好的截留作用，减少了污泥流失，有利于 ANAMMOX 反应器的快速启动；同时填料又为微生物提供了良好的载体，增加了反应器中的生物量，提高了反应器的处理负荷。

（4）颗粒污泥形成及特征

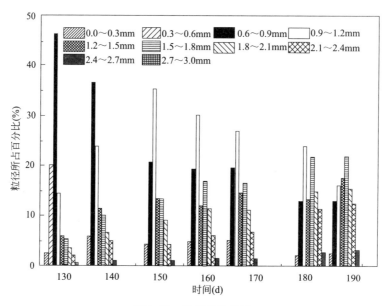

图 3-81　粒径变化曲线

在试验进行到第 25 天时，发现反应器中出现肉眼可见的颗粒。从第 130 天开始利用湿氏筛分法测定反应器中颗粒污泥粒径分布，如图 3-81 所示，在第 130 天时粒径范围在 0.60～0.90mm 的颗粒污泥占有量最大，约占污泥总量的 46.00％，其余粒径范围占有量为 54％。随着试验的进行至第 188 天时粒径范围在 1.50～1.80mm 的颗粒污泥的占有量增至最大，为 22.00％，且反应器中 ANAMMOX 颗粒污泥的平均粒径已由第 130 天时的 1.05mm 增加到第 188 天时的 1.55mm。通过对反应器中污泥量进行测定，发现在整个试验过程中，污泥总体积基本没发生变化，但颗粒污泥的平均粒径增长 0.50mm，可见试验进行中污泥颗粒的数量在减少，粒径在增大。据此分析反应器中 ANAMMOX 颗粒污泥的形成过程是，邻近细胞或者细胞与其他颗粒物质相互碰撞，黏合在一起，最终导致颗粒污泥的形成以及颗粒污泥粒径的增长，颗粒污泥照片见图 3-82。

（5）断面滤速对反应器氮素去除效果的影响

为了探索水力剪切力对 ANAMMOX 颗粒污泥形态以及反应器运行效果的影响。本试验在保持进水负荷不变的情况下，通过改变回流流量来调控反应器中断面流速，进而改变反应器中水力剪切力的变化，考察在此过程中水力条件的改变对反应器运行效果及 ANAMMOX 颗粒污泥形态

图 3-82　颗粒污泥照片及显微镜
照片（文后彩图）

的影响，为以后 ANAMMOX 颗粒污泥的启动以及稳定运行提供理论支持。

合适的回流比会稀释反应器中基质浓度，降低反应器中的 FA、FNA，以利于 ANA-MMOX 反应的进行，从而增加 TN 去除负荷。本试验进水 TN 小于 150.00mg/L，FA、

FNA 浓度远小于 ANAMMOX 的抑制浓度，因此出水回流的增加仅起到提升断面滤速的作用。

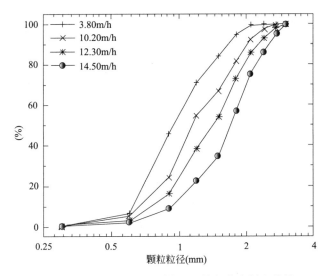

图 3-83 不同断面流速颗粒污泥粒径分布累积曲线

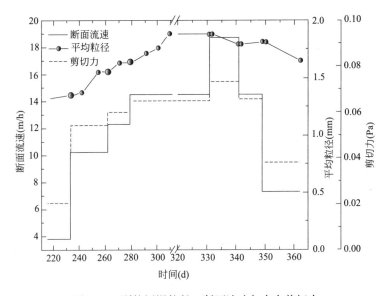

图 3-84 颗粒污泥粒径、断面滤速与水力剪切力

利用颗粒污泥湿氏筛分法对试验过程中 ANAMMOX 污泥的颗粒粒径进行跟踪测定，断面滤速为 3.80m/h、10.20m/h、12.30m/h、14.50m/h 时污泥颗粒粒径分布累积曲线如图 3-83 所示；50％频率的粒径视为平均粒径，再利用 Hagen-Poiseuille 公式求水力剪切力，各断面滤速下的平均粒径（和水力剪切力）如图 3-84 所示。由图 3-83 和图 3-84 可知，当断面流速由 3.80m/h 增至 14.50m/h，水力剪切力由 0.005Pa 提高到 0.067Pa，颗粒污泥的平均粒径随着断面滤速的提高而增大，由 1.35mm 增至 1.88mm。颗粒污泥累积曲线逐渐向右平移，表明反应器中小粒径范围的颗粒污泥含量减少，大粒径的颗粒污泥含

量增加，粒径大于 1.55mm 的颗粒污泥的含量由 20.00％增至 70.00％。

　　试验中还观察到，在每个增大断面滤速下，颗粒污泥粒径会经历先增长后逐渐趋于稳定的过程。通过对 0.020Pa（3.8m/h）、0.053Pa（10.2m/h）2 种水力条件下，ANAMMOX 菌 EPS 含量的测定，发现随着水力剪切的增大，多糖 PS 分泌量由 1.25g/gVSS 增至 1.93g/gVSS，蛋白质（PN）分泌量由 1.11g/gVSS 降至 0.62g/gVSS，PS/PN 显著增大。新增大水力剪切力，刺激了颗粒污泥表面 EPS 的分泌，从而颗粒间以及颗粒与悬浮物间在水力循环碰触过程中凝聚长大。

　　当断面流速由 14.50m/h 增大至 18.70m/h，水力剪切力达到 0.074Pa 时，发现反应器出水浑浊，出现污泥流失现象，颗粒污泥累积曲线向左平移，如图 3-84 所示，表明反应器中颗粒污泥出现破碎，且平均粒径由 1.88mm 降至 1.75mm。此后将断面滤速经 14.50m/h 降至 7.30m/h，污泥流失现象没有出现预期中的减少或停止，反而出现更多的污泥流失，颗粒在高滤速冲击破坏后，通过降低滤速难以恢复至原来的效果。根据整个试验过程中 ANAMMOX 颗粒污泥平均粒径的变化可知，当断面流速为 18.7m/h 时，虽然 ANAMMOX 颗粒污泥表面 EPS 浓度较大，但由于反应器中的水力剪切过大，使 ANAMMOX 颗粒污泥破碎，粒径减小，污泥结构变的疏松，随着出水被洗脱出反应器，从而导致反应器中污泥总量减少。试验过程中各断面流速下反应器内污泥总量如图 3-85 所示。不同断面流速下颗粒污泥变化照片见图 3-86。

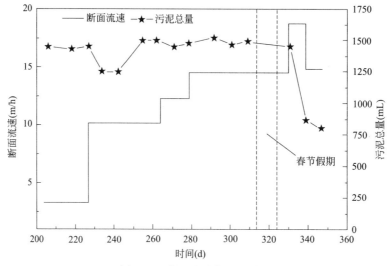

图 3-85　断面流速与污泥总量

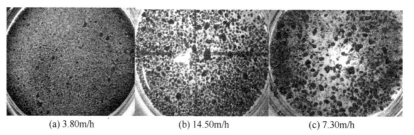

(a) 3.80m/h　　　　　　(b) 14.50m/h　　　　　　(c) 7.30m/h

图 3-86　试验中颗粒污泥变化照片（文后彩图）

综上所述，水力剪切对于颗粒污泥的影响主要有两方面：一是水力剪切能够刺激颗粒污泥 EPS 的分泌，促进颗粒污泥的形成；二是水力剪切对颗粒污泥起到一定程度的剪切作用，对颗粒污泥起到破坏作用，水力剪切力直接影响着污泥颗粒化的过程是否顺利进行及颗粒污泥的机械强度、稳定性。因此，调控合适的水力剪切，对颗粒污泥的形成以及稳定运行具有重要的作用。由 Hagen-Poiseuille 公式可知，断面滤速直接影响反应器中的水力剪切力。

（6）ANAMMOX 颗粒污泥活性分析

为了探索 ANAMMOX 颗粒污泥的处理能力与粒径之间的关系，探求反应器内污泥最佳粒径范围，本试验取稳定运行的反应器中的 ANAMMOX 颗粒污泥，考察不同粒径范围下的污泥的处理能力。

试验中连续 10d 取出反应器中 ANAMMOX 颗粒污泥，对 0.00～0.50mm、0.50～1.00mm、1.00～1.50mm、1.50～2.00mm、＞2.00mm 的 5 种不同粒径组分的颗粒污泥的 ANAMMOX 速率进行测定，结果如图 3-87 所示。

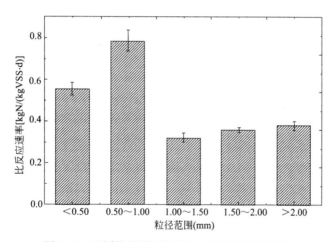

图 3-87　不同粒径范围污泥的 ANAMMOX 速率

当粒径范围处于 0.50～1.00mm 时，ANAMMOX 颗粒污泥的处理能力最强，为 0.786kgN/（kgVSS·d）；当粒径范围大于 1.00mm 时，ANAMMOX 颗粒污泥的处理能力基本不变，均为 0.35kgN/（kgVSS·d）。分析其原因是：在颗粒污泥表面厚度 0.00～0.50mm 处基质传质能力较好，对整个颗粒污泥的 TN 去除负荷起到重要作用；而污泥颗粒内部与基质少有接触，因而 ANOMMOX 反应较弱。粒径 0.50～1.00mm 时，在同等污泥浓度下参与反应的 ANOMMOX 污泥最多，所以总体污泥去除负荷率最高。

（7）ANAMMOX 颗粒污泥的代谢

在运行过程中发现，在反应器内部液面漂浮一些粒径较大的 ANAMMOX 颗粒污泥，通过对颗粒污泥的粒径进行测量，平均粒径为 4.50mm，如图 3-88 所示。切开颗粒并通过显微镜观察，发现在颗粒污泥的内部存在空腔，如图 3-89 所示。分析空腔颗粒形成的可能原因：一是在颗粒污泥在形成过程中，由于粒径过大，导致基质传质能力较差，使得内部菌死亡并被分解，从而形成空腔，因此使得颗粒上浮而随水流出池外，完成颗粒污泥的成长代谢过程。

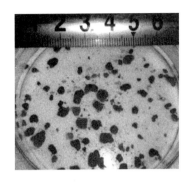 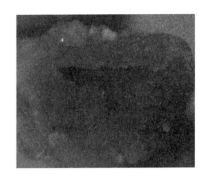

图 3-88　漂浮颗粒照片（文后彩图）　　　图 3-89　漂浮颗粒刨切显微镜照片（文后彩图）

3.5　两级式生活污水 ANAMMOX 研究

在常温条件下，分别采用悬浮污泥法反应器和生物滤池，培养了 AOB 和 ANAMMOX 菌，并在此基础上将 2 个反应器耦合，实现了城市污水的自养脱氮。试验结果表明，低 DO 控制是实现亚硝化的关键，结合 HRT 的调整，可为 ANAMMOX 反应提供适宜的水质，试验条件下确定的 DO 控制水平和 HRT 分别为 0.3～0.5mg/L、6～8h。两级式生物自养脱氮工艺，在常温条件下能够用于处理城市污水。

在常温、低 NH$_4^+$-N 城市污水条件下的亚硝化和 ANAMMOX 工艺大量试验研究的基础上，拟分别采用悬浮污泥法反应器和生物滤池，培养 AOB 和 ANAMMOX 细菌，并将 2 个反应器进行优化组合，实现常温城市污水 SHARON-ANAMMOX 工艺的自养脱氮试验流程，为 ANAMMOX 在城市污水中的工程化应用提供技术支持。

1. 材料与方法

（1）试验装置

亚硝化试验装置将曝气区和沉淀区设计在同一个反应器内，2 个区的有效容积分别为 28L 和 112L，通过调整蠕动泵的转速来控制进水 Q 和回流污泥 q，通过空气流量计来控制主反应区内的曝气量，通过搅拌机使主反应区内液体处于完全混合状态，并安装在线仪器分别监测主反应区的 ORP、pH、电导率和 DO。

ANAMMOX 生物滤池内径 70mm，高度 2.0m，柱内装填粒径为 5.0～8.0mm 的页岩陶粒，装填高度为 1.5m，底部设 300mm 高的鹅卵石承托层，滤柱壁上每 200mm 设一个取样口，水流方向采用上流式。

（2）试验用水

试验原水以某大学教工家属区生活污水经厌氧/好氧（A/O）生物除磷工艺处理后的出水为原污水，具体水质见表 3-13 所列。

亚硝化试验用水水质　　　　　　　　　　　　　　　　表 3-13

项目	COD$_{Cr}$ (mg/L)	SS (mg/L)	氨氮 (mg/L)	NO$_2^-$-N (mg/L)	NO$_3^-$-N (mg/L)	TP (mg/L)	水温（℃）	pH
范围	40～100	≤30	50～90	<1	<1	≤1	8～26	7.5～8

（3）分析项目及检测方法

水样分析项目中 NH_4^+-N 采用纳氏试剂光度法，NO_2^--N 采用 N-（1-萘基）-乙二胺光度法，NO_3^--N 采用麝香草酚分光光度法，DO 和温度采用 WTW inoLab StirrOx G 多功能溶解氧在线测定仪，pH 采用 OAKLON Waterproof pHTestr 10BNC 型 pH 测定仪，COD_{Cr} 按中国国家环保局和美国环境总署发布的标准方法测定。由于试验用水中的有机氮含量较低，故以"三氮"浓度之和来表示 TN 的浓度。另外，试验过程中，每次改变进水的基质浓度时，运行 1d 后再取样化验。

2. 结果与讨论

（1）亚硝化反应器的启动

亚硝化反应器启动初期，向系统接入具有硝化功能的普通污泥，控制处理水中的 DO 浓度在 2～4mg/L 范围之间，运行 8～10d 以后，反应器出水硝化率达到 50%，认为好氧硝化污泥驯化成功。在此基础上，向反应器进水中投加铵盐，使处理水中的 NH_4^+-N 浓度达到 190～240mg/L，并将 DO 控制在 0.1～0.5mg/L，在此条件下运行 15d 以后，停止向反应器中投加铵盐，继续控制 DO 在 0.1～0.5mg/L 之间，当反应器亚硝化率超过 50% 时，认为 NOB 已经受到明显的抑制和淘汰。在上述条件下继续运行，期间主要对 HRT 进行调整，连续运行 31d，反应器亚硝率基本上维持在 80% 左右（图 3-90），同时氨氮：NO_2^--N 基本上维持在 1：1～1：1.3 之间（图 3-91），出水 NO_3^--N 浓度小于 10mg/L，水质基本满足 ANAMMOX 反应的要求，这说明在连续流悬浮污泥法工艺中常温城市污水的部分亚硝化取得了初步成功。

由图 3-90 可知，在进水（A/O 生物除磷单元的出水）水质不变的情况下，通过低 DO 控制途径，可以实现常温低 NH_4^+-N 城市污水的稳定亚硝化。

图 3-91 是 NO_2^--N/NH_4^+-N 的变化曲线。在实现城市稳定亚硝化的基础上，通过调整运行参数 HRT，可以改变反应器出水的 NO_2^--N/NH_4^+-N 比值，虽然在试验过程中，NO_2^--N/NH_4^+-N 比值的变化幅度比较大，但其平均值基本符合 ANAMMOX 反应的要求。因此，为了稳定水质，应该在 ANMMOX 反应器进水之前安装专用于调节水质水量的配水箱。

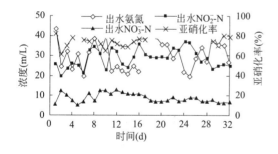
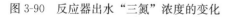

图 3-90 反应器出水"三氮"浓度的变化

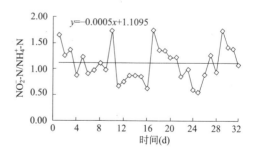

图 3-91 NO_2^--N/NH_4^+-N 比值的变化

反应器长期运行结果表明，在常温低氨氮城市污水条件下，实现部分亚硝化的优化运行工况为：$Q_{进水}$ 约为 4L/h，$Q_{污泥回流}$ 为 2～4L/h，DO 为 0.3～0.5mg/L，$MLSS_{主反应区}$ 为 1200～1800mg/L，HRT 为 6～8h，泥龄较长（试验过程中未进行排泥，但存在污泥上浮和流失现象）。

（2）ANAMMOX 反应器的快速启动

ANAMMOX 生物滤柱反应器在启动初期接种实验室培养的 ANAMMOX 颗粒污泥（含陶粒填料，粒径 3～5mm），接种量为 2L，接种方式为完全混合式（与 4L 粒径为 6-8mm 火山岩混合）。进水为 A/O 工艺装置处理水，在进水中投加 NaNO₂，为 ANAMMOX 提供必需的反应基质。历经 2 个月左右，系统对 TN 的去除负荷从 0.2kg/（m³·d）以下增加至 1kg/（m³·d）以上（图 3-92），认为 ANAMMOX 反应器启动成功。

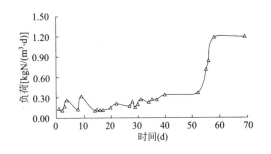

图 3-92　ANAMMOX 生物滤池
启动过程 TN 去除负荷

图 3-93　配水箱中水质的变化

（3）SHAROH-ANAMMOX 两级联合工艺

将悬浮污泥法部分亚硝化反应器的出水收集至 100L 的配水桶中，每天水质略有波动，平均水温为 12.5℃，如图 3-93 所示，通过蠕动泵将配水桶中部分亚硝化的出水送入启动成熟的 ANAMMOX 生物膜反应器中，水流方式为上向流。每天检测 ANAMMOX 反应器进出水的"三氮"。

SHARON-ANAMMOX 工艺运行效果如图 3-94 所示。

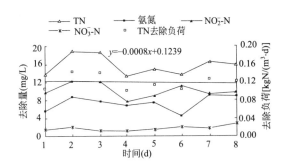

图 3-94　SHAROH-ANAMMOX 工艺运行效果

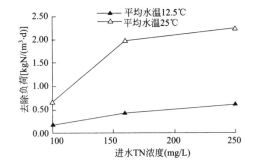

图 3-95　不同基质浓度和温度对
ANAMMOX 反应的影响

由图 3-94 可知，在较低温度下，活性污泥法亚硝化单元与生物膜法 ANAMMOX 单元组成的两级式生物自养脱氮工艺，其运行效果较为稳定，进水 TN 为 50～90mg/L，出水为 12～18mg/L，TN 去除负荷变化趋势线的斜率接近于 0，这说明部分亚硝化出水的水质对于 ANAMMOX 反应是适宜的。然而，由于试验期间水温较低，TN 去除负荷较低，基本维持在 0.12kgN/（m³·d）左右。温度对 ANAMMOX 反应活性的影响较大，在一定程度上要明显大于基质浓度对 ANAMMOX 的影响，不同基质浓度条件下，温度对 ANAMMOX 反应活性的影响效果如图 3-95 所示。部分亚硝化工艺在长期低 DO 运行条件（DO<0.5mg/L）下，TN 损失明显，经计算分析，TN 损失率可达 20% 以上，其原因在于在部分亚硝化反应系统内同时存在着异养反硝化或自养脱氮作用，有关其作用机理和微生物方面的研究有待以后进一步探讨。

由于两级式 SHARON-ANAMMOX 工艺的联合运行方式为直接串联，其优化途径主要在于各单元本身运行的稳定性和负荷的提高，有关其优化方面的研究将在本试验基础上进一步探讨。

3. 结论

（1）低 DO 是城市污水亚硝化反应器的启动与运行经济可靠的主要手段，本试验确定的 DO 控制范围为 0.3～0.5mg/L，短期投加铵盐的方式作为辅助手段，成功启动与运行了城市污水亚硝化反应器。

（2）在亚硝化稳定运行的基础上，通过调整 HRT 可以实现部分亚硝化，为 ANAMMOX 工艺提供适宜的进水水质，本试验条件下确定的 HRT 为 6～8h。

（3）两级式生物自养脱氮工艺，在常温条件下能够用于处理城市污水。当温度低于 15℃ 时，相对于亚硝化单元，ANAMMOX 处理单元受到的影响较为明显。

第 4 章 城市生活污水 CANON 试验研究

CANON 工艺（Completely autotrophic nitrogen-removal over nitrite，CANON）是 Third 等开发的一种新型脱氮工艺。在 CANON 工艺中，AOB 与 ANAMMOX 共存于同一个反应器中。其中 AOB 是好氧菌，位于填料或污泥絮体的外层，以 O_2 作电子受体，将氨氮氧化为 NO_2^-，其反应式如式（4-1）所示；ANAMMOX 菌是厌氧菌，位于填料或污泥絮体的内层，以氨氮氧化产生的 NO_2^- 作电子受体，与剩余的氨氮共同转化为 N_2 而释出，并产生少量的 NO_3^-，其反应式如式（4-2）所示；对以上两式进行整理，可得到 CANON 工艺的整体反应方程，如式（4-3）所示

$$NH_3 + 1.5O_2 \longrightarrow NO_2^- + H^+ + H_2O \tag{4-1}$$

$$NH_3 + 1.32NO_2^- + H^+ \longrightarrow 1.02N_2 + 0.26NO_3^- + H_2O \tag{4-2}$$

$$NH_3 + 0.85O_2 \longrightarrow 0.11NO_3^- + 0.44N_2 + 0.14H^+ 1.43H_2O \tag{4-3}$$

全程自养脱氮工艺与分体式 SHARON-ANAMMOX 工艺一样，具有无需碳源，节省曝气量，降低污泥产量，减少温室气体排放量等诸多优点，是一种可持续发展的脱氮工艺，同时也是迄今为止最简捷的脱氮途径。

CANON 工艺由于部分亚硝化和 ANAMMOX 在同一空间内发生，也许对于常温低氨氮污水更易于亚硝化反应和 ANAMMOX 反应的持续稳定进行。

4.1 高温高氨氮废水 CANON 反应器启动研究

采用 4 组反应器即：海绵填料（A）反应器 I、改性聚乙烯填料反应器 II、海绵填料（B）反应器 III 和火山岩填料 CANON 反应器 IV 针对高温高氨氮废水探讨 CANON 的启动，为进一步研讨生活污水 CANON 的可行性提供基础。

4.1.1 高温高氨氮 CANON 反应器的好氧启动

目前，CANON 工艺在首次构建时，多以人工配制适宜 NO_2^--N/NH_4^+-N 比值的原水来厌氧启动 ANAMMOX 反应，然后转为好氧状态，再逐渐启动 CANON 工艺，这样的启动方式固然可避免启动初期氧对 ANAMMOX 的抑制作用，降低了 CANON 工艺的启动难度，但需人为添加 NO_2^--N，导致了大量 NO_2^--N 浪费。

本试验在好氧条件下启动 CANON 反应器，即首先培养亚硝化生物膜，然后再限氧培育 ANAMMOX 菌来完成 CANON 的启动。

1. 试验装置与试验用水

反应器 I 由有机玻璃制成，总体积为 3.85L。进水流量为 18～25L/d。原水由反应器底部进入后，由上部出水口排出，如图 4-1 所示。反应器内添加海绵填料——海绵 A，海

绵 A 的规格为 $2cm\times2cm\times2cm$，平均湿密度为 $1g/cm^3$，孔隙率为 50%，孔径为 $2\sim3mm$，如图 4-2 所示，填充率为 $75\%\sim90\%$。反应器内的温度通过水浴夹套中的热水循环进行调节，热水温度由 XMT-102 型温度控制仪控制，使反应器内的温度处于 $(35\pm1)\,^{\circ}\!C$。反应器内 pH 通过 HI 931700 型 pH 控制仪控制在 $7.39\sim8.01$ 之间。曝气量通过转子流量计调节并计量，由反应器底部曝气环向反应器Ⅰ曝气。

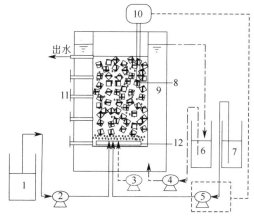

图 4-1　反应器Ⅰ试验装置及工艺流程图

1—原水水箱；2—进水泵；3—空气泵；4—循环水泵；

5—加碱泵；6—恒温水箱；7—碱液箱；8—海绵 A；

9—水浴夹套；10—pH 控制仪；11—取样口；12—曝气环

图 4-2　反应器Ⅰ所采用的填料海绵 A（文后彩图）

反应器Ⅰ始终处于好氧状态，不接种 ANAMMOX 污泥，以研究 CANON 反应器中 ANAMMOX 菌自身培育和对 DO 的适应性。

试验用水均采用人工配水。配水由自来水中添加适量的 NH_4Cl、$NaHCO_3$、NaCl 与 K_2HPO_4 配置而成。除进行 COD 试验时间段内原水中含有 COD 外，绝大多数时间内进水中没有 COD，即试验用水为不含有机碳源的高氨氮废水。考虑到自来水中含有大量微量元素，不再进行微量元素的投加。自来水中存在近乎饱和的 DO，在试验过程中没有对 DO 进行吹脱，原水水箱也没有密闭，因此大气和液面也会有不断的气体交换，造成原水中的部分氨氮被氧化成 NO_2^--N。自来水本身含有的 NO_3^--N 是原水中 NO_3^--N 的主要来源。原水水质的主要指标见表 4-1 所列。

					表 4-1

原水水质

氨氮 （mg/L）	NO_2^--N （mg/L）	NO_3^--N （mg/L）	PO_4^{3-}-P （mg/L）	NaCl （mg/L）	pH
$120\sim600$	$0\sim10$	$3\sim5$	$2\sim10$	400	$7.5\sim8.5$

2. 亚硝酸化生物膜的培养

反应器Ⅰ接种污泥来自于本实验室内 SBR 反应器的普通活性污泥。SBR 反应器处理的污水为北京某大学家属区生活污水。首先将填料置于活性污泥中浸泡 24h，使活性污泥吸附于海绵中，然后将海绵填料置于反应器Ⅰ中，填料的初始填充度为 75%，水温控制在 $(35\pm1)\,^{\circ}\!C$，pH 控制在 $7.39\sim8.01$ 之间。培养过程中反应器没有采取任何避光措施，原水未进行任何脱氧处理。原水由水箱经蠕动泵泵入反应器，进水流量为 18～25L/d，HRT 约 5～3.7h。

运行初期，由于填料内部仍然含有少量气泡，填料的平均密度小于 $1g/cm^3$，使填料在反应器中处于漂浮状态。随着启动时间的延长，填料内部的气泡逐渐溢出，生物膜开始在填料表面与内部生长，使得填料的平均密度大于 $1g/cm^3$，填料全部下沉至反应器底部。

亚硝酸化反应器培养过程中，氨氮、$NO_2^- $-N 和 $NO_3^- $-N 变化如图 4-3 所示。

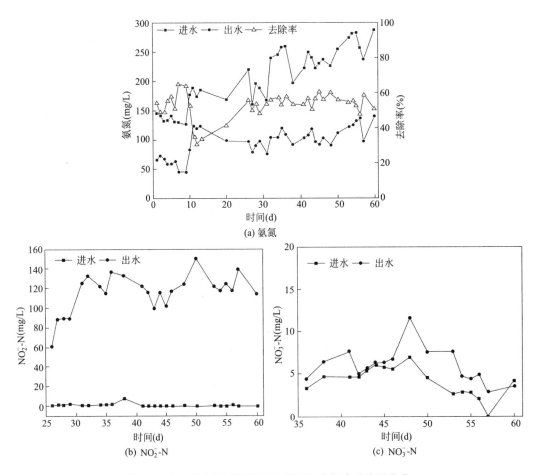

图 4-3　反应器 I 半亚硝酸化培养过程中氮素浓度的变化

前 26d 内曝气量维持在 $12.5～15.6m^3/(m^3 \cdot h)$。如图 4-3 所示，反应器表现出一定的硝化效果，说明在接种的 SBR 活性污泥中存在一定数量的硝化菌。0～9d 内进水氨氮浓度维持在 120～140mg/L 之间，出水氨氮随着时间的延长而降低，至第 9 天时，氨氮去除率上升至 65%；增大进水氨氮浓度至约 180mg/L 后，氨氮去除率迅速降低至 30%，后又开始上升，至第 27 天后氨氮去除率再次达到 50%～60% 之间。继续提高进水氨氮浓度至 280mg/L，辅以适当调节曝气量，氨氮去除率维持稳定。在启动过程中，虽然氨氮去除率因为进水氨氮浓度的提高而出现短暂大幅下降，但氨氮去除量有增无减，氨氮去除负荷一直呈现上升趋势，由反应初期的 $0.3kgN/(m^3 \cdot d)$ 逐渐上升到 $0.68kgN/(m^3 \cdot d)$。

如图 4-3（b）所示，NO_2^--N 从第 25 天开始检测时，就发现出水 NO_2^--N 浓度已达到 60mg/L，至第 35 天时出水 NO_2^--N 浓度达到 140mg/L。在以后的时间中，NO_2^--N 基本稳定在 100～150mg/L 之间；

NO_3^--N 从第 35 天开始检测，如图 4-3（c）所示。进出水 NO_3^--N 浓度相对稳定，进水 NO_3^--N 浓度维持在 5mg/L 以下，最高出水 NO_3^--N 浓度为 12mg/L，平均出水 NO_3^--N 浓度仅比进水 NO_3^--N 浓度高 1.87mg/L。因此，亚硝化率（NO_2^--N/NO_x-N）很高，平均值达到 98%。

反应器水温控制在（35±1）℃，pH 控制在 7.39～8.01 之间，HRT 为 5h，在进水氨氮浓度 280mg/L 和充足曝气量的条件下，经一个月的培养成功启动了填料活性污泥法半亚硝酸化反应器。

在本试验中能够建立半亚硝酸化且维持稳定的原因，经分析主要有以下 2 点：

（1）温度控制的作用。NO_2^--N 累积的最佳温度是 30～36℃，在这个温度下，AOB 的生长速率明显快于 NOB 的生长速率。本反应器控制温度（35±1）℃，处于 NO_2^--N 累积的最佳温度，易于形成 AOB 对 NOB 的生长优势。SHARON 工艺原理正是利用了在此温度范围内，通过污泥龄控制使 NOB 逐渐被淘洗出反应器而获得了稳定的亚硝化。

（2）FA 抑制的作用。Anthonisen 发现 FA 对 AOB 和 NOB 都有抑制作用，但 NOB 比 AOB 更敏感。FA 对 NOB 和 AOB 的抑制浓度分别为 0.1～1.0mg/L 和 10～150mg/L。若控制 FA 浓度在这二者之间，便可起到只抑制 NOB 而不抑制 AOB 的效果。在本试验中，pH 通过 pH 控制仪控制在 7.39～8.01，氨氮浓度 180～280mg/L。使 FA 的浓度处于 2.89～12.37mg/L，处于只对 NOB 产生抑制而对 AOB 几乎不产生抑制的浓度范围。所以在反应初期，就迅速获得了很高的亚硝化率。

在反应器 I 启动运行初期，AOB 与 NOB 共存于生物膜中，FA 与温度共同对 NOB 的选择性有抑制作用，迅速建立了 AOB 对 NOB 的数量优势。使得启动初期 AOB 在反应器内大量生长，并使得反应器 I 获得了稳定的短程硝化。值得注意的是，在本反应器中，并没有对 DO 进行控制，反应器内部 DO 分布不均，在反应器上部上清液中，DO 的浓度甚至可达到 3～4mg/L，远远大于利用 DO 抑制硝酸化的条件（AOB 的 DO 饱和常数一般为 0.2～0.4mg/L，NOB 为 1.2～1.5mg/L）。因此，亚硝酸化在温度与 FA 的共同作用下非常易于实现，经过 60d 的运行，部分亚硝酸化能够实现且维持稳定，这为后续 ANAMMOX 的顺利启动奠定了坚实的基础。

3. ANAMMOX 生物膜的培养

在启动第 120 天开始逐渐降低曝气量，曝气量由 18.7m³/（m³·h）逐渐降低到 6.2m³/（m³·h），出水 NO_2^--N 也由最高 163.73mg/L 降低至 70～80mg/L。减轻了反应环境对 ANAMMOX 的活性抑制。Strous 的研究表明：在 DO 浓度为 0.5%～2.0% 的空气饱和度下，ANAMMOX 的活性完全被抑制，认为当 NO_2^--N 浓度超过 100mg/L 时，将完全抑制 ANAMMOX 反应。开始了全程自养脱氮 CANON 反应器的启动。在 ANAMMOX 启动阶段，氨氮、NO_2^--N、NO_3^--N 及 TN 的变化情况如图 4-4 所示。

填料生物膜的结构决定了在反应器内部必然存在缺氧区与好氧区，而不会像活性污泥系统那样使 DO 均匀分布。就在膜深部缺氧微环境下，ANAMMOX 菌会生长繁殖。在此

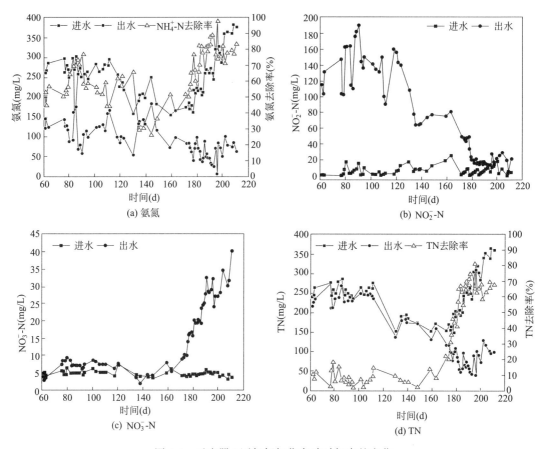

图 4-4 反应器 I 厌氧氨氧化启动时氮素的变化

阶段，发现反应器进水管及反应器内气流孔道上局部出现淡红色生物膜，虽然红色是 ANAMMOX 菌的一个显著特征，但不能凭此断定淡红色的污泥即为 ANAMMOX 菌，因为部分 AOB 也会呈现淡红色，且此时并没有出现明显的 TN 损失。

维持此曝气水平至第 160 天，发现如下现象：①沉淀池中的污泥经过扰动后，不时有气泡溢出。②部分填料开始上浮，图 4-5 显示了在不同时日海绵填料的沉浮状态。一周后填料在反应器中完全浮起，这表明海绵内部已经开始有显著数量的气体产生并附着于海绵

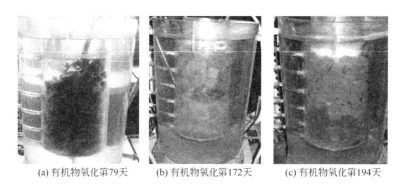

(a) 有机物氧化第79天   (b) 有机物氧化第172天   (c) 有机物氧化第194天

图 4-5 反应器 I 在不同启动阶段填料状态的变化（文后彩图）

内部，导致填料平均密度小于 $1g/cm^3$，使填料上浮。③检测数据也开始有明显变化——出水 $NO_2^- $-N 浓度快速下降、出水 $NO_3^- $-N 浓度增加、TN 损失 ΔTN 开始快速上升。至第 180 天时，出水 $NO_2^- $-N 浓度已下降至 20mg/L 以下，进出水 $NO_3^- $-N 浓度变化值 $\Delta NO_3^- $-N 升高至 11.25mg/L，TN 损失升高至 92.61mg/L，这与 ANAMMOX 反应特征相吻合，表明很有可能 ANAMMOX 反应已经发生。160d 后 ANAMMOX 活性突然显现，而不是从开始运行逐步增加，是因为 ANAMMOX 菌只有富集到很高的细胞浓度（大于 $10^{10}\sim10^{11}$ 个/mL）下才具有活性。

随后又逐步提高进水氨氮浓度与曝气量，至第 210 天时，进水氨氮达到 380mg/L，曝气量为 $24.9m^3/(m^3 \cdot h)$ 时，$\Delta NO_3^- $-N 已经达到 36.58mg/L，TN 损失 ΔTN 达到 262mg/L，TN 去除率最高达到 80%，平均维持在 70% 左右。TN 去除负荷达到 $1.22kg/(m^3 \cdot d)$。至此，在好氧条件下，反应器 I 在第 160 天时，开始显现了 CANON 工艺特征，至试验结束第 210 天止 CANON 反应器一直稳定运行。

CANON 开始启动后，反应器 I 有 2 个非常明显的特征：①填料海绵 A 的上浮；②$\Delta NO_3^- $-N 与 ΔTN 同比例增加。对 160d 后数据整理发现，$\Delta NO_3^- $-N/$\Delta TN$ 均值为 0.116，小于按公式 4-3 计算的理论值 $\Delta NO_3^- $-N/$\Delta TN=0.11/0.44\times2=0.127$。实测值小于理论值，说明有少部分 $NO_3^- $-N 被反硝化还原，在进水中无有机碳源的条件下，只能是内源反硝化的结果。从 $\Delta NO_3^- $-N/$\Delta TN$ 比值来看，比值相对稳定，表明反应器 I 中建立了稳定的短程硝化-厌氧氨氧化机制。因此，以不含有机碳源的高氨氮废水直接启动 CANON 工艺时，反应前后有明显的 TN 损失，$\Delta NO_3^- $-N/$\Delta TN$ 比值相对稳定，且维持在 0.127 左右，可视为 CANON 工艺成功启动的一个标志，同时，也可视为 CANON 工艺中短程硝化维持稳定的标志。

对于某些特定的填料而言，如本试验中所采用的海绵填料，ANAMMOX 产气作用会导致填料上浮，可作为 CANON 工艺启动成功的一个间接标志。

4. ANAMMOX 菌的确认

为进一步验证反应器中存在 ANAMMOX 菌，确认反应器中的 ΔTN 是 ANAMMOX 作用造成，而非其他原因（如同步硝化反硝化、好氧反硝化等）造成的。取适量反应器中脱落的污泥，置于 2L 的烧杯中，其中，MLSS 为 1250mg/L，采用恒温水浴维持反应器内温度为 $(35\pm1)℃$，DO<0.2mg/L 条件下，添加适量的 $NO_2^- $-N 与氨氮搅拌 6h，每隔 1h 取样检测氨氮、$NO_2^- $-N、$NO_3^- $-N 与 pH。

从图 4-6 可以看出，前 5h 内，氨氮与 $NO_2^- $-N 同比例下降，$NO_3^- $-N 升高，pH 升高，这是典型的 ANAMMOX 反应的特征。在 ANAMMOX 过程中，NO_2^- 不仅作为电子受体参与能量代谢，而且作为电子供体参与合成代谢，因此会有 $NO_3^- $-N 的生成，消耗的氨氮、$NO_2^- $-N 与产生的 $NO_3^- $-N 理论比例值为 1:1.32:0.26，本试验的实测值为 1:1.36:0.22，与理论值非常接近。在 $NO_2^- $-N 首先消耗完毕后，ANAMMOX 反应停止，pH 开始下降。经过以上试验可以确认，反应器内的确存在 ANAMMOX 菌。

另外，随着反应器 I 的继续运行，由于海绵填料上的 ANAMMOX 菌也越来越多，海绵表面呈现非常鲜红的颜色，如图 4-7(a) 所示，取填料表面的生物膜，置于显微镜下观察，发现其中有若干微小颗粒污泥，如图 4-7(b) 所示。这也进一步确认了反应器 I 成

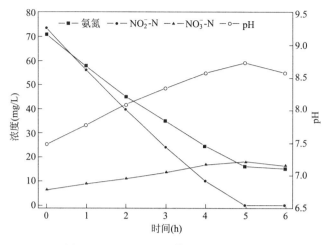

图 4-6　ANAMMOX 菌的活性验证试验

功培养出了 ANAMMOX 菌。

　　由于反应器 I 中的 ANAMMOX 菌是在曝气条件下培养成功的，ANAMMOX 菌与 AOB 混杂在一起构成生物膜，反应器 I 中 AOB 与 ANAMMOX 菌的分布与比例完全是自然形成的，因此，更能反映未来应用 CANON 工艺的实际状态。ANAMMOX 菌始终处于有氧的大环境中，ANAMMOX 菌也许对 DO 有一定的解毒功能。

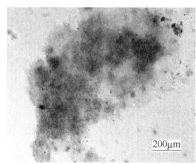

| (a) 挂覆膜后的填料照片 | (b) 颗粒污泥显微照片 |

图 4-7　反应器 I 中挂膜后的填料照片与颗粒污泥显微照片（文后彩图）

5. 小结

　　（1）反应器 I 在以海绵 A 为填料，通过人工配置不含有机碳源的高氨氮废水，接种普通活性污泥，研究了 CANON 工艺在好氧条件下的启动。在温度为 35±1℃，pH 为 7.39～8.01，FA 为 2.89～12.37mg/L，HRT 为 5h 时，可迅速建立短程硝化并维持稳定，亚硝化率达到 98%。降低进水氨氮和 COD 浓度经过 160d 的运行，成功地在好氧条件下直接启动 CANON 工艺，去除负荷达到 1.22kgN/(m^3·d)，TN 去除率达到 80%。

　　（2）在 CANON 工艺的启动过程中发现，以不含有机碳源的高氨氮废水直接启动 CANON 工艺时，反应前后有明显的 TN 损失，$\Delta NO_3^- -N/\Delta TN$ 比值相对稳定，且维持在 0.127 左右，可视为 CANON 工艺成功启动的一个标志，也可视为 CANON 工艺中短程硝化维持稳定的标志，反应器 I 在启动过程中 $\Delta NO_3^- -N/\Delta TN$ 比值的实测平均值为 0.116。

（3）CANON工艺启动成功后，由于ANAMMOX菌的产气作用，导致海绵上浮，可作为CANON工艺启动成功的一个间接标志。

（4）在反应器Ⅰ中的生物膜重现ANAMMOX反应的试验中，消耗的氨氮、$NO_2^- \text{-N}$及产生的$NO_3^- \text{-N}$的比例为$1:1.36:0.22$，与理论值非常接近，证实了反应器Ⅰ中ANAMMOX菌的存在。

4.1.2　接种CANON污泥填料反应器的厌氧启动

上一节讨论了在接种普通活性污泥、好氧条件下成功地启动CANON工艺，但由于ANAMMOX菌倍增时间缓慢的特点，耗费了近9个月的时间。在未来CANON工艺实际水厂的初始运行中，采用ANAMMOX污泥或CANON污泥直接接种启动，可能大大缩短启动时间。本节通过接种反应器Ⅰ中的CANON污泥，启动聚乙烯填料新CANON工艺反应器Ⅱ，研究接种CANON污泥的反应器的启动过程，比较CANON反应器填料，优化CANON工艺的启动方式。

1. 试验装置

反应器Ⅱ由有机玻璃制成。直径9cm，高度90cm，总体积为5.72L，进水流量为20L/d。其装置如图4-8所示。反应器内填料为改性聚乙烯填料，填充率为80%。改性聚乙烯填料近似为圆柱形，直径约10mm，长度约8mm，密度约为$0.96g/cm^3$，如图4-9所示。加热棒启用时，反应器内温度处于(30 ± 1)℃。曝气量通过转子流量计调节并计量，采用反应器底部普通砂芯曝气头向反应器Ⅱ曝气。

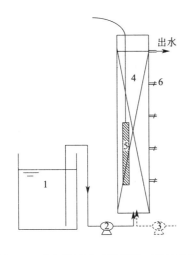

图4-8　反应器Ⅱ试验装置及工艺流程图
1—原水水箱；2—进水泵；3—空气泵；
4—改性聚乙烯填料；5—恒温加热棒；6—取样口

图4-9　反应器Ⅱ所采用的改性聚乙烯填料

2. 接种污泥、进水水质与启动步骤

在启动反应器Ⅱ时，将反应器Ⅰ稳定运行阶段时脱落于沉淀池中的生物膜约500mL（MLSS=5g/L）置于反应器Ⅱ中，由于改性聚乙烯填料自身的特点，相对不易持留污泥，将数块海绵A填料一并置入反应器Ⅱ中，以在启动初期兼行持留污泥的功能，启动运行2个月后，填料海绵A被完全取出。先厌氧后好氧的方式启动CANON反应器，具体启动

过程分 3 阶段进行。各阶段工况变化见表 4-2 所列。

反应器Ⅱ的在启动过程中运行工况　　　　　　　　　表 4-2

阶段	时间段	温度	状态
阶段Ⅰ	第 0～300 天	室温	缺氧
阶段Ⅱ	第 301～334 天	（30±1）℃	缺氧
阶段Ⅲ	第 334～368 天	（30±1℃）	好氧

反应器Ⅱ在厌氧阶段的试验用水由反应器Ⅰ的出水（反应器Ⅰ的出水中还含有一定数量的氨氮与 $NO_2^- $-N）和试剂配制而成。在厌氧阶段，原水水质指标见表 4-3 所列；好氧阶段的原水水质与反应器Ⅰ的原水水质相同，见表 4-1，反应器Ⅱ没有采取避光措施。

反应器Ⅱ在厌氧阶段的原水水质　　　　　　　　　表 4-3

氨氮 （mg/L）	NO_2^--N （mg/L）	NO_3^--N （mg/L）	PO_4^{3-}-P （mg/L）	pH
40～200	30～90	3～40	2	7.5～8.5

3. 室温缺氧环境培养 ANAMMOX 菌（阶段Ⅰ）

含氨氮和 NO_2-N 的试验原水（表 4-3）以流量为 20L/d 泵入反应器Ⅱ中，在室温（20～25℃）厌氧条件下，长期连续运行，培养 ANAMMOX 菌。定期化验出水水质并观察反应器内填料沉浮与表面颜色。运行初期至第 120 天，尽管接种了 CANON 污泥，持留在填料上的生物膜并不多，进出水水质变化不大。所以从第 120 天才开始正式记录试验数据以来，反应器Ⅱ在第 120 天后的培养进程中氨氮、NO_2^--N、NO_3^--N 与 TN 的变化如图 4-10 所示。

第 121～300 天之间，反应器Ⅱ继续在常温厌氧条件下运行。从图 4-10 可以看出，在第 121 天时，氨氮去除率为 13.36%。尽管反应器Ⅱ是在厌氧状态下运行，但由于原水没有进行任何脱氧处理，反应器Ⅱ也没有任何密闭措施，在氨氮去除率并不高的前提下，不能断定氨氮的去除是 ANAMMOX 菌的作用。从第 121～300 天，氨氮去除率略有上升，但始终低于 20%。

从图 4-10b 可以看出，反应器Ⅱ在启动过程中，至第 121 天时，NO_2^--N 去除率为 13.25%，NO_2^--N 去除量有 5.64mg/L。尽管没有添加有机碳源，NO_2^--N 的去除既有可能是 ANAMMOX 反应的结果，也有可能是内源反硝化的结果。运行至第 194 天，NO_2^--N 去除率达到 60.03%，NO_2^--N 去除量达到 28.43mg/L，显然，单凭内源反硝化不足以使 NO_2^--N 显著降低，只能是 ANAMMOX 反应为主的结果。在第 194 天时，反应器Ⅱ表现了较为明显的 ANAMMOX 特征，但在第 300 天之前 NO_2^--N 去除效果没能获得进一步的提高。

从图 4-10(c) 可以看出，在启动初期的很长一段时间内，出水的 NO_3^--N 值甚至小于进水的 NO_3^--N 值，显然这是内源反硝化作用的结果。同时也表明了 ANAMMOX 作用比较微弱。至第 153 天时，出水 NO_3^--N 值开始大于进水 NO_3^--N 值，说明反应器的 ANAMMOX 作用开始逐步显现，但一直到第 300 天时，进出水 NO_3^--N 浓度的变化值始终没有超过 6mg/L，即 ANAMMOX 效果并不显著。

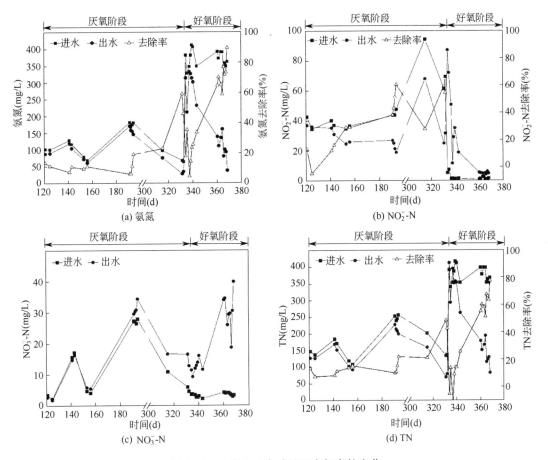

图 4-10 反应器Ⅱ启动过程中氮素的变化

从图 4-10(d) 可以看出，在第 121 天的 TN 去除率为 13.05％，在随后的很长一段时间内，TN 去除率提高缓慢，至第 300 天时，TN 去除率没有超过 20％，TN 去除负荷小于 0.12kgN/(m³·d)。

综上所述，以改性乙烯为填料，常温厌氧条件下直接启动 ANAMMOX，即使有少量 ANAMMOX 菌接种，用时 300 天，反应器Ⅱ仍然不能完成 ANAMMOX 的启动。设置厌氧工况的初衷，是考虑到 ANAMMOX 菌为厌氧菌，DO 的存在不利于 ANAMMOX 菌的生长，设置厌氧工况以给予 ANAMMOX 菌充分的厌氧条件，但从启动效果来看，在厌氧条件下接种启动 ANAMMOX 并没有起到加速 ANAMMOX 菌生长的目的。

4. 在高温（30℃±1℃）缺氧工况环境下培养 ANAMMOX 菌（阶段Ⅱ）

考虑到改性乙烯填料持留污泥的能力与室温条件下 ANAMMOX 菌的增殖速率很慢，300d 后通过恒温加热棒对反应器Ⅱ内部进行加温，维持温度为（30±1）℃。加温后，反应器Ⅱ的 ANAMMOX 效果有了明显提高，第 315 天时氨氮去除率达到 22.90％，NO₂⁻-N 去除量有所增加，出水 NO₃⁻-N 浓度比进水 NO₃⁻-N 浓度增加 5.75mg/L，TN 去除率达到 22.11％。继续运行，ANAMMOX 效果进一步提高。第 332 天时，氨氮去除率达到 46.03％，TN 去除率达到 48.46％，TN 去除负荷为 0.23kgN/(m³·d)。通过提高温度至 30℃，反应器Ⅱ终于改变了在阶段Ⅰ时 ANAMMOX 效果停滞不前的现象，TN 去除负荷相比阶段Ⅰ提高了约 1 倍。

5. 好氧状态启动 CANON 工艺（阶段Ⅲ）

第 334 天鉴于反应器Ⅱ有了比较明显的 ANAMMOX 效果后，进水改变为高氨氮人工配水（水质见表 4-1），反应器开始由底部曝气，改缺氧状态为好氧状态，并逐渐调高曝气量。由图 4-10 可以看出，在好氧阶段，反应器Ⅱ的脱氮能力在一个月的时间里，随曝气量的增加获得了迅速提高。在第 368 天，曝气量为 $6.29m^3/(m^3 \cdot d)$ 时，氨氮去除量达到 89.72%；出水 $NO_2^- -N$ 浓度基本在 $10mg/L$ 以下；出水 $NO_3^- -N$ 浓度迅速增加到 $39.91mg/L$；TN 去除率直线上升至 77.61%，TN 去除负荷达到 $1.01kgN/(m^3 \cdot d)$。

对第 360～368 天检测了 7 组数据，列于表 4-4 中，可以看出，反应器Ⅱ的启动最后阶段，$\Delta NO_3^- -N/\Delta TN$ 比值开始逐渐趋向于一个稳定值，经过统计，得出 $\Delta NO_3^- -N/\Delta TN$ 的均值 $\mu=0.122$，接近 0.127 的理论值，且有明显的 TN 损失，符合 CANON 反应规律，标志着反应器ⅡCANON 工艺的启动成功。

厌氧氨氧化第 360～368 天 $\Delta NO_3^- -N/\Delta TN$ 的比值　　　　　表 4-4

时间	第 360 天	第 361 天	第 363 天	第 364 天	第 365 天	第 367 天	第 368 天
$\Delta NO_3^- -N/\Delta TN$	0.136	0.135	0.095	0.123	0.110	0.124	0.129

对反应器Ⅱ在不同时期进行拍照，以直观显示改性聚乙烯填料上生物膜的变化趋势，如图 4-11 所示。可以看出，第 105 天时几乎没有生物膜覆在填料上，颜色呈现填料本身的白色；随着时间的增长，填料表面的生物膜逐渐增多，颜色开始逐渐加深变红，但直至第 350 天时填料表面的生物膜依然较少，但运行至第 410 天时填料所覆的生物膜已经非常明显。60d 的好氧运行所增加的生物膜远多于在厌氧阶段 300 多天所增殖的生物膜量，且呈现出 ANAMMOX 化菌的红色特征。

以改性乙烯为填料启动 CANON 工艺，经 368d 启动成功后，TN 去除率、TN 去除负荷与反应器Ⅰ在第 210 天所取得的效果类似。厌氧接种 CANON 污泥的启动过程时间，是反应器Ⅰ好氧条件下直接启动所耗时间的 1.75 倍，并未达到缩短启动时间的目的。

   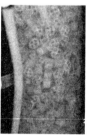

第105天　　　　第287天　　　　第350天　　　　第410天

图 4-11　反应器Ⅱ中填料上生物膜的变化（文后彩图）

4.1.3　接种 CANON 污泥填料反应器的好氧启动

1. 试验装置

反应器Ⅲ由有机玻璃制成。直径 7cm，有效高度 90cm，有效体积为 3.46L，进水流量为 18L/d，其装置如图 4-12 所示。反应器内添加海绵填料——海绵 B，海绵 B 的规格为 1.5cm×1.5cm×1.5cm，湿密度为 $1g/cm^3$，孔隙率为 50%，孔径约为 0.5mm，如图 4-13 所示，填充率为 100%。在反应器运行的初始阶段，通过预热瓶对进水适当加热，以保持适当的温度。曝气量通过转子流量计调节并计量，采用反应器底部普通砂芯曝气头向反应器Ⅲ曝气。

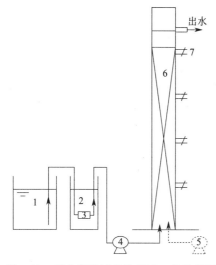

图 4-12　反应器Ⅲ试验装置及工艺流程图

1—原水水箱；2—预热水箱；3—预热瓶；

4—进水泵；5—空气泵；6—海绵 B；7—取样口

图 4-13　反应器Ⅲ所采用的海绵填料（文后彩图）

2. 种泥与试验原水

将填料——（海绵 B）预先添加至反应器Ⅰ中，待生物膜覆满填料后，置于冰箱中保存积累待用，至体积达到 1.5L 时，一起置于反应器Ⅲ中，反应器Ⅲ剩余的体积投加空白填料填满。原水水质与反应器Ⅰ的原水水质相同（见表 4-1）。反应器Ⅲ没有采取避光措施。反应器内温度受预热瓶与室温同时制约，HRT 为 4.6h。进水流量为 18L/d，在曝气下连续运转。

3. 启动方法和结果分析

反应器Ⅲ在启动过程中，其曝气量、温度、氮素和 pH 的变化规律如图 4-14 所示。

如图 4-14 所示，在反应器Ⅲ启动初期（0～10d），TN 去除效果就较为显著。进水氨氮浓度约 200mg/L 左右，曝气量在 3.47m³/(m³·d)，氨氮去除率达到 48.79%，出水 $NO_2^- $-N 浓度约为 9.25mg/L，$NO_3^-$-N 也有一定程度的增加，出水 NO_3^--N 浓度达到 11.95mg/L，TN 去除率为 39.58%。由于接种污泥且数量较多之故，与反应器Ⅰ的启动初期表现出了明显不同：反应器Ⅰ在启动初期，TN 去除不明显，而反应器Ⅲ的 TN 去除效果较为显著。

第 10～51 天之间（第 14 天除外），维持曝气量在 5.20～6.94m³/(m³·h) 之间，温度在 25～27℃之间，同时提高进水氨氮浓度至约 350～400mg/L，随着启动时间的延长，氨氮出水浓度逐渐下降，氨氮的去除率逐渐上升，至第 51 天时，氨氮出水浓度下降至 54.95mg/L，氨氮去除率达到 85.40%；出水 NO_2^--N 浓度也由约 25mg/L 降低至 7.34mg/L，

207

而出水中的 NO_3^--N 浓度则由 13.06mg/L 逐渐上升至 39.12mg/L；TN 去除率也逐渐上升至 73.67%，此时 TN 去除负荷达到 1.56kgN/($m^3 \cdot d$)。

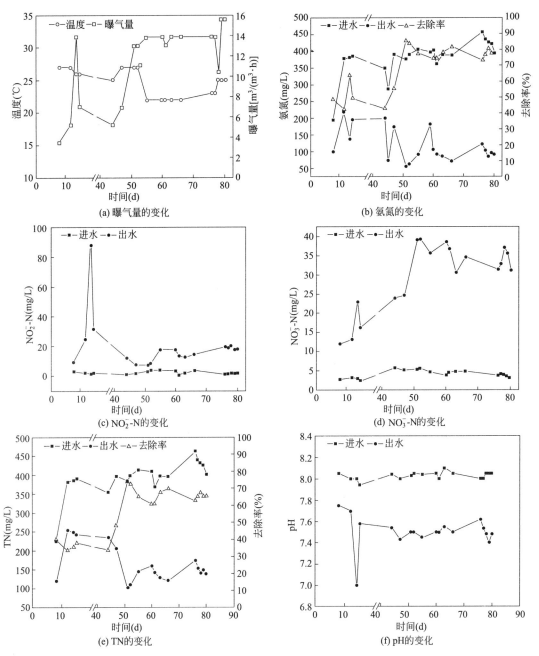

图 4-14　反应器Ⅲ启动过程中温度曝气量 pH 及氮素的变化

启动过程中，在第 14 天时，当曝气量突然提高至 13.87m^3/($m^3 \cdot h$)，氨氮去除率有了一定提高，达到 63.97%，而出水 NO_2^--N 浓度突越至 88mg/L，出水 NO_3^--N 浓度也有了一定程度的提高，达到 22.88mg/L，而 TN 去除率却没有明显的上升。表明在不超过极限曝气量的情况下，提高曝气量有利于 TN 去除，但在曝气量为 13.87m^3/($m^3 \cdot h$) 时，已经超过当时的极限曝气量，提高曝气量只能提高亚硝酸化水平，而不能提高 TN 去除效果。硝酸化水平越高，产生的 H^+ 也越多，即 pH 下降，因此，从第 4～14d 来看，pH 剧烈下降至 7.0 左右也证明了亚硝酸化水平得到了提高。而厌氧氨氧化水平没有得到提高，造成了出水中 NO_2^--N 的大量积累。

此后到第 55 天，反应器中的温度在 22～25℃ 之间波动，氨氮去除率始终维持在 80% 左右，出水 NO_2^--N 浓度维持在 15～20mg/L，出水 NO_3^--N 浓度维持在 30～40mg/L 之间，TN 去除率维持在约 65%，因此，反应器运行基本达到稳定阶段。反应器启动成功后，反应器Ⅲ的照片与海绵 B 在启动前后的变化如图 4-15 所示，可以看出，反应器Ⅲ中的 ANAMMOX 菌的红色特征非常显著。与反应器Ⅰ类似。

综上所述，通过接种大量 CANON 污泥，经过约 50d 的运行，反应器Ⅲ完成启动，在进水氨氮浓度约 400mg/L，HRT 为 4.6h，温度为 22℃ 时，TN 去除负荷可达到 1.56kgN/($m^3 \cdot d$)，TN 去除率为 73.67%。

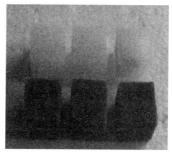

(a) 反应器Ⅲ启动后外观图　　(b) 海绵填料覆膜前后的变化

图 4-15　反应器Ⅲ启动成功后的表观特征与填料覆膜后的变化（文后彩图）

4. 反应器Ⅲ中基质浓度的分布规律

为研究反应器Ⅲ中基质的分布规律，在反应器启动初期，曝气量为 6.94m^3/($m^3 \cdot h$)，温度为 26℃ 的情况下，沿着不同滤柱高度上分别取样，所得结果如图 4-16 所示，其中滤柱高度 0 点表示原水水质。

通过图 4-16 可以看出，当原水进入反应器Ⅲ后，氨氮浓度由进水的 385.46mg/L 突降至 210.4mg/L，随后又沿着滤柱高度的上升而逐渐稍有下降，出水氨氮浓度为 194.92mg/L；NO_2^--N 浓度由 1.91mg/L 突升至 22.59mg/L，随后沿着滤柱高度又有一定的提高，出水 NO_2^--N 浓度升高至 31.28mg/L；NO_3^--N 浓度突增至 18.47mg/L，沿着滤柱的高度而后又逐渐波动至 16.16mg/L；TN 的去除也有与氨氮变化类似的规律，进入反应器Ⅲ后，由 389.64mg/L 迅速下降至 251.90mg/L，之后沿着滤柱高度逐渐下降至 242.36mg/L，但与氨氮的曲线相比，下降较为缓慢。pH 沿着滤柱的高度而逐渐降低，至出水时，pH 降低至 7.58。

总体而言，虽然各种基质沿着滤柱高度有所变化，但变化幅度并不大。这表明反应器内部基本处于完全混合状态，使得原水进入反应器后，基质浓度立刻被反应器中的水质所稀释。反应器Ⅲ中的基质沿着滤柱高度区别不大，这表明反应器Ⅲ在强曝气作用下，是近

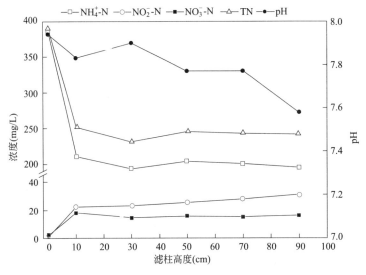

图 4-16 反应器Ⅲ中的基质分布规律

于完全混合型的填料活性污泥反应器。

4.1.4 火山岩填料 CANON 反应器的启动

1. 试验装置

反应器Ⅳ由有机玻璃制成。直径 9cm，有效高度 80cm，有效体积为 5.00L。其装置如图 4-17 所示。反应器内添加火山岩填料，其孔隙度 62.5%，粒径介于 3～5mm，实际密度 $1.67 \times 10^3 kg/m^3$，堆积密度 $0.628 \times 10^3 kg/m^3$，如图 4-18 所示，填充率为 90%。曝气量通过转子流量计调节并计量，采用反应器底部穿孔管向反应器Ⅳ曝气。

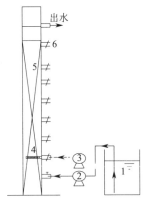

图 4-17 反应器Ⅳ试验装置及工艺流程
1—原水水箱；2—蠕动泵；3—空气泵；
4—穿孔管；5—火山岩填料；6—取样口

图 4-18 反应器Ⅳ中火山岩填料

2. 接种污泥和试验原水

反应器Ⅳ采用火山岩填料，在温度为 20～30℃条件下启动。与反应器Ⅱ相同之处是：反应器Ⅳ通过接种少量反应器Ⅰ中脱落的生物膜约 500mL，首先在厌氧状态下启动

ANAMMOX，然后再转为好氧状态启动 CANON 工艺；与反应器 II 不同的是：反应器 IV 在成功启动 ANAMMOX 后，没有迅速转入好氧状态，而是开展了一系列针对 ANAMMOX 菌的试验，且在第 150 天时 ANAMMOX 菌被 NO_2^--N 完全抑制，并由此经历了 100d 的活性恢复期。

反应器 IV 在启动过程中的工况变化见表 4-5 所列，同其他反应器一样，反应器 IV 没有采取避光措施，也没有对原水进行任何脱氧处理。

反应器 IV 的在启动过程中运行工况 表 4-5

阶段	时间段	状态
阶段 I	第 0～150 天	厌氧
阶段 II	第 151～250 天	厌氧（NO_2^--N 抑制恢复期）
阶段 III	第 251～376 天	好氧
阶段 IV	第 377～389 天	好氧

在厌氧阶段，以反应器 I～III 的出水的混合液配制试验用原水，原水水质见表 4-6 所列；好氧阶段采用的原水水质与反应器 I 的原水水质相同（见表 4-1）。

反应器 IV 在厌氧阶段的原水水质 表 4-6

氨氮 （mg/L）	NO_2^--N （mg/L）	NO_3^--N （mg/L）	PO_4^{3-}-P （mg/L）	pH
40～200	30～280	3～40	2	7.5～8.5

3. 启动方法与结果分析

反应器 IV 进水流量是 18～25L/d，曝气量维持在 12.5～15.6m^3/(m^3·h)，连续运转。反应器 IV 在启动过程中氨氮、NO_2^--N、NO_3^--N 及 TN 的变化分别如图 4-19 所示。

（1）阶段 I 培养 ANAMMOX 生物膜

从图 4-19 中可知，由于进水氨氮波动较大，导致氨氮去除率波动较大，因此，采用以氨氮损失为指标衡量其在启动过程中的变化。在第 64 天时氨氮损失为 17.76mg/L，NO_2^--N 损失为 6.94mg/L，NO_3^--N 增值为 0.55mg/L，消耗的氨氮、NO_2^--N 及产生的 NO_3^--N 的比例为 1：0.39：0.03，严重偏离 ANAMMOX 反应的理论比例关系 1：1.32：0.26，其主要原因是 DO 混入反应器 IV，且在 ANAMMOX 启动初期，内源反硝化导致的 TN 损失占全部 TN 损失比例较高，此时 TN 损失为 24.14mg/L。

随着时间的延长，ANAMMOX 效果逐渐明显，至第 137 天时，氨氮去除量达到 88.27mg/L，NO_2^--N 去除量达到 102.98mg/L，NO_3^--N 增加值达到 18.23mg/L，消耗的氨氮、NO_2^--N 及产生的 NO_3^--N 的比例为 1：1.17：0.20，趋向于理论值 1：1.32：0.26，显示 ANAMMOX 作用已经占主导，TN 去除量达到 173.02mg/L，TN 去除负荷达到 0.87kgN/(m^3·d)。

继续运行至第 150 天时，反应器 IV 由于 NO_2^--N 浓度过高 ANAMMOX 被完全抑制。氨氮、TN 损失量明显减小，NO_3^--N 产生量增加。

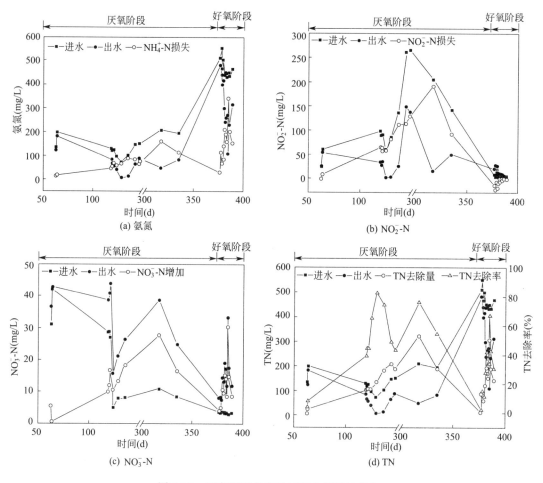

图 4-19　反应器Ⅳ在启动过程中氮素的变化

（2）阶段Ⅱ ANAMMOX 抑制恢复期

第 150 天后进入抑制恢复期，至第 250 天时恢复至抑制前水平。

（3）阶段Ⅲ持续 ANAMMOX 菌的培养

第 250 天后继续维持厌氧条件，进一步富集反应器Ⅳ中的 ANAMMOX 菌，至第 317 天时氨氮去除量达到 159.09mg/L，NO_2^--N 去除量达到 190.03mg/L，NO_3^--N 增加值达到 27.73mg/L，即 TN 去除量为 321.39mg/L，TN 去除负荷可达到 1.70kgN/（m^3·d）。其后，氨氮损失有所波动，其主要原因是氨氮去除量与 NO_2^--N 浓度数量密切相关，进水 NO_2^--N 的波动造成了氨氮去除量的波动。

（4）厌氧阶段反应器Ⅳ中基质的分布规律

第 258 天时反应器Ⅳ进水流量保持 25L/d，温度为 28℃，对反应器Ⅳ的各个取样点进行分析化验，为方便起见，以滤层高度 0cm 表示原水水质指标。氨氮、NO_2^--N、NO_3^--N 与 pH 分布规律如图 4-20 所示。

可以看出，当原水进入反应器后，即被反应器内的水所稀释，TN 浓度由 385mg/L 降至 180mg/L，TN 去除量 205mg/L，NO_2^--N 浓度由 200mg/L 降低至 57.58mg/L。然

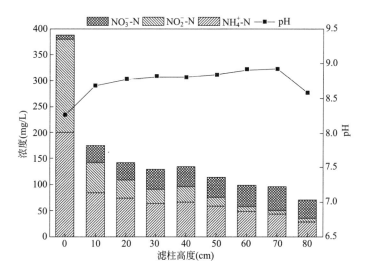

图 4-20 ANAMMOX 反应器中沿程分布规律

后沿着滤柱高度，氨氮、NO_2^--N 浓度成比率的逐渐降低，NO_3^--N 浓度逐渐升高，pH 上升，这都是 ANAMMOX 反应的特征。pH 在最后 70～80cm 段出现下降，分析其原因在于产碱的 ANAMMOX 反应基本停止，反应器没有密封，反应器上方的水会溶解空气中的氧气，从而导致 pH 的下降。反应器最终出水 NO_2^--N 浓度为 6.42mg/L，NO_3^--N 浓度为 35.8mg/L，氨氮浓度为 27.74mg/L，TN 浓度 75mg/L。

总体而言，氨氮与 NO_2^--N 浓度是沿着滤柱的高度成比例递减的，而 NO_3^--N 的浓度是沿着滤柱的高度而递增的。厌氧阶段反应器Ⅳ就是 ANAMMOX 反应器，反应器内 ANAMMOX 菌占绝对主导地位。

（5）阶段Ⅳ培养 CANON 反应器

鉴于反应器Ⅳ经过长时间厌氧运行，反应器 ANAMMOX 效果已经非常明显，第 377d 时反应器Ⅳ调整为好氧状态，进水水质如表 4-1 所示。在不到 20d 的时间里，形成了 CANON 反应。在第 385d，TN 去除量达到 305.14mg/L，TN 去除率达到 67.03%；TN 去除负荷达到 1.53kgN/（m³·d），虽小于第 317d 厌氧状态时的 TN 去除负荷，但 TN 去除率高于前者，CANON 工艺启动成功。

4.1.5 CANON 反应器的启动小结

（1）接种普通污泥好氧启动填料 CANON 反应器Ⅰ，在 35℃下耗费了 210d 取得成功，TN 去除负荷达到 1.22kgN/（m³·d）。

（2）通过接种 CANON 污泥，反应器Ⅱ以改性乙烯为填料，在常温、厌氧条件下，历经 300d 启动 ANAMMOX，脱氮效果仍不明显，TN 去除负荷仅为 0.12kgN/（m³·d）；提高温度至 30℃后，ANAMMOX 效果明显提高，约 30d 后 TN 去除负荷到 0.23kgN/（m³·d）；转为好氧状态后，约一个月时间就成功启动 CANON 工艺，全部启动时间耗时超过一年。启动成功后，TN 去除率可达到 77.61%，TN 去除负荷达到 1.01kgN/（m³·d）。

（3）通过接种 CANON 污泥，以海绵 B 填料，在 22～27℃下运行，反应器Ⅲ在好氧条件下，约 50d 的时间即可启动 CANON 工艺，TN 去除率达到 73.67%，TN 去除负荷可以达到 1.56kgN/(m³·d)。

（4）通过接种 CANON 污泥，以火山岩为填料的反应器Ⅳ，在 20～30℃下运行，经过 137d 可成功启动 ANAMMOX 反应，由厌氧状态转为好氧状态后，经历约 20d 即可成功启动 CANON 工艺，启动成功后 TN 去除率达到 67.03%，TN 去除负荷可达到 1.53kgN/(m³·d)。与此相比，以改性乙烯为填料反应器Ⅱ，经过 332d 可成功启动 ANAMMOX 反应，又经 46d 在好氧高氨氮废水条件下可成功启动 CANON 反应。火山岩持留 ANAMMOX 菌的能力明显大于改性聚乙烯填料持留 ANAMMOX 菌的能力。

（5）海绵填料具有双重特点，一方面，海绵有效地阻止了过度 DO 对于反应器中 ANAMMOX 菌的抑制，另一方面，海绵也阻碍了 NO_2^--N 的传质，使得出水浓度偏高，限制了 TN 去除率的提高；改性聚乙烯填料不易持留污泥，不仅启动 CANON 工艺花费大量的时间，且在运行过程中也不够稳定，尤其是容易受到过量曝气的影响而导致污泥流失，因此不适宜作为 CANON 工艺的填料。火山岩填料在启动与初期运行方面，都表现出良好的可靠性，是一种适宜于 CANON 工艺的填料。

（6）适度 DO 的存在有利于 CANON 工艺的快速启动，启动 CANON 工艺时，可采用直接好氧启动的方式，而不必采取首先启动 ANAMMOX，然后再转为好氧状态启动亚硝酸化的方式来完成整个 CANON 工艺的启动。

（7）温度的影响。反应器Ⅱ在第 190～300 天的运行过程中，TN 去除负荷没有明显提高，说明在室温下 ANAMMOX 菌的增殖速度与 ANAMMOX 菌的流失速度基本达到平衡，当提高温度后 ANAMMOX 菌增殖速度加速，使得 ANAMMOX 菌的增殖量大于 ANAMMOX 菌的流失量，保证了反应器Ⅱ的 ANAMMOX 水平得到进一步的提高。

4.1.6 CANON 生物滤池的运行管理

1. CANON 生物滤池的堵塞

本试验中采用的火山岩填料是一种有效的生物滤池填料，有着较高的孔隙率，其生物化学性质稳定，有适合微生物固着生长的表面电性以及亲水性。由于内部贯通性的孔隙发达，滤料内部更容易形成厌（缺）氧环境，利于 ANAMMOX 菌在内部孔隙中生存。CANON 生物滤池中，气体和液体从底部进入以火山岩为填料的生物滤池，在滤料的缝隙间形成了相对稳定的通路，因此由于不同的生境，微生物在空间分布上也存在着差异。由于受到 DO 以及基质传质作用的影响，生物膜的内外层分布着不同种类的微生物——AOB 和 ANAMMOX 菌。CANON 工艺中氮素去除主要是依赖 AOB 和 ANAMMOX 这 2 种自养微生物的协同作用完成的。通常情况下，这 2 种自养微生物的生长速率比较慢，AOB 的世代周期约为 7～8h，ANAMMOX 菌的倍增时间更长，约为 11d。因此，要求进行 CANON 工艺研究的运行装置应能提供尽可能长的生物停留时间。这样，才能有利于 ANAMMOX 菌的固着和生长，从而提高反应器的启动速度和运行效率。

尽管 AOB 和 ANAMMOX 菌生长速率很慢，火山岩填料有较大的持留能力，在试验中还是发现了每个 CANON 生物滤池反应器在运行过程中都存在着不同程度的堵塞甚至断层短流的现象，并且运行时间越长，生物量越大，反应器断层现象越严重。图 4-21 为火山岩填料 CANON 生物滤池反应器在运行 100 多天后，渐渐形成的滤层断裂照片。

断裂形成后水流短路，沿壁水流大增，水质变坏，是 CANON 生物滤池运行的事故。其发生的原因是在长期运行过程中，滤层生物量逐渐积累，阻力增加，在滤砂颗粒间曲折的过水路径上阻力越加不均，造成了断面重力、浮力和水、气流冲刷力失衡，滤层断裂。当因滤层阻力导致进水流量减少至设定值时，及时进行反冲洗就可避免断层事故发生。所以，CANON 生物滤层和普通快滤池、曝气生物滤池一样都存在着过滤周期，都要进行定期的反冲洗。

试验原水是人工配水，进水中杂质少，而且没有有机物，滤层中几乎不存在异养菌的大量繁殖，过滤周期可达几十天。一旦采用生活污水二级处理水为原水，反冲洗应是日常运行管理的必要环节。

图 4-21 火山岩填料 CANON 生物滤层的断裂（文后彩图）

2. CANON 生物滤池的反冲洗

随着反应器滤柱中下部出现了明显的断层，断层下方部分滤料变黑。导致处理效果恶化。

分析以上造成 CANON 工艺处理效果恶化的原因主要有以下几点：①火山岩填料较高的截留能力，在长期的运行，水流中的杂质不断积累，反应器内死亡的微生物也被截留，生物滤池内部的生物量越来越多；②没有对反应器进行排泥，多余的污泥杂质被截留于滤料之间造成堵塞；③堵塞造成水流和曝气的不均匀，使得反应器内的局部区域没有水流和气体的经过，严重影响了基质和氧的传递，从而造成处理效果的急剧下降。这对 CANON 在实际工程中的应用来说是一个不可忽视也是不可避免的问题。

目前，有关 CANON 工艺的研究多在活性污泥法的 SBR 反应器中或者是海绵、无纺布等软性填料的生物滤池中进行，因此，尚无关于硬性填料滤池断层相关问题的报道，针对断层后的恢复措施也需要试验摸索，因此经过很长时间后运行才得以恢复。

此外，试验还在人工配水研究阶段，进水中杂质及其他微生物都较少，一旦采用实际污水后对于反应器的冲击将会更大。因此，接下来将研究如何解决火山岩填料的 CANON 生物滤池在高负荷下运行时的堵塞。

（1）反冲洗策略的可行性

曝气生物滤池集生物膜的强氧化降解能力和滤层截留效能于一体，滤池运行一定时间后，通常需要对滤层进行反冲洗，反冲过程要求达到既能够释放截留的悬浮物又不损害基层生物膜层的多重目的。因此，反冲洗被认为是解决滤池堵塞、保证曝气生物滤池正常运行效能的关键步骤。邱立平等在上向流的曝气生物滤池反冲洗实验研究中以气冲—气水冲洗—水冲的方式，取得了良好的反冲洗效果，反冲洗后 COD 和 SS 去除率均由反冲前的 60% 上升至 80% 以上，虽然初滤出水的 COD 和 SS 稍有增加，但仅用 2h 就恢复正常。凌霄等通过研究以陶料为滤料的下向流曝气生物滤池的反冲洗关键因子发现，采用最佳操作参数的气水联合方式反冲洗可使 COD 去除率由 50% 上升至 75%，SS 去除率由 70% 上升至 90%。孙芮等通过观察滤池出水水质和产水量的大小确定反冲洗周期，当确定 SS 的去除率低于 20%，COD 的去除率小于 40%，色度有明显升高达到 4～8 倍时，反冲洗即开始，反冲洗后滤池 COD 的去除率达到 60％以上，对色度的去除可以达到 75％以上。

然而，以上关于曝气生物滤池反冲洗试验的介绍，多针对于以异养菌为主的生物滤池。CANON 生物滤池中，由于受到 DO 以及基质的传质作用影响，生物膜的内外层分布有不同种类的微生物，气体和液体从底部进入以火山岩为填料的生物滤池，在滤料的缝隙间形成了相对稳定的通路，因此由于不同的生境，微生物在空间分布上也存在着差异。CANON 工艺中氮素去除主要是依赖 AOB 和 ANAMMOX 菌这 2 种自养微生物的协同作用完成的。通常情况下，这 2 种自养微生物的生长速率比较慢，AOB 的世代周期约为 7～8h，ANAMMOX 菌的倍增时间更长，约为 11d。因此，要求进行 CANON 工艺研究的运行装置应能提供尽可能长的生物停留时间。这样，才能有利于 ANAMMOX 菌的固着和生长，从而提高反应器的启动速度和运行效率。所以，类似于 CANON 工艺这样以自养菌为主的生物滤池设置反冲洗装置，目前只有日本研究者有相关的研究报道。Sen Qiao 等人以丙烯酸纤维为填料的 SNAP 生物滤池中设置了反冲洗装置，反应器在运行至第 131 天时，由于滤料堵塞使得去除效果逐渐下降，经过反冲洗滤料后，反应器效果明显好转，TN 去除率从 31％上升至 73％。由此说明，自养生物滤池设置反冲洗是可行的，但文中并未就具体的反冲洗策略进行详细的介绍。

本试验中采用的火山岩填料被很多研究者证明是一种有效的生物滤池填料，有着较高的孔隙率，其生物化学性质稳定，有适合微生物固着生长的表面电性以及亲水性。由于内部贯通性的孔隙发达，滤料内部更容易形成厌（缺）氧环境，利于 ANAMMOX 菌在内部孔隙中生存，这样在曝气时，可以很好地避免气体及水流对生物膜的剪切作用，不至于使 ANAMMOX 菌随生物膜的脱落而大量流失。因此，选用适当的反冲洗方式、强度和周期等参数对火山岩填料的生物滤池进行定期地反冲洗可以有效地解决堵塞对生物滤池的效果影响。

（2）工艺反冲洗策略研究

1）反冲洗周期的确定

对于其他滤池，如给水的滤池以及厌氧生物滤池在其堵塞前进水压强有着明显的变化，因此可以用进出水压强的变化作为反冲洗指示参数，但是对于上向流火山岩滤料 CANON 滤池由于曝气的存在使得滤池内始终存在可使水通过的气路，因而在堵塞之前进水压强没有明显的变化，因此进水压强不可作为此反应装置的指示参数。

从图 4-22 可以看出，在 20d 之后，不管进水负荷的变化，去除效果的好坏，出水的 NO_2^--N 一直稳定维持在 8～17mg/L 之间。分别取第 30 天、第 35 天、第 62 天、第 67 天、第 93 天的数据进行分析。

不同时期反应器的去除效果 表 4-7

时间 (d)	出水 NO_2^--N (mg/L)	出水氨氮 (mg/L)	进水 TN 负荷 [kgN/(m³·d)]	TN 去除率 (％)
30	10.0	14.4	1.02	80
34	9.9	109.9	1.46	61
62	9.8	17.0	1.49	84
67	9.8	128.1	3.15	58
93	10.1	49.6	3.20	76

注：从第 32 天开始 HRT 由 4.58h 降低至 3.2h，第 67 天开始 HRT 由 3.17h 降低至 1.50h。

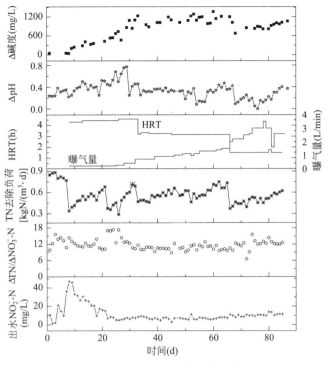

图 4-22 反应器指示参数变化

由表 4-7 可以算出第 1 次、第 2 次提高进水负荷分别使得 TN 去除率降低了 23%、30%，出水氨氮增加了 6.63、6.52 倍，而出水的 NO_2^--N 几乎没有变化。只是因为提高进水负荷之后，增加了对氧的需求，因此提高曝气量之后去除率可恢复至 75% 以上。

在第 81 天进行了反冲洗。反冲洗使得 TN 去除率提高了 31%，出水氨氮增加减少了 61%，而出水的 NO_2^--N 只增加了 2%，在反冲洗前后曝气量并没有太大的变化。

降低 HRT，提高了进水的氨氮负荷，增加了反应对氧的需求，因此提高曝气量之后就可以提高反应器的处理效果；反冲洗前后出水氨氮大量积累，而 NO_2^--N 却变化不大。因此可推断出水 8~10mg/L 的 NO_2^--N 是 CANON 工艺高效稳定运行的基质条件，影响工艺高效运行的主要因素是氧的传质。

由图 4-22 可以看出，出水的 pH 随着 TN 去除负荷的增加而减小，在第 80 天的时候已经严重堵塞，出水 pH 由以前的 7.65 左右上升至 7.9，处理率降为 51% 左右。此时观察反应器可发现曝气量的不均匀一侧有大量气体通过而另一侧却很少。因此以 pH 的突然升高作为反冲洗的指示参数。

2）反冲洗强度确定

图 4-23 为工艺稳定运行期间 TN 负荷的变化图，其间经历了第 2 次到第 9 次的反冲洗。

第 1 次反冲洗：通过以上分析，在第 80 天滤池堵塞严重，出水 pH 为 7.9，TN 去除负荷小于 60%，对反应器进行了反冲洗。采用气水反冲（间歇曝气）——气水反冲方法进行反冲，气水反冲（间歇曝气）强度为进水流速为 0.71m/min，曝气为 2.56m/s，持续时间 2min；再将脱落的生物膜完全冲洗出滤池，采用气水联合反冲进水流速为 0.3m/min，曝气为 0.6m/s，持续 2min。最终冲洗出滤池污泥约 30g（污泥浓度为 3.0g/L 的污泥 10L）。

滤池反冲洗之后不改变 HRT，即不改变进水流量，同时将曝气量由 10L/min 降低至 6L/min。经过反冲洗之后的滤柱处理效果一直不断上升，在反冲洗后的第 14 天（总运行的第 94 天）去除率达到了 84%。

经过第 1 次反冲洗，反冲洗之前 TN 去除率为 51%，TN 去除负荷为 2.2kgN/(m³·d)，氨氮去除负荷为 2.4kgN/(m³·d)，反冲洗之后进水条件不变，TN 去除负荷为 2.9kgN/(m³·d)，氨氮去除负荷为 3.4kgN/(m³·d)，氮的去除率和去除负荷都超过了之前的最佳状态。

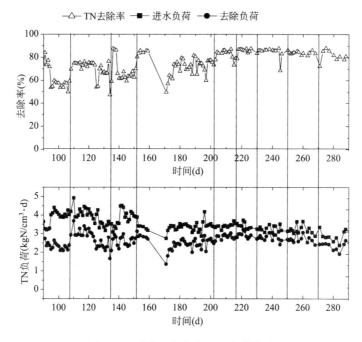

图 4-23　稳定运行期间 TN 负荷变化

第 2～4 次反冲洗：经过第 1 次反冲洗之后，提高反冲洗条件为，出水 pH 大于 7.9，总氮去除率小于 65%，对反应器进行反冲洗。分别在第 108 天、第 133 天、第 151 天对反应器进行了反冲洗。采用气水反冲（间歇曝气）＋气水反冲（连续曝气）的方式进行反冲，气水反冲（间歇曝气）强度为进水流速为 1.03m/min，曝气为 2.56m/s，持续时间 2min；再将脱落的生物膜完全冲洗出滤池，采用气水反冲（连续曝气），强度为进水流速 0.3m/min，曝气 0.6m/s，持续 2min。最终冲洗出滤池污泥约 30g、28g、29g。

滤池反冲洗之后进水条件不变。经过反冲洗之后的反应器的 TN 去除率在第 2 天即可达到 80%。

在第 108 天进行反冲洗之后，TN 的去除率由之前的 58% 提高到了 75%，反冲洗之后的 14d 内一直保持较高的 TN 去除率，在第 123 天去除率出现了下降，即使降低进水负荷也不能提高它的总单去除率。在第 133 天、第 152 天进行反冲洗之后，进水负荷为

3.5kgN/(m³·d)，TN 去除率达到了 87%。

第 5～9 次反冲洗：鉴于第 3、4 次反冲洗后滤柱的运行情况，为进一步提高反应器的处理效率，使反应器始终保持在高效处理阶段，当 TN 去除率小于 82% 时即对反应器进行反冲洗。分别在第 201 天、第 218 天、第 230 天、第 250 天、第 271 天进行了反冲洗。采用气水反冲（间歇曝气）+气水反冲（连续曝气）方法进行反冲，气水反冲（间歇曝气）强度为进水流速 1.03m/min，曝气 2.56m/s，持续时间 2min；再将脱落的生物膜完全冲洗出滤池，采用气水反冲（连续曝气）强度为进水流速为 0.3m/min，曝气 0.6m/s，持续 1min。最终冲洗出滤池污泥分别约 30g、28g、25g。

滤池反冲洗之后进水条件不变。经过反冲洗之后的反应器的去除率在第 2 天即可达到 84%。从第 200～280 天之间总共进行了 5 次反冲洗，在这 80d 内 TN 的平均去除率为 85%，只有 5d 低于 80%；TN 平均去除负荷为 2.8kgN/(m³·d)，氨氮平均去除负荷为 3.2kgN/(m³·d)，反应器维持在高效稳定运行阶段。

4.2 温度对 CANON 的影响研究

AOB 在 4～45℃内均可进行硝化反应，ANAMMOX 菌在 6～43℃之间有活性，两者的温度适应范围相似且较宽。温度的变化将会导致 AOB 与 ANAMMOX 菌代谢能力的变化，且 2 种菌群之间受温度影响的差异也将会影响 CANON 工艺的出水效果。目前，CANON 工艺的运行一般维持在 30～35℃之间，其主要原因是由于常温下难以获得稳定的亚硝化，而稳定的亚硝化是 CANON 工艺稳定的先决条件，否则，对于 ANAMMOX 菌而言，将会由于缺乏必要的电子受体 NO_2^--N 而导致整个 CANON 工艺的崩溃。

本章通过对低温条件下 CANON 工艺的长期运行以及温度对 CANON 工艺的冲击试验来研究 CANON 工艺对温度的适应性。

4.2.1 温度对于 SBBR-CANON 的影响

本节通过序批式生物膜反应器（Sequencing Batch Biofilm Reactor，SBBR），研究了不同温度对 CANON 工艺脱氮效率的影响。

1. 试验装置

SBBR 反应器有效体积为 5.6L，采用海绵 A 为填料（见图 4-13），填充比为 50%，采用微孔曝气头曝气，反应器中设置 pH 与 DO 在线检测。试验期间，SBBR 反应器置于温度可调水浴中以控制调节温度；曝气量通过转子流量计调节并计量，如图 4-24 所示。

2. 种泥和试验用水

种泥来源于 4.1.3 节反应器 Ⅰ，通过向反应器 Ⅰ 投加新填料，梯次将饱和着生物膜的海绵填料从反应器 Ⅰ 中置换出来，不断获取种污泥填料海绵 A，取出的填料海绵 A 置于 4℃冰箱中保存待用。试验用水采用人工配水，其水质为：氨氮=300～350mg/L，碱度（$CaCO_3$）为 300～350mg/L，NO_3^--N 为 3～5mg/L，$PO_4^{3-}-P$ 为 2mg/L，pH7.5～8.5。

3. 试验方法

首先将冰箱中的海绵填料取出投入反应器后，对污泥进行活性恢复。活性恢复试验期间，保持进出水换容比为 60%，曝气量控制在 $4.30\sim6.43\text{m}^3/(\text{m}^3\cdot\text{h})$，通过水浴控制温度在 $30\sim35℃$。周期操作程序为：瞬时进水→曝气（7h）→沉淀（0.5h）→出水，每天运行 2 周期。运行 15d 后，TN 去除率稳定在 80% 左右，此时认为 CANON 污泥活性已经基本恢复，随后进行温度影响试验。

通过水浴调节温度分别控制在 35℃、30℃、26℃、20℃ 与 15℃，每个试验温度经过一个周期的试验后又恢复 35℃ 运行 1 个周期，再进行下一个温度的周期试验。与其他 SBBR 反应器不同，本 SBBR 反应器在沉淀过程中，携有污泥的填料并不能沉淀于反应器底部，而是漂浮在反应器中，

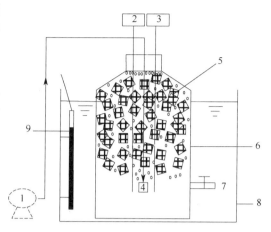

图 4-24　SBBR 反应器装置示意

1—空气泵；2—pH 计；3—DO 仪；4—曝气头；
5—海绵 A；6—SBBR 反应器；7—出水口；
8—水浴套；9—温度加热棒

这与海绵 A 在反应器 I 中处于漂浮状态的原理相同。沉淀过程中，脱落生物膜碎片会沉淀在反应器底部。所取水样均经过 4000r/min 离心后再进行化验。

4. 试验结果与讨论

（1）高温 SBBR-CANON 反应器基质转化规律

在 30℃ 条件下，控制曝气量在 $6.43\text{m}^3/(\text{m}^3\cdot\text{h})$，反应器各种基质的变化规律如图 4-25 所示。

从图 4-25(a) 可见，氨氮随时间的延长而不断减少，至 7h 时降至 0，线性拟合后的斜率为 -24.41，拟合度 $R^2=0.995$，呈极显著相关，即氨氮的降解速率为 $24.41\text{mg}/(\text{L}\cdot\text{h})$，说明反应器中的氨氮的表观去除速率与氨氮浓度无关，即氨氮的降解近似“零级反应”。氨氮去除负荷达到 $0.586\text{kgN}/(\text{m}^3\cdot\text{d})$。

在图 4-25(b) 中，$0\sim2\text{h}$ 内 NO_2^--N 开始快速增加，至第 2 小时时增加至 19.68mg/L，平均增加速率为 $6.3\text{mg}/(\text{L}\cdot\text{h})$，在这个阶段中 ANAMMOX 的速率受 NO_2^--N 浓度的制约，而亚硝酸化速率没有受到限制，即 NO_2^--N 的产生速率大于其同时发生的 ANAMMOX 的消耗速率，导致了反应器中 NO_2^--N 的快速增加；第 $2\sim4$ 小时内 NO_2^--N 基本维持不变，表明 NO_2^--N 的生成速度与消耗速率基本相同，即 AOB 氧化氨氮的速率与 ANAMMOX 菌消耗 NO_2^--N 的速率基本相同；$4\sim7\text{h}$ 内 NO_2^--N 浓度开始降低，平均降解速率为 $2.37\text{mg}/(\text{L}\cdot\text{h})$，表明 NO_2^--N 的生成速度小于消耗速率，即 AOB 氧化氨氮的速率小于 ANAMMOX 菌消耗 NO_2^--N 的速率；第 $7\sim8$ 小时内 NO_2^--N 仅降低了 0.4mg/L，仍保持在 $12\sim13\text{mg/L}$，这是由于氨氮耗尽后 ANAMMOX 缺少反应必需的基质而停止。而在 NO_2^--N、DO 均充足的条件下，NO_2^--N 没有大量降低，也表明在本反应器中，NOB 不具有优势，否则，NO_2^--N 会因 NOB 的作用而大量转化为 NO_3^--N。

因此，在 CANON 工艺中，NO_2^--N 的变化过程可以分为 3 个阶段：浓度上升期、浓度稳定期、浓度下降期。

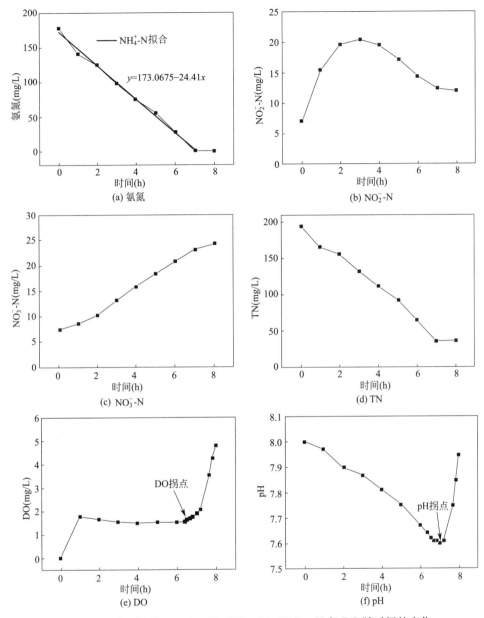

图 4-25　30℃时氨氮、NO$_2^-$-N、NO$_3^-$-N、TN、pH 与 DO 随时间的变化

在图 4-25(c) 中，0～2h 内 NO$_3^-$-N 增加相对缓慢，增加速率 1.37mg/ (L·h)，2h 后 NO$_3^-$-N 随着时间的延长而增加，平均增加速率为 2.60mg/(L·h)。揭示了 ANAMMOX 反应的进程。

在图 4-25(d) 中，0～7h 内 TN 一直降低。降解速率为 21.77mg/(L·h)，7h 后 ANAMMOX 反应终止，TN 亦不再降低。经过 8h 曝气，显然时间过长。过度曝气使部分含污泥较少的海绵下沉，这是由于 ANAMMOX 停止，产气停止，导致海绵填料密度大于 1g/cm^3 而沉淀下来。

通过采用 SBBR 反应器，TN 去除负荷达到 0.52kgN/(m^3·d)，与本实验室中的连续流反应器的 1.22kgN/(m³·d) 相比有比较大的差距，这与反应器周期内曝气反应时间长，曝气量比较小传质效果较差等原因有关。但是，采用 SBBR 反应器，TN 去除率达到 88.3%，几乎接近 CANON 工艺的极限 TN 去除率，这显著高于 4.1.3 节连续流反应器 I 所能够获得的最高 TN 去除率，其原因在于：①负荷降低有利于 TN 去除率的提高；②采用 SBBR 的运行模式，可通过 pH 在线检测与 DO 在线检测准确及时地反映 ANAMMOX 结束的终点。

（2）pH 与 DO 的变化规律

CANON 工艺中，pH 的变化受以下几种因素的制约：

1）亚硝酸化作用：亚硝酸化需要消耗碱度，使得 pH 下降，如式 4-1 所示。值得注意的是，NO_2^--N 氧化成 NO_3^--N 的阶段并不消耗碱度，因此不会导致 pH 的变化。

2）ANAMMOX 作用：厌氧氨氧化消耗 H^+，使系统 pH 上升，如式 4-2 所示。

3）微生物代谢作用：微生物代谢产生 CO_2，使得系统内的 pH 降低。

4）吹脱作用：微生物代谢产生的 CO_2 气体被吹脱出反应器，使得系统的 pH 上升。

在图 4-25(f) 中可见，氨氮耗尽前，pH 持续下降。亚硝化与 ANAMMOX 的共同作用效果可用式 4-3 表示，从式(4-3) 可以看出，整个反应中 pH 仍然是下降的；这表明整体反应以亚硝化为主导，pH 由初始值 7.97 下降至最低值 7.60。氨氮消耗完毕后亚硝化作用与 ANAMMOX 作用均已停止，亚硝酸盐氧化亦不会引起 pH 变化，而此时 pH 迅速上升，表明吹脱作用在此时起主导作用，因此 pH 由先降低后升高的拐点可以作为反应结束的指示参数，这一点与普通 SBR 中硝化反应 pH 的指示特点相同。

由于在曝气开始前，反应器中的微生物处于相当长时间的厌氧阶段，因此，在图 4-25(e) 中初始 DO 为 0，曝气开始后 DO 迅速增加至 1.77mg/L，第 3～6 小时内又缓慢稳定至 (1.5±0.03)mg/L，在此过程中微生物耗氧速率与曝气过程中的氧转移速率平衡；第 6 小时后 DO 开始缓慢增加，至第 7 小时即氨氮消耗完毕后，DO 增加变快，至第 8 小时时 DO 已经增加至 4.8mg/L，在此阶段微生物耗氧速率与氧转移速率的平衡完全被打破，曝气系统持续供氧使系统中的 DO 短时间内上升，在表观上形成一个突变过程，这对指示反应终点实时控制是有意义的。

与 pH 相比，DO 曲线的拐点出现得更早一些。由于在反应器中，需要保证一定浓度的氨氮，以防止 NO_2^--N 被进一步好氧氧化成 NO_3^--N 而破坏 CANON 工艺的稳定性，Third 等建议应至少保证出水中有 30mg/L 的氨氮。因此，用 DO 开始突跃的拐点比 pH 曲线的拐点作为反应结束的指示参数更具有实用价值。

（3）温度对 SBBR 中 CANON 工艺的冲击

各种温度冲击下，SBBR 反应器中氨氮、NO_2^--N、NO_3^--N 及 TN 的时间变化如图 4-26 所示。

CANON 工艺中氨氮的降解分为两部分，一部分源于亚硝化（式 4-1），另一部分源于 ANAMMOX（式 4-2）。因此，氨氮的降解体现了亚硝化与 ANAMMOX 的双重效果。由图 4-26(a) 可见，在 26～35℃ 条件下氨氮的降解速率没有大的差别，约为 24.4mg/(L·h)；当温度降低至 20℃ 时，氨氮降解速率降至 18.59mg/(L·h)，15℃ 骤降为 9.92mg/(L·h)。

从图 4-26(b) 可见，在 30℃ 与 35℃ 时，NO₂-N 浓度曲线几乎重合，前 2h 为 NO_2^--N

上升期，达到 20mg/L；第 2～4 小时为 NO_2^--N 稳定期，维持 20mg/L 左右；4h 后为 NO_2^--N 下降期。在 26℃时，0～3h 为 NO_2^--N 上升期；第 3 小时后为稳定期，NO_2^--N 维持在约 35mg/L，然后呈现缓慢下降的趋势。20℃时，NO_2^--N 一路持续增加，在第 10 小时才开始有稳定的趋势，至第 10 小时已经达到 106.6mg/L，这说明 CANON 工艺的 ANAMMOX 性能受到温度的影响很大，而硝化性能受到的影响较小，导致了 NO_2^--N 的大量积累，平均增加速率为 10.81mg/(L·h)；在 15℃时，NO_2^--N 亦持续增加，至第 10 小时也没有达到稳定的趋势，但 NO_2^--N 增加速率下降为 4.44mg/(L·h)，积累的 NO_2^--N 与 20℃相比降低了 59%，说明在 15℃时，CANON 工艺的硝化性能也开始受到严重影响，但亚硝酸盐积累依然存在，说明温度对 ANAMMOX 的影响依然比对硝化的影响大，即 ANAMMOX 菌与 AOB 相比更容易受到低温冲击的影响。

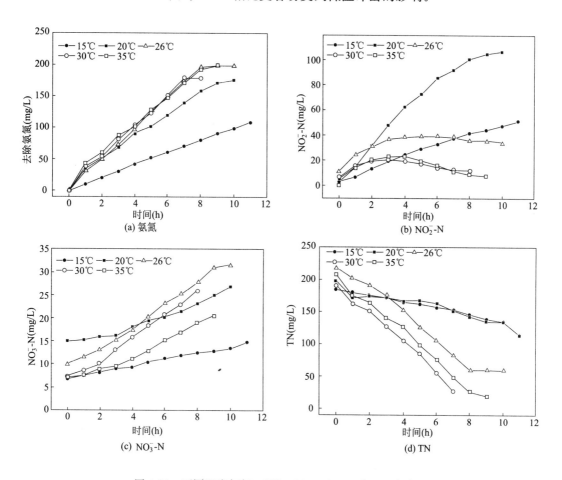

图 4-26 不同温度氨氮、NO_2^--N、NO_3^--N 和 TN 去除量

由图 4-26（c）可见，NO_3^--N 增加速率首先随着温度的升高而增加，15℃、20℃、26℃的 NO_3^--N 增加速率分别为 0.70mg/(L·h)、1.13mg/(L·h)、2.39mg/(L·h)，这是由于受温度的影响，ANAMMOX 活性随着温度的升高而升高。30℃的 NO_3^--N 增加速率基本与 26℃持平，在 35℃时 NO_3^--N 增加速率下降为 1.52mg/(L·h)。

图 4-26(d) 中，35℃与 30℃的 TN 浓度曲线基本平行，去除速率分别为 21.21mg/(L•h) 与 21.77mg/(L•h)，26℃时 TN 去除速率略有下降，为 19.45mg/(L•h)，在 20℃时，去除速率急剧下降，为 5.40mg/(L•h)，15℃为 4.72mg/(L•h)，由于本试验不投加有机碳源，而以内碳源进行反硝化的速率很低，因此，TN 的损失基本反映了 ANAMMOX 的效果，在 15~30℃范围内 ANAMMOX 速率随着温度的增加而增加，35℃时与 30℃时略有下降，可认为 CANON 工艺中 ANAMMOX 菌的最适温度约为 30℃。

由于 AOB 与 ANAMMOX 菌均能去除氨氮，因此不能以氨氮的去除效果来衡量 AOB 受温度影响的程度，而应以式(4-4) 来计算。

$$NH_4^+\text{-}N_1 = NH_4^+\text{-}N_0 - NH_4^+\text{-}N_2 \tag{4-4}$$

式中　$NH_4^+\text{-}N_1$——AOB 所氧化的氨氮；

　　　$NH_4^+\text{-}N_0$——氨氮的表观去除量；

　　　$NH_4^+\text{-}N_2$——ANAMMOX 菌所氧化的氨氮。

由于 ANAMMOX 反应消耗的氨氮、$NO_2^-\text{-}N$ 与产生的 $NO_3^-\text{-}N$ 理论比值为 $1:1.32:0.26$，因此由 ANAMMOX 菌导致的氨氮氧化的理论值可由 TN 损失得出：

$$NH_4^+\text{-}N_2 = \Delta TN \times \frac{1}{1+1.32-0.26} = 0.49\Delta TN \tag{4-5}$$

将式(4-4) 代入式(4-5) 中可得下式：

$$NH_4^+\text{-}N_1 = NH_4^+\text{-}N_0 - 0.49\Delta TN \tag{4-6}$$

将试验得出的不同温度下 TN、氨氮之降解速率及按式 4-6 计算的 AOB 菌对氨氮降解速率共同绘制于图 4-27 中。图中 TN 降解速率的变化即为 ANAMMOX 菌活性的变化，氨氮降解速率是 AOB 菌和 ANAMMOX 菌协同完成的。可以看出，温度在 26℃以下时 TN 和氨氮的降解速率急剧下降，而 AOB 的亚硝化速率当温度下降至 20℃以下时，才受到影响。同时也可觉察到温度 15℃时，AOB 菌和 ANAMMOX 菌的代谢活动仍在进行。

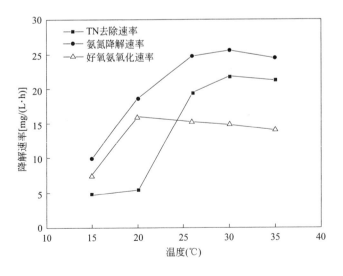

图 4-27　CANON 工艺中温度对脱氮活性的影响

综上所述，温度保持在 26℃ 以上，CANON 反应器可保证比较好的 TN 去除效果。但如果长期在较低温度的环境下，能否适应并提高处理效果；AOB 能否在 CANON 工艺中起主导作用，保证产生的 NO_2^--N 不被 NOB 继续氧化成 NO_3^--N 而破坏 CANON 工艺的稳定性，需要通过进一步的试验验证。

4.2.2 连续流 CANON 反应器运行稳定性和温度的影响

CANON 工艺是 ANAMMOX 与亚硝化结合到一个反应器中的新型工艺。从表观来看，氨氮被直接氧化成 N_2 是一种最简捷的脱氮途径。且 AOB 与 ANAMMOX 菌均是自养菌，因此 CANON 工艺具有不消耗有机碳源，节省碱度，降低曝气量，降低污泥产量等优点。在 CANON 反应器中，ANAMMOX 菌是利用亚硝酸盐而非硝酸盐作电子受体来氧化 NH_3，因此，获取稳定的亚硝化是 CANON 工艺稳定运行的必要条件；另一方面，由于没有外部有机碳源，内源反硝化脱氮量有限，ANAMMOX 反应会承载反应器中绝大部分脱氮任务。因此，在研究 CANON 反应器稳定性时，从亚硝化与 ANAMMOX 反应两方面考察。

作者在成功启动连续流 CANON 工艺后，连续运行超过 1 年时间，除研究 CANON 反应器稳定性外，还考察了低温与高温冲击对 CANON 工艺稳定性的影响，以期为工程应用奠定理论基础。

1. 试验装置

反应器由有机玻璃制成，总体积为 3.85 L，废水由反应器底部进入后，由上部出水口排出，如图 4-1 所示。反应器内添加规格为 $2cm \times 2cm \times 2cm$ 海绵填料，载体平均湿密度为 $1g/cm^3$，孔隙率为 50%，孔径为 2～3mm。曝气量通过转子流量计调节并计量。反应器内的温度通过水浴夹套中的热水循环进行调节，热水通过 XMT-102 型温度控制仪进行控制，使反应器内的温度控制在 (35±1)℃。反应器内 pH 通过 HI 931700 型 pH 控制仪控制在 7.39～8.01 之间。

2. CANON 反应器的启动

CANON 反应器通过接种本实验室 SBR 反应器的普通活性污泥，直接在好氧条件下启动。在启动的整个过程中，以无机高氨氮废水为进水，始终维持曝气状态，没有人为投加亚硝酸盐或接种 ANAMMOX 菌种，首先建立稳定亚硝化，然后成功培养出 ANAMMOX 菌，并于 210d 时达到 TN 去除负荷 $1.22kgN/(m^3 \cdot d)$；对脱落生物膜碎片收集进行 ANAMMOX 试验，发现消耗的 NO_2^--N、NH_4^+-N 及产生的 NO_3^--N 比例为 1∶1.36∶0.22，与 ANAMMOX 反应理论比值 1∶1.32∶0.26 非常接近，证明反应器中存在 ANAMMOX 反应，标志着反应器启动成功。

3. 试验用水

试验用水采用人工配水，配水由自来水中添加适量的 NH_4Cl、$NaHCO_3$、$NaCl$ 与 K_2HPO_4 配制而成，其中，氨氮为 300～500mg/L，NO_2^--N 为 0～10mg/L，其来源于少量氨氮的氧化，NO_3^--N 为 3～5mg/L，主要来源于自来水自身，$PO_4^{3-}-P$ 约为 2mg/L，pH 为 7.5～8.5。

4. 试验方法

启动成功的连续流反应器在 200d 之后的绝大部分时间内，水温保持在 (35± 1)℃的条件下运行, 210~300d 之间曝气量保持 14~42m³/(m³·d) 之间, 进水流量为 18L/d, 相应 HRT 为 5.1h; 300d 以后曝气量约为 1.5~2.0m³/(m³·d), 进水流量为 25L/d, 相应 HRT 为 3.7h。在第 245 天与第 491 天分别进行了 21℃与 15℃的温度骤降冲击试验, 在第 548 天由于设备故障, 温度骤升至超过 50℃, 由此造成的影响一并研究。

5. 试验结果与讨论

曝气量与 TN 去除负荷及氨氮、NO_2^--N、NO_3^--N、TN 各项水质指标逐日变化如图 4-28 所示。

（1）高温高氨氮条件下连续流 CANON 反应器的稳定性

1）ANAMMOX 的稳定性

ANAMMOX 的性能主要通过 TN 去除效果反映。由图 4-28 可以看出, 除低温和高

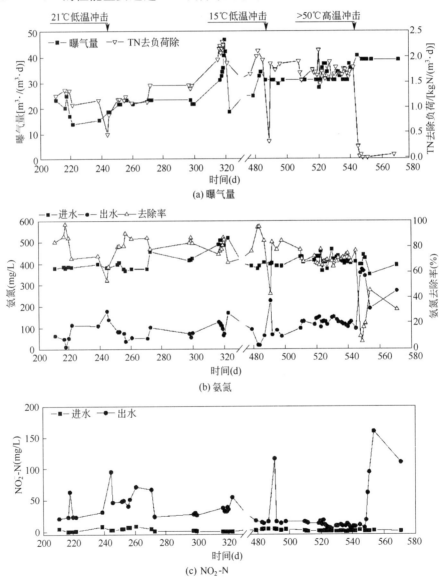

图 4-28 试验运行过程中各项水质指标的逐日变化（一）

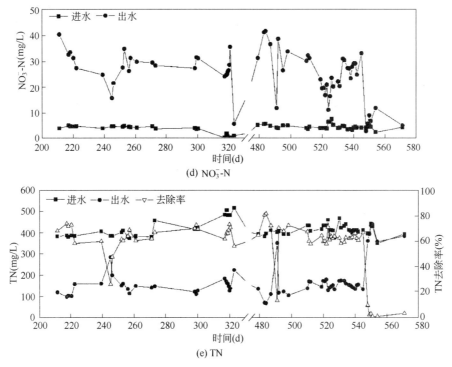

(d) NO$_3^-$-N

(e) TN

图 4-28　试验运行过程中各项水质指标的逐日变化（二）

温冲击之外的全部运行期间，TN 去除率平均值都保持在 66%～65% 之间，最高 TN 去除率达到 81.65%。但与 CANON 工艺 TN 去除率最高理论限值 89% 相比还有提升的空间。如果进一步加强反应器内的传质效果，并建立反应器进水负荷与曝气量的自动控制系统，将有助于进一步提高 TN 去除率。在第 300 天提高进水负荷后，随曝气量增加而增加，最高 TN 去除负荷达到 2.32kgN/(m^3·d)，平均 TN 去除负荷达到 1.8kgN/(m^3·d)。显示反应器在本试验条件下 ANAMMOX 稳定性良好。

由图 4-28(a) 还可看出，CANON 脱氮效率与曝气量息息相关，在氨氧化速率不足，与 ANAMMOX 反应速率未达到平衡之前，TN 去除效果随着曝气量的增加而增加，但不能超越抑制 ANAMMOX 菌活性的 DO 限值，所谓的 CANON 反应器极限曝气量。在试验运行的第 218 天，提高曝气量后，NH$_4^+$-N 转化率提高至 96%（图 4-28(b)），而 TN 去除率则没有明显的提高，且出水 NO$_2^-$-N 浓度也突跃至 63.41mg/L（图 4-28(c)），这显示在反应器运行初期 ANAMMOX 菌数量尚少，ANAMMOX 反应速率尚低，提高曝气量只能提高反应器的亚硝酸化水平，而不能提高 ANAMMOX 水平，亚硝酸化速率与 ANAMMOX 速率的不平衡，造成了出水 NO$_2^-$-N 的积累峰值。

2）亚硝化的稳定性

对于只进行亚硝酸化的反应器而言，一般采用亚硝化率（NO$_2^-$-N/NO$_x^-$-N）来衡量亚硝化的稳定性，但是对于 CANON 反应器而言，AOB 与 ANAMMOX 菌混合在一起，两者同时消耗氨氮，且 ANAMMOX 还会消耗 NO$_2^-$-N，因此无法用亚硝化率来衡量亚硝化的稳定性，而必须找一个新的指标。以 ΔTN 表示进出水中 TN 损失，在无机高氨氮废水条件下，忽略内源反硝化而导致的 TN 损失，则 ΔTN 与 ANAMMOX 作用而产生的 N$_2$ 的量

227

相等；以 ΔNO_3^--N 表示进出水中 NO_3^--N 的变化，它可能包括两方面作用：①ANAMMOX 菌的作用，同化 CO_2 时生成 NO_3^--N，②NOB 的好氧氧化作用，使 NO_2^--N 被氧化而生成 NO_3^--N。若 CANON 反应器中不存在 NOB，则 ΔNO_3^--N 全部源于 ANAMMOX 菌同化 CO_2 时生成 NO_3^--N，其理论值可根据 ANAMMOX 反应的标准反应式中 NO_3^--N 与 N_2 的比例为 0.26：1.02 计算，即 $\Delta NO_3^--N/\Delta TN=0.26/(1.02 \times 2)=0.127$。如果反应器中显著出现 NOB，则 ΔNO_3^--N 必然增加，而 ΔTN 会因 NOB 与 ANAMMOX 菌同时竞争 NO_2^--N 而减少，即 $\Delta NO_3^--N/\Delta TN$ 随之增大。因此，可以通过判断 $\Delta NO_3^--N/\Delta TN$ 比值与 0.127 的差值来判断 CANON 工艺中亚硝化的稳定性。如果差值显著大于 0，表明亚硝化还不稳定，差值越大亚硝化积累率越低。在整个运行期间（第 548～571 天除外），实测 $\Delta NO_3^--N/\Delta TN$ 比值的变化曲线绘于图 4-29。图中可发现均低于其理论值 0.127，表明反应器中 NOB 数量不占优势，而且存在少量内源反硝化。上述分析说明，CANON 反应器在 35±1℃，pH 为 7.39～8.01 之间，HRT 为 3.7～5.1h 条件下，亚硝化具有良好的稳定性。

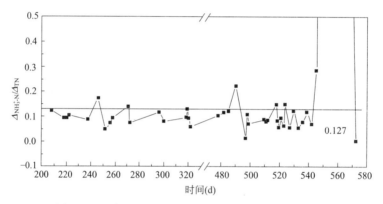

图 4-29　运行过程中 $\Delta NO_3^--N/\Delta TN$ 比值的变化曲线

（2）低温冲击下的稳定性

CANON 反应器受温度冲击时，ANAMMOX 菌与 AOB 菌活性会同时受到影响。由于进水没有碳源，所以反硝化作用几乎可以忽略不计，因此 TN 去除率反映了 ANAMMOX 菌活性受温度影响的程度；但是，由于 AOB 菌与 ANAMMOX 菌均能消耗氨氮，因此 AOB 活性受温度冲击的影响却不能简单地以氨氮的转化效果来衡量，而要减去 ANAMMOX 菌对氨氮氧化的份额。由 ANAMMOX 标准反应式可知：ANAMMOX 菌氧化氨氮的理论份额为 $0.49\Delta TN$。

考虑到不同时期的 CANON 反应器中的菌群组成与数量可能有所不同，因此，在估算 AOB 受温度影响活性比较时，分别选取其临近时间段内曝气量相同天数进行比较，见表 4-8 所列。

不同低温冲击对 ANAMMOX 菌与 AOB 的影响　　表 4-8

时间	温度 （℃）	TN 去除量 （mg/L）	ANAMMOX 活性降低 （%）	实际转化 氨氮 （mg/L）	ANAMMOX 菌 转化氨氮 （mg/L）	AOB 转化 氨氮 （mg/L）	AOB 活 性降低 （%）
第 239 天	35	243.33	59.24	287.56	119.23	168.56	8.01
第 245 天	21	99.18		203.44	48.60	154.84	

时间	温度 （℃）	TN 去除量 （mg/L）	ANAMMOX 活性降低 （%）	实际转化 氨氮 （mg/L）	ANAMMOX 菌 转化氨氮 （mg/L）	AOB 转化 氨氮 （mg/L）	AOB 活 性降低 （%）
第 487 天	35	298.09	82.99	341.8	140.06	195.74	25.62
第 491 天	15	50.72		170.44	24.85	145.59	

由表 4-8 可以看出，当温度突降至 21℃时，ANAMMOX 活性降低 59.24%，而 AOB 活性降低仅 8.01%；15℃时，ANAMMOX 活性降低 82.99%，而 AOB 活性降低仅 25.62%。试验结果表明：低温冲击对于 AOB 与 ANAMMOX 菌都有抑制作用，但 ANAMMOX 菌更敏感，如图 4-28(c) 和 4-28(d) 所示，两者对温度冲击的适应性不同，导致了出水 NO_2^- -N 的积累峰值。这与采用序批式生物膜 CANON 反应器所得到的结果是一致的。2 次短暂的低温冲击对于 CANON 反应器的稳定性没有造成长久不良影响，当温度恢复正常后反应器的性能亦恢复。至于反应器长期处于低温环境下，能否建立稳定的氨氧化率和亚硝化率，ANAMMOX 菌能否在低温条件下逐步提高活性还需要进一步的试验来论证。

（3）高温冲击

高温冲击发生在第 548 天，是由于温度控制器失灵，反应器内温度超过 36℃时，而加热棒没能自动断电，至发现时已经过 10h，反应器内温度已经超过 50℃。当高温冲击事件发生后，立刻对反应器采取降温措施，使温度恢复正常。在第 2d 进行水质分析后发现氨氮转化率剧烈下降至 5.74%，CANON 反应器出水的 TN 去除率急剧下降至 8.74%，出水 NO_3^- -N 也急剧下降至 2.6mg/L，这表明反应器中 ANAMMOX 菌受到高温的严重破坏；而氨氮转化率急剧下降至 9.97%，表明 AOB 也受到了严重破坏。在随后 1 周的运行过程中，出水 NO_2^- -N 的浓度逐渐升高，至第 554 天时出水 NO_2^- -N 达到 159.84mg/L，氨氮转化率达到 45.66%，对比表 4-8 中由 AOB 所氧化的氨氮值 140.06mg/L，表明反应器中 AOB 已逐渐恢复；不过，TN 去除率却始终接近于 0，说明 ANAMMOX 菌的活性没有任何恢复。至第 571 天时 TN 去除率仍然没有明显提高，高温环境已经对 ANAMMOX 菌造成不可逆转的破坏，短期内 CANON 反应器的性能将难以恢复。因此，CANON 反应器在运行过程中一定要避免高温出现。

6. 小结

（1）控制温度在 35±1℃，pH 7.39～8.01 之间，HRT 为 3.6～5.1h 与进水氨氮浓度为 300～500mg/L 的条件下，以海绵块为填料，亚硝化的稳定性与 ANAMMOX 的稳定性良好，CANON 反应器保持长期稳定，最高 TN 去除率可达到 81.65%。

（2）低温冲击对 ANAMMOX 菌与 AOB 都会产生抑制作用，但 ANAMMOX 菌对低温更加敏感，造成 NO_2^- -N 严重积累，致使出水恶化，温度恢复后，反应器性能随即恢复。

（3）超过 50℃的高温使 CANON 反应器崩溃，ANAMMOX 菌活性被完全破坏，而 AOB 的活性可在 1 周内恢复。

4.2.3 低温 CANON 长期运行

1. 试验方法

为了探讨较低温度下 CANON 工艺的运行情况，拓展 CANON 工艺的温度适应范围，以在常温下启动的 4.1.3 节反应器Ⅲ为试验装置，其流程如图 4-12 所示，进水水质亦如表 4-1，进水流量为 18L/d。从反应器Ⅲ启动运行后第 87 天开始，研究低温下 CANON 工艺对温度的长期适应性。

2. 试验结果

反应器Ⅲ在运行过程中，温度与曝气量的变化以及氨氮、NO_2^--N、NO_3^--N、TN 与 pH 的变化如图 4-30 所示。

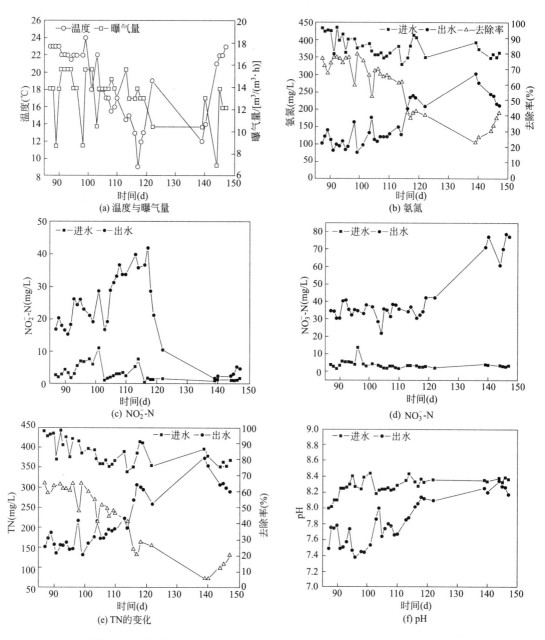

图 4-30　反应器Ⅲ在运行过程中，温度、曝气量、pH 以及氮素的变化

从图 4-30 可以看出，第 87～96 天，反应器Ⅲ中的温度保持在 21～24℃之间，氨氮去

除率在 $67\%\sim77\%$ 之间波动，平均氨氮去除率为 75.1%；出水 NO_2^--N 值处于 $15\sim$ $26mg/L$ 之间，均值为 $20.48mg/L$；出水 NO_3^--N 值在 $30\sim40mg/L$ 之间波动，均值为 $30.48mg/L$；平均 TN 去除率为 62.3%，出水 pH 在 $7.3\sim7.8$ 之间，均值为 7.6。总体而言，此段时间内由于温度维持相对稳定，反应器的运行性能也能保持稳定。运行至第 98 天时，由于曝气量从 $13.87m^3/(m^3 \cdot h)$ 快速下降至 $8.67m^3/(m^3 \cdot h)$，造成了氨氮去除率由 77.5% 快速下降至 59.4%，出水 NO_2^--N 与 NO_3^--N 浓度略有降低，而 TN 去除率从 64.9% 快速下降至 47.5%，pH 也略有增加；第 99 天曝气量恢复正常，且温度由 $22℃$ 升高至 $24℃$ 时，氨氮去除率与 TN 去除率又超过第 96 天的运行指标，表现为出水 NO_2^--N 的减少与出水 NO_3^--N 的增加。

当第 101 天温度大幅下降至 $18℃$，氨氮去除率从 80.0% 降低至 75.3%，TN 去除率由 65.7% 下降至 59.8%，出水 NO_3^--N 减少，出水 NO_2^--N 显著增加，这进一步印证了采用 SBBR 反应器进行温度冲击试验时所得结论——ANAMMOX 菌比 AOB 更容易受到温度降低的影响。此后至第 108 天之间（第 103 天除外），温度从 $18℃$ 逐渐降低至 $15.5℃$，第 109~110 天温度略回升至 $16\sim17℃$ 后再次持续下降，至第 117 天时下降至 $9℃$ 的过程中，氨氮去除率和 TN 去除率呈现明显的下降趋势。第 117 天时氨氮去除率仅为 38.8%，TN 去除率仅有 20.2%；第 98~117 天出水 NO_3^--N 呈现下降趋势，而出水 NO_2^--N 呈现迅速增加的趋势，至第 117 天时出水 NO_2^--N 增加至 $41.8mg/L$，出水 pH 也呈现增加的趋势。

第 118~140 天（第 122 天除外）温度略有回升，在 $12\sim14℃$ 之间波动，但氨氮去除率与 TN 去除率却依然呈现继续下降的趋势，至第 140 天时氨氮去除率与 TN 去除率分别下降至 25.9% 与 5.9%；而出水 NO_2^--N 也迅速减少，至第 140 天时仅有 $2.34mg/L$，与此相反出水 NO_3^--N 迅速增加，至第 140 天时出水 NO_3^--N 达到 $77.15mg/L$，出水 pH 也保持其增加的趋势未变，这显示此阶段反应器中的稳定亚硝化已经被破坏，尽管此时水中的 FA 浓度很高，超过 $25mg/L$，但显然此时 NOB 已经对于高浓度的 FA 产生了适应性，使 AOB 氧化氨氮所产生的 NO_2^--N 被 NOB 优先利用，即 ANAMMOX 菌与 NOB 在竞争 NO_2^--N 的过程中失去了优势地位，这导致了 CANON 工艺的完全崩溃。

在随后的时间内，提高温度至 $21\sim23℃$，氨氮去除率与 TN 去除率都有所上升，出水 NO_2^--N 也略有升高，但出水 NO_3^--N 几乎没有变化，依然接近 $80mg/L$，这与 CANON 工艺在先前该温度下的稳定运行效果形成了鲜明对比，出水水质严重恶化，表明 CANON 工艺在 $15℃$ 以下的长期运行，NOB 会逐渐形成优势，并且短时间内难以恢复。

3. 讨论与分析

（1）低温下 ΔNO_3^--N/ΔTN 比值和亚硝化稳定性

无机高浓度氨氮废水 CANON 反应器中，由于缺少碳源，TN 损失的绝大部分是 ANAMMOX 反应造成的。按 ANAMMOX 反应式 NO_3^--N 生成量与 TN 损失量之比值，ΔNO_3^--N/$\Delta TN = 0.127$。CANON 反应器出水中 ΔNO_3^--N/ΔTN 比值大于 0.127 表明反应器中存在着 NOB 也将部分 NO_2^--N 氧化成了 NO_3^--N，且比值越大 NOB 硝化能力越强，亚硝化稳定性越差。反之 ΔNO_3^--N/ΔTN 比值等于或小于 0.127 表明反应器中不存在 NOB 硝化反应，处于稳定的亚硝化状态。为此，对反应器Ⅲ从启动之初至降低为最低温度 9℃ 的第 117 天进行统计，得出温度与 $\Delta NO_3^- \text{-N}/\Delta TN$ 比值之间关系，如图 4-31 所示。可以看出，在 20℃ 以上时，$\Delta NO_3^- \text{-N}/\Delta TN$ 比值平稳，平均值为 0.112（小于 0.127），亚硝化处于稳定状态；在 $20 \sim 15$℃ 之间时，$\Delta NO_3^- \text{-N}/\Delta TN$ 比值随着温度的降低而逐渐增加，在 15℃ 时，平均值为 0.21（大于 0.127），显现了 NOB 硝化作用；温度降低至 15℃ 以下时，$\Delta NO_3^- \text{-N}/\Delta TN$ 比值平均为 0.383，亚硝化愈加不稳定，在 15℃ 以下继续运行一个月后，$\Delta NO_3^- \text{-N}/\Delta TN$ 比值开始剧烈增加至 2.91，甚至在温度恢复至 22℃ 时，仍然高达 0.98，表明 CAN-ON 反应的基础已经崩溃。

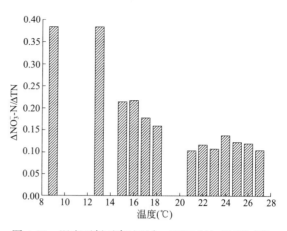

图 4-31　温度不断下降过程中 $\Delta NO_3^- \text{-N}/\Delta TN$ 的变化

根据 $\Delta NO_3^- \text{-N}/\Delta TN$ 比值随温度 T 的变化趋势，结合反应器Ⅲ不同温度下的脱氮效果，把温度 T 分为 3 个阶段：

第一阶段，$20℃ \leqslant T \leqslant 35℃$，属于稳定阶段，亚硝化稳定，CANON 工艺能够连续稳定运行。

第二阶段，$15℃ \leqslant T < 20℃$，属于过渡阶段，亚硝化有趋于不稳定的趋势，CANON 工艺开始趋于不稳定。

第三阶段，$T < 15℃$，属于不稳定阶段，亚硝化被破坏，CANON 工艺不能运行。

（2）OUR 法评价亚硝化稳定性

尽管采用 $\Delta NO_3^- \text{-N}/\Delta TN$ 比值可以间接的评价亚硝化的稳定性，但它并不能完全反映硝化过程中 AOB 与 NOB 的活性。为此通过 OUR 法以更直接地反映 AOB 与 NOB 的活性。相比微生物计数法，更简单、快捷。在亚硝化被破坏时，测量了 OUR 以评价亚硝化被破坏的程度。

1）评价原理

利用生物抑制剂烯基硫脲（allylthioure，简称 ATU）和氯酸钠（NaClO₃）可以选择性地抑制 AOB 和 NOB 的活性。NaClO₃ 对 AOB 参与的氨氮氧化反应的抑制作用并不能即时发生，其抑制作用在大约 30min 后才能检测出，但即时抑制 NOB 的活性；ATU 在 5mg/L 浓度下能够即时抑制 AOB 和 NOB 的活性。通过测量不同时间的 OUR，可以分别计算出污泥的 AOB 和 NOB 活性。其试验原理如 4-32 所示。

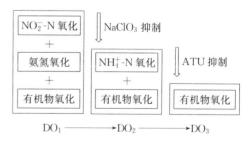

图 4-32　通过 OUR 测量 AOB 与 NOB 的活性原理图

2）评价方法与评价结果

从反应器中取出3块覆满生物膜的海绵填料，用超声波破碎机将其上的生物膜脱落，沉淀法将水排出，空曝1d以后（使所有的可降解COD和氨氮得以转化），然后置于图4-33所示的装置中。其中锥形瓶水质组成为：葡萄糖200mg/L，氨氮（NH_4Cl）10mg/L，NO_2^--N（$NaNO_2$）5mg/L，用自来水配制，且配水经过预曝气，pH被预先调至7.5，水温为20℃。

启动磁力搅拌器，同时用在线DO仪开始测量DO值；5min后加入$NaClO_3$，测量DO；又经过5min后，加入ATU，继续测量DO值，得出3条不同时段DO变化曲线，并分别对3条曲线采用origin软件进行直线拟合，如4-34所示。

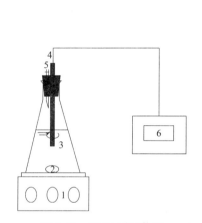

图4-33　OUR测量装置

1—磁力搅拌器；2—转子；3—锥形瓶；
4—DO探头；5—加药口；6—DO仪

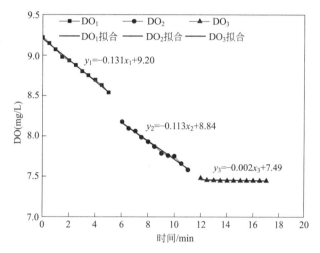

图4-34　加入抑制剂$NaClO_3$和ATU前后的DO变化曲线

各时段OUR采用下式计算：

$$OUR = (DO_{t1} - DO_{t2})/(t_2 - t_1) \tag{4-7}$$

得：

$OUR_1 = 0.131\text{mg/min}$；

$OUR_2 = 0.113\text{mg/min}$；

$OUR_3 = 0.002\text{mg/min}$。

因此，以OUR计AOB与NOB的活性时，有下面的关系：

$OUR_{NOB} = OUR_1 - OUR_2 = 0.018\text{mgO}_2/\text{min}$；

$OUR_{AOB} = OUR_2 - OUR_3 = 0.111\text{mgO}_2/\text{min}$。

而氨氮氧化成NO_2^--N和NO_2^--N氧化成NO_3^--N所需DO的当量数分别为3和1，因此，若以氧化的N计，以H表示活性，则

$H_{NOB} = 0.018 \times 14/16 = 0.016\text{mgN/min}$；

$H_{AOB} = 0.111 \times 14/16/3 = 0.032\text{mgN/min}$。

由AOB与NOB的活性试验可知，系统中由AOB氧化生成的NO_2^--N大约有近50％

被 NOB 氧化成 $NO_3^- $-N。确认了在反应器Ⅲ中 NOB 的活性过高，导致了 CANON 工艺在低温条件下的崩溃。

4.2.4　CANON 反应器对低温的适应性

1. 试验方法与结果

此组试验在冬季进行，同时停止长期在 35℃ 下运行反应器Ⅰ和长期在 22℃ 下运行反应器Ⅲ的加热装置，2 个反应器的温度在数小时内突降至 15℃，二者在运行过程中，曝气量均维持不变，经过 1d 的运行，取样进行化验，并结合 2 个反应器之前正常运行的数据，作堆积柱状图如 4-35 所示：

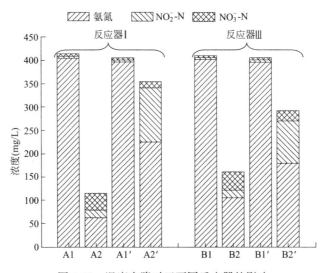

图 4-35　温度突降对于不同反应器的影响

A1 表示反应器Ⅰ在 35℃ 运行时的进水水质；A2 表示反应器Ⅰ在 35℃ 运行时的出水水质；A1′ 表示反应器Ⅰ受到 15℃ 低温冲击时的进水水质；A2′ 表示反应器Ⅰ受到 15℃ 低温冲击时的出水水质；B1 表示反应器Ⅲ在 22℃ 运行时的进水水质；B2 表示反应器Ⅲ在 22℃ 运行时的出水水质；B1′ 表示反应器Ⅲ受到 15℃ 低温冲击时的进水水质；B2′ 表示反应器Ⅲ受到 15℃ 低温冲击时的出水水质。

从图可以看出，4 组原水水质条件基本相同，氨氮浓度约为 400mg/L，$NO_2^- $-N 约为 4mg/L，$NO_3^- $-N 亦约为 4mg/L，因此，由于进水差异造成的影响可以忽略不计。

反应器Ⅰ在 35℃ 的出水 TN 浓度为 115.66mg/L，TN 去除率为 72.04%，反应器Ⅲ在 22℃ 正常运行时，出水 TN 浓度为 160.45mg/L，TN 去除率为 60.83%，与反应器Ⅰ比较，出水相对较差；但经过 15℃ 低温冲击后，反应器Ⅰ出水 TN 浓度迅速上升，达到 354.68mg/L，TN 去除率仅为 12.51%；当反应器Ⅲ同样受到 15℃ 低温冲击时，出水 TN 浓度为 290.19mg/L，TN 去除率为 28.45%，显著大于反应器Ⅰ 12.51% 的 TN 去除率。这表明，ANAMMOX 菌在较低温度下长时间运行，能够对低温冲击产生一定的适应性。

2. CANON 工艺低温下稳定运行的因素

分析反应器Ⅲ在低温下运行的过程中，要建立稳定亚硝化，主要依赖如下 2 个方面的因素：

（1）FA 的抑制作用。

由于反应器Ⅲ的出水浓度与反应器中的氨氮浓度相当，反应器Ⅲ中的出水氨氮浓度始终比较高，约在 100mg/L，FA 浓度超过 10mg/L，因此，FA 抑制是实现短程硝化的一个直接因素。

（2）ANAMMOX 菌与 NOB 对 NO_2^--N 的竞争作用。

在 CANON 工艺中，AOB 与 ANAMMOX 菌是完全混合在一起，这与独立亚硝酸化反应器不同。独立的亚硝酸化反应器，当氨氮被氧化为 NO_2^--N 后，NO_2^--N 浓度必然升高，一旦有氧存在，被转化为 NO_3^--N 是其唯一转化途径。反应物 NO_2^--N 浓度越高，越有利于生成 NO_3^--N，这意味着亚硝化被破坏；但当 ANAMMOX 菌与 AOB 共存在一个反应器中时，生成的 NO_2^--N 随时被 ANAMMOX 菌所利用，NO_2^--N 浓度降低，反应物 NO_2^--N 浓度变低，即意味着 NO_2^--N 被硝化的趋势减弱。

对于某些高氨氮废水而言，如垃圾渗滤液，往往水温较低，若将 AOB 与 ANAMMOX 菌置于 2 个反应器中，必然会增大亚硝化不稳定的风险，当两者处于同一个反应器中时，ANAMMOX 菌可以与 NOB 共同竞争 NO_2^--N，形成了对 NO_2^--N "疏"而不是"截"的积累策略。这与 FA 抑制、温度控制及低 DO 控制等方法有所不同。

当前，除了温度控制已经应用到工程实例之外，其他控制方法还未有工程应用的实例，从近些年的研究成果来看，除通过温度控制之外的所有方法，都面临 NO_2^--N 被继续转化到 NO_3^--N 的趋势。这些控制策略，有一个共同的特点，就是在硝化的过程中，试图"拦截" NO_2^--N 进一步硝化为 NO_3^--N 以实现亚硝化，然而"截"必然加剧 NO_2^--N 被继续氧化的风险。CANON 工艺为亚硝化提供了一种新的思路，采用"疏导"的方法，即利用 ANAMMOX 菌与 NOB 对 NO_2^--N 的竞争作用，缓解了 NO_2^--N 积累的压力。事实证明，这一策略是可行的，通过 ANAMMOX 菌与 NOB 对 NO_2^--N 的竞争作用，辅以 FA 的选择性抑制作用，可以实现较低温度下亚硝化的稳定。

如果再利用 AOB 和 NOB 对 DO 的亲和力的差异并加以 DO 控制，CANON 工艺温度适应范围可扩展到 20℃之下。

4.2.5 CANON 工艺温度适应性小结

（1）接种连续流 CANON 工艺反应器中污泥，SBBR 反应器在 30～35℃可稳定运行，TN 去除率可达到 88.3%，TN 去除负荷达到 0.52kgN/（m^3·d）。

（2）pH 先降低后升高的拐点与 DO 突跃的拐点均可作为 CANON 反应结束的指示参数，二者相比，DO 拐点出现得更早，对于指示反应结束更具有实用价值。

（3）26～35℃之间时，ANAMMOX 活性较高，且在 30℃时的活性最高。20℃时，ANAMMOX 活性受到严重影响；温度大于等于 20℃时，SBBR 反应器中 AOB 的活性受温度影响不大，温度降低至 15℃时，AOB 的活性受到严重影响。比较而言，ANAMMOX 菌比 AOB 更容易受到低温的影响。

（4）借由 ANAMMOX 菌与 NOB 对 $NO_2^- $-N 的竞争，协同 FA 对 NOB 的选择性抑制作用以及 DO 控制，CANON 工艺的温度适应范围可至 20℃之下。

（5）当温度降低至 15℃ 以下时，ANAMMOX 菌与 NOB 对 $NO_2^- $-N 的竞争作用变弱，NOB 逐渐对 FA 产生适应性，短程硝化被破坏，最终导致 CANON 工艺的崩溃。

4.3　曝气量与 DO 对 CANON 的影响

4.3.1　曝气量对不同填料 CANON 反应器的影响

CANON 工艺集亚硝化与厌氧氨氧化于一体，AOB 和 ANAMMOX 菌在同一空间中协调代谢而脱氮。尽管厌氧菌 ANAMMOX 在 CANON 工艺中对 DO 有良好的适应性，但曝气量过大，导致 DO 浓度的过度上升，还会抑制 ANAMMOX 菌的代谢；曝气量不足又对亚硝化不利。适宜的曝气量和供氧量是 CANON 工艺正常运行的基本条件之一。本节研究并比较了 2 种性质不同的海绵填料和改性聚乙烯填料 CANON 反应器运行中，曝气量变化对 CANON 反应的影响。

1. 试验装置和试验用水

试验设备为反应器 I 与反应器 II。两套反应器均采用有机玻璃制成，进水从反应器底部进入，由上部出水口排出；曝气量通过转子流量计调节并计量。

反应器 I，直径 14cm，高度 25cm，总体积为 3.85L，进水流量为 25L/d。其装置如图 4-36(a) 所示。反应器内添加规格为 2cm×2cm×2cm 海绵块填料，湿密度为 1g/cm³，孔隙率为 50%。填料的填充率为 90%。反应期内通过 XMT-102 型温度控制仪控制的水套控制温度，使反应器内的温度维持在（35±1）℃，曝气通过反应器底部的环状沙芯曝气头，以保证均匀布气。

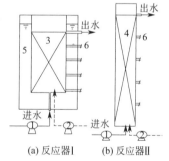

(a) 反应器 I　　(b) 反应器 II

图 4-36　实验设备图
1—蠕动泵；2—空压机；
3—曝气环；4—砂芯曝气器；
5—水浴；6—取样口

反应器 II，直径 9cm，高度 90cm，总体积为 5.72L，进水流量为 20L/d，其装置如图 4-36(b) 所示。反应器内填料为改性聚乙烯填料，直径约 10mm，长度约 8mm，密度约为 0.96g/cm³。填料的充实率为 80%。反应器内温度通过恒温加热棒控制温度在 30±1℃，通过反应器底部普通砂芯曝气头曝气。

实验采用人工配水，由自来水添加适量的 NH_4Cl，$NaHCO_3$ 与 K_2HPO_4 配制而成。配水的主要指标见表 4-9 所列。配水中的 $NO_2^- $-N 源于少量氨氮的氧化。这是由于自来水中存在 DO 且并没有进行吹脱处理造成的，配水中的 $NO_3^- $-N 主要源于自来水中固有的 $NO_3^- $-N。

<table>
<tr><td colspan="5" align="center">进水水质</td><td align="right">表 4-9</td></tr>
<tr><td>氨氮
（mg/L）</td><td>$NO_2^- $-N
（mg/L）</td><td>$NO_3^- $-N
（mg/L）</td><td>$PO_4^{3-} $-P
（mg/L）</td><td colspan="2">pH</td></tr>
<tr><td>300～500</td><td>0～10</td><td>3～5</td><td>2</td><td colspan="2">8.0～8.5</td></tr>
</table>

2. 试验方法和结果

（1）反应器 I 的曝气量试验

反应器 I 在曝气量试验开始之前，曝气量维持在约 $31.2m^3/(m^3 \cdot h)$，稳定运行达到 90d，试验时调整曝气量在 $4.7 \sim 49.9m^3/(m^3 \cdot h)$ 之间，维持进水氨氮浓度在 $420 \sim 450mg/L$ 之间，以尽量避免进水氨氮浓度波动的影响，进水流量为 25L/d。

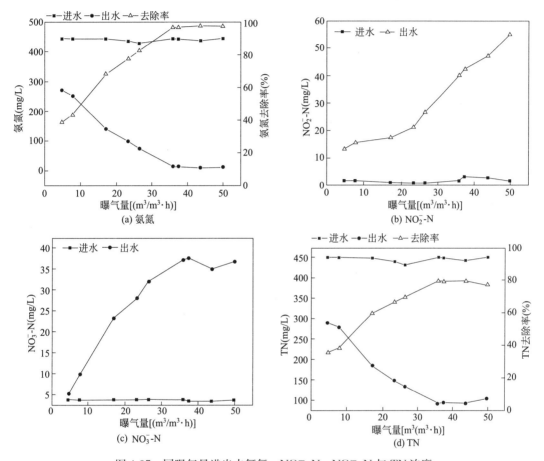

图 4-37 同曝气量进出水氨氮、$NO_2^- \text{-} N$、$NO_3^- \text{-} N$ 与 TN 浓度

曝气量变化过程中反应器 I 进出水氨氮、$NO_2^- \text{-} N$、$NO_3^- \text{-} N$ 与 TN 浓度的变化分别如图 4-37 示。从图中可以看出，当曝气量由 $4.7m^3/(m^3 \cdot h)$ 增加至 $23.4m^3/(m^3 \cdot h)$ 时，出水氨氮、TN 浓度不断降低，TN 去除率从 35.45% 提高至 62%，出水 $NO_3^- \text{-} N$ 浓度由 5mg/L 不断增加到 34mg/L；而 $NO_2^- \text{-} N$ 浓度缓慢提高；表明曝气量的增加促进了亚硝化和 ANAMMOX 反应的速率和平衡，CANON 反应效率不断提高。

曝气量由 $23.4m^3/(m^3 \cdot h)$ 再提高到 $35.8m^3/(m^3 \cdot h)$ 时，虽然随着曝气量的增加，出水氨氮浓度不断下降至 14.94mg/L，氨氮去除率不断上升到 96.64%；但出水 $NO_3^- \text{-} N$ 浓度和 TN 去除率提高速度缓慢，出水 $NO_2^- \text{-} N$ 浓度开始快速增加。表明此时 ANAMMOX 反应速率已低于亚硝化速率，协同反应开始失衡。

在曝气量为 $35.8m^3/(m^3 \cdot h)$ 时，氨氮浓度维持在 10mg/L，出水 $NO_3^- \text{-} N$ 达到

37.24mg/L，出水 TN 浓度为 92.27mg/L。TN 去除率达到 79.48％，TN 去除负荷达到 2.32kgN/(m³·d)。曝气量再提高，大于 35.8m³/(m³·h) 时，尽管曝气量继续增加，氨氮和 TN 去除率却不再上升。这表明，对于反应器 I 试验工况而言，当曝气量达到 35.8m³/(m³·h) 时，已经达到其 CANON 反应极限，称之为极限曝气量。

提高曝气量对反应器 I 有以下三方面的作用：

1）提高反应器中的 DO 水平，有利于 AOB 活性的提高。

由于 AOB 是好氧菌，因此，提高系统的 DO 水平，有利于 AOB 的活性提高，虽然 AOB 仅仅改变了氮在水中化合物的形态，使氨氮转化成 $NO_2^- $-N，但 $NO_2^- $-N 同时又是 ANAMMOX 反应的基质，$NO_2^- $-N 浓度升高有利于 ANAMMOX 菌的活性提高，因此，AOB 的活性提高会有利于 ANAMMOX 菌的活性提高。

在 CANON 反应器中，$NO_2^- $-N 浓度影响 ANAMMOX 菌的活性可以从两方面来考虑：从宏观方面来看，由于反应器 I 基本处于完全混合状态，因此，基质的出水浓度与反应器中的基质浓度基本相等。随着曝气量的增加，$NO_2^- $-N 继续增加，这有利于 ANAMMOX 菌活性的提高；从微观环境来看，AOB 与 ANAMMOX 菌交错生长在一起，当曝气量增加，在生物膜的局部也会使得 $NO_2^- $-N 的浓度梯度升高，有利于 ANAMMOX 菌活性的提高。

2）提高反应器中的 DO 水平，对 ANAMMOX 菌活性的影响。

在 CANON 反应器中，TN 去除效果主要依赖于 ANAMMOX 菌的作用，而 ANAMMOX 菌是厌氧菌，DO 浓度上升对于 ANAMMOX 菌是不利的。但从试验的结果来看，提高曝气量后，并没有发现对 TN 去除的任何不良影响，其原因与 CANON 反应器中的菌群分布及填料结构有关：处于生物膜外层的 AOB 是好氧菌，利用了 DO，为 ANAMMOX 解除了 DO 的抑制作用；海绵填料的结构与大小也大大缓冲了 DO 的传质，保护了填料内部的 ANAMMOX 菌，海绵的这一性质也使曝气量大于极限曝气量后，ANAMMOX 的脱氮性能也几乎没有受到影响。

3）提高了系统内基质的传质效果，有利于 TN 的去除。

Sliekers 等采用气提 SBR（反应器不断充入 95％的 Ar 与 5％CO₂ 的混合气体以提高传质效果但保证 DO 在检出限以下）大幅度提高 SBR-CANON 工艺的 TN 去除效率。本试验直接采用提高曝气量的方式，与 Sliekers 所采用的气提反应器非常类似。不同的是，本反应器采用的是直接提高曝气量的方式，而不是 95％的 Ar 与 5％的 CO₂，由于海绵填料的结构避免了 DO 对于 ANAMMOX 菌造成损害，达到了同样提高 CANON 反应器中基质混合的效果。由于提高曝气量后对 TN 去除的负面作用可以忽略，因此，使得曝气量在小于极限曝气量时，TN 去除效果随着曝气量的增加而增加，不过，单位体积空气的利用效果则随着曝气量的增加而降低，如比较曝气量为 4.7m³/(m³·h) 与 23.4m³/(m³·h) 时，虽然 TN 去除率提高了 2.25 倍，但曝气量却提高了 7.67 倍，因此设法提高曝气的利用效率会有利于 CANON 工艺的节能。

（2）反应器 II 的曝气量试验

反应器 II 调整曝气量范围在 0.3～6.3m³/(m³·h) 之间，维持进水氨氮浓度在 350～420mg/L 之间。进水流量为 20L/d。在不同曝气量条件下，对反应器 II 进行了冲击试验。

由于采用了改性聚乙烯填料，具有不同于海绵填料的性质，因而对应的 TN 去除效果也有所不同。曝气量变化对反应器 Ⅱ 的氮素转化和脱氮效果的影响如图 4-38 所示。

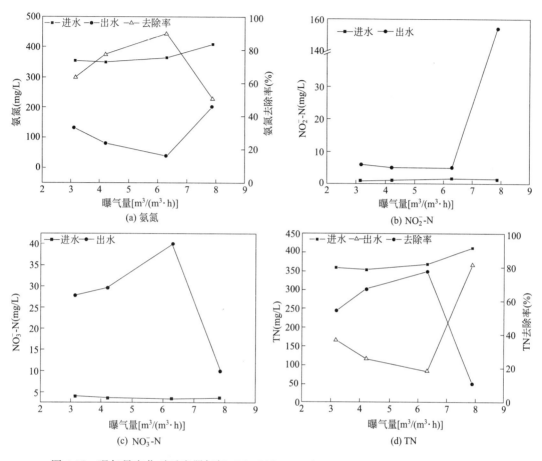

图 4-38 曝气量变化对反应器氨氮（a），NO_2^--N（b），NO_3^--N（c）和 TN（d）的影响

从图 4-38 可以看出，当曝气量小于等于 6.3m³/(m³·h)，出水氨氮浓度随着曝气量增加而降低，氨氮去除率随之上升，这与反应器 Ⅰ 表现出的规律是相同的。但当曝气量达到 7.9m³/(m³·h) 时，氨氮去除率由曝气量为 6.3m³/(m³·h) 时的 90% 突降至 50%，表现出与反应器 Ⅰ 完全不同的规律。其原因在于在 CANON 反应器中，AOB 与 ANAMMOX 菌均能氧化氨氮，当曝气量增加至 7.9m³/(m³·h) 时，DO 对于 AOB 不会产生抑制，但对 ANAMMOX 菌却产生了抑制，导致氨氮去除率的突降。

从图 4-38(b) 可以看出，当曝气量小于等于 6.3m³/(m³·h) 的条件下，NO_2^--N 浓度随曝气量的增加而基本维持不变，这与反应器 Ⅰ 中 NO_2^--N 浓度随曝气量的增加而平稳增加的效果明显不同。当曝气量达到 7.9m³/(m³·h) 时，NO_2^--N 浓度突跃至 154mg/L，这也与反应器 Ⅰ 明显不同。虽然在反应器 Ⅰ 中，随着曝气量的增加，出水 NO_2^--N 一直在增加，但没有突跃。这就表明反应器 Ⅱ 在曝气量达到 7.9m³/(m³·h) 时，DO 开始明显抑制 ANAMMOX 反应，导致作为 CANON 工艺中间产物的 NO_2^--N 的大量积累，因此，可利用 NO_2^--N 突增的这一特点作为 CANON 工艺曝气过量的指示参数。

由图 4-38(c) 可以看出，当在曝气量小于等于 $6.3m^3/(m^3 \cdot h)$ 的情况下，出水 $NO_3^- -N$ 变化趋势与反应器 I 基本相同，均随着曝气量的增加而增加，当曝气量达到 $7.9m^3/(m^3 \cdot h)$ 时，出水 $NO_3^- -N$ 显著降低。$NO_3^- -N$ 既有可能来自 $NO_2^- -N$ 的氧化，即 NOB 的作用，也有可能是 ANAMMOX 的作用。由于 DO 增加不会抑制好氧 NOB，这也表明 ANAMMOX 反应受到了抑制。

由图 4-38(d) 看出，在曝气量小于等于 $6.3m^3/(m^3 \cdot h)$ 的情况下，出水 TN 变化趋势与反应器 I 基本相同；但曝气量达到 $7.9m^3/(m^3 \cdot h)$ 的情况下，出水 TN 浓度急剧上升，导致 TN 去除率骤降至 11.1%，这也印证了上述 ANAMMOX 反应被 DO 抑制的结论。事实上，当曝气量超过 $6.3m^3/(m^3 \cdot h)$ 时，还会导致反应器 II 填料表面的生物膜大量流失，尤其是流失的 ANAMMOX 菌大于增殖的 ANAMMOX 菌，造成了反应器 II 处理能力的下降，因而导致了出水 $NO_2^- -N$ 浓度的增加；当曝气量达到 $6.3m^3/(m^3 \cdot h)$，意味着已达到反应器 II 的极限曝气量。

3. 试验小结

反应器 I 和反应器 II 的 TN 去除效果随着曝气量增加而表现出相似的规律，机制大致相同，即在曝气量小于极限曝气量的情况下，提高曝气量有利于 TN 的去除。

反应器 II 在曝气量为 $6.3m^3/(m^3 \cdot h)$ 时，获得最高 TN 去除效果，TN 去除率为 77.6%，与反应器 I 在曝气量为 $35.8m^3/(m^3 \cdot h)$ 时达到的去除率 79% 相仿。但其 TN 去除负荷才达到 $1.01kgN/(m^3 \cdot d)$，与反应器 I 的 TN 去除负荷 $2.32kgN/(m^3 \cdot d)$ 有明显差距。其原因是 ANAMMOX 菌增长非常缓慢，反应器 I 的填料结构有利于持留更多数量的 ANAMMOX 菌，而反应器 II 采用的改性聚乙烯填料，由于表面相对光滑，使得填料上附着的 ANAMMOX 菌数量较少，造成反应器 II 的最大 TN 去除负荷低于反应器 I 的最大 TN 去除负荷。

反应器 II 与反应器 I 不同的还有，反应器 II 当曝气量小于极限曝气量时，提高曝气量出水 $NO_2^- -N$ 浓度基本平稳，分析原因在于填料表面的生物膜能够与基质充分接触，亚硝化水平增加导致 $NO_2^- -N$ 的增加量与 ANAMMOX 水平增加导致所消耗 $NO_2^- -N$ 的增加量相当。而反应器 I 曝气量小于极限曝气量时，增加曝气量到一定程度会造成了 $NO_2^- -N$ 浓度的明显增加，这是反应器 I 内传质效率不良之故。

综上所述，反应器 I 具有稳定性好，TN 去除负荷高的优点，气体的利用效率还有进一步提高的潜力；当曝气量小于极限曝气量时，TN 去除能力随着曝气量的增加而增加，大于极限曝气量时，TN 去除能力维持稳定；反应器 II 在小于极限曝气量时，与反应器 I 有相同的变化趋势，但大于极限曝气量时，会导致 TN 去除能力的严重恶化。

4.3.2　DO 对序批式 CANON 反应器的影响

CANON 反应是 AOB 和 ANAMMOX 协同作用，AOB 需要利用 DO 将氨氮氧化成 $NO_2^- -N$，而 DO 又会抑制 ANAMMOX 的活性。因此，DO 是 CANON 工艺实现高效稳定运行的关键因素。杨虹等对两级串联悬浮填料床反应器的研究表明，DO 为 0.8mg/L，自养脱氮效率达到最佳；当 DO 大于 2mg/L 时，自养脱氮过程被抑制；廖德祥等在 DO

为 0.5～0.7mg/L 时，实现了 CANON 工艺的运行；Helmer-Madhok 等在生物转盘中研究发现 DO 为 0～0.7mg/L 时，DO 值与脱氮反应速率呈正相关，进一步提高 DO 后 CANON 工艺被破坏；不同研究者在不同反应器中得到的结论差异较大，而且不同形式反应器的最佳 DO 值范围亦不相同，序批式活性污泥法 CANON 工艺最佳 DO 范围仍需进一步研究。

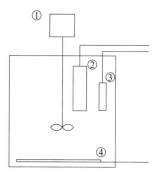

图 4-39　实验装置图
1—搅拌装置；2—在线溶解氧
探头；3—在线 pH 探头；
4—曝气软管

1. 试验装置

试验采用 SBR 工艺，反应器为 2 个相同的有机玻璃圆柱，总容积 11L，有效容积 10L。反应器采用搅拌器（搅拌叶片面积 $A=1264mm^2$，转速 200r/min）进行混合，反应器底部设有内径为 10mm 的曝气软管，由转子流量计控制曝气量。同时安装有在线 DO、pH 探头监测反应器运行参数，试验装置示意图如图 4-39 所示。

2. 试验用水与运行参数

试验用水为人工配水，配水中氨氮为 390～430mg/L，NO_2^--N 小于 10mg/L，NO_3^--N 小于 1mg/L，TP 为 0.2～2.0mg/L，pH8.00～8.10，$CaCO_3$ 碱度为 1700～1800mg/L，换水比为 0.7。每升配水中添加 1mL 微量元素营养液，每升微量元素营养液含有：15g EDTA，0.43g $ZnSO_4 \cdot 7H_2O$，0.24g $CoCl_2 \cdot 6H_2O$，0.99g $MnCl_2 \cdot 4H_2O$，0.25g $CuSO_4 \cdot 5H_2O$，0.22g $NaMoO_4 \cdot 2H_2O$，0.19g $NiCl_2 \cdot 6H_2O$，0.21g $NaSeO_4 \cdot 10H_2O$，0.014g H_3BO_4，0.05g $NaWO_4 \cdot 2H_2O$。接种污泥取自以 CANON 工艺稳定运行的火山岩填料滤柱，取出滤料将表面生物膜淘洗后接种至本试验所用反应器，1 号反应器接种污泥浓度 MLSS 为 2.0g/L，2 号反应器接种污泥 MLSS 为 2.4g/L。周期时间约为 8～12h，其中进水 0.08h，反应 6～10h（反应终了至显现拐点为止），沉淀 1.0h，出水 0.5h。

反应器运行控制参数　　　　　　　　　　　　　　　　　　　　表 4-10

运行阶段	1 号反应器	2 号反应器
	DO(mg/L)	DO(mg/L)
Ⅰ	0.1±0.05	0.4±0.05
Ⅱ	0.2±0.05	0.2±0.05
Ⅲ	0.3±0.05	0.1±0.05
Ⅳ、Ⅴ	0.4±0.05	—

注：—为未运行。

3. 测定项目与方法

各试验阶段 DO 控制数值见表 4-10，各阶段每个反应周期均取进出水测定 氨氮、NO_2^--N 及 NO_3^--N，在线监测 DO、pH 和水温等参数。其中氨氮 采用纳氏试剂光度法，NO_2^--N 采用 N-（1-萘基）乙二胺光度法，NO_3^--N 采用紫外分光光度法，DO、pH 和水温采用 WTW 在线测定仪。

4. 结果与分析

（1）DO 对 SBR-CANON 工艺启动的影响

1 号反应器起始周期 DO 值为 0.05～0.10mg/L，然后各周期逐渐提高到（0.40±0.05）mg/L，考察 DO 的升高对反应器性能的影响。由图 4-40(a) 可知，不断提高 DO 值并没有影响反应器各周期的处理效果，在全部各周期运行过程中，氨氮去除率在 90%～100% 之间，平均去除率为 99%；TN 去除率一直维持在 65%～90% 之间，平均为 84.5%；$\Delta TN/\Delta NO_3^- -N$ 比值平均值为 7.8，与 CANON 工艺的理论计算比值 8 相接近；20 周期后出水中氨氮含量约为 0，$NO_2^- -N$ 无明显积累，说明序批式活性污泥法 CANON 工艺运行成功。

2 号反应器的运行策略是首先控制起始周期 DO 值为（0.40±0.05）mg/L，然后逐渐降低 DO 值。由图 4-40(b) 可知，新接种的污泥不能适应此 DO 值，从而导致 TN 去除率先波动而后急剧下降，$NO_2^- -N$ 积累逐渐严重；在运行 10d 之后，氨氮转化率超过 99%，亚硝化率（出水 $NO_2^- -N$/进水 $NH_4^- -N$）超过 95%，几乎不存在 TN 去除效果。即使在第 20 周期和 35 周期分别将 DO 值调节为（0.20±0.05）mg/L、（0.1±0.05）mg/L 时，仍然不见 TN 去除效果，反应停留在 $NO_2^- -N$ 阶段，未能成功启动 CANON 工艺。

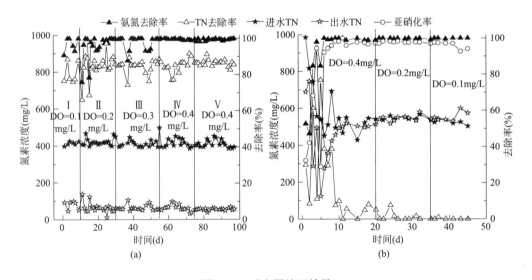

图 4-40 反应器处理效果

对比 2 个反应器，1 号反应器内的污泥始终为 ANAMMOX 菌的特征红色，而 2 号反应器则由初始接种时的红色逐渐变浅，直到第 10 天已经完全成为了浅黄色。同时 2 号反应器的污泥浓度也由接种时的 2.4gMLSS/L 降至 1.06gMLSS/L，而 1 号反应器的污泥浓度并没有太大的变化。因此可以推论 1 号反应器先使用较低的 DO 值使得污泥中的 ANAMMOX 菌与 AOB 菌的空间分布逐渐适应了无填料的 SBR 体系，在这个体系二者起协同作用。对比 1 号反应器和 2 号反应器，运行条件除 DO 值不同外都一样，2 号反应器中由于 ANAMMOX 菌不能适应较高的 DO0.4mg/L±0.05mg/L 条件，从启动开始 ANAMMOX 菌的活性就被 DO 抑制而逐渐死亡。进而被淘汰出系统，因此即使再次降低 DO 值也不能恢复其活性实现 CANON 工艺，反而实现了稳定的亚硝化反应。

（2）DO 对成熟 SBR-CANON 反应器运行的影响

1）试验方法

1 号反应器启动成功后，为研究活性污泥法 CANON 工艺处理效率随 DO 变化的关系，分别考察了 DO 值为 0mg/L，0.2mg/L，0.4mg/L，0.5mg/L 时，1 号反应器的处理效果。试验过程中 MLSS 为 3.3g/L，初始 pH 控制在 8.0～8.1，温度控制在室温 21～23℃，不添加 COD。周期时间和换水比亦与启动期相同，试验水质除 DO 为 0 时 NH$_4^+$-N：NO$_2^-$-N 为 1：1.1 之外，均与启动期 DO 影响试验相同。

2）结果与讨论

不同 DO 水平下，周期内反应时段反应器内水质逐时变化绘于图 4-41 中。由图可知，当反应器中 DO 值为 0mg/L 时，在进水 NH$_4^+$-N：NO$_2^-$-N ＝1：1.1 的适宜水质（理论值的 1：1.32）条件下，ANAMMOX 反应顺利进行，TN 去除率达 82.3%。

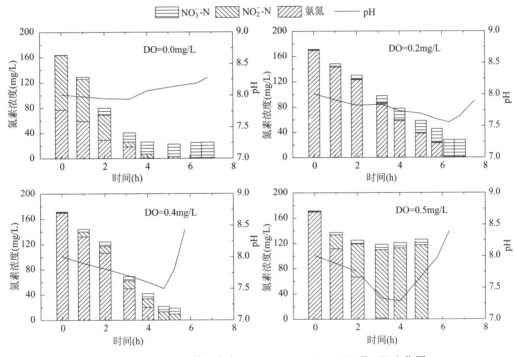

图 4-41　不同 DO 值下氨氮、NO$_2^-$-N、NO$_3^-$-N 以及 pH 变化图

在无 NO$_2^-$-N 的高氨氮进水试验周期中，当 DO 值为 0.2mg/L 和 0.4mg/L 时，TN 浓度随着反应的进行不断降低，pH 在氨氮消耗完全之后迅速升高，此拐点可作为反应结束的标志。在 DO 值为 0.2mg/L 时，出水 NO$_2^-$-N 始终维持在 1.5mg/L 左右；DO 值为 0.4mg/L 时，NO$_2^-$-N 的浓度在 1～2h 上升到 12mg/L 之后一直维持稳定，且反应终了时间较 DO 为 0.2mg/L 时缩短了 1.5h。当 DO 值为 0.5mg/L 时，TN 损失只有约 50mg/L，TN 去除率仅 29.4%，ANAMMOX 菌活性受到 DO 很大程度的抑制。同时极大激活 AOB 的活性，从而造成大量的 NO$_2^-$-N 积累，经计算亚硝化率为 93.35%，亚硝化反应时间为 3h。

反应器内发生如式（4-1）、式（4-2）和式（4-3）的反应：

好氧氨氧化反应：在 AOB 的作用下，进水氨氮一部分转化成 NO_2^--N。

ANAMMOX 反应：NO_2^--N 和与剩余的氨氮发生自养脱氮反应，生成 N_2 和小部分的 NO_3^--N。

CANON 反应：在同一反应器内发生式(4-1)＋式(4-2) 的反应。

根据反应器进出水水质和物料守恒可以计算出各自的反应速率：

$$CANON 反应速率＝(TN_{进水}－TN_{出水})/(t×0.88) \tag{4-8}$$

氨氧化速率：

$$(TN_{进水}－TN_{出水})×[1.32/(1.02×2)]/t＋(NO_2^--N_{出水}－NO_2^--N_{进水})/t＋$$

$$[(NO_3^--N_{出水}－NO_3^--N_{进水})－(TN_{进水}－TN_{出水})×0.26/(1.02×2)]/t \tag{4-9}$$

$$ANAMMOX 反应速率＝(TN_{进水}－TN_{出水})×[(1+1.32)/(1.02×2)]/t \tag{4-10}$$

将不同 DO 水平下的氨氧化速率和 ANAMMOX 反应速率绘制成 DO-反应速率曲线于图 4-42 中。从图中可以看出，氨氮的氧化速率随着 DO 值的升高而升高，DO 值为 0mg/L、0.2mg/L、0.4mg/L、0.5mg/L 时的氨氧化速率分别为 2.11mgN/(L·h)、11.11mgN/(L·h)、17.98mgN/(L·h)、42.51mgN/(L·h)；较高的 DO 值提高了 AOB 活性和活性污泥颗粒之间氧的传质速率，氨氧化反应的速率随之提高，同时也为厌氧氨氧化的反应提供了 NO_2^--N 基质。

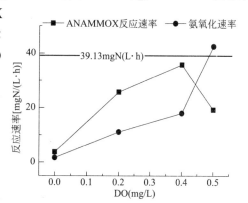

图 4-42　在不同 DO 值下 ANAMMOX
反应速率、氨氧化速率图

DO 值为 0mg/L，0.2mg/L，0.4mg/L 时 CANON 反应器中 ANAMMOX 反应速率分别为 3.72mgN/(L·h)、25.73mgN/(L·h)、35.79mgN/(L·h)，可以发现当 DO 值为 0.4mg/L 时反应速率已经与最大反应速率接近，而 DO 值为 0.5mg/L 时反应速率下降为 19.25mgN/(L·h)。因此，在 DO 值小于 0.4mg/L 条件下，CANON 反应速率随着 DO 值的增加而增加。当 DO 值达到 0.5mg/L 时，由于 DO 对 ANAMMOX 菌产生抑制作用，ANAMMOX 速率急剧降低，而氨氧化速率由于 DO 的增加而提高，从而导致 NO_2^--N 积累，CANON 反应的速率下降。

从以上结果可知，DO 值的控制是 CANON 工艺正常运行的重要因素之一，当 DO 值小于 0.4mg/L 时 CANON 工艺均可以正常运行，随着 DO 值的增加可以不断提高反应速率，DO 值为 0.4mg/L 时最大程度提升了 AOB 的活性同时又避免了抑制 ANAMMOX 菌的活性，是该工艺运行的最佳值；当 DO 值为 0.5mg/L 或更大时 ANAMMOX 菌的活性将受到抑制，造成 CANON 反应器的崩溃。

进水水质同时含有氨氮和 NO_2^--N，NH_4^+-N：NO_2^--N 为 1∶1.1，反应器内不含 DO 为缺氧环境时 ANAMMOX 菌不受 DO 的抑制作用，在此 pH 和温度条件下可达到的最大 ANAMMOX 反应速率 39.13mgN/(L·h)，也标记于图 4-42 中。

（3）过曝气对 CANON 工艺的影响

为进一步研究高 DO 值对 CANON 工艺的影响。在 1 号反应器运行的Ⅲ、Ⅳ、Ⅴ阶段，当 pH 与 DO 出现拐点之后继续进行曝气约 1～2h。图 4-43 和图 4-44 为 1 号反应器在第Ⅴ阶段进行的连续 3 个过曝气周期的逐时水质记录。

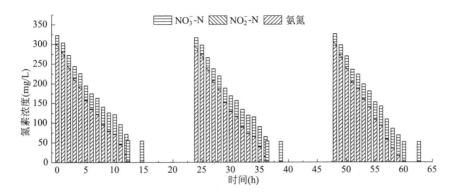

图 4-43　延时曝气条件下三氮变化

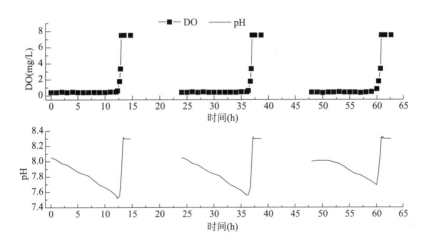

图 4-44　延时曝气条件下 DO 和 pH 变化

从图中可以看出 3 个周期变化规律一致，pH 和 DO 的拐点均可作为反应结束的终点。在反应结束之后继续进行曝气 0.5h 后，DO 升高至 7.5mg/L，pH 升高至 8.3，而氨氮去除率达到了 100%，TN 去除率仍然可以达到 83%。Strous 等认为 DO>18% 的空气饱和度（约为 1.8mg/L）时，对 ANAMMOX 菌的抑制作用是不可逆的。但是本实验中 ANAMMOX 菌暴露在 DO 值为 7.5mg/L 条件下约 2h，当下一个周期，在 DO 降至 0.4mg/L 之后仍然可以迅速恢复活性，可见 CANON 工艺不同于单纯的 ANAMMOX 反应，高 DO 对其影响是暂时的。从图 4-43 中可以看出，即使每个周期在 DO 为 7.5 的条件下延时曝气 2h，亦不会造成 $NO_3^- -N$ 的大量积累，这是因为在 CANON 反应中 $NO_3^- -N$ 的产生和消耗是同时发生的。当反应器中的氨氮被消耗完时即出现 DO 拐点，此时几乎没有 $NO_2^- -N$ 积累，即使高 DO 有利于 NOB 的生长，但由于缺乏 $NO_2^- -N$ 基质其活性仍然不能被激活，这是在 CANON 反应中，NOB 在过曝气高 DO 条件下仍被抑制不能大量增殖的原因。AOB 虽然也因缺乏基质处于饥饿状态，但其能更快从饥饿状态中恢复活性。

（4）DO 值对污泥形态的影响

DO 值从 0.1mg/L 逐渐升高到 0.4mg/L，可以维持 CANON 工艺的稳定运行，而 DO 值从 0.4mg/L 降低到 0.1mg/L 却不能实现 CANON 工艺的稳定运行，单从 DO 方面来看这是相互矛盾的；另一方面，过曝气试验时，反应器中高达 7.5mg/L 的 DO 对 CANON 工艺的影响只是暂时的；也与前人所认为的高 DO 对 ANAMMOX 菌的抑制是不可逆的结论相违背。因此，本文针对这个问题从污泥形态的变化进行分析。

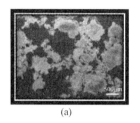 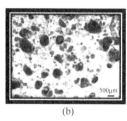 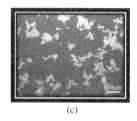

　　(a)　　　　　　　　　　　　(b)　　　　　　　　　　　　(c)

图 4-45　不同时期反应器内污泥的显微照片（文后彩图）

图 4-45（a）为活性污泥法 SBR-CANON 工艺 1 号和 2 号反应器的接种污泥，其为从火山岩填料 CANON 反应器反冲洗水中携带的块状松散污泥；图 4-45（b）为运行良好的 1 号反应器在运行第 69 周期的污泥性状，出现了大量密实的椭球状颗粒；图 4-45（c）为高 DO 浓度冲击损坏了脱氮能力的 2 号反应器运行第 40 天的污泥性状，为松散的絮状污泥并且不存在 ANAMMOX 菌的特征红色。

CANON 反应器滤料表面生物膜的微结构理论认为：在生物膜的外层为 AOB，在消耗 DO 的同时为内层 ANAMMOX 菌创造厌氧环境；Qiao 等通过 FISH 检测 CANON 反应器内污泥，亦验证了 AOB 包裹 ANAMMOX 菌的空间结构。因此推测本实验反应器中也出现了类似 CANON 反应器生物膜表面结构的颗粒污泥，即外层好氧区内层厌氧区的微空间结构。由图 4-45（a）可见，刚接种的从火山岩填料冲洗出来的 CANON 污泥，亦含有好氧菌 AOB 和厌氧 ANAMMOX 菌，但是脱落的生物膜并不是 AOB 菌包裹着 ANAMMOX 菌的结构，而成被冲碎相互掺杂的状态；从图 4-45（b）可看到 1 号反应器内已经存在大量颗粒污泥，粒径可达到 90～500μm。因此推论：以低 DO（0.1mg/L）开始启动的 1 号反应器在进行培养驯化过程中，ANAMMOX 菌在初期低 DO 环境下受 DO 影响较小存活了下来，逐渐形成了外部 AOB 菌内部 ANAMMOX 菌颗粒状污泥和以 AOB 菌为主的絮状污泥，再梯次增加 DO 过程中，受到了 AOB 菌的保护，从而 CANON 反应器启动成功；而以高 DO（0.4mg/L）启动的 2 号反应器接种污泥，一开始就暴露在高 DO 环境中，导致 DO 直接渗透至 ANAMMOX 菌细胞内抑制其活性，逐渐将 1 号反应器菌淘洗出反应器而形成短程硝化系统。

5. 结论

（1）在 DO 为 0～0.40mg/L 时，提高曝气量可以提高该工艺的 TN 去除效率，当 DO 达到 0.5mg/L 时，ANAMMOX 菌的活性受到抑制，导致反应器内有大量 NO_2^--N 积累从而破坏 CANON 工艺。

（2）稳定运行的 CANON 工艺可以承受一定程度的延时曝气，短时高 DO 值对 ANAMMOX 菌的抑制是暂时的，当降低 DO 之后其活性可以马上恢复；初期 DO 较低的反应器内出现了污泥颗粒化的趋势。

（3）以火山岩生物滤柱反冲洗污泥为接种污泥启动的序批式活性污泥 CANON 工艺，以高 DO（0.4 ± 0.05mg/L）启动的反应器内，ANAMMOX 菌活性受到抑制并最终被完全淘汰，转变为亚硝化工艺；以低 DO（$0.05\sim0.10$mg/L）启动的反应器内 ANAMMOX 菌的活性不受影响，并可以在逐渐升高 DO 的过程中稳定运行。

4.4 水质条件对 CANON 的影响研究

在处理高氨氮废水时，可能会遇到各种各样的水质情况，如污泥消化液往往含有大量的磷酸盐，而垃圾渗滤液、养殖废水等废水中，仍然存在相当数量的 COD；此外，不同的高氨氮废水，氨氮浓度也不尽相同，也往往会面临碱度不足的状况。由于 CANON 工艺的脱氮最终是通过 ANAMMOX 反应实现的，而作为 ANAMMOX 反应基质之一的 $NO_2^- $-N，尽管不一定是进水中的组分，但在 CANON 工艺中，$NO_2^- $-N 是自养脱氮过程的中间产物，$NO_2^- $-N 浓度过高还可能抑制 ANAMMOX 菌。本节集中讨论了氨氮、$NO_2^- $-N、$PO_4^{3-} $-P、COD 及碱度对 CANON 工艺的影响。

4.4.1 氨氮和 $NO_2^- $-N 的影响

1. 试验装置和试验用水

采用如图 4-1 所示的试验装置和工艺流程，其中反应器由有机玻璃制成，总体积为 3.85L，废水由反应器底部进入后，从上部出水口排出，反应器内添加规格为 2cm×2cm×2cm 海绵填料，密度略小于 $1g/cm^3$，生物膜挂膜成功后，平均密度会大于 $1g/cm^3$ 而沉入反应器底部，但由于 ANAMMOX 菌产生 N_2 的缘故，气泡会黏附于填料内部，使填料漂浮在反应器中。曝气量通过转子流量计调节并计量。反应器内的温度通过水浴夹套中的热水循环进行调节，热水通过 XMT-102 型温度控制仪进行控制，使反应器内的温度控制在（35 ± 1）℃。反应器内 pH 通过 HI 931700 型 pH 控制仪控制在 $7.39\sim8.01$。

在试验过程中，对反应器各个取样点的检测表明，其水质与出水水质基本相同，这说明反应器内部处于完全混合状态，能以出水浓度代表反应器中浓度。

试验用水采用人工配水，由自来水中添加适量的 NH_4Cl、$NaHCO_3$ 与 K_2HPO_4 配制而成，原水主要指标见表 4-11 所列。由于原水没有进行任何脱氧处理，造成原水中部分氨氮在 DO 的作用下被氧化成 $NO_2^- $-N，自来水中 $NO_3^- $-N 是原水中 $NO_3^- $-N 的主要来源。

原水水质 表 4-11

氨氮 （mg/L）	$NO_2^- $-N （mg/L）	$NO_3^- $-N （mg/L）	$PO_4^{3-} $-P （mg/L）	pH
120～700	0～10	3～5	2	7.5～8.5

2. 试验方法和结果

（1）氨浓度影响试验

进行氨氮浓度试验时，反应器中填料的填充率为 90%，维持曝气量为 31.2m^3/（$m^3 \cdot$ h）恒定，试验过程中反应器中的 DO 约保持在 1.5～2.0mg/L 之间。进水流量为 25L/d，即 HRT 为 3.6h。配置不同浓度的氨氮废水，作为 CANON 反应器的进水。试验得到的结果如图 4-46 所示。

当进水氨氮浓度从 215mg/L 提高至 630mg/L 过程中，进水氨氮负荷随之提高，从 1.40kg/(m^3·d) 上升至 4.09kg/(m^3·d)。从图 4-46(a) 可以看出，在进水氨氮浓度增加的过程中，出水氨氮浓度随之增加，氨氮去除率随之下降。当进水氨氮浓度小于 365.88mg/L 时，还有大于 87% 较高的氨氮去除率；至进水氨氮为 630mg/L 时，去除率降低至 60%。尽管氨氮去除率随着进水氨氮浓度的升高而降低，但氨氮的去除量却依然随着进水氨氮浓度的增加而增加，表明氨氮浓度增加或进水氨氮负荷增加有利于氨氮去除负荷的提高。

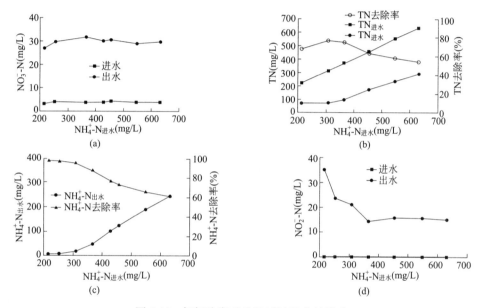

图 4-46　氨氮浓度对 CANON 反应的影响

在 CANON 反应器中，氨氮的消耗速度是亚硝酸化与 ANAMMOX 对氨氮双重消耗的结果，在氨氮充足的条件下，亚硝化水平与 ANAMMOX 水平提高，均有利于氨氮的去除。

从图 4-46(b) 可以看出，当进水氨氮浓度提高时，出水 NO_2^--N 浓度先降低后趋于稳定。在进水氨氮浓度为 215mg/L 时，出水 NO_2^--N 浓度达到 35.47mg/L，至进水氨氮浓度为 365.88mg/L 时，出水 NO_2^--N 浓度降低至 14.35mg/L，此后，出水 NO_2^--N 浓度稳定维持 15±0.7mg/L。这表明，当进水氨氮浓度达到 365.88mg/L 时，反应器中的亚硝化反应速度与 ANAMMOX 反应速度达到平衡，这使得反应器中 NO_2^--N 浓度得以维持稳定。

从图 4-46(c) 中可见，进水 NO_3^--N 浓度处于 3.1～4.2mg/L。当进水氨氮浓度小于 365.88mg/L 时，出水 NO_3^--N 随着进水氨氮浓度的增加而增加，进水氨氮浓度大于 365.88mg/L 时，出水 NO_3^--N 趋向于稳定。

从图 4-46(d) 中可见，氨氮是进水 TN 的主要组成部分，仅有不到 2％的 TN 由少量的 NO_2^--N 与 NO_3^--N 组成。TN 去除率曲线呈现先升高后降低的趋势。在进水氨氮为 215mg/L 时，去除率为 68％，当进水氨氮在 309.74～365.88mg/L 时，TN 去除率较高，大于 75％，随后，随着进水氨氮浓度的进一步提高，TN 去除率开始显著下降，当氨氮为 630mg/L 时，去除率仅为 54％。

TN 去除率先升高后降低的原因在于，当进水氨氮浓度较低时，亚硝化作为 CANON 反应器中第一步，首先使得大部分氨氮参与了亚硝化反应，而参与 ANAMMOX 反应的剩余氨氮数量不足，这大大限制了 ANAMMOX 反应。因此，尽管氨氮进水负荷最低，但 TN 去除率却并没有达到最高，这种情况下，需要调低曝气量，降低亚硝化水平，使有充足的氨氮参与 ANAMMOX 反应，将有利于获得更高的 TN 去除效率；当进水氨氮浓度过高时，调高曝气量，可能使得反应器获得更高的脱氮效率，但会受限于 CANON 反应器自身去除能力的限制，本反应器在运行过程中最高的 TN 去除负荷曾达到 2.32kgN/(m³·d)。

在试验浓度范围内，没有发现氨氮对 ANAMMOX 菌或 AOB 有抑制作用。对于 ANAMMOX 菌而言，其对于氨氮的抑制作用不敏感，氨氮在 1000mg/L 之内不会形成抑制，本反应器中，最高进水氨氮浓度为 630mg/L 时，出水氨氮浓度为 247.15mg/L，由于反应器处于完全混合状态，即反应器中的最高氨氮浓度亦为 247.15mg/L，这远远小于氨氮对 ANAMMOX 菌的抑制浓度；对于 AOB 而言，氨氮本身不会抑制 AOB，抑制 AOB 的为 FA，由于 pH 控制仪的调节范围处于 7.39～8.01 之间，通过 FA 浓度公式（式 4-11）计算得出 FA 浓度为 8.13～31.21mg/L，而 FA 对 AOB 的抑制浓度为 10～150mg/L，而此浓度处于 FA 对 AOB 产生抑制范围的边缘，因此，若再提高反应器中的氨氮浓度，有可能对 AOB 产生抑制，进而影响整个 CANON 反应器的效率。

$$C_{FA}=\frac{17}{14}\times\frac{C_{NH_4^+-N}\times10^{pH}}{\exp[6.334/(273+T)]+10^{pH}} \tag{4-11}$$

对于 CANON 工艺而言，从表观来看，氨氮是唯一的反应物，但是，CANON 工艺中氮的最终去除主要依赖 ANAMMOX 作用，而 ANAMMOX 作用的基质不仅有氨氮，还有 NO_2^--N，因此 NO_2^--N 也是影响 CANON 工艺运行效率的一个重要因素。

（2）NO_2^--N 浓度影响试验

进行 NO_2^--N 浓度试验时，填料的填充率为 75％，维持曝气量为 31.2m³/(m³·h) 恒定，试验过程中反应器中的 DO 约保持在 1.5～2.0mg/L 之间。进水流量为 25L/d。由于填充率降低的缘故，使得在进行 NO_2^--N 浓度试验时的 TN 去除效果略差。试验过程中，保持进水氨氮浓度为 420mg/L，即氨氮进水负荷为 2.73kgN/(m³·d)。向原水中投加适量 $NaNO_2$ 以提高反应器中的 NO_2^--N 浓度。试验结果分别如图 4-47 所示。

从图 4-47(a) 可以看出，当进水 NO_2^--N 浓度逐渐从 1.1mg/L 增加到 125mg/L 的过程中，出水 NO_2^--N 浓度逐渐从 21.21mg/L 上升至 61.49mg/L。

从图 4-47(b) 可以看出，随着 NO_2^--N 浓度的逐渐增加，出水氨氮浓度开始逐渐降低，氨氮去除率逐渐升高，当进水 NO_2^--N 达到 112.57mg/L 时，即出水 NO_2^--N 浓度

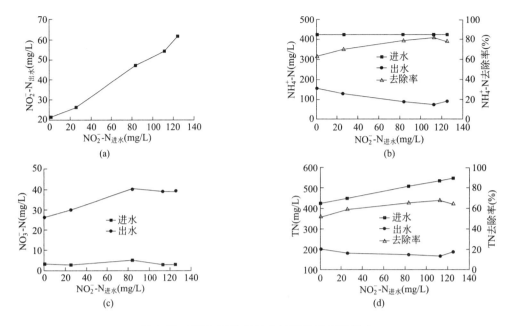

图 4-47　NO_2^--N 浓度对 CANON 反应的影响

约为 50mg/L，氨氮去除率为 82.01%，出水氨氮浓度不再随 NO_2^--N 浓度的升高而继续降低，可认为此时反应器中的 NO_2^--N 浓度对 ANAMMOX 菌而言已经饱和，继续提高 NO_2^--N 浓度无益于 ANAMMOX 反应。另一方面，NO_2^--N 浓度过高可能出现对 ANAMMOX 菌的抑制作用。

从图 4-47(c) 中可看出，出水 NO_3^--N 的浓度也随着进水 NO_2^--N 浓度的升高而升高，这是因为在 ANAMMOX 反应过程中会产生 NO_3^--N，当进水 NO_2^--N 达到 83.45mg/L 时，NO_3^--N 达到最高点并基本稳定。

从图 4-47(d) 中可看出，不投加 NO_2^--N 时，TN 去除率为 52.2%，随着 NO_2^-N 的增加，TN 去除率也逐渐增加，当进水 NO_2^--N 浓度达到约 112.57mg/L 时，TN 去除负荷达到 2.41kgN/(m^3·d)，继续提高 NO_2^--N 浓度，TN 去除率不再提高。这表明，适当增加 NO_2^--N 的浓度对于 ANAMMOX 反应是有利的，即 NO_2^--N 的浓度增加有利于 CANON 反应器的 TN 去除。因此，提高 CANON 反应器的亚硝化水平，将有利于反应器去除负荷与去除效率的提高，要实现此目的，可以通过提高曝气量，提高 DO 在生物膜的传质水平等来实现。

（3）NO_2^--N 抑制浓度的确定

不同的学者对于 NO_2^--N 对于 ANAMMOX 菌的抑制作用能够达成一致，但对于其抑制范围却有不同的结论。本试验通过 4.1.4 节反应器Ⅳ在启动厌氧氨氧化成功后进行，控制反应器Ⅳ内温度在 30℃，进水流量为 25L/d。试验过程中，渐进提高进水的 NO_2^--N 浓度，同时保证足够的氨氮，选取其中的典型数据，如图 4-48 所示。

由图可见，在第 137 天时进水 NO_2^--N 浓度、出水 NO_2^--N 浓度与 TN 损失分别为 135.29mg/L、24.26mg/L 与 181.07mg/L，TN 去除负荷达到 0.87kgN/(m^3·d)，显示

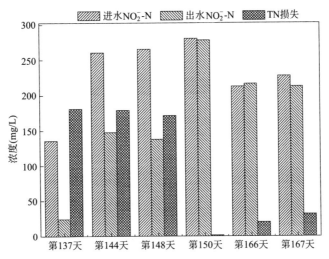

图 4-48　NO_2^--N 抑制 ANAMMOX 菌活性的过程

了良好的 ANAMMOX 效果；第 144 天时进水 NO_2^--N 浓度、出水 NO_2^--N 浓度与 TN 损失分别为 260.12mg/L、147.33mg/L 与 178.78mg/L，厌氧氨氧化性能依然良好，第 148 天与第 144 天的试验结果大致相当。

第 149 天时滤柱出现堵塞现象。为此，对 ANAMMOX 反应器进行反冲洗（反冲对于反应器的影响可以忽略不计），反冲完毕后，反应器中的水被完全放空，并快速泵入配水，其中配水中 NO_2^--N 浓度为 280mg/L，由于反应器中的水已经被放空，因此，ANAMMOX 反应器中的 NO_2^--N 浓度与进水浓度相同，至第 150 天进行水质分析时发现，出水 NO_2^--N 浓度约为 280mg/L，而 TN 去除量仅有 2.09mg/L，ANAMMOX 菌的活性被完全抑制。随后，降低进水 NO_2^--N 浓度，ANAMMOX 活性略有恢复，至第 167 天时，TN 去除量达到 31.34mg/L，依然远小于由于 NO_2^--N 抑制之前的 ANAMMOX 活性，随后继续降低进水 NO_2^--N 浓度至 30～40mg/L，直至第 188 天时，ANAMMOX 的活性才有明显提高。在此 NO_2^--N 抑制 ANAMMOX 菌活性的过程中，始终没有投加 N_2H_4 或 NH_2OH 以触发 ANAMMOX 反应，ANAMMOX 菌的活性完全是在自然条件下逐渐恢复，这个过程是非常缓慢的。至第 250 天时才显著超过 NO_2^--N 抑制之前的 ANAMMOX 活性，几乎相当于重新启动了 ANAMMOX 反应器。因此，NO_2^--N 抑制对于 ANAMMOX 菌构成了长期性的破坏，在实际操作中必须予以避免。

由于在第 144 天时进水 NO_2^--N 浓度为 260mg/L，出水 NO_2^--N 浓度为 147.33mg/L。反应器内 NO_2^--N 浓度与出水浓度相仿，没有构成对 ANAMMOX 菌的抑制，而第 150 天 ANAMMOX 反应器中的 NO_2^--N 浓度达到 280mg/L 构成了对 ANAMMOX 菌的抑制，因此，可以断定，NO_2^--N 对本试验中所培养的 ANAMMOX 菌的抑制浓度应介于 147.33～280mg/L 之间，从对 ANAMMOX 反应器中的 NO_2^--N 分布规律来，进水口处的 NO_2^--N 浓度显然要大于出水口的 NO_2^--N 浓度，其差值约 50mg/L，因此推断在第 144 天时，进入反应器内进口 NO_2^--N 浓度约为 200mg/L，而此时 ANAMMOX 菌的活性良好，因此可以进一步推断，NO_2^--N 对本试验中所培养的 ANAMMOX 菌的抑制浓度应介于 200～280mg/L 之间。有文献报道了当 NO_2^--N 浓度高于 280mg/L 时，ANAMMOX 活性被抑制，本试验的结果能够与此吻合。

前节反应器 II 在进行曝气试验时，当曝气量超过极限曝气量时，出水 NO_2^--N 浓度为 154.10mg/L，显然不处于抑制 ANAMMOX 菌的抑制范围，ANAMMOX 活性丧失仅仅是因为高浓度的 DO 抑制造成的，但当曝气量降低后，DO 抑制也随即解除，抑制是可逆的，而 NO_2^--N 抑制是长期的。

3. 讨论与分析

在 CANON 反应器长期运行中发现，出水 TN 的浓度仍然较高，其中，氨氮与 NO_2^--N 是 ANAMMOX 不能完全反应而剩余的基质，而 NO_3^--N 则是 ANAMMOX 反应的生成物。

氨氮与 NO_2^--N 并没有实现完全 ANAMMOX 反应，推测可能有以下 2 个方面的原因：

（1）本填料采用的是 2cm×2cm×2cm 海绵填料，ANAMMOX 菌主要分布在填料的内部，影响了氨氮与 NO_2^--N 的传质效果；

（2）本反应器是在好氧条件下直接启动的，而不是以 ANAMMOX 颗粒污泥启动的，这与 Furukawa 等以无纺布为填料好氧条件下直接启动的方法相似，他们通过提取反应器中微生物的 16SrDNA 分析显示，反应器内的微生物中，ANAMMOX 菌仅占 8.7%，即 ANAMMOX 菌数量并不多。在本试验直接启动的情况下，ANAMMOX 的数量更能反映 CANON 反应器中的生长情况。CANON 反应器中的 ANAMMOX 菌有限也是导致出水氨氮与 NO_2^--N 偏高的一个原因。

对作为 ANAMMOX 的反应产物 NO_3^--N 而言，在不存在有机碳源的条件下，它的损失只能依靠反应器中利用微生物代谢物或自溶产物而进行的异养反硝化反应，但这部分损失是非常有限的。一方面，从异养反硝化角度考虑，CANON 反应器中的 2 类主要细菌都是自养菌，其代谢产物或自溶产物产生的 COD 与异养菌相比要低得多，这意味着 NO_3^--N 因异养反硝化而导致的损失是有限的。因此，在无有机碳源的条件下，CANON 反应器的出水中存在相当数量的 NO_3^--N，也是不可避免的。

综上所述，在进水不含有机碳源的条件下，不能期望仅仅通过一个 CANON 反应器即获得很高的 TN 去除率。为使出水达标，仍然需要对 CANON 反应器出水进行进一步处理，以符合排放标准。

4.4.2　磷酸盐的影响

由于在污泥消化液等某些高氨氮废水中，含有相当数量的磷酸盐。鉴于不同的 ANAMMOX 菌属对于 PO_4^{3-} 有不同的适应性。本节采用 4.1.4 节火山岩填料反应器 IV 在成功启动厌氧氨氧化之后，以反应器 IV 进行了 PO_4^{3-} 对 ANAMMOX 菌和 AOB 的抑制试验。

反应器中的温度恒定在（30±1）℃之间，向进水中添加不同数量的 KH_2PO_4，以调整进水中的 PO_4^{3-} 浓度，在每个 PO_4^{3-} 浓度水平上运行 2 天，稳定后对相关指标进行化验。在 PO_4^{3-} 各浓度下进出水前后的变化与反应中 pH 变化如图 4-49（a）所示，PO_4^{3-} 浓度对 ANAMMOX 反应器出水氨氮、NO_2^--N 与 TN 的影响如图 4-49（b）、（c）、（d）所示。

从图 4-49（a）可以看出，随着进水 PO_4^{3-} 的增加，尽管 PO_4^{3-} 去除率有所波动，但 PO_4^{3-} 去除量是随着进水 PO_4^{3-} 的增加而不断增加的，至进水 PO_4^{3-} 达到 121.58mg/L 时，出水 PO_4^{3-} 为 89.12mg/L，去除量达到 32.46mg/L。由于 AOB 与 ANAMMOX 菌等菌群都不具有除磷功能，这些微生物对于 PO_4^{3-} 的去除仅仅是微生物自身生长所必须消耗的 PO_4^{3-}，因此是非常有限的。从本试验的结果来看，PO_4^{3-} 的去除非常明显，因此推断这不是微生物自身细胞合成利用的结果，而只能是化学反应去除的结果。

从图 4-49（b）可以看出，维持进水氨氮在 170～190mg/L 之间，随着 PO_4^{3-} 的增加，出水氨氮维持在 15～40mg/L 之间，氨氮去除率始终在 80%～92% 之间波动，没有明显的规律可循。AOB 活性与进水 PO_4^{3} 浓度无关。

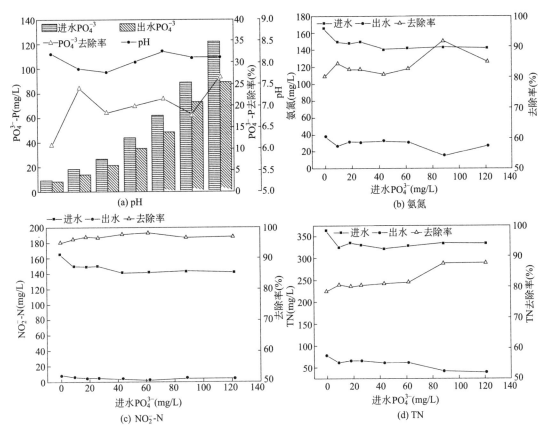

图 4-49　PO_4^{3-} 浓度对 ANAMMOX 反应器出水水质和 pH 的影响

从图 4-49（c）可以看出，当 NO_2^--N 进水稳定在 140～160mg/L 之间时，出水 NO_2^--N 浓度全部小于 10mg/L，NO_2^--N 去除率均大于 95%，显然，NO_2^--N 去除没有受到 PO_4^{3-} 浓度的影响。

从图 4-49(d) 可以看出，TN 去除率不仅没有随着 PO_4^{3-} 的增加而受到抑制，相反 TN 去除率却呈现随着 PO_4^{3-} 浓度增加而增加的趋势。

由于配水采用自来水，且自来水中含有相当数量的 Mg^{2+}，推测很可能在反应器中形成了鸟粪石，鸟粪石的形成可用式 4-12 表示。

$$Mg^{2+} + NH_4^+ + PO_4^{3-} + 6H_2O \longrightarrow MgNH_4PO_4 \tag{4-12}$$

可以看出，鸟粪石的生成不仅实现了 PO_4^{3-} 的去除，也实现了氨氮的去除。对反应器运行的观察可见，在继续增加进水 PO_4^{3-} 浓度至约 150mg/L 时，在反应器进口处形成大量白色结晶产物，而导致滤柱的堵塞，如 4-50 所示。

在 ANAMMOX 反应器中，有可能形成化学结晶的物质包括：NH_4^+、Mg^{2+}、Ca^{2+} 及 PO_4^{3-}。而 NO_2^- 显然不会形成任何沉淀，从上述试验可以看出，NO_2^--N 没有受到 PO_4^{3-} 浓度的影响，这表明反应器中的 ANAMMOX 菌没有受到 PO_4^{3-} 浓度的影响。在本试验范围内，出水 PO_4^{3-} 浓度接近 90mg/L 时，没有对 ANAMMOX 菌形成抑制。这显著大于文献报道 *Brocadia anammoxidans* 菌对 PO_4^{3-} 最大的适应范围为 2mmol/L（62mg/L），表明在本文的好氧条件下培养的 ANAMMOX 菌并非 *Brocadia anammoxidans*。

从本试验的结果可知，PO_4^{3-} 浓度在 120mg/L

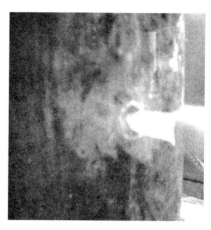

图 4-50　在 ANAMMOX 反应器进口处形成的白色结晶（文后彩图）

内，PO_4^{3-} 不会对 ANAMMOX 菌形成明显的抑制，但在高浓度 PO_4^{3-} 条件下，容易形成鸟粪石晶体，导致滤层阻力大增和堵塞。作者曾以生活污水的二级出水为进水，辅以人工投加 NO_2^--N 来培养启动 ANAMMOX 颗粒污泥反应器，试验发现，PO_4^{3-} 浓度在接近 60mg/L 时本身并没有对 ANAMMOX 生物滤池反应器造成明显的生理学和生态学抑制，而且同样因为产生晶体导致了 ANAMMOX 反应器的堵塞，2 个试验相互印证。

4.4.3　有机物的影响

AOB 和 ANAMMOX 菌都是自养菌，增殖速度慢，倍增时间长。有机物是异养菌的代谢基质，一定浓度有机物的存在容易使异养菌繁殖起来，抢占繁殖空间并占有优势。有机物的增加对于 AOB 和 ANAMMOX 菌是不利的。但有实验结果显示，在 CANON 工艺稳定的状态下，一定浓度的有机物几乎不会对 CANON 工艺构成影响。这意味着在稳定运行的 CANON 生物膜反应器中，有机物的影响尚需进一步研究。

1. 试验装置和试验用水

仍以 4.4.1 节反应器为研究对象，在进水中投加邻苯二甲酸氢钾，以补充水中的 COD，其余水质指标与表 4-1 相同。试验进行时，填料 A 的填充率为 80%。反应器内温度为（35℃±1）℃，流量为 25L/d，曝气量为 31.3~35.9m³/(m³·h)。

2. 试验结果

（1）COD 浓度≤100mg/L

试验共进行了约 40d，其中 COD 的变化趋势如图 4-51 所示，可以看出，反应器出水 COD 明显降低，平均降低约 35mg/L，其他水质变化如图 4-52 所示。

由图 4-52(a) 可见，进水氨氮浓度维持在约 415mg/L，出水氨氮浓度处于 95～150mg/L，氨氮去除率 65%～78%，但从氨氮去除率的变化趋势来看，基本是在平均值 70% 左右，没有明显的规律可循；与氨氮变化趋势类似

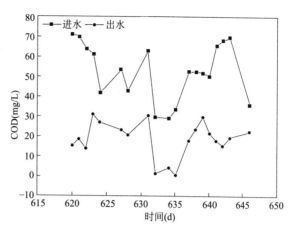

图 4-51 反应器 I 中 COD 的变化

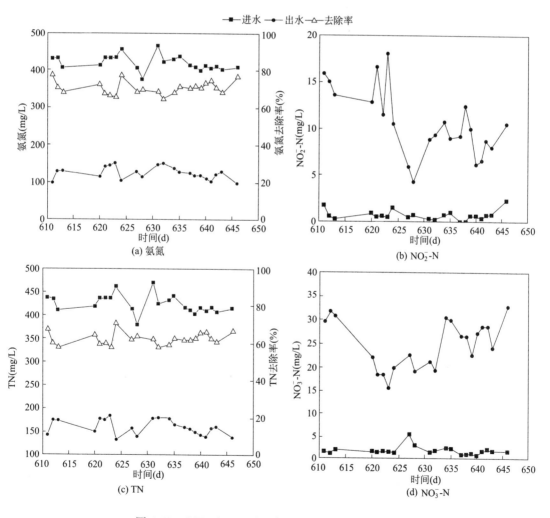

图 4-52 COD≤100mg/L 时对 CANON 反应器的影响

的还有 TN 变化趋势，如图 4-52（c）所示。进水 TN 浓度约为 425mg/L，出水 TN 浓度为 135～185mg/L，TN 去除率为 58%～71%，TN 去除率也在平均值 62% 上下波动，没有表现出明显的变化趋势。

由图 4-52（b）可见，在第 610～625 天之间，出水 $NO_2^- $-N 浓度约维持在 15mg/L，随后，开始逐渐下降，最终维持在 10mg/L 左右。由图 4-52（c）可见，当加入 COD 后，NO_3^--N 的变化趋势并不明显。

因此，当以邻苯二甲酸氢钾为碳源，COD≤100mg/L 时，CANON 反应器还能够稳定运行。

（2）COD 浓度＞100mg/L

当进水 COD 浓度＞100mg/L 时，对反应器 I 脱氮的影响如图 4-53 所示。

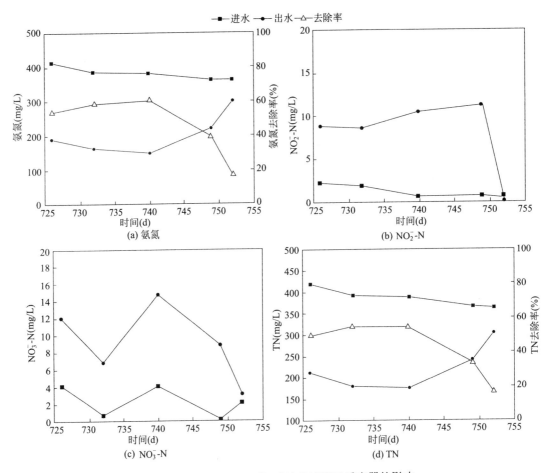

图 4-53　COD＞100mg/L 时对 CANON 反应器的影响

由图 4-53（a）可见，第 725～740 天，反应器 I 对氨氮的去除率基本维持在 60% 左右，与图 4-53（a）相比，氨氮去除率显著降低。725d 后，氨氮去除率又开始下降，至第 752 天时，氨氮去除率下降至 16.71%；由图 4-53（b）可见出水 NO_2^--N 的浓度最终降低为 2.16mg/L；由图 4-53（c）可见出水 NO_3^--N 的浓度最终降低为 3.13mg/L；由图 4-53（d）可见，TN 的变化规律与氨氮变化规律非常类似，TN 去除率最终降低至 16.48%。

TN 去除效果的恶化，也可由反应器Ⅰ的生物膜性状反映。在反应器Ⅰ运行后期，原本红色的生物膜逐渐变黑，并扩展至整个反应器，因此，反应器Ⅰ在进水 COD>100mg/L 时，运行趋于不稳定。

COD 对于 CANON 反应器的运行表现在两个方面：①有利的方面，对于部分难以持留污泥的填料，如改性聚乙烯填料而言，COD 的存在使得异养菌适度生长，这些异养菌产生的 EPS 使填料表面黏度变大，因而有利于污泥的持留；②不利的方面，有机物会刺激异养菌快速增长，争夺栖息空间，迫使增殖速度慢的 AOB 在与 ANAMMOX 菌的竞争中失利，最终导致了系统脱氮效果的恶化。

从本试验的运行结果来看，当进水氨氮约为 400mg/L，COD≤100mg/L，CANON 工艺的脱氮效率有所下降，但还能维持运行；当 COD>100mg/L 时，会因异养菌的大量生长，使 AOB 与 ANAMMOX 菌处于劣势而使 CANON 工艺的脱氮效果恶化。

4.4.4　耦合反硝化的影响

CANON 工艺理论上氮素的去除极限仅为 89%，使得 CANON 工艺难以实现对于含氮较高污水的达标处理，若能通过有机碳源的引入在反应器中培养一定量的反硝化菌，将生成的 $NO_3^- -N$ 予以去除，则能够获得更高的脱氮效率。

本研究采用上向流火山岩填料反应器研究 CANON 工艺处理高低氨氮浓度废水的效果及稳定性，在此基础上研究不同浓度有机物条件下 CANON 反应器的脱氮效果。

1. 试验装置与试验方法

试验采用上向流火山岩填料生物滤柱反应器，如图 4-54 所示。反应器由有机玻璃制成，内径 9.4cm，高 100cm，总容积 5.3L，有效容积 2.63L。柱内装填火山岩级配填料，装填高度为 0.73m，填料粒径由下及上为 10~12mm、8~10mm，对应装填高度分别为 0.43m、0.3m。滤池壁上每 100mm 设有一个取样口，最上端设有出水口，并在对侧设有取料口。反应器底部设有曝气装置，由转子流量计控制曝气量大小。反应器外部设有水浴控制整个试验过程恒温（25±2）℃。进水泵采用兰格恒流蠕动泵 ZT60-600a，反冲洗水泵采用兰格恒流蠕动泵 YZ600-1J。

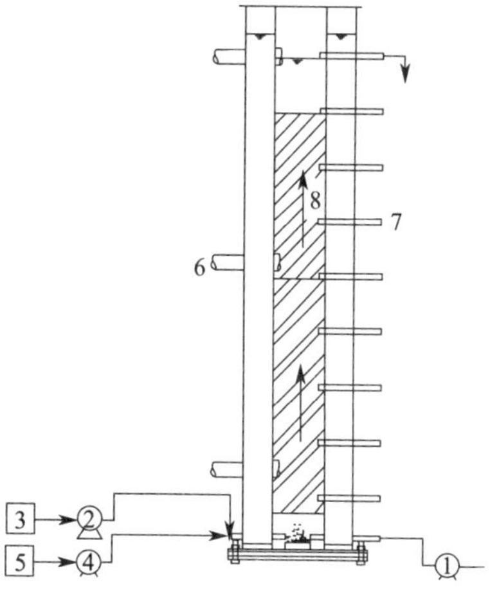

反应器接种污泥取自实验室成熟运行的 CANON 生物膜反应器，接种浓度为 9.9g/L，接种总体积为 1.67L。

图 4-54　实验装置

1—空气泵；2—进水水泵；3—进水水箱；
4—反冲洗水泵；5—反冲洗水箱；
6—取料口；7—取样口；8—火山岩填料

试验采用模拟废水，其中的氨氮 和 $NO_2^- -N$ 以 $(NH_4)_2SO_4$ 和 $NaNO_2$ 提供，以葡萄糖作为有机碳源。试验采用的火山岩填料其主要成分为硅、铝、钙、钠、镁、钛、锰、铁、镍、钴和钼等几十种矿物质和微量元素，且表面带有正电荷，有利于微生物固着生长，具有惰性、抗腐蚀性，对所固定的微生物的活性无抑制性作用。

试验分 3 个阶段进行。阶段 I 为启动阶段，首先采用进出水循环的 SBR 运行方式对反应器进行挂膜，利用蠕动泵将容器中的模拟废水（水质见表 4-11）注入反应器中，同时反应器出水回流至上述容器中，在周期内循环不已激活 ANAMMOX 菌。周期时间为 24～34h，运行 5 个周期后，接着采用连续流低曝气方式持续强化 CANON 生物膜。

阶段 II 为稳定运行和降基质阶段，通过调节 HRT 与曝气量寻找不同基质浓度下，反应器去除率及去除效果均达到优化值的运行工况。

阶段 III 是引入有机物阶段，在进水中投加葡萄糖，观察不同有机物浓度下反应器的脱氮效果。试验各阶段水质见表 4-12 所列。

各阶段反应器进水水质　　　　　　　　　　　　　　　　表 4-12

阶段	时间	氨氮 （mg/L）	NO_2^--N （mg/L）	有机物 （mg/L）
I -1	第 0～10 天	200	200	0
I -2	第 11～35 天	300	100	0
I -3	第 36～64 天	400	0	0
II -1	第 65～132 天	400	0	0
II -2	第 133～198 天	200	0	0
III -1	第 199～238 天	200	0	40
III -1	第 239～248 天	200	0	0
III -1	第 249～270 天	200	0	40
III -2	第 271～280 天	200	0	80
III -3	第 281～292 天	200	0	120

2. 结果与讨论

（1）反应器的启动

启动阶段反应器的逐日运行工况和 TN 去除效果。如图 4-55 所示，上向流火山岩填料生物滤池前 10d 首先经过 5 个周期的厌氧 SBR 挂膜阶段，进水氨氮与 NO_2^--N 均为 200mg/L。平均 TN 去除率达 63.86%，去除负荷最终可达 0.74kgN/（m³·d）。第 11～35 天为强化挂膜阶段，采用低曝气、连续流的运行方式，该阶段进水氨氮与 NO_2^--N 的浓度分别为 300mg/L 和 100mg/L，TN＝400mg/L，自第 29～35 天的 7d 内平均 TN 去除率为 69.36%（＞65%），平均 TN 去除负荷为 0.76kgN/（m³·d），该负荷值大于 SBR 挂膜阶段，此时认为反应器挂膜成功。从第 36 天起进水中仅含氨氮 400mg/L，不含 NO_2^--N。曝气量由原来

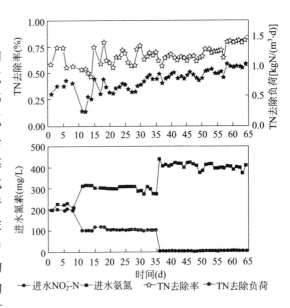

图 4-55　启动阶段反应器运行效果

0.1L/min 逐步提升至 0.4L/min。至第 64 天 TN 去除率连续 7d 大于 70%，TN 去除负荷达到 1kgN/(m³·d)，反应器经 64d 启动成功。

启动时间和 TN 去除负荷均令人满意，可归功于火山岩填料。它表面粗糙，孔隙发达，比表面积较其他硬质填料大，更适合生物膜富集，因此可累积较大的微生物量，同时有利于 CANON 的复杂菌种分层次附着在各自适宜的环境下。反应器采用级配滤料，下部滤料粒径较大，孔隙率较高，有利于积累更高的微生物量并延长堵塞周期，上部粒径较小，更大的比表面积有利于生物截留，从而减少生物量流失；其次，试验采用上向流气水流态，进水中的基质在气体的推动下更容易与生物膜充分接触；反应器高径比较大，配合上向流的运行方式，使得各滤层的微生物与基质接触充分；反应器接种的是成熟的 CANON 污泥，其内包含的 AOB 与 ANAMMOX 的比例较为适宜，适合该运行条件。

（2）反应器的稳定运行

试验在温度（25±2）℃，pH 为 7.60～8.00 的条件下，通过调整 HRT 与曝气量，探寻反应器最优工况。如果 HRT 过大，基质供应不足，TN 去除率虽然较高，但会降低 TN 去除负荷；HRT 过小，基质丰富，TN 去除负荷可得以提高，但基质与微生物接触机会少，会降低 TN 去除率。因此 HRT 的调节遵循的基本原则是兼顾氮素去除率及去除负荷均达到优化水平；曝气量的调节遵循既要满足反应器所需好氧氨氧化所需的 DO，为 ANAMMOX 反应提供必要的基质 $NO_2^- $-N，同时也要控制特征比值 $\Delta TN/\Delta NO_3^-$ 不小于 8，防止 NOB 代谢活性增强影响系统菌群平衡。试验设定 TN 去除率连续 7d 大于 70% 为降低 HRT 的节点；设定 TN 去除量与 NO_3^--N 生成量的比值在 8 以上，且出水 NO_2^--N 在 10mg/L 以下为提高曝气量的节点，以此为标准逐步降低 HRT，提高曝气量。表 4-13 和表 4-14 分别为高、低基质阶段工况调节情况。

高氨氮工况调节及处理效果　　　　　　　　　　　　　　表 4-13

时间	HRT (h)	曝气量 (L/min)	基质浓度 (mg/L)	TN 去除率 (%)	TN 去除负荷 [kgN/(m³·d)]
第 65～72 天	5.3	0.5	400	73.03	1.42
第 73～81 天	3.42	1.1	400	78.03	2.14
第 82～88 天	3.00	1.6	400	76.7	2.46
第 89～102 天	2.27	2.1～4.0	400	72.48	3.19
第 103～111 天	1.95	4.7～5.1	400	65.86	3.45
第 112～132 天	2.27	4.0	400	76.13	3.32

低基质浓度的比较工况调节情况　　　　　　　　　　　　表 4-14

时间	HRT (h)	曝气量 (L/min)	基质浓度 (mg/L)
第 133～139 天	1.10	3.8	200
第 140～153 天	1.16	3.3	200
第 154～182 天	1.09	4.4	200
第 183～191 天	1.16	4.9	200
第 192～198 天	1.44	4.4	200

图 4-56 为降基质阶段反应工况和脱氮效果曲线。如图所示，第 65～132 天反应器的进水 HRT 由启动阶段末期的 7.92h 经 4 次调整至 2.27h，曝气量相应也由 1.4L/min 增加到 4.0L/min。调节后 TN 去除率仍能大于 70%，说明 HRT 足够使微生物与氮素充分接触，因此 TN 去除负荷仍有提升空间。故而继续降低 HRT 至 1.94h，虽然 TN 去除负荷升至 3.51kgN/(m³·d) 的较高水平，但 TN 去除率已低于 70% 的设定标准，因此再将 HRT 提升至之前的 2.27h，曝气量仍为 4.0L/min，但 TN 去除率并未恢复至原有水平。分析认为是生物量生长过盛，滤层堵塞，火山岩表面生物膜过厚，致使氧传质速率降低，反应速率缓慢之故。遂于第 125 天对滤池进行气水反冲洗，冲洗过后反

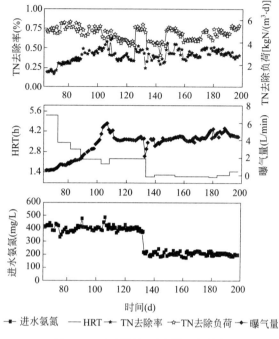

图 4-56　高低氨氮反应器运行效果

应器处理效果立即恢复，TN 去除率连续 7d 大于 70%，TN 去除负荷升至 3.32kgN/(m³·d)。至此，确定进水 TN＝400mg/L 的滤柱优化运行工况为：HRT 为 2.27h，曝气量为 4.0L/min。此时反应器处理效果达到最高水平。

自第 133 天起反应器进入低基质阶段，进水氨氮基质浓度由 400mg/L 降为 200mg/L，同时 HRT 也缩短为原来的 1/2，此后又经数次微调（见表 4-14）。至第 192～198 天反应器在 HRT＝1.44h，曝气量为 4.4L/min 的工况下，去除效果达到最佳，TN 去除率平均值为 76.73%，氨氮去除率为 94.98%，TN 去除负荷为 2.82kgN/(m³·d)，氨氮去除负荷为 3.32kgN/(m³·d)。此后反应器在此工况下稳定进行，反应器 TN 去除量与 $NO_3^- $-N 生成量比值（$\Delta TN/\Delta NO_3^-$）均值为 8.87，大于 CANON 工艺的理论值 8，说明反应器中的全程硝化所占比例极少，可以忽略，且可能存在内源反硝化。该阶段对反应器进行了 3 次反冲，分别在第 146 天、第 170 天、第 189 天。

从图 4-56 中还可以看到，当 TN＝400mg/L 时，满足 TN 去除率大于 70% 时的 TN 去除负荷可从 1.37kgN/(m³·d) 升至 3.37kgN/(m³·d)，而进水 TN＝200mg/L 时，尽管缩短 HRT 取得与先前相近的进水负荷，但满足 TN 去除率大于 70% 时的 TN 去除负荷仅能从 2.31kgN/(m³·d) 提升至 2.85kgN/(m³·d)。这是因为微生物量和代谢活性不仅取决于进水负荷，还取决于接触时间和接触概率。高氨氮阶段 HRT 长，有较充分的微生物代谢基质的时间，生物量和活性都优于低基质阶段。

（3）加入葡萄糖后反应器运行效果

第 199 天开始，向进水中加葡萄糖，第 199～270 天控制进水 COD＝40mg/L，进水氨氮浓度 200mg/L 不变，C/N 为 0.2。如图 4-57 所示，投加葡萄糖后的第 3 天，即第 202 天起反应器氮素去除效果开始下降，至第 212 天反应器 TN 去除率由原来的 80.11%

降至 64.32%，氨氮去除率由原来的 95.80%降至 79.14%，TN 去除负荷也由原来的 2.62kgN/(m³·d) 降至 2.11kgN/(m³·d)。第 213 天对滤柱进行反冲，反冲后效果恢复到原有水平，TN 去除率最高可达 78.33%，氨氮去除率最高可达 94.36%，TN 去除负荷最大值为 2.70kgN/(m³·d)。

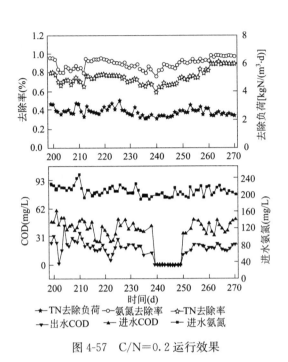

图 4-57 C/N＝0.2 运行效果

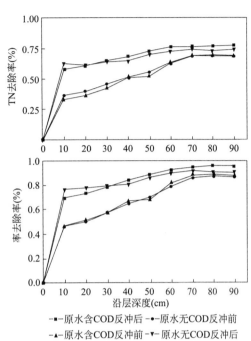

图 4-58 反冲及去掉有机物前后沿层效果对比

自第 229 天开始，滤池氮素去除效果再度下降，第 238 天 TN 去除率降至 66.85%，氨氮去除率降至 83.10%，TN 去除负荷降为 2.32kgN/(m³·d)。为进一步确定滤池处理效果下降原因，探究有机碳源对滤柱的抑制情况，第 239~248 天进水中停止投加葡萄糖，TN 去除率平均值为 65.93%，平均氨氮去除率为 84.90%，TN 去除负荷均值为 2.25kgN/(m³·d)，脱氮效果并未好转。第 249 天对滤柱再次反冲，效果立即恢复至 TN 去除率 74.08%，氨氮去除率 90.96%，TN 去除负荷 2.63kgN/(m³·d) 的原有水平。图 4-58 为 C/N＝0.2 时反冲洗前后及停加葡萄糖前后的沿层 TN 去除效果对比，处理效果恶化后有机物的停止投加并未使效果得到改善，其沿层规律和无有机物前相似，而反冲后反应器的处理效果得到明显改善，恢复到前一次反冲后的水平，其沿层规律与前一次反冲后相似，说明该浓度有机物的引入未对反应器处理效果产生影响，相反，停止投加有机物的反冲后效果略低于投加有机物后反冲的效果，也许表明了有机物的存在可作为反硝化的电子供体，提高 TN 去除效果。基于此，反应器自第 257 天起恢复投加葡萄糖，坚持 C/N＝0.2，HRT 先后增至 1.61h 和 1.96h，使得微生物有更充分的时间与基质接触，同时每 10d 定期进行反冲洗。运行效果如图 4-57 所示，第 261~270 天的 10d 内 TN 去除率稳定在 89.82%，最高可达 91.37%，TN 去除率超过了 89%的极限值。表明了反硝化菌以有机物为电子供体进行了反硝化代谢。成功实现了 AOB 菌、ANAMMOX 菌与反硝化菌的耦合。

综上所述，在 C/N 为 0.2 的条件下，CANON 工艺能够维持稳定运行，且有机物所带来的反硝化反应可将 CANON 反应生成的部分 NO_3^--N 去除，进一步净化水质，为实现更高的氮素去除率提供了可能性。

第 271~280 天将进水有机物浓度增至 80mg/L，第 281~292 天进水有机物浓度增至 120mg/L，原水 C/N 比达到 0.4 和 0.6。进水 NH_4^+-N 和 COD 浓度及 TN 去除效果如图 4-59 所示。随着有机物水平的提高，去除效果呈现下降趋势；TN 去除率平均值降至 51.64％，NH_4^+-N 去除率均值降至 65.88％，而 COD 去除量显著提高，平均达 55mg/L。

好氧异养菌的增殖速率加快，而好氧异养菌的倍增时间较短，随着有机物浓度的加大，好氧异养菌与 AOB 争夺 DO，抢占栖息空间。迫使 AOB 氨氧化速率降低，进而严重地妨碍了厌氧氨氧化和 CANON 反应的进程。第 286d 将曝气量由原来的 4.4L/min 调节至 5.0L/min，但总体去除效果无好转迹象。

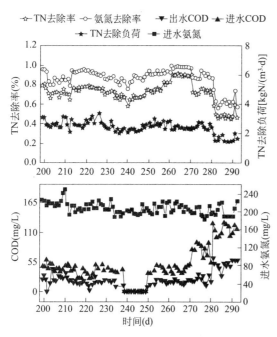

图 4-59　不同有机物浓度及氮素去除效果

3. 结论

（1）通过调节 HRT 及曝气量的方式找到常温 25±2℃氨氮浓度在 200mg N/L 试验条件下的最优运行工况为曝气量 4.4±0.1L/min，HRT 1.44h，在此工况条件下 TN 去除率均值为 76.73％，TN 去除负荷为 2.82kgN/(m^3·d)，氨氮去除率 94.98％，氨氮去除负荷为 3.32kgN/(m^3·d)。

（2）当原水水质 C/N 比为 0.2 时，有机物的存在能够实现反硝化与 CANON 反应的耦合协同作用。提高生物滤柱的 TN 去除率；继续增加有机物浓度，将促进异氧菌的大量繁殖，阻碍亚硝化和 ANAMMOX 的进程，甚至使 CANON 反应崩溃。

4.4.5　碱度和 pH 的影响

在 CANON 工艺中，AOB 以 O_2 为电子受体，将 NH_3 氧化成 NO_2^--N；ANAMMOX 菌则以 NO_2^--N 为电子受体，将反应器中剩余的 NH_3 直接氧化成 N_2，同时生成少量的 NO_3^--N。

CANON 工艺高效运行需要综合考虑 2 种菌的生存条件，协调 AOB 和 ANAMMOX 菌的代谢环境，使得 AOB 亚硝化和 ANAMMOX 自养脱氮 2 种反应速率得以提高和平衡。碱度是 AOB 和 ANAMMOX 菌的无机碳源，也起到缓冲 pH 的作用，要维持 CANON 工艺的高效稳定运行，就必须保证环境适宜的碱度，满足 AOB 和 ANAMMOX 菌的生理需要。理论上，完全硝化 1mg 氨氮需要消耗 7.14mg 碱度，其绝大部分消耗在

氨氮氧化为 $NO_2^- $-N 的过程。在 CANON 工艺中，只需要将原水中 57% 的氨氮氧化为 $NO_2^- $-N 即可为 ANAMMOX 菌准备基质，使其完成自养脱氮过程。所以在 CANON 工艺中，用于亚硝化消耗的碱度可减少 43%。同时 ANAMMOX 反应还产生碱度。所以去除 1mg TN 消耗碱度少于 4.1mg。虽然如此，大多数实际污水，尤其是高氨氮废水，碱度还不能满足 CANON 反应要求，需外加碱度。目前，原水碱度对 CANON 反应效率影响和调节碱度提高 CANON 工艺脱氮速率的研究还鲜见报道。

微生物对环境 pH 非常敏感，要维持 CANON 工艺的高效稳定运行，就必须保证环境的 pH 适合 AOB 和 ANAMMOX 菌的共同生理代谢的要求。秦宇在 pH 为 7.8～8.5 范围内成功启动了亚硝化，Winkler 等人在 pH 为 7.0 ± 0.2 的条件下实现了 ANAMMOX 菌的富集，大多数研究者将 CANON 反应器的 pH 调控在 7.0～8.0。但目前还鲜见 pH 对 AOB 和 ANAMMOX 菌综合活性影响的研究报道，也就难以优化 pH 范围，提高 CANON 反应器脱氮速率。

本节将进行 CANON 反应碱度和 pH 范围的优化研究，以期提高 CANON 工艺的反应速率。

1. 试验装置

（1）启动成功稳定运行多日的 SBR-CANON 反应器，如图 4-60 所示。

SBR-CANON 反应器由有机玻璃制成，高为 50cm，直径为 20cm，有效容积为 12L，换水比为 48%。反应器侧壁每隔 5cm 设有 1 个取样口，用于取样和排水。反应器底部安装有内径为 10cm 的微孔曝气环，由气体转子流量计控制曝气强度。反应器内置搅拌机，用于泥、水、气的均匀混合，反应器装有在线 pH、DO 探头，用于 pH、DO、温度等参数的实时监测。反应器进水、搅拌、曝气、排水均为自动控制。

SBR-CANON 反应器接种污泥来自高温、高氨氮条件下培养的 CANON 生物滤柱的反冲洗污泥，MLSS 为 6000mg/L，污泥体积为 5.5L。试

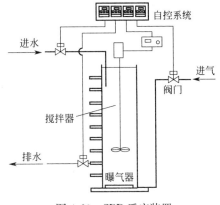

图 4-60 SBR 反应装置

验原水由自来水、$(NH_4)_2SO_4$、$NaHCO_3$、KH_2PO_4 和微量元素配制而成，微量元素液的投加量为 1mL/L。原水水质如下：氨氮 为 60mg/L，$NO_2^- $-N<10mg/L，$NO_3^- $-N< 8mg/L，pH 为 7.8.2，碱度（以 $CaCO_3$ 计）为 200mg/L，PO_4^{3-} 为 1mg/L。SBR CANON 反应器经数月启动成功已稳定运行。

（2）容量为 1L 的烧杯 6 个。

（3）梅宇 MY-3000-6 六联搅拌机。

2. 试验方法

（1）碱度试验

SBR 反应器在 60mg/L 氨氮环境中成功运行后，开始探求碱度和 pH 与脱氮效果关系的试验。先用自来水为原水对反应器进行 SBR 运行，将上周期残留的氨氮、$NO_2^- $-

N、NO_3^--N、$NaHCO_3$ 等物质淘洗干净。然后，重新加自来水到 6L，搅拌使污泥混合均匀，测得 MLSS 为 4780mg/L。再分别取 6 个 1L 的污泥混合液加至 6 个 1L 的烧杯中，然后放置于六联搅拌机上，设置转速为 100r/min。通过控制曝气量使烧杯反应器内 DO 值为 0.25mg/L。在所有烧杯中加入一定量的 $(NH_4)_2SO_4$，使得氨氮浓度为 60mg/L，不添加其他任何氮素。理论上，当氨氮为 60mg/L 时，需要 246mg/L 的碱度，所以以 246mg/L 为中间值，快速准确分别加入一定量的 $NaHCO_3$，使 6 个烧杯中的碱度分别为 50mg/L、100mg/L、246mg/L、450mg/L、700mg/L、1000mg/L，即碱度/氨氮比值依次为 0.8、1.6、4.1、7.5、11.7、16.7。调控初始 pH 为 8.0，DO 为 0.25mg/L，在水温为室温（25℃）条件下启动烧杯运行，按时记录烧杯内氮素浓度和其他水质指标的变化。

（2）pH 试验

目前 CANON 反应器的 pH 多半控制在 7.0～8.0，因此以 7.0 和 8.0 为中间值向两边延伸，调节各烧杯 pH 分别为 5.0、6.0、7.0、8.0、9.0、10.0，在 DO 为 0.25mg/L，碱度为 246mg/L 条件下运行，并开始计时，同样按时记录烧杯内氮素浓度和其他水质指标的变化。试验时水温均为 25℃。

试验过程中，取样间隔为 1h，所取混合液经过 4000r/min 离心后在 4℃ 冰箱内保存，周期结束后立即进行分析。为保证数据准确可信，每个工况分别进行 3 组平行试验。

3. 结果与讨论

（1）原水碱度对全程自养脱氮效果的影响

在不同原水碱度下，周期内 TN 浓度和即时去除速率绘于图 4-61 和图 4-62，TN 去除率和好氧氨氧化及 ANAMMOX 的平均速率列于表 4-15。从图和表中可以发现：初始碱度/氨氮比值为 0.8 时，至 6h 以后，TN 浓度维持在 10～11mg/L。TN 的去除率达到 80.97%，平均好氧氨氧化速率为 5.58mg/(L·h)，平均 ANAMMOX 速率为 5.77mg/(L·h)。在 9h 的试验过程中，氨氮最终被消耗殆尽，TN 浓度呈现持续下降的趋势。原水碱度 50mg/L，最后碱度稳定在 20mg/L，即只消耗了 30mg/L。

不同碱度下的 TN 去除率、氨氧化速率及出水碱度　　　　　　　表 4-15

项　　目	碱度/氨氮比值					
	0.8	1.6	4.1	7.5	11.7	16.7
TN 去除率（%）	80.97	81.15	83.56	83.41	82.37	88.13
平均好氧氨氧化速率[mg/(L·h)]	5.58	5.92	10.07	9.59	7.51	6.67
平均 ANAMMOX 速率[mg/(L·h)]	5.77	6.13	10.43	9.96	7.79	6.99
出水碱度（mg/L）	20	20	76	235.7	493	788.7

初始碱度/氨氮比值为 1.6 时，TN 至第 5.5 小时以后维持在 13～14mg/L，对 TN 的去除率达到 81.15%，平均好氧氨氧化速率为 5.92mg/(L·h)，平均 ANAMMOX 速率为 6.13mg/(L·h)。系统消耗了 80mg/L 碱度。

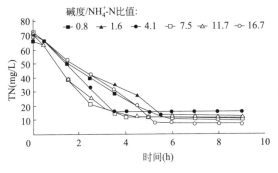

图 4-61 不同碱度/氨氮比值 TN 浓度　　图 4-62 不同碱度/氨氮比值 TN 去除速率

初始碱度/氨氮比值为 4.1 时，氨氮在反应进行 3.5h 后被完全去除，TN 维持在 12～15mg/L，TN 去除率达到 83.56%，平均好氧氨氧化速率为 10.07mg/(L·h)，平均 ANAMMOX 速率为 10.43mg/(L·h)。反应消耗的碱度仅为 170mg/L。

初始碱度/氨氮比值为 7.5 时，氨氮在反应进行 4h 后被完全去除，出水 TN 维持在 11～13mg/L，TN 去除率达到 83.41%，平均好氧氨氧化速率为 9.59mg/(L·h)，平均 ANAMMOX 速率为 9.96mg/(L·h)，反应消耗的碱度为 214.3mg/L。

初始碱度/氨氮比值为 11.7 时，氨氮在反应进行 4.5h 后被完全去除，出水 TN 为 11～13mg/L，TN 去除率达到 82.37%，平均好氧氨氧化速率为 7.51mg/(L·h)，平均 ANAMMOX 速率为 7.79mg/(L·h)，反应消耗的碱度为 207mg/L。

初始碱度/氨氮比值为 16.7 时，氨氮在反应进行 5.25h 后被完全去除，出水 TN 为 7～8mg/L，TN 去除率达到 88.13%，平均好氧氨氧化速率为 6.67mg/(L·h)，平均 ANAMMOX 速率为 6.99mg/(L·h)，反应消耗的碱度为 211.3mg/L。

综上所述，可以得出如下结论：

1) 当碱度不足（碱度/氨氮<4.1）时，氨氧化速率随着碱度的增加而增大；当碱度过量（碱度/氨氮>7.5）时，氨氧化速率随着碱度的增加而减小；在碱度/氨氮=4.1～7.5 时，可获得较高的氨氧化速率，其中好氧氨氧化速率为 10.07～9.59mg/(L·h)，ANAMMOX 速率 10.43～9.96mg/(L·h)，TN 去除率高达 83.56～83.41%。

2) 在原水水质碱度/氨氮<4.1 时 TN 去除率也可达 80% 以上，这是曝气和搅拌过程中 CO_2 混入系统内，提供了碳酸碱度的结果。但氨氧化速率较低。为了验证上述猜想，设计了碱度/氨氮=0 的试验，即在氨氮浓度为 60mg/L 的条件下不外加碱度。在 13h 的反应过程中，氨氮消耗完毕，TN 维持在 13～14mg/L，由此证实了上述猜想。如果切断液面 CO_2 的来源，可以想象好氧氨氧化、厌氧氨氧化将无法进行。

3) 碱度/氨氮>7.5，即碱度过量时，消耗的碱度基本不变，TN 去除率同样大于 80%，又表明了高碱度对 AOB 和 ANAMMOX 菌并无致命的伤害。

（2）pH 对全程自养脱氮效果的影响

在 pH 梯度试验中，原水氨氮浓度 60mg/L，碱度/氨氮=4.1。不同初始 pH 的周期运行内，TN 浓度、TN 去除速率和 pH 的逐时变化分别如图 4-63～图 4-65 所示。

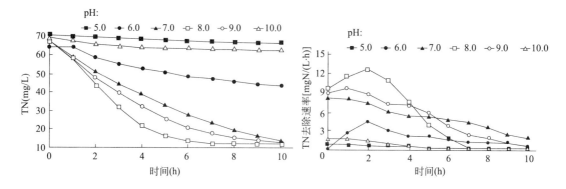

图 4-63　不同 pH 下 TN 浓度的变化　　　　图 4-64　不同 pH 下周期内 TN 去除速率的变化

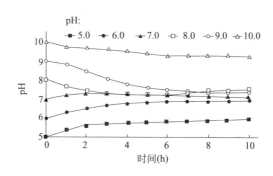

图 4-65　不同 pH 下周期内 pH 的变化

图中可见，在初始 pH＝5.0 的 10h 的试验过程中，TN 仅减少了约 4.4mg/L，TN 去除率仅为 7.03％，TN 去除速率为 0.3～0.7mgN/(L·h)，平均好氧氨氧化速率为 0.06mgN/(L·h)，平均 ANAMMOX 速率为 0.22mgN/(L·h)，ANAMMOX 速率是好氧氨氧化速率的 3.7 倍，此时 DO 为 0.25±0.2mg/L，说明在 pH＝5.0 的环境下，ANAMMOX 菌受到的抑制比 AOB 弱。运行过程中 pH 呈升高的趋势，这应该是由于 ANAMMOX 消耗 H$^+$ 离子的速度大于 AOB 产生 H$^+$ 离子的作用。

在初始 pH＝6.0 的 10h 的试验过程中，TN 减少了约 20.64mg/L。TN 去除率 34.38％，TN 即时去除速率呈先升高后降低的趋势，平均好氧氨氧化速率为 1.28mg/(L·h)，平均 ANAMMOX 速率为 1.36mg/(L·h)。ANAMMOX 能力稍强于好氧氨氧化。说明在 pH＝6.0 的环境下，AOB 和 ANAMMOX 菌活性都在增强。pH 呈升高的趋势，这应该也是因为 ANAMMOX 反应产 H$^+$ 作用强于 AOB 消耗 H$^+$ 离子的作用。

在初始 pH 为 7.0 反应进行 10h 后，氨氮基本去除完全，出水 TN 为 14.55mg/L，TN 去除率达到了 78.6％；在 10h 运行过程中，TN 去除速率持续降低，平均好氧氨氧化速率为 3.16mg/(L·h)，平均 ANAMMOX 速率为 3.33mg/(L·h)，两者基本相等，这说明随 pH 的升高，AOB 和 ANAMMOX 菌的活性继续增强，并逐渐趋于平衡。

当初始 pH 为 8.0 时，6h 后氨氮反应完全，出水 TN 为 12.53mg/L，TN 去除率达到了 82.94％；在 10h 运行过程中 TN 即时去除速率先升高后降低，说明反应初期微生物活性逐渐增强，后期随基质浓度的下降反应速度降低。平均好氧氨氧化速率为 6.55mg/(L·h)，平均 ANAMMOX 速率为 6.68mg/(L·h)，好氧氨氧化能力和 ANAMMOX 能力基本相等，都达到了较高水平。pH 先降低后升高，这应该是由于 AOB 菌产生的氢离子使得 pH 降低；而 6h 反应完全后，由于搅拌和液面的浴氧作用使 pH 升高。

当初始 pH 为 9.0 时，反应进行 10h 后氨氮基本去除完全，出水 TN 为 13.41mg/L，TN 去除率达到了 79.03％；在 10h 运行过程中，TN 即时去除速率随基质的不断消耗而持续降低，平均好氧氨氧化速率为 3.92mg/(L·h)，平均 ANAMMOX 速率为 3.86mg/(L·h)，好氧氨氧化能力强于 ANAMMOX 能力，这说明当 pH 大于 8.0 时，AOB 和 ANAMMOX 菌的活性开始受到抑制，且 ANAMMOX 菌受到的抑制更明显。pH 呈持续降低趋势。

当初始 pH 为 10.0，在 10h 的试验过程中，TN 仅减少了约 6.24mg/L，对 TN 的去除率为 9.43％；在运行过程中，TN 去除速率始终较低，平均好氧氨氧化速率为 1.02mg/(L·h)，平均 ANAMMOX 速率为 0.33mg/(L·h)，好氧氨氧化速率是 ANAMMOX 速率的 3.1 倍，这说明在 pH=10.0 的环境下，ANAMMOX 菌受到的抑制作用比 AOB 更强，出水 NO_2^--N 发生积累，浓度高达 10.13mg/L。pH 持续降低。

综上所述，当 pH 为 5.0 时 ANAMMOX 过程受到较强抑制；pH 为 5.0～8.0 时氨氧化速率随 pH 的增加而增大，pH 为 8.0～10.0 时氨氧化速率随 pH 的增加而减小；pH=10.0 时 ANAMMOX 过程也受到较强抑制；当 pH=8.0，且碱度/氨氮 = 4.1 时，可获得较高的氨氧化速率，能在较短的时间内去除水中的氨氮。其中好氧氨氧化速率为 6.55mg/(L·h)，ANAMMOX 速率为 6.68mg/(L·h)，TN 去除率高达 82.94％。

pH 对全程自养脱氮的影响体现在对 AOB 和 ANAMMOX 菌活性的影响上，在 pH=5.0 时，AOB 比 ANAMMOX 菌受到的抑制更强，ANAMMOX 速率是好氧氨氧化速率的 3.7 倍；pH=10.0 时，ANAMMOX 菌受到的抑制比 AOB 更强，好氧氨氧化速率是 ANAMMOX 速率的 3.1 倍。pH= 8.0 时，好氧氨氧化速率和 ANAMMOX 速率均较高，TN 去除率达到 82.94％。

4.4.6 水质的影响小结

(1) NO_2^--N 对本试验所培养的 ANAMMOX 菌的抑制浓度约为 200～280mg/L。

(2) PO_4^{3-} 浓度不超过 90mg/L 时，不会对 ANAMMOX 菌构成抑制。

(3) 当原水水质 C/N 比为 0.2 时，有机物的存在能够实现反硝化与 CANON 反应的耦合协同作用。提高生物滤柱的 TN 去除率；继续增加有机物浓度，将促进异养菌的大量繁殖，阻碍亚硝化和 ANAMMOX 的进程，甚至使 CANON 反应崩溃。

(4) pH 为 5.0 时 ANAMMOX 过程受到较强抑制，pH=5.0～8.0 时氨氧化速率随 pH 的增加而增大，pH 为 8.0～10.0 时氨氧化速率随 pH 的增加而减小，pH=10.0 时 ANAMMOX 过程也受到较强抑制。

(5) 在碱度/氨氮比值为 4.1～7.5 时，可获得较高的氨氧化速率，其中好氧氨氧化速率为 10.07～9.59mg/(L·h)，ANAMMOX 速率 10.43～9.96mg/(L·h)，TN 去除率高达 83.56～83.41％。

4.5　常温低基质 CANON 生物滤池研究

CANON 工艺目前主要还处于实验室研究阶段，如何快速启动并高效稳定运行 CANON 反应器，从而将其应用到实际工程中是当前研究的热点。众多研究者的研究结论表明，CANON 反应器内稳定的亚硝化率和 ANAMMOX 菌的培养是工艺启动成功乃至稳定运行的重要保证，然而 ANAMMOX 菌比增殖速率 $\mu = 0.0027h^{-1}$，倍增时间为 10.6d，如此低的繁殖速率限制了其在实际工程中的应用和发展。尤其针对城市生活污水温度低、氨氮浓度低的特点，如何在常温低氨氮的条件下，通过控制反应器启动过程中的运行条件，从而获取稳定的亚硝化率和快速富集 ANAMMOX 菌是 CANON 启动成功的关键点，对于 CANON 工艺的进一步推广应用具有重要的意义。

4.5.1　常温降基质运行的稳定性

CANON 工艺作为一种新型污水处理工艺能否广泛地应用于工程实际，不仅取决于其启动速度的快慢，更与该工艺能否长期稳定运行，能否适应污水厂水质波动变化、工艺运行调控是否简便等方面密切相关。就此，本章通过试验研究，探索 CANON 工艺在低氨氮浓度条件下长期稳定运行的可能性，以期为 CANON 工艺的工程应用提供技术支撑。

1. 降基质浓度的运行效果试验

（1）试验装置

试验用反应器及工艺流程如图 4-66 所示，其中反应器为有机玻璃柱，内径 150mm，总高度 700mm，总体积 8.15L，柱内装填粒径 6.0～8.0mm 的火山岩活性生物陶粒滤料，其内外平均孔隙率为 80%，实密度 1.60～1.80kgN/m³，堆积密度 0.7～0.9kgN/m³，装填高度为 550mm，有效容积 1.8L。采用上向流的进水方式，底部设有曝气装置，由转子流量计控制其曝气量。反应器在室温（15～23℃）下运行，滤柱上方设有德国 WTWpH296 在线 pH 测定仪、在线 DO 测定仪及数据采集系统，检测反应器的出水 pH、温度及 DO 值。

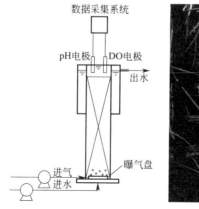

图 4-66　试验装置及工艺流程（文后彩图）

试验开始前，反应器已在常温（15～23℃）高氨氮条件下（400～500mgN/L）启动成功并稳定运行一段时间，效果良好。

（2）试验结果

反应器分为 3 个阶段运行。连续考察了 3 个不同水平的氨氮浓度，其中进水氨氮浓度存在的小范围波动，主要是由人工配水存在误差引起的。3 个阶段反应器的进出水氮素变化及相应的去除效果如图 4-67 所示。

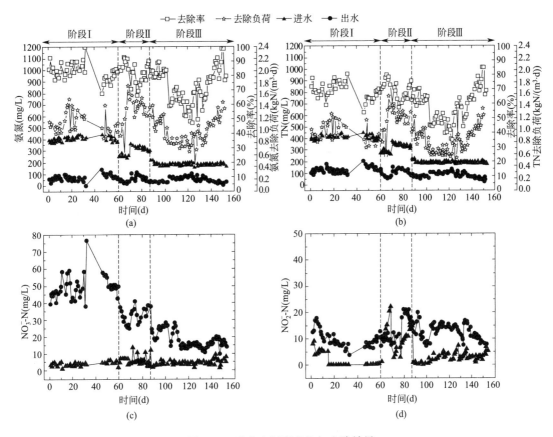

图 4-67 进出水氮素变化与去除效果

阶段 I（第 1～60 天）。这一阶段进水氨氮浓度为 400mgN/L 左右，运行温度为 16～17℃，HRT=1.2～1.6h。由于反应器是在高氨氮（400mgN/L）浓度下成功启动的，因此这一阶段反应器并没有受到进水基质浓度变化的影响，进出水氮素变化幅度不大，去除率及去除负荷相对比较平稳。第 32 天平均氨氮去除率达到了 85.25%，氨氮去除负荷 1.17kgN/(m³·d)，TN 去除率 71.11%，TN 去除负荷 1.00kgN/(m³·d)。之后 7d 因设备故障反应器停止运行 1 周，反应器重新运行后处理效果迅速恢复，仅在不到 2 周内氨氮去除率就由 76% 上升至 86%，TN 去除率也由 60% 上升至 70%，去除负荷呈现出同样的递增趋势。由此说明，该反应器在处理低 C/N 比、高氨氮（400mgN/L）进水时具有稳定的处理性能，受外界可逆性因素影响后的恢复速度很快。这对于工程实际很有意义。

阶段 Ⅱ（第 61～87 天）。本阶段为保证进水氨氮负荷不变，在进水氨氮浓度降为 300mgN/L 左右时，增大进水量，减少 HRT，此时 HRT＝0.8～1.2h。温度为 12～ 18℃，相比阶段 Ⅰ 波动较大。

从图 4-67(a)、(b) 可见：在阶段 Ⅱ 之初，由于氨氮浓度的骤降，氨氮和 TN 去除负荷均有降低，而去除率却没有发生明显的变化。这是 AOB 和 ANAMMOX 生物群系不适应新环境的结果。然后通过调节曝气量，AOB 和 ANAMMOX 渐渐适应了系统中的氨氮浓度，恢复了活性，反应器去除负荷迅速升高，并逐渐趋于平稳。第 71 天，为了进一步验证反应器在进水基质浓度发生变化时的快速恢复性能，进水氨氮浓度又重新调整到325～361mgN/L 这一较高水平，结果反应器在 TN 去除率降低至 58% 后，又逐渐恢复至 70%。阶段 Ⅱ 运行了 27d 即达到了稳定，平均的氨氮去除率达到 82.64%，去除负荷为 1.44kgN/(m³·d)，TN 去除率达到 69.1%，去除负荷为 1.25kgN/(m³·d)，从而充分说明反应器在氨氮浓度为 300～400mgN/L 条件下有较高的处理性能。

阶段 Ⅲ（第 88～153 天）。进一步将进水氨氮浓度降至 200mgN/L 左右，缩小 HRT 至 0.6～0.8h。此时已进入夏季，温度由 15℃ 升至 23℃，平均温度 21℃。从图中可见：反应器的运行效果与阶段 Ⅱ 初期相似，即去除负荷随氨氮基质浓度的骤降而暂可 2d 降低然后恢复，去除率及其他参数变化不大。第 103 天和第 128 天时反应器的处理效果骤降，主要是由于滤柱内部的生物膜生长十分密实，产生了堵塞，当水力负荷骤增，加之曝气量的变化，发生了断层现象，从而改变了气体和液体在滤料中的通路。当人为将滤料重新填装后，微生物随生物膜脱落而部分流失，反应器的处理效果受到影响，微生物的生境也发生变化并重新在适宜的环境中生长。由试验得到，反应器在经过这样的水力冲击以后需要 2 周左右的恢复时间。第 137 天，反应器逐渐适应了这一进水氨氮浓度及水力负荷，去除效果稳定增长，稳定期内氨氮去除率由 75% 上升至 90% 以上，平均值为 83.83%，TN 去除率平均值为 70.29%，最高达到了 85%。氨氮和 TN 去除负荷平均值分别为 1.18kgN/(m³·d)、1.04kgN/(m³·d)，说明反应器在氨氮浓度为 200mgN/L 条件下也有较高的处理性能。

整个降基质浓度试验阶段，CANON 反应器的平均氨氮去除率为 83.90%，去除负荷为 1.26kgN/(m³·d)，TN 去除率为 70.14%，去除负荷为 1.09kgN/(m³·d)。

（3）讨论与分析

综合阶段 Ⅰ、Ⅱ、Ⅲ 来看，氨氮浓度的突变会引起反应器去除负荷的显著下降，这是因为在 CANON 系统中，氨氮浓度会同时影响 AOB 和 ANAMMOX 的活性，经过多日的适应之后又恢复到先前的水平。

在 CANON 系统中主要存在着好氧氨氧化反应和 ANAMMOX 2 种生物化学反应，也存在着少量 NOB 菌进行 NO_2^--N 氧化反应。

AOB 和 ANAMMOX 菌的代谢反应都是以 NH_4^+ 作为电子供体的。而 NOB 菌的活性受到体系内 NO_2^--N 浓度和溶解氧的双重限制。当氨氮浓度下降时，电子供体 NH_4^+ 减少，AOB 氧化氨氮后，氧气仍有剩余，这样剩余的氧气扩散到膜内就会抑制 ANAMMOX 菌的生长，同时产生了 NO_2^--N 的积累，可以观察到系统内 NO_2^--N 浓度略有增加，使得系统内原本弱势的 NOB 有可能利用电子受体 O_2 来氧化 NO_2^--N 生成 NO_3^--N。此时，应减少曝气量，降低反应器内的 DO，同时增大进水流量保证氨氮负荷，这样 NOB 就不会有适宜生存的空间。通过调节曝气量，ANAMMOX 菌活性也会慢慢恢复，宏观上表现为氮素去除率逐渐恢复到较好的水平。之后，反应器维持多日的稳定运行，表现出其较强的抗冲击负荷能力和稳定性能。

2. 低基质的稳定运行

在第 III 阶段试验完成后，即反应器进水 NH_4^+-N 浓度 200mg/L 运行稳定之后，从第 154 天起试验进入阶段 IV，这一阶段的主要目的在于进一步考察 CANON 生物滤池在常温低氨氮浓度下的长期运行稳定性。将进水氨氮浓度降为 100mg/L 左右，HRT 缩短至 0.3～0.4h，温度为 18～23℃。第 200 天以后，根据反应器的处理效果，不断提高进水流量并调节曝气强度，争取进一步提高反应器去除负荷。图 4-68 为进出水 TN 及氨氮浓度和去除效果在稳定运行期内的变化图。从图中可以看出，自第 154 天将进水氨氮浓度降为 100mg/L 左右后，第 155～168 天反应器处理效果波动较大，这一阶段反应器主要处于一个对基质浓度及水力负荷的适应时期。第 168 天后去除效果趋于稳定并且逐渐上升，其中，平均氨氮去除率为 80.07%，最高达到 100%，TN 平均去除率为 59.46%，最高达到 80%。平均氨氮及 TN 去除负荷分别为 1.13kgN/($m^3 \cdot$ d)、0.91kgN/($m^3 \cdot$ d)，与前期在降基质浓度运行条件下的反应器效果相差不大，进一步说明了反应器较强的稳定性及抗水力负荷性能。第 200d 后，将进水氨氮负荷由 1.50kgN/($m^3 \cdot$ d) 增加至 2.20kgN/($m^3 \cdot$ d)，HRT 进一步缩小至 0.2h，运行 35d 发现反应器的 TN 及氨氮去除效果均较稳定，平均氨氮去除率为 77.40%，去除负荷为 1.83kgN/($m^3 \cdot$ d)，最高达到 2.28kgN/($m^3 \cdot$ d)，平均 TN 去除率为 60.82%，去除负荷为 1.54kgN/($m^3 \cdot$ d)，最高达到 2.04kgN/($m^3 \cdot$ d)。实现了低氨氮的 CANON 生物滤池的稳定运行。

3. CANON 反应过程环境参数的变化

由于 CANON 系统内微生物种类的多样性及其相互间的复杂关系，DO、温度和 pH 等参数对系统性能有重要的影响，同时也是主要的指示参数。本试验探究了 CANON 生物滤池反应器在常温降基质浓度条件下的处理效果与指示参数的相关性，筛选出较为简易直接的表征反应器处理效果的指示参数。故此，在试验的各阶段也进行了 pH、碱度、温度和微生物等方面的考察。

（1）pH 的变化

本试验通过投加 $NaHCO_3$ 控制进水 pH 在 8.0～8.4，图 4-69 所示为 pH 随时间的变化，图中令 $\Delta pH = pH_{出水} - pH_{进水}$。从图中可以看出，反应器效果好时，出水 pH 可以降低至 7.60 左右。ΔpH 随 TN 去除率的变化而变化，ΔpH 曲线和 TN 去除率曲线波动相似。本试验中 pH 差值 ΔpH 在 0.2～0.8 范围内波动，对整组数据进行排列后发现，当 ΔpH 大于 0.65 时，其所对应的平均氨氮去除率大于 85%，TN 去除率大于 65%，而当 ΔpH 小于 0.35 时，所对应的反应器处理效果较差且波动较大。从而可以说明，在 CANON 反应器的运行过程中，可以直接通过观察进出水 pH 的变化来把握反应器的运行效果，pH 变化大，则去除效果好。因此，pH 具有很好的指示作用。

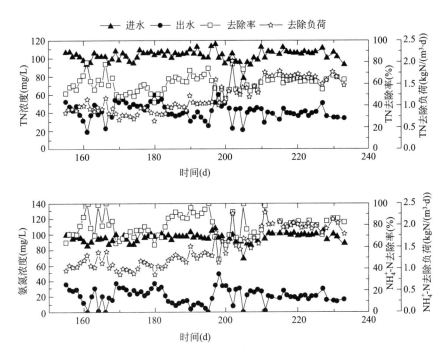

图 4-68 阶段Ⅳ反应器进出水水质及去除效果变化

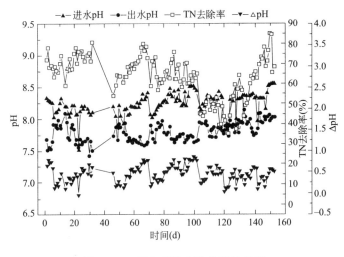

图 4-69 pH 与 TN 去除效果的关系

为考察两者之间的关系，用数理统计及 SPSS 软件（SPSS 16.0）对 2 个参数的 122 组数据进行相关分析，通常采用的相关性分析方法包括 Pearson，Spearman 和 Kendall，本试验中选用 Pearson 相关分析进行数据处理，结果得出 ΔpH 与 TP 去除率两者在 0.01 水平（双侧）上显著相关。

从表 4-16 中的结果可以得出，ΔpH 和 TN 去除率两者在 0.01 水平上显著相关，相关系数为 0.480。

ΔpH 与 TN 去除率的相关分析   表 4-16

		ΔpH	TN 去除率
ΔpH	Pearson Correlation	1	0.480＊＊
	Sig. (2-tailed)	—	0.000
	N	122	122
TN 去除率	Pearson Correlation	0.480＊＊	1
	Sig. (2-tailed)	0.000	—
	N	122	122

＊＊Correlation is significant at the 0.01 level（2-tailed）。

（2）碱度的变化

本试验用 NaHCO₃ 调节碱度。反应器运行第 60～153 天的进出水碱度及其变化如图 4-70 所示。可以看出，类似于 pH 的变化，碱度的变化也反映了去除效果的好坏，在一定阶段内氨氧化越多，碱度变化值越大，波动的趋势与氨氮去除率的变化趋势相似。同样利用 SPSS 软件对碱度变化值及氨氮去除率两者的 82 组数据进行相关分析，结果得出两者在 0.01 水平（双侧）上显著相关（表 4-17）。

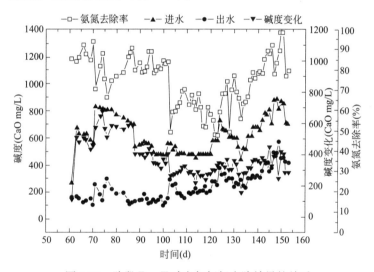

图 4-70 阶段Ⅱ、Ⅲ碱度与氨氮去除效果的关系

碱度变化值与 TN 去除率的相关分析   表 4-17

		碱度变化值	TN 去除率
碱度变化值	Pearson Correlation	1	0.545＊＊
	Sig. (2-tailed)	—	0.000
	N	82	82
TN 去除率	Pearson Correlation	0.545＊＊	1
	Sig. (2-tailed)	0.000	—
	N	82	82

＊＊Correlation is significant at the 0.01 level（2-tailed）。

虽然碱度的变化同样能够指示反应器的宏观效果好坏，但是相对于 pH 的在线监测，碱度值的测定有其不可避免的复杂性和滞后性，且其与宏观效果的对应性不显著。一旦反应器的效果出现恶化，依靠碱度值不能够及时发现并采取措施应对。同时，随着氨氮浓度的降低，碱度的变化也呈现出下降的趋势。因此，在实际应用中通常不选择碱度的变化作为反应器运行效果的指示参数。

（3）温度的影响

温度对 CANON 工艺的影响主要在于，常温下 $NO_2^- -N$ 很难获得稳定的积累，而 $NO_2^- -N$ 是 ANAMMOX 反应进行的基质。本试验中没有对温度进行控制，温度随室温变化（15～23℃），较其他 CANON 工艺的运行温度较低，如图 4-71 所示。但是从 TN 去除效果可以看出，不同温度下去除率的变化并不是很大。其中阶段 I 温度比较平稳，在 18℃左右；阶段 II 温度起伏波动最大，此时，温度作为限制因子之一，对微生物的生长代谢活动起主导作用，反应器的处理效果因此受到了一定影响。但是在此阶段后期，虽然温度依然持续降低，但是 TN 去除率却表现出了升高的趋势，说明温度限制因子不是绝对的，微生物的适应性以及其他的环境因子成为决定反应器宏观效果的主导因素；阶段 III 的温度整体呈现缓慢上升的趋势，但是去除效果时有波动，甚至在个别点出现骤降，同样说明影响去除效果的主要因素不是温度。在之后的稳定期内，温度上升至 20℃以上，氨氮转化速率和脱氮效能随着温度的升高而升高，可见，较高的温度必然对反应器的效果有促进作用。

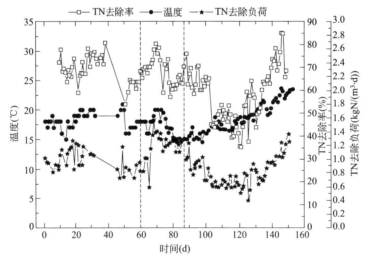

图 4-71　温度与 TN 去除效果的关系

综上，温度作为一个重要生化反应环境因素，和其他环境因子相互联系并共同对 CANON 系统内的微生物产生影响。同时，随着环境的变化与微生物适应性的变化，任何因子在不同时期对系统的作用力也会改变。本试验采用的反应器在常温下启动，且长期处于 15～23℃条件下，已对温度产生了良好的适应性，去除效果较稳定。反应器中能够适应较低温度的微生物种类还有待微生物试验的深入研究。

4. 滤池微生物种群变化研究

取反应器运行不同阶段（第 30 天，第 80 天和第 143 天）的生物膜样品进行 DGGE

分析，得到 amoA 基因和 ANAMMOX 菌 16S rDNA 片段 PCR 产物的 DGGE 图谱分别如图 4-72 所示。

3 个样品分别取自反应器在阶段Ⅰ、Ⅱ、Ⅲ的稳定期内。从图 4-72（a）可以看出，不同阶段 AOB 的 DGGE 图谱的条带数量和亮度都存在着差异，表明在反应器运行的不同阶段，AOB 的群落结构和各种群的细菌数量均存在差异。阶段Ⅰ条带较多，说明在进水氨氮浓度为 400mgN/L 时，AOB 种类较多，而随着进水氨氮浓度的降低，阶段Ⅱ和阶段Ⅲ的条带越来越少，AOB 的群落结构变得相对简单，说明有一部分适合高氨氮环境下生存的 AOB 随着进水氨氮浓度的降低而被淘汰，依然存在的是适合于较低氨氮浓度环境的菌种。AOB 多样性降低的原因可能是因为随着氨氮浓度的降低，不足以维持所有 AOB 对氨氮基质的需求，因此 AOB 之间产生了对氨氮的竞争，从而使得一些 AOB 遭到淘汰，而 3 个阶段共有的条

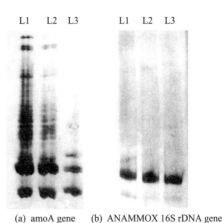

(a) amoA gene　　(b) ANAMMOX 16S rDNA gene

图 4-72　amoA 基因和 ANAMMOX 16S rDNA PCR 产物的 DGGE 图谱（样品 L1，L2，L3 分别取自试验运行第 30 天、第 80 天、第 143 天）

带代表那些同时适宜于在 3 个阶段中生存的菌种。相比于图 4-72（a），图 4-72（b）中 ANAMMOX 菌 16S rDNA 片段的 DGGE 图谱中条带较少，而且随着氨氮浓度的降低，图谱几乎没有变化，说明 CANON 反应器中，处于生物膜内部的 ANAMMOX 菌种类较少，群落组成比较稳定，进水氨氮浓度的降低，并没有使得 ANAMMOX 菌的种类发生很大改变。ANAMMOX 菌相比于 AOB 更加稳定的原因在于，ANAMMOX 菌的生长周期长，生长速率非常低，因此即使氨氮浓度发生变化，ANAMMOX 菌在多样性方面的变化也难以及时体现出来。ANAMMOX 相对于好氧氨氧化更加稳定，这也是 CANON 工艺能够在变基质条件下稳定运行，且保持较好去除效果的微观原因之一。

5. 小结

（1）将进水基质浓度降低至 100mg N/L，反应器成功并稳定运行 233d 之久，虽然期间低温（<15℃）和冲击负荷虽然对反应器的运行带来一定影响，但通过对运行参数的调控最终达到了稳定阶段，说明 CANON 工艺在常温（15～23℃）低基质下长期稳定运行的可能性，为今后生活污水 CANON 工艺的实现提供了良好的理论基础。

（2）DGGE 图谱表明不同阶段 AOB 的群落结构变化比较显著，多样性较低，而 ANAMMOX 菌种类较少，群落组成比较稳定。ANAMMOX 反应相对于好氧氨氧化反应更加稳定。

（3）pH 差值、碱度变化均能够在一定程度上宏观地反映反应器的处理效果，但 pH 差值具有更直观、更灵敏、更准确，且测量计算简便的优点，作为指示参数更适宜。

（4）温度作为一个重要的生化反应环境因素，和其他环境因子相互联系并共同对 CANON 系统内的微生物产生影响。但是微生物随着环境的变化有顽强的适应性，任何因

子在不同时期对系统的作用力会改变。该试验反应器在常温下启动，且长期处于 15～23℃条件下，已对温度产生了良好的适应性，去除效果较稳定，可见反应器在一定程度上具备了对温度的抗冲击性。

4.5.2　常温低基质限氧启动

目前，针对常温低氨氮废水的 CANON 工艺启动，国内外研究较少。本节试验利用相同反应器 Ⅰ、Ⅱ，在常温（15～23℃）低基质（<120mg/L）且不含有机碳源的条件下，通过对比试验，研究不同限氧策略及水质条件对于常温低氨氮条件下 CANON 启动特别是对于 ANAMMOX 菌富集作用的影响。反应器 Ⅰ、Ⅱ 的水质及运行条件见表 4-18、表 4-19 所列。

反应器 Ⅰ 运行条件　　　　　　　　　　　　　　表 4-18

阶段	时间	氨氮 (mgN/L)	$NO_2^- $-N (mgN/L)	$NO_3^- $-N (mgN/L)	曝气量 [m³/(m³·h)]	HRT (h)
Ⅰ	第 0～40 天	64～102	0～3	0～6	3.5～5.5	10
Ⅱ	第 41～120 天	80～120	120～145	3～10	2.9～3.1	5～10
Ⅲ	第 121～140 天	75～120	0～10	0～7	9.0～32.5	0.45～2.15

反应器 Ⅱ 运行条件　　　　　　　　　　　　　　表 4-19

阶段	时间	氨氮 (mgN/L)	$NO_2^- $-N (mgN/L)	$NO_3^- $-N (mgN/L)	曝气量 [m³/(m³·h)]	HRT (h)
Ⅰ	第 0～40 天	64～102	0～3	0～6	3.5～5.5	10
Ⅱ	第 41～162 天	40～117	50～150	0～10	0	3～10
Ⅲ	第 163～240 天	35～53	0～63	0～7	0～10.5	1～3

反应器 Ⅰ、Ⅱ 均由有机玻璃制成，试验装置及工艺流程如图 4-73 所示，内径 200mm，总高度 2000mm，总体积 40L。反应器内添加火山岩活性生物陶粒滤料。其内外平均孔隙率为 80%，粒径介于 6.0～8.0mm，实密度 1.60～1.80kg/m³，堆积密度 0.7～0.9kg/m³，装填高度为 1650mm，有效容积 18L。废水由反应器底部进入后，由上部出水口排出。反应器底部设有曝气装置，由转子流量计控制曝气量大小。试验在室温下进行，温度为 15～23℃。图 4-74 为反应器照片。

1. 好氧-间歇曝气-限氧启动反应器 Ⅰ

拟采用好氧-间歇曝气-限氧的方法启动反应器 Ⅰ，即采用连续曝气并控制一定溶解氧浓度的方法，驯化培养硝化细菌，构建以 AOB 和 NOB 为主导的微生物系统；之后，采用曝气-厌氧间歇运行的方式创造有利于 AOB 和 ANAMMOX 菌生存的微环境，快速富集 ANAMMOX 菌；最后在反应器达到稳定的 ANAMMOX 效果的基础上，持续限氧曝气，并逐步加大进水负荷，促使 AOB 和 ANAMMOX 菌生长，最终实现 CANON 工艺在常温低氨氮下的启动。

（1）好氧硝化启动

在好氧硝化阶段，选用 A²/O 活性污泥法污水厂的回流污泥作为接种污泥，因其存在着大量的硝化细菌，可有利于快速培养驯化硝化细菌。接种污泥投入生物滤池反应器后，

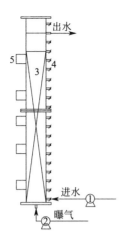

图 4-73　反应器Ⅰ、Ⅱ试验装置及工艺流程
1—进水泵；2—空气泵；3—火山岩填料；
4—取样口；5—取料口

图 4-74　反应器Ⅰ、Ⅱ试验
装置照片（文后彩图）

连续曝气并控制一定 DO 浓度，同时泵入含有氨氮的废水，进行硝化滤层的培养。控制曝气量为 $3.5\sim5.5\text{m}^3/(\text{m}^3\cdot\text{h})$，温度为 $15\sim19℃$，pH 为 $7.6\sim7.8$，HRT 为 10h 的运行条件下，经过 15d 反应器内均发现了明显的氨氮去除现象，一个月左右出水中的 $NO_3^-\text{-N}$ 占 TN 比例平均为 69.2%，氨氮去除负荷达到 $1.0\text{kgN}/(\text{m}^3\cdot\text{d})$ 以上，可以认为硝化阶段启动完成，历时 40d。

在此阶段 AOB、NOB 大量繁殖，逐渐在陶粒滤料吸附、生长，反应器内的生物量在短时间内达到较大数量，形成空间网状结构的生物膜，以 AOB 和 NOB 为主导的微生物系统构建成功，从而为后序 ANAMMOX 菌的生长提供良好的生态和栖息环境。

（2）间歇曝气厌氧氨氧化启动

通过好氧硝化阶段的培养，生物膜已经在滤料表面固着良好，而生物膜本身又具有外部好氧内部缺氧/厌氧的独特结构，正适宜于 AOB 与 ANAMMOX 菌的共存。因此，在这一阶段，系统采用曝气/停曝间歇方式运行，曝停比为 1∶1。试验中，在一天的 24h 内，12h 连续曝气，曝气量为 $2.9\sim3.1\text{m}^3/(\text{m}^3\cdot\text{h})$，之后 12h 停止曝气。并在此阶段用 $(NH_4)_2SO_4$、$NaNO_2$ 按照氨氮∶$NO_2^-\text{-N}=1∶1.3$ 配制试验原水，$NO_2^-\text{-N}$ 浓度为 $120\sim145\text{mg/L}$。其他控制条件为 pH 为 $7.8\sim8.0$，HRT 为 $5\sim10\text{h}$。试验运行结果如图 4-75 所示，第 $40\sim83$ 天反应器的去除负荷增长比较缓慢，第 83d 以后，TN 去除效果表现出较快的增长趋势，TN 去除负荷由 $0.30\text{kgN}/(\text{m}^3\cdot\text{d})$ 上升至 $1.10\text{kgN}/(\text{m}^3\cdot\text{d})$。反映 ANAMMOX 过程的特征参数 $NO_2^-\text{-N}$ 和氨氮损失之比（$\Delta NO_2^-\text{-N}/\Delta NH_4^+\text{-N}$）及硝酸氮生成量与氨氮消耗量之比（$\Delta NO_3^-\text{-N}/\Delta NH_4^+\text{-N}$）在第 83d 前杂乱无章，而第 90 天后二者则均趋向于稳定在某一数值。反应器出水 $\Delta NO_2^-\text{-N}/\Delta NH_4^+\text{-N}$ 平均值为 1.316，$\Delta NO_3^-\text{-N}/\Delta NH_4^+\text{-N}$ 平均值为 0.266，很接近 ANAMMOX 反应基质转化的理论比例（$\Delta NH_4^+\text{-N}∶\Delta NO_2^-\text{-N}∶\Delta NO_3^-\text{-N}=1∶1.32∶0.26$）。由此说明，生物膜内的优势种群的转变需要一个适应的过程，而一旦新优势菌种适应了新的生境，生长速率及自身活性便会

大幅提高，宏观表现为反应器的去除效果迅速增高。为进一步确定此阶段微生物的优势菌种，对反应器中部生物膜样品扫描电镜放大 5000 倍，得到如图 4-76 所示照片。根据国内外报道的典型 ANAMMOX 菌多为直径约 $1\mu m$ 的球形细菌，综合试验条件，可以推测图中所观察到的球形细菌为 ANAMMOX 菌，此外还有杆状菌、胞外多聚物和一定量的丝状菌存在，而球形细菌所占比例最大，为此阶段的优势菌种，说明 ANAMMOX 菌已经得到了一定的富集，成功实现了 ANAMMOX 的启动。

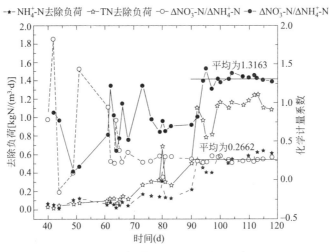

图 4-75　反应器 I $\Delta NO_2^- -N/\Delta NH_4^+ -N$、
$\Delta NO_3^- -N/\Delta NH_4^+ -N$ 及 TN 去除负荷

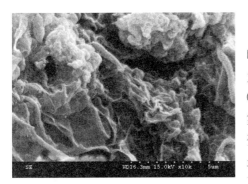

图 4-76　反应器 I 厌氧氨氧化
启动阶段电镜扫描

（3）全程自养脱氮的启动

本阶段进水中不再投加 $NO_2^- -N$，全程限氧曝气。曝气量为 $9.0 \sim 32.5 m^3/(m^3 \cdot h)$，温度为 $19 \sim 21℃$，pH 为 $7.95 \sim 8.10$，HRT 为 $0.45 \sim 2.15 h$。图 4-77 为 CANON 启动阶段氨氮、TN 去除效果与 $\Delta NO_3^- -N/\Delta NH_4^+ -N$ 比值变化，可以看出反应器经过 20 多天后脱氮效果呈现出了明显的升高趋势，TN 去除负荷稳定在 $1.00 kgN/(m^3 \cdot d)$ 以上，反映 CANON 过程的 $\Delta NO_3^- -N/\Delta NH_4^+ -N$ 的平均值为 0.20，与 CANON 反应基质转化比率 $\Delta NO_3^- -N/\Delta NH_4^+ -N=0.11$ 相

比还是偏大（参见全程自氧脱氮反应式：$NH_3 + 0.85O_2 \longrightarrow 0.11NO_3^- + 0.44N_2 + 0.14H^+ + 1.43H_2O$），表明反应器中 NOB 菌有一定活性，但 0.20 的比值持续稳定，波动不大，说明反应器内已经初步建立了较稳定的 CANON 反应系统，生物膜内的 ANAMMOX 菌与 AOB 之间也形成了平衡的协同代谢关系，实现了反应器的 CANON 启动，共历时 140d。

在现有技术条件下，CANON 工艺的启动时间一般需要 $150 \sim 300 d$，并且多在高温或者高氨氮条件下进行。因此，本方法是一种行之有效的在常温低氨氮污水条件下快速启动

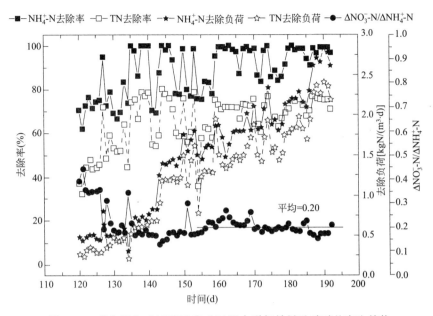

图 4-77　反应器 I CANON 启动过程中脱氮效果及硝酸盐产生趋势

CANON 工艺的方法。反应器在之后稳定运行，系统的氨氮去除率和 TN 去除率最高分别达到 90% 和 75% 以上，平均 TN 去除负荷达到了 1.75kgN/(m³ · d)，最高达到 2.41kgN/(m³ · d)。

实现稳定的全程自养脱氮的关键在于曝气量的控制。因而，在全程自养脱氮启动阶段，要通过限氧的控制，不能使 DO 过大或者过小。DO 过大会抑制 ANAMMOX 菌的生长繁殖，过小会使 AOB 活性降低，好氧氨氧化反应进行不充分，$NO_2^- -N$ 生成少，进而影响到了以 $NO_2^- -N$ 为基质的 ANAMMOX 反应的进行。因此，适宜的曝气量既能够为生物膜外层的 AOB 提供良好的生存环境，又不会影响内层 ANAMMOX 菌的活性，并且淘汰 NOB 菌，保证 TN 的去除效果。

2. 好氧-厌氧-限氧启动反应器 II

反应器 II 在好氧硝化启动阶段与反应器 I 采用相同的方式，两者基本同一时间完成硝化生物膜的培养后进入了厌氧氨氧化的启动阶段。在这一阶段，反应器 II 停止曝气，不经间歇曝气过程而直接采用常规的厌氧启动方法。启动过程中氮素去除率、去除负荷变化及 $\Delta NO_2^- -N/\Delta NH_4^+ -N$ 比值如图 4-78 所示。

第 40～143 天反应器进水氨氮浓度为 100mgN/L，并按照适合的比例投加 $NO_2^- -N$。开始反应器处于生物生长迟滞期，虽表现出了一定的氨氮和 $NO_2^- -N$ 去除能力，但是去除比例杂乱无章，去除效果较低。第 143d 以后，将进水氨氮浓度降低至 50mgN/L，去除效果迅速上升，并且伴随着夏季温度的升高，微生物进入快速增长期，使氨氮及 $NO_2^- -N$ 去除率均一直保持在 90% 以上，TN 去除率平均为 75% 以上，但是去除负荷较低。第 145d 以后随着进水负荷的增加，TN 去除负荷也由 0.42kgN/(m³ · d) 增长至 1.80kgN/(m³ · d)。$\Delta NO_2^- -N/\Delta NH_4^+ -N$ 比值趋于稳定，平均值为 1.2861，与理论相近。然而阶段末期，进水氨氮负荷升至 1.25kgN/(m³ · d)，TN 去除负荷渐增并稳定在一定水平；而去除率不升反而下降，说明 1.25kgN/(m³ · d) 这样的进水负荷已经达到了该生化反应环境的

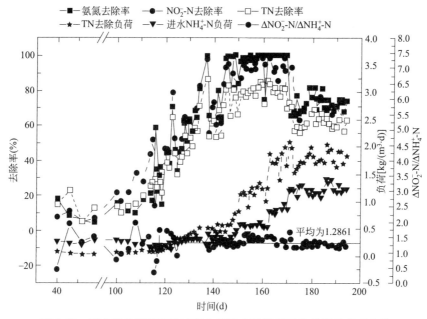

图 4-78　反应器 II 厌氧启动过程中氮素去除效果及化学计量关系变化

极限。

之后，将进水 NO_2^--N 浓度按 60.7mg/L、49.0mg/L、31.0mg/L、15.0mg/L、0.94mg/L 梯度递减至 0。同时开始曝气，并且随着 NO_2^--N 浓度梯度的降低，曝气量随之梯度提高，这样在 5 个梯度中都维持进水氨氮浓度 35～53mg/L 不变，每一梯度下运行 7～10d。最终通过限氧曝气运行，反应器 II 启动成功但时间较反应器 I 晚近 3 个月。

3. 不同启动方式的对比分析

通过对比厌氧氨氧化不同启动方式发现，反应器 I 的启动方案优于反应器 II，提前一个多月实现了 ANAMMOX 菌的富集，从而为 CANON 体系的形成起到了良好的过渡作用。图 4-79 所示为运行第 202 天的反应器 I 与反应器 II 的外观效果图。右侧反应器 I 内滤砂已呈红褐色，左侧反应器 II 滤砂尚为黑褐色。

图 4-79　第 202 天反应器 I、II 外观效果图（文后彩图）

分析启动所用时间不同的原因可能是：反应器 I 在间歇曝气/停曝这样的模式下，夜间进水符合 ANAMMOX 反应所需的基质浓度比例，ANAMMOX 菌得到充足的代谢底物和良好的生存环境而快速生长繁殖；白天，在不投加 NO_2^--N、少量曝气即低 DO 的条件下，ANAMMOX 菌又可以与 AOB 共同存在，互惠互利，AOB 为 ANAMMOX 菌提供底物，而 ANAMMOX 菌消耗 NO_2^--N 又可解除 NO_2^--N 对 AOB 生长代谢的抑制作用。这样不断循环往复，随着曝气量的不断增大，AOB 的增殖速度加快，生物膜越来越厚，而较厚的生物膜对于氧气的消耗作用又使得膜内层 ANAMMOX 反应能够顺利进行。比较之下，对于原本生长速率较慢的 ANAMMOX 菌来说，在常温低基质浓度的条件下，反应器 II 所采用的持续厌氧的方式显然需要更长的时间才能实现稳定的

ANAMMOX 反应。

此外，从试验中还可以观察到，间歇曝气/停曝的启动方式对环境温度的依赖性不大，在常温的条件下选择此方法更有利。而持续厌氧的富集方式在夏季到来温度上升后才表现出较快的生长速率，显然受温度影响更大一些。

4. 小结

（1）CANON 反应器 I 在以火山岩为填料，温度为 15～23℃，进水氨氮浓度小于120mg/L，pH 在 7.60～8.10 的条件下，通过接种硝化污泥，经过 140d 的运行，快速成功启动了 CANON 工艺，并获得了高效的脱氮效果，其 TN 去除负荷平均值达到1.75kgN/($m^3 \cdot$ d)，最高达到 2.41kgN/($m^3 \cdot$ d)，运行效果稳定。反应器 II 采用持续厌氧的方式对 ANAMMOX 菌进行富集培养，启动成功时间较反应器 I 晚近 3 个月。

（2）快速启动 CANON 生物滤池的步骤为：曝气好氧硝化阶段→间歇曝气/停曝过渡阶段→连续限氧曝气阶段。间歇曝气/停曝的过渡方式较常规的持续厌氧条件更能够达到快速富集 ANAMMOX 菌的目的，从而缩短了 CANON 工艺的启动时间。

4.6 MBR-CANON 研究

现阶段对 CANON 工艺的研究多在生物膜反应器或 SBR 中进行。但生物膜法的堵塞问题一直无法有效解决，而 SBR 污泥易流失，导致生物量减少，去除负荷低，且由于AOB 和 ANAMMOX 菌均是自养菌，生长缓慢，尤其是 ANAMMOX 菌，倍增时间为11d，导致 CANON 工艺启动时间长。因此寻找合适的反应器类型对 CANON 工艺的启动及稳定运行意义重大。膜生物反应器（MBR）依靠膜渗透原理，将所有微生物截留在反应器内部，可防止污泥流失，提高反应器内生物浓度，特别适用于 AOB 菌和ANAMMOX 菌这类生长缓慢，倍增时间长的微生物的生长。因此，若将 MBR 应用于CANON 工艺可以有效解决污泥流失，处理负荷低等问题，从而加快启动时间。

4.6.1 常温 MBR-CANON 的快速启动及功能微生物种群特征

目前，国内外关于 CANON 工艺的启动主要分为 2 种方法：①在 ANAMMOX 反应器中接种硝化污泥并提供微曝气以便形成微好氧的条件；②以限氧方式运行硝化反应器达到 ANAMMOX 反应需要的氨氮和 NO_2^--N 之比，然后加入 ANAMMOX 污泥。可以看出接种污泥大多采用具有某种活性的特种污泥，而这些污泥相对稀缺，不易获得且价格昂贵，相比之下普通活性污泥分布广泛，容易得到且价格低廉。因此，若能以普通活性污泥为种泥来启动 CANON，可以说是为该工艺的启动提供了既方便又经济的污泥源。

因此，本研究在常温条件下，接种普通活性污泥，采用 MBR 反应器，以间歇运行方式启动 CANON，同时通过 PCR-DGGE、克隆等分子生物学技术研究反应器内功能微生物的种群特征，以期为缩短 CANON 工艺的启动时间和微生物特性提供理论依据。

1. 试验装置与方法

试验装置采用有机玻璃制成的圆柱形 MBR 反应器，如图 4-80 所示。圆柱内径 13cm，高度 40cm，有效容积 3L，内置聚偏氟乙烯（PVDF）中空纤维膜组件，膜孔径为0.1μm，有效膜面积为 0.2m^2，膜通量 36L/h。反应器底部设置曝气盘，采用鼓风曝气，曝气量由转子流量计控制，中间设有搅拌机，用于基质和 O_2 均匀扩散，外部设置水浴套筒，由温度控制仪控制反应器内温度。

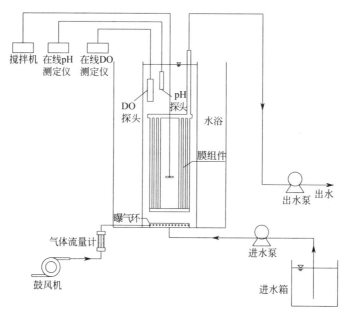

图 4-80　试验装置示意图

试验接种污泥取自北京市某污水处理厂普通活性污泥。接种前，污泥先经自来水和蒸馏水各清洗 3 遍，去除其中的杂质，之后种接至 MBR 反应器内。接种时 MLSS 为 12.9g/L，MLVSS 为 10.6g/L，接种量为 1L。

试验用水采用人工配水，分别以（NH_4）$_2SO_4$ 和 $NaHCO_3$ 作为氨氮和碱度的来源，氨氮浓度和碱度固定不变。进水中额外添加 $MgSO_4 \cdot 5H_2O$、$CaCl_2$、KH_2PO_4 和营养液 Ⅰ、Ⅱ作为营养物质，营养液 Ⅰ 包括 EDTA 5000mg/L 和 $FeSO_4$ 5000mg/L。营养液 Ⅱ 包括 EDTA 15000mg/L、$ZnSO_4 \cdot 7H_2O$ 430mg/L、$CoCl_2 \cdot 6H_2O$ 240mg/L、$MnCl_2 \cdot 4H_2O$ 990mg/L、$CuSO_4 \cdot 5H_2O$ 250mg/L、$Na_2MoO_4 \cdot 2H_2O$ 220mg/L、$NiCl_2 \cdot 6H_2O$ 190mg/L、$Na_2SeO_4 \cdot 10H_2O$ 210mg/L 和 H_3BO_4 14mg/L。试验用水水质见表 4-20 所列。

试验用水水质　　　　　　　　　　　　　　　　　表 4-20

水质指标	单位	数值
氨氮	mg/L	200
碱度（以 $CaCO_3$ 计）	mg/L	1600~2000
$MgSO_4 \cdot 5H_2O$	mg/L	72.7
$CaCl_2$	mg/L	36.4
KH_2PO_4	mg/L	36.4
营养液 Ⅰ	mL/L	1
营养液 Ⅱ	mL/L	1

试验在常温下（23~25℃）采用间歇运行方式，每个周期包括：瞬时进水，曝气反

应，曝气完成后，膜抽吸出水。换水比 83.3%，一个周期完成后进入下一个周期。CANON 工艺的启动采用先启动亚硝化富集 AOB，再限氧富集 ANAMMOX，启动 CAN-ON。试验主要分为 3 个阶段：阶段Ⅰ，亚硝化启动；阶段Ⅱ，CANON 工艺启动；阶段Ⅲ，CANON 工艺负荷提高。不同阶段主要运行条件见表 4-21 所列。

不同阶段主要运行条件 表 4-21

阶段	时间(d)	曝气时间 (h)	O₂ (mL/min)	碱度 (mg/L)	氨氮 (mg/L)
Ⅰ	第 1~6	5	0.3	1600	200
	第 7~30	7	0.3		200
Ⅱ	第 31~45	9	0.2	1600	200
Ⅲ	第 46~55	10	0.2	2000	200
	第 56~76	9	0.2		200

2. 分析项目与方法

氨氮、$NO_2^- $-N、$NO_3^- $-N、MLSS、MLVSS 等指标均采用国家规定的标准方法测定，$NO_2^- $-N 积累率可按式（4-13）式计算，DO、pH 及温度测定分别采用 EUTECH DO2000PPG 多功能溶解氧在线测定仪、WTW pH296 型在线测定仪。

$$亚硝化率 = \frac{出水\ NO_2^- -N}{出水\ NO_2^- -N + 出水\ NO_3^- -N} \times 100\% \tag{4-13}$$

3. DNA 提取，PCR-DGGE，克隆和测序

（1）基因组 DNA 的提取

在 CANON 工艺的稳定期，从 MBR 反应器内采集混合液。用 UNIQ-10 柱式细菌基因组 DNA 抽提试剂盒（上海生工）提取基因组 DNA，具体操作按说明书进行。所提取的基因组 DNA 用 0.8wt% 的琼脂糖凝胶电泳检测，以备 PCR 用。

（2）PCR 扩增及 DGGE 电泳

采用巢式 PCR 方法，分别扩增 β-proteobacteria 菌门的 AOB，Planctomycetales 菌门的 ANAMMOX 菌。为扩增 AOB 的 16S rDNA，第一轮扩增使用 CTO189fA/B 和 CTO189fC 混合引物（体积比 2:1）作为正向引物，反向引物采用 CTO654r。之后以第一轮 PCR 扩增产物为模板，使用通用引物对 F338（带 GC 夹）/R518，进行第二轮 PCR 扩增。对于 ANAMMOX菌的特异性片段的扩增，第一轮先以引物对 Pla46F/630R 进行浮霉球菌扩增。之后以第一轮 PCR 扩增产物为模板，使用引物对 Amx368f（带 GC 夹）/Amx820r，进行第二轮 PCR 扩增。PCR 反应体系为 25μL，其中包含 2.5μL 10×ExTaq buffer（Mg²⁺ Plus），2.0μLDNTP，1.0μLBSA，1.0μL 引物，0.125μL，TaKaRa Ex Taq 酶，模板 DNA 约 1.0ng，用无菌水补齐至 25μL。引物碱基序列及反应条件见表4-22所列。

PCR 常用引物对应程序 表 4-22

引物	碱基序列	$T(℃)$-t(min)					
F338（GC）	ACTCCTACGGGAGGCAG	94-5	94-2/3	55-2/3	72-1	72-7	4-∞
R518	ATTACCGCGGCGCTGG						

引物	碱基序列	$T(℃)\text{-}t(\text{min})$					
CTO189fA/B	GGAGRAAAGCAGGGGATCG	94-5	92-1/2	57-3/4	72-3/4	72-5	4-∞
CTO189fC	GGAGGAAAGTAGGGGATCG						
CTO654r	CTAGCYTTGTAGTTTCAAACGC						
Pla46F	GGATTAGGCATGCAAGTC	94-5	94-2/3	55-2/3	72-1	72-7	4-∞
630R	CAKAAAGGAGGTGATCC						
Amx368f(GC)	CCTTTCGGGCATTGCGAA	94-5	94-1	51-1	72-3/2	72-10	4-∞
Amx820r	AAAACCCCTCTACTTAGTGCCC						

PCR 扩增产物用 1.5wt％（质量分数）的琼脂糖凝胶进行电泳检测。采用 Sanprep 柱式 DNA 胶回收试剂盒（上海生工）进行 PCR 产物的纯化回收，具体操作按说明书进行。对 PCR 产物进行 DGGE 分析：聚丙烯酰胺质量分数 8wt％，变性梯度为 30％～60％，电压 120V，电泳时间 5h，电泳在 Dcode Universal Mutation Detection System 仪器上进行。电泳结束后用 Bassam 等的方法对凝胶进行银染，并对凝胶拍照。

（3）克隆和测序

切取 DGGE 图谱中的目的条带溶于 150μLTE（pH 8.0）溶液中，4℃过夜，以此为模板，以不含 GC 夹的引物进行 PCR 扩增，并对 PCR 产物进行纯化。按照 pMD19-T plasmid vector system 说明书进行基因片段与载体的连接后，转化到大肠杆菌 DH5α 感受态细胞中，通过蓝白斑法筛选阳性克隆子，过夜培养后进行测序。采用 BLAST 对测序结果和基因库中已知序列进行相似性分析。并将所获得的序列提交至 Gentbank，授权序列号为：KF171345～KF171352（AOB），KF442618～ KF442619（ANAMMOX）。

4. 结果与讨论

（1）亚硝化的启动及稳定运行

亚硝化的实现是成功启动 CANON 的基础，该阶段的目的是富集 AOB 并抑制 NOB 的活性。此阶段以限氧方式启动亚硝化，初始进水氨氮浓度为 200mg/L，曝气量为 0.3L/min，DO 为 0.3mg/L，曝气时间为 5h。反应器的运行性能如图 4-81 所示。由于 NOB 的活性已经受到抑制，不能及时氧化 $NO_2^-\text{-N}$，从而造成了亚硝化率在 30％左右。在前 6d 亚硝化率整体呈上升趋势，第 6 天时亚硝化率达到 50％左右，认为亚硝化启动成功。但是在第 5 天和第 6 天的氨氮去除率有所波动且较低，分析原因可能是供氧不足造成的，所以第 7 天曝气时间由原来的 5h 延长为 7h，使更多的氨氮被氧化，提高氨氮去除率。曝气时间延长后，DO 为 0.3mg/L，氨氮去除率提高并持续上升，到第 25 天达到 70％左右，此后至第 30 天稳定在 75％左右。亚硝化率也一直升高，最终稳定在 90％左右，TN 去除率维持在 2％（TN 损失造成）。因为启动亚硝化的目的是为了启动 CANON，因此亚硝化率无需上升并稳定在 95％以上。而且，氨氮去除率也没有必要达到 100％，反应器内留有氨氮既可以抑制 NOB 还可以为 ANAMMOX 菌快速提供基质。

亚硝化快速启动并稳定运行的主要原因是：①DO 控制得当。AOB 氧饱和常数为 0.2～0.4mg/L，NOB 为 1.2～1.5mg/L，本研究中 DO 控制在 0.3mg/L，有效地抑制了

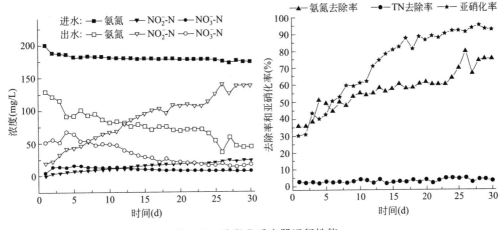

图 4-81　阶段 I 反应器运行性能

NOB 的活性。②残留氨氮的影响。反应器内一直残留部分氨氮，也可以抑制 NOB 的活性，从而使 AOB 快速富集，成功启动了亚硝化。

（2）CANON 工艺的启动及稳定运行

反应器运行至第 31 天，降低 DO，启动 CANON。曝气量由 0.3L/min 下降到 0.2L/min，DO 在 0.15～0.2mg/L，曝气时间延长为 9h。从图 4-82 可知：此阶段氨氮去除率在经过 3d 的平缓期后持续上升并稳定在 80% 左右，亚硝化率下降并稳定在 73% 左右，反应器内开始出现明显的 TN 损失现象，TN 去除率和 TN 去除负荷最高分别为 35% 和 0.22kgN/(m³·d)。出水 NO_2^--N 浓度急剧下降，氨氮浓度不断减少，NO_3^--N 浓度增长缓慢，并且 TN 去除率迅速上升。这就表明反应器内发生了 ANAMMOX 反应。ANAMMOX 菌将氨氮和 NO_2^--N 转化为 N_2 和少量 ΔNO_3^--N。并且图中显示 ΔNO_3^--N/ΔNH_4^+-N 比值已接近于 0.11，更进一步论证了反应器内建立了 CANON 反应。从图中还可以看出降低 DO 后，仅经过 1d 就出现了氮去除现象，说明前期活性污泥中含有 ANAMMOX 菌，之所以没有表现活性，是受外界条件（基质、DO 等）和自身的影响。Strous 等人的研究表明 ANAMMOX 菌细胞浓度 $>10^{10}\sim10^{11}$ 个/mL 时活性才能显现出来。本研究中，调节 DO 后，ANAMMOX 菌立即显现出来。同时氨氮去除率和 TN 去除率在第 31～34 天较后面几天增势缓慢，说明 CANON 启动初期，ANAMMOX 菌活性较低，随着反应的进行，ANAMMOX 菌逐渐适应，后期活性不断提高。在第 36 天时，TN 去除负荷达到 0.1KgN/(m³·d) 以上，认为 CANON 工艺启动成功，图中显示，本研究在常温下仅经历 36d 就完成了 MBR 内 CANON 工艺的启动。本研究仅接种普通活性污泥，就能在短时间成功启动 CANON，说明利用 MBR 反应器可以缩短 CANON 工艺的启动时间。不同研究者 CANON 反应器启动时间见表 4-23 所列。

CANON 反应器启动时间总结　　　　　　　　　　　　　　　　　表 4-23

反应器	温度（℃）	接种污泥	启动时间（d）
生物膜	37	亚硝化污泥	50
生物膜	37	ANAMMOX 污泥	＞100
MABR	—	硝化污泥＋ANAMMOX 污泥	81

续表

反应器	温度(℃)	接种污泥	启动时间(d)
SBR	30	ANAMMOX+硝化污泥	＞98
SBR	30	ANAMMOX 污泥	70
SBR	—	硝化污泥+ANAMMOX 污泥	35
RBC	29	OLAND	100

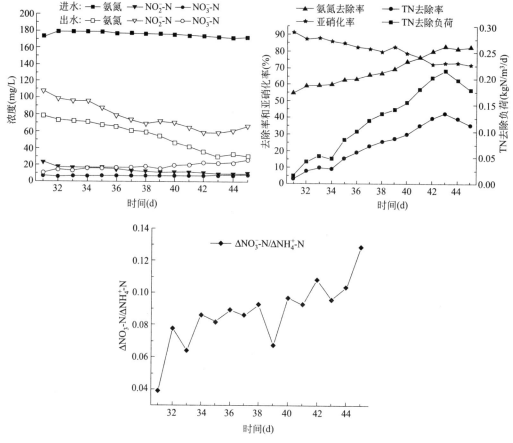

图 4-82　阶段 II 反应器运行性能

CANON 工艺快速启动的原因分析如下：①反应器内较低的 DO。在保证 AOB 需氧量的前提下，低 DO 会有效地抑制 NOB，并且对 ANAMMOX 菌的影响较小，有利于富集 AOB 和 ANAMMOX 菌；②较高的氨氮浓度有利于 AOB 和 ANAMMOX 菌的生长，同时亚硝化启动后，残存的氨氮及生成的 NO_2^--N 也会诱导 ANAMMOX 菌的活性；③由于膜的抽吸作用，使膜丝表面附着少量活性污泥逐渐形成泥饼层且由于氧传质限制，在泥饼层内部会形成局部缺氧微环境，有利于 ANAMMOX 菌的生长繁殖；④因 MBR 反应器能有效地进行固液分离，将全部污泥截留在反应器内，没有污泥流失，从而使反应器内微生物数量不断增多，特别适用于 AOB 和 ANAMMOX 菌的生长繁殖。这一点是其他反应器不具备的，也是最关键的一点。

（3）提高 CANON 工艺去除负荷

阶段Ⅲ为 CANON 工艺负荷提高阶段。阶段Ⅱ完成后，氨氮和 NO_2^--N 还有一定量的剩余，为进一步降低出水氨氮浓度，提高 TN 去除率，将曝气时间延长为 10h。从图 4-83 中可以看出氨氮去除率和 TN 去除率迅速上升，直至第 55 天分别为 99.78% 和 69.04%，这说明延长曝气时间，能够使更多的氨氮被氧化，同时 ANAMMOX 菌活性也没有受到抑制。此时出水中氨氮浓度几乎为 0，但还残留 NO_2^--N，说明 ANAMMOX 菌活性有待提高。Jiachun Yang 等通过研究证明在 ANAMMOX 工艺中添加足够的无机碳浓度可以提高 TN 去除负荷。为此将碱度由 1600mg/L 提高到 2000mg/L，并将曝气时间缩短至 9h，减少 AOB 氧化氨氮的量，留给 ANAMMOX 菌作为其必要的代谢基质，提高其活性。之后出水氨氮浓度虽有短暂升高，但后来一直降低。第 59 天再次降低到 0 左右并维持稳定。出水 NO_2^--N 呈下降趋势，最终接近 0。第 56~76 天，氨氮去除率和 TN 去除率分别稳定在 99%、84% 左右。ΔNO_3^--N/ΔNH_4^+-N 比值及 ΔNO_3^--N/ΔTN 比值分别稳定在 0.12 和 0.14，接近于 0.11 和 0.127。TN 去除负荷最高可达 0.41kgN/(m³·d)，平均 TN 去除负荷为 0.38kgN/(m³·d)。表明 MBR 反应器内高效稳定的 CANON 工艺已经实现。

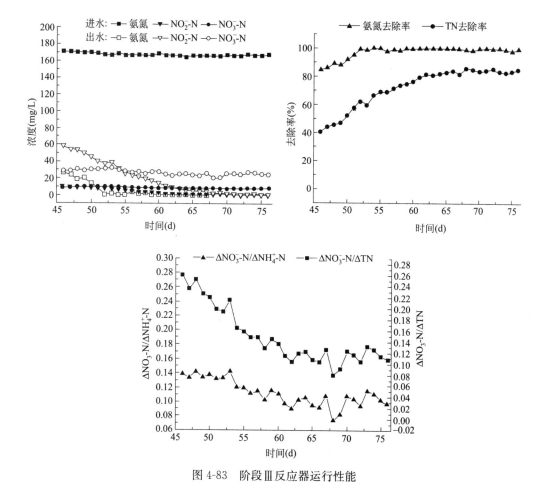

图 4-83 阶段Ⅲ反应器运行性能

（4）DGGE 分析

图 4-84 为 CANON 工艺稳定期 AOB 和 ANAMMOX 菌的 DGGE 图谱。从图 4-84（a）中可以看出，AOB 有 8 个条带（1～8），说明反应器内 AOB 种类还是较多的。对这 8 条主要条带进行切割、溶解、回收、扩增，通过对 DNA 序列测序分析表明所有的 AOB 均属于 β-proteobacteria（表 4-24），它们与 Nitrosomonas 的相似度都在 97% 及以上，表明 Nitrosomonas 是反应器内的优势菌种，且较稳定，这与 Thomas F. Ducey 等的研究是一致的。并且 Liu, S. T. 等认为 Nitrosomonas 相对于 Nitrosospira 更适于在 CANON 反应器中生长，而 TAO L 等也发现 Nitrosomonas 是许多水生态系统中最常见的 AOB 类型。

图 4-84（b）显示，ANAMMOX 有 2 个条带，均属于 Planctomycetia（表 4-24），其中条带 9 与 Candidatus Kueneniastuttgartiensis 的相似度高达 99%，条带 10 与 anaerobic ammonium-oxidizing planctomycete 的相似度也高达 99%，这与 Jing X 等的研究结果是一致的。研究表明 Candidatus Kuenenia stuttgartiensis 是一种存在于淡水环境中的 ANAMMOX，而且在污水脱氮系统中常见。DGGE 图谱显示，本研究中 Nitrosomonas 和 Candidatus Kueneniastuttgartiensis 是 CANON 反应器内的优势菌种，共同完成脱氮过程。

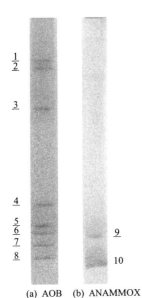

（a）AOB　（b）ANAMMOX

图 4-84　CANON 工艺稳定期 AOB 和 ANAMMOX 的 DGGE 图谱

DGGE 条带上 AOB 和 ANAMMOX 的 DNA 序列比对结果　　表 4-24

条带	最相似菌属	相似度	登录号	所属细菌类群	授权号
1	Nitrosomonasoligotropha	97%	AY1238111	Betaproteobacteria	KF171345
2	Nitrosomonas sp.	99%	HF6783781	Betaproteobacteria	KF171346
3	Nitrosomonaseuropaea	99%	NR_0747741	Betaproteobacteria	KF171347
4	Nitrosomonas sp.	99%	AY1238111	Betaproteobacteria	KF171348
5	Nitrosomonas sp.	99%	HF6783781	Betaproteobacteria	KF171349
6	Nitrosomonas sp.	99%	HF6783781	Betaproteobacteria	KF171350
7	Nitrosomonaseuropaea	99%	GQ4517131	Betaproteobacteria	KF171351
8	Nitrosomonasoligotropha	99%	FR8284781	Betaproteobacteria	KF171352
9	Candidatus Kueneniastuttgartiensis	99%	CT5730711	Planctomycetia	KF442618
10	anaerobic ammonium-oxidizing planctomycete	99%	AJ2508821	Planctomycetia	KF442619

5. 结论

（1）在限氧条件下，通过调整曝气量来控制 DO 为 0.3mg/L，经过 6d 亚硝化率达到 50% 左右，亚硝化启动成功。之后 DO 降低至 0.15～0.2mg/L，由亚硝化向 CANON 工艺转变，经历 36d 实现了 MBR CANON 工艺的启动。

（2）通过调整曝气时间和添加无机碳源提高氮去除负荷，经过 76d 后 TN 去除负荷最高可达 0.41kgN/(m^3 · d)，平均 TN 去除负荷为 0.38kgN/(m^3 · d)，实现了 MBR 内 CANON 工艺的高效稳定运行。

（3）DGGE 图谱显示在 CANON 工艺稳定期，*Nitrosomonas* 和 *Candidatus Kuenenia stuttgartiensis* 是反应器内的优势菌种，共同完成脱氮过程。

4.6.2　MBR-SNAD 处理效能及微生物特征

CANON 是近年来在厌氧氨氧化反应的基础上发展起来的，该工艺将亚硝化反应和厌氧氨氧化反应结合在同一个反应器中，在单一系统内完成 TN 的去除。CANON 工艺的最大 TN 去除率仅为 89%，无法实现完全脱氮。此外，该工艺完全不消耗 COD，而不含任何 COD 的废水几乎是没有的。因此，在 CANON 工艺的基础上，提出了同步亚硝化厌氧氨氧化反硝化（simultaneous partial nitrification，ANAMMOX and denitrification，SNAD）工艺。该工艺将反硝化与 CANON 工艺耦合，去除 CANON 反应生成的 NO_3^--N，同时消耗一部分 COD，实现碳氮的同时去除。SNAD 工艺已经在几个处理高温高氨氮废水的实验室系统中得到成功应用，目前关于低氨氮废水的研究还较少，尤其是生活污水的研究未见报道。本节在 MBR 反应器内首先启动了 CANON 工艺，之后通过逐渐加入 COD 转变为 SNAD 工艺，在其稳定运行后逐步引入生活污水，考察了常温下 MBR-SNAD 工艺应用于实际生活污水处理的可行性及系统内的脱氮路径，利用克隆-测序技术分析了处理生活污水的 MBR 系统内的微生物特征，以期为该工艺的应用提供技术指导。

1. 实验装置与方法

（1）实验装置

MBR 反应器装置如图 4-85 所示。反应器高 40cm，内径 13cm，有效体积 3L。内部放置聚偏氟乙烯中空纤维膜组件（厦门，鲲扬），膜孔径 0.1μm，有效面积 0.2m^2，膜清水通量 36L/h。反应器底部设曝气环供氧，内部设机械搅拌器混合泥水。连续进水的同时，通过蠕动泵经由膜丝连续抽吸出水。整个反应器置于直径 30cm 的水浴中，保证恒温 25℃ 运行。实验过程中曝气量为 0.4L/min 左右，DO 为 0.15mg/L，HRT 为 3.0~3.1h。

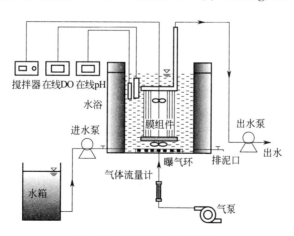

图 4-85　MBR 反应器原理图

（2）实验用水

首先以 1/2 生活污水加 1/2 配水为试验原水，其中配水中以（NH4）2SO4、NaHCO3 及葡萄糖为主要基质，并添加少量 KH2PO4、MgSO4·H2O、无水 CaCl2 及微量元素溶液，配水中氨氮浓度为 100mg/L，COD 为 400mg/L。运行 1 个月之后，将进水改为全部生活污水。该生活污水取自某家属区化粪池沉淀后废水，实验期间生活污水水质见表 4-25 所列。

实验期间生活污水水质　　　　　　　　　　　　　　表 4-25

COD （mg/L）	碱度 （mg/L）	氨氮 （mg/L）	NO_2^--N （mg/L）	NO_3^--N （mg/L）	浊度 （NTU）
192.1～370.1	304.3～638.6	81.1～96.9	0～0.7	0～1.3	14.1～145

（3）分析方法

氨氮：纳氏试剂分光光度法。NO_2^--N：N-(1-萘基)-乙二胺分光光度法。NO_3^--N：紫外分光光度法。COD：5B-3B 型 COD 快速测定仪。碱度：ZDJ-2D 电位滴定仪。DO、pH、温度：WTW 多电极测定仪。

（4）DNA 提取和克隆测序

在实验的最后 1 天从反应器中取污泥，利用 DNA 提取试剂盒（上海生工）根据说明书步骤提取基因组 DNA，提取出的 DNA 在 0.8% 的琼脂糖凝胶中电泳检测，以检查纯度及长度是否正确。之后利用纯化试剂盒对 DNA 进行纯化，以去除蛋白质等杂质。对纯化后的 DNA 采用正义引物 27F（5′-AGAGTTTGATCCTGGCTCAG-3′）和反义引物 1492R（5′-GGTTACCTTGTTACGACTT-3′）进行基因组 16SrRNA 的扩增。PCR 扩增条件如下：94℃，5min；35 个循环（94℃，30s；55℃，40 s；72℃，90s）；72℃，8min。之后利用纯化试剂盒（上海生工）将 PCR 产物纯化回收，采用 pMD19-T 克隆系统进行克隆，克隆子送至上海生工公司在 ABI3730 系统上进行测序。共测得 22 个有效序列，有效序列采用 BLAST 工具与 GenBank 数据库中的注册序列进行比对。

2. 结果与讨论

（1）生活污水污染物的同时高效去除

在稳定运行的 MBR-SNAD 系统，第 1 阶段（第 6～37 天）首先加入 1/2 的生活污水及 1/2 的人工配水，第 2 阶段（第 38～96 天）则改为全部生活污水，TN 去除效果如图 4-86 所示。在反应器引入 1/2 生活污水后，出水氨氮最初几天升高，这可能是由于生活污水中存在的有机物、表面活性剂等，使得微生物不能很快适应水质的变化。同时，TN 去除率和 TN 去除负荷也有一定程度的下降。然而，生活污水的引入并没有对该系统造成太大的冲击，TN 去除负荷很快开始升高，而且一直呈现升高的趋势。运行 1 个月时 TN 去除负荷基本稳定，出水 NO_2^--N 和 NO_3^--N 几乎均检测不到。这些结果表明，反应器里亚硝化、ANAMMOX 和反硝化很好地完成了相互适应的过程，在同一个系统内协同合作，实现了异养脱氮与自养脱氮的耦合。1 个月后，将进水改为全部生活污水，进水氨氮浓度波动较大，然而在 2 个月的运行期间，反应器均能够保持较高的 TN 去除负荷，基本稳定在 0.65kgN/(m³·d)，TN 去除率稳定在 93.3%，TN 去除率远远高于 CANON 工艺的理论最高去除率，出水氨氮也小于 5mg/L，能够达到城市污水一级 A 排放标准。这说明将生活污水引入 CANON 工艺，实现了反硝化与 CANON 工艺的耦合，即 SNAD 工艺，能够提高 TN 去除率，进一步增强脱氮效果。

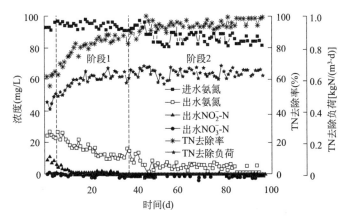

图 4-86 生活污水中 TN 去除效果

COD 的去除效果如图 4-87 所示，生活污水 COD 在 300mg/L 左右，质量浓度波动较大，但是出水 COD 一般能保持在 50mg/L 以下，达到城市污水厂的一级 A 出水要求，COD 去除率最终稳定在 87.2% 左右。SNAD 最大的优势是能够利用 COD 反硝化 CANON 反应产生的 NO_3^--N，既能提高 TN 的去除率，又能减少降解 COD 消耗的 DO。在一个反应器中同时实现了 COD 和 TN 的高效去除，TN 去除率稳定在 93.3%，且不需要外加任何物质，具有良好的发展前景。由图 4-88 可知，该系统对 SS 具有很好的去除能力，进水浊度在 14.1～145 NTU 波动，而出水浊度一直保持在 1 NTU 以下。这是由于膜组件的高效过滤作用，膜孔径为 0.1μm，绝大部分 SS 均得到有效去除。在城市污水厂中，一般先设初沉池对 SS 进行去除，再进行生物反应。本实验中，利用配水桶对生活污水进行沉淀处理，将大块杂质去除以免堵塞膜孔，之后即进入反应器，得到较好的出水水质。如后续接化学除磷装置，则可实现生活污水中所有污染物的同时高效去除。实验结果证明了 MBR-SNAD 系统是处理生活污水的适宜装置，可以有效去除生活污水中的多种污染物，达到污水排放标准。该系统可作为小区回用水装置或者小型工业废水处理装置等，为生活污水深度处理提供了一个新思路。

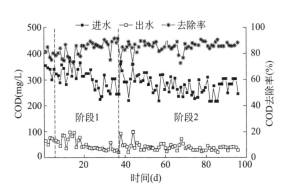

图 4-87　生活污水中 COD 去除效果

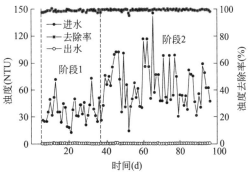

图 4-88　生活污水中浊度去除效果

（2）脱氮路径分析

在处理生活污水的过程中，$\Delta(NO_3^- \text{-} N)/\Delta(NH_4^+ \text{-} N)$ 比值小于 CANON 反应的理论值 0.11，推断反应器内存在反硝化反应。为进一步考察反硝化在生活污水处理系统中的作用，对反应器运行的 2 个阶段进行脱氮路径分析，其计算基于 CANON 反应式和反硝化反应式。由于之后的微生物检测中没有检测到 NOB，假设反应器中不存在硝化过程，也不存在由反硝化生成的 $NO_2^- \text{-} N$。选各阶段最后 15d 的数据进行分析，进出水水质见表4-26 所列。

表 4-26

各阶段稳定期的平均进出水水质

阶段	氨氮(mg/L)		$NO_2^- \text{-} N$(mg/L)		$NO_3^- \text{-} N$(mg/L)		COD(mg/L)	
	进水	出水	进水	出水	进水	出水	进水	出水
1	94.62	13.12	0.36	0.78	0.36	0.9	294.94	39.82
2	84.96	3.41	0.11	0	1.06	0.06	262.43	32.88

在阶段 1，反应器出水中 $NO_2^- \text{-} N$ 和 $NO_3^- \text{-} N$ 均有积累，$NO_2^- \text{-} N$ 的积累是由 AOB 将氨氮氧化为 $NO_2^- \text{-} N$，而 ANAMMOX 没有及时利用所致。据表 4-26 进、出水氮素浓度（mg/L），按 ANOMMOX 反应的物料平衡计算可得：

1）参与 CANON 反应的氨氮量为：

$$氨氮_{can} = 氨氮_{in} - 氨氮_{out} - NO_2^- \text{-} N_{out} + NO_2^- \text{-} N_{in}$$
$$= 94.62 - 13.12 - 0.78 + 0.36 = 81.08 \text{（mg/L）}。$$

2）CANON 反应去除 TN 量为：

$$\Delta TN_{CAN} = 0.89 \, 氨氮_{can} = 0.89 \times 81.08 = 72.16 (\text{mg/L})。$$

3）生成的 $NO_3^- \text{-} N$ 量为：

$$\Delta NO_3^- \text{-} N_{can} = 0.11 \Delta NH_4^+ \text{-} N_{can} = 0.11 \times 81.08 = 8.92 (\text{mg/L})。$$

4）反硝化消耗的 $NO_3^- \text{-} N$ 为：

$$\Delta NO_3^- \text{-} N_n = \Delta NO_3^- \text{-} N_{can} + NO_3^- \text{-} N_{in} - NO_3^- \text{-} N_{out} = 8.92 + 0.36 - 0.9 = 8.38 (\text{mg/L})。$$

5）按反硝化反应关系计算，反硝化 1g $NO_3^- \text{-} N$ 需消耗 2.86g COD，因此，反硝化消耗的 COD 为：

$$CODn = 8.38 \times 2.86 = 23.90 (\text{mg/L})。$$

6）COD 总去除量为：

$$\Delta COD = COD_{in} - COD_{out} = 294.94 - 39.82 = 255.12 (\text{mg/L})。$$

7）由异养菌氧化去除的 COD 为

$$COD_y = 255.12 - 23.90 = 231.22 (\text{mg/L})。$$

8）反应器 TN 去除量为：

$$\Delta TN = 氨氮_{in} + NO_2^- \text{-} N_{in} + NO_3^- \text{-} N_{in} - 氨氮_{out} - NO_2^- \text{-} N_{out} - NO_3^- \text{-} N_{out}$$
$$= 94.62 + 0.36 + 0.36 - 13.12 - 0.78 - 0.90 = 80.54 (\text{mg/L})。$$

9）反硝化占 TN 去除的比例为 8.38/80.54 = 10.4%。

10）ANAMMOX 所占的比例为 72.16/80.54 = 89.6%。

在阶段 2 出水中 $NO_2^- \text{-} N$ 和 $NO_3^- \text{-} N$ 均为 0。进水中的 $NO_2^- \text{-} N$ 由 CANON 反应转

化，CANON 反应生成的 $NO_3^- $-N 及进水中的 $NO_3^- $-N 则均由反硝化反应转化。因此：

1）参与 CANON 反应的氨氮和 $NO_2^- $-N 的氮素总和为：

TN_{can} ＝氨氮$_{in}$－氨氮$_{out}$＋$NO_2^- $-N$_{in}$＝84.96－3.41＋0.11＝81.66（mg/L）。

2）CANON 反应去除的 TN 为：

ΔTN_{can}＝81.66×0.89＝72.69（mg/L）。

3）生成的 $NO_3^- $-N 为：

$\Delta NO_3^- $-N$_{can}$＝（0.11/0.89）×$\Delta TN_{can}$＝（0.11/0.89）×72.69＝8.98（mg/L）。

4）反硝化消耗的 $NO_3^- $-N 为：

$\Delta NO_3^- $-N$_n$＝8.98＋1.06－0.06＝9.98（mg/L）。

5）反硝化消耗的 COD 为：

ΔCOD_n＝9.98×2.86＝28.55（mg/L）。

6）COD 总去除量为：

ΔCOD_z＝262.43－2.88＝229.55（mg/L）。

7）异养菌氧化的 COD 量为：

ΔCOD_y＝229.5－28.5＝201（mg/L）。

8）反应器去除的 TN 为

ΔTN ＝氨氮$_{in}$＋$NO_2^- $-N$_{in}$＋$NO_3^- $-N$_{in}$－氨氮$_{out}$－$NO_2^- $-N$_{out}$－$NO_3^- $-N$_{out}$

  ＝84.96＋0.11＋1.06－3.41＋0＋0.06＝82.66（mg/L）。

9）反硝化占 TN 去除的比例为：9.98/82.66＝12.07％。

10）ANAMMOX 所占的比例为：72.68/82.66＝87.93％。

由上述结果可知，在处理全部生活污水阶段，反应器中反硝化比例高达 12.07％，而 SNAD 工艺中反硝化的理论最大比例仅为 11％。出现该差异的原因是进水中含有少量 $NO_3^- $-N，而这部分 $NO_3^- $-N 也被反硝化转化，因此增加了反硝化比例。同时，该结果说明系统内的 COD 大多通过好氧氧化去除，经反硝化去除的 COD 不足 30mg/L。因此，在实际应用中可以首先接厌氧产能工艺，将生活污水中大部分 COD 转化为能源，出水进入 MBR-SNAD 系统进行氨氮去除和 COD 的进一步去除，从而实现能源回收和低耗脱氮。

（3）生活污水处理系统中的微生物特征

该 MBR-SNAD 生活污水处理系统运行稳定后，取泥样进行微生物群落组成分析，克隆测序结果见表 4-27。可以看出，克隆 1、2、3 均属于亚硝化单胞菌（*Nitrosomonas*），属于 AOB，在该系统内主要负责氨氮的好氧氧化。而克隆 4 为 ANAMMOX 的库氏菌（*Candidatus Kueneniastuttgartiensis*），属于 ANAMMOX 菌，主要负责将 AOB 生成的 $NO_2^- $-N 和剩余的氨氮转化为 N_2 排放。克隆 5 和 6 属于反硝化菌，同时克隆 7 也具有反硝化功能，负责将 ANAMMOX 生成的 $NO_3^- $-N 转化为 N_2，实现 TN 的进一步去除。由此可见，在测得的 22 个有效序列中包含有 1/3 的脱氮功能菌，因此脱氮菌仍然是系统内的优势微生物，该系统是以脱氮为主体的反应系统，这与反应器表现出高效的脱氮性能一致。另一方面，3 个 AOB 的序列均属于亚硝化单胞菌，说明 AOB 群落较单一，从侧面也证明了是自养脱氮为主体的工艺，因为自养脱氮系统对于亚硝化单胞菌具有优先选择性。同时，3 种脱氮菌的共存也证明了反硝化与 CANON 工艺的成功耦合，即 SNAD 工艺的成功实现。3 种微生物在该系统内协同作用，完成了 COD 和 TN 的同时去除。

16SrRNA 的克隆-测序结果

表 4-27

克隆	最相似种属	相似度/%	登录号	所属细菌类群
1	*Nitrosomonas europaea*	99	NR_074774	β-proteobacteria
2	*Nitrosomonas* sp.	99	HF678378	β-proteobacteria
3	*Nitrosomonas* sp.	99	HF678378	β-proteobacteria
4	*Candidatus Kuenenia* stuttgartiensis	97	KF429801	Planctomycetia
5	*Thiobacillus denitrificans*	91	NR_025358	β-proteobacteria
6	*Thiobacillus denitrificans*	94	NR_074417	β-proteobacteria
7	*Hydrogenophaga* sp.	99	AB636293	β-proteobacteria
8	*Derxia gummosa*	89	KC428629	β-proteobacteria
9	*Azoarcus* sp.	87	AB241406	β-proteobacteria
10	*Thauera* sp.	92	NR_074711	β-proteobacteria
11	*Lysobacter* sp.	92	JX964994	γ-proteobacteria
12	*Raoultella ornithinolytica*	99	NR_102983	γ-proteobacteria
13	*Polyangium sorediatum*	96	GU207880	σ-proteobacteria
17	*Thermanaerothrix daxensis*	91	HM596746	Anaerolineae
21	*Acidobacteria bacterium*	95	GU187032.1	Acidobacteriales
14	uncultured *bacterium*	99	HQ640560	Bacteria
15	unclltured *bacterium*	99	JX875902	Bacteria
16	uncultured *bacterium*	99	JX875902	Bacteria
18	*Ornatilinea apprima*	99	AB445105	Bacteria
19	*Caldilinea tarbellica*	96	HQ640588	Bacteria
20	*Litorilinea aerophila*	99	AB445105	Bacteria
22	*filamentous symbiotic* bacterium of *Methylobacterium* sp.	92	AB112774	Bacteria

反应器内 COD 的去除主要是由好氧异养菌和厌氧反硝化菌 2 类菌共同完成的。由前述的计算过程可知，通过反硝化去除的 COD 很少，COD 的去除大部分由好氧异养菌完成。好氧异养菌的分类很多，且很多菌均具有该能力，因此，目前没有很好的微生物学方法对其进行鉴定或者划分。在这 22 个序列中，有 12 个序列属于变形菌门，证明了变形菌门的优势地位，此外还包含一些与未培养的序列相似度较高的序列。克隆 22 为菌胶团，证明反应器内主要是以活性污泥法为主体的生态系统。

3. 结论

（1）MBR-SNAD 工艺适宜处理生活污水，可实现 C、N 及 SS 的同时高效去除。TN 去除负荷达到 0.65kgN/($m^3 \cdot d$)，出水 TN 小于 5mg/L；COD 去除率达 87%，出水 COD 小于 50mg/L；浊度去除率达 99%，出水浊度小于 1NTU。

（2）处理生活污水的 MBR-SNAD 工艺中主要存在好氧氨氧化、ANAMMOX 和反硝化多种脱氮路径，其中自养脱氮比例为 88%，异养反硝化比例为 12%。

（3）系统内脱氮微生物为亚硝化单胞菌、ANAMMOX 的库氏菌和反硝化菌，3 种微生物协同作用完成了 COD 和 TN 的同时去除。

4.6.3 MBR-CANON 的快速启动及群落变化

CANON 工艺可以利用 AOB 和 ANAMMOX 的协同作用，在不消耗有机碳源的条件下实现脱氮，同时节省 63% 的曝气量，被认为是最经济有效的脱氮途径。但自养菌 AOB 及 ANAMMOX 生长缓慢，导致 CANON 工艺的启动周期长，去除负荷低，影响了 CANON 工艺实际应用。解决这些问题的关键是污泥的持留。MBR 反应器可以将所有微生物截留在反应器内，达到较高的生物浓度，使反应器的去除负荷得到提高，同时具有较好的出水水质。有研究表明，MBR 可以有效富集以游离或者聚集体形式存在的 AOB 和 ANAMMOX 等自养菌，因此，若将 MBR 应用于 CANON 工艺的研究，一方面可以解决该工艺负荷低等问题，另一方面将推进 MBR 在污水处理领域的应用，目前关于 MBR-CANON 工艺的研究未见报道，此外，CANON 工艺的研究大多是基于高氨氮或者高温废水进行的，常温生活污水的研究较少，为此提出采用 MBR 反应器研究生活污水 CANON 工艺。本实验考察了常温下低氨氮污水 CANON 工艺的快速启动策略，以及该工艺应用于实际生活污水处理的可行性。同时，利用变性梯度凝胶电泳（PCR-DGGE）技术分析了不同运行阶段反应器内的微生物群落结构特征。

1. 实验装置与方法

（1）反应器设置

采用有机玻璃圆柱形 MBR 反应器（见图 4-85）。反应器高 20cm，内径 20cm，有效体积 5.5L。内部放置聚偏氟乙烯中空纤维膜组件（厦门，鲲扬），膜孔径 $0.1\mu m$，有效面积 $0.2m^2$，底部设曝气环供氧，并设搅拌器混合泥水，整个反应器置于直径为 30cm 的水浴中，保证恒温 25℃ 运行。

（2）接种污泥及废水

接种污泥取自以 A^2/O 工艺运行的北京某污水处理厂的普通活性污泥（12.9g/L，2L）。实验前期采用人工配水（氨氮为 80mg/L 左右，接近拟处理的生活污水浓度），后期处理某大学生活区污水。配水以 $(NH_4)_2SO_4$ 和 $NaHCO_3$ 为主要基质，并添加 KH_2PO_4(0.068g/L)、$MgSO_4 \cdot H_2O$(0.15g/L)、$CaCl_2$(0.068g/L) 及微量元素混合液（1mL/L）。实验共进行 240d，包括亚硝化的启动、CANON 工艺的启动及稳定运行、处理生活污水 3 个阶段。反应温度 25℃，其他运行参数及各阶段水质指标见表 4-28。

试验期间水质指标及反应器运行参数　　　　　　　　　　　　　表 4-28

运行阶段(d)		水质	进水氨氮（mg/L）	进水碱度（mg/L）	曝气量（L/min）	DO（mg/L）	pH	TN 去除负荷 $[kgN/(m^3 \cdot d)]$
I	1～66	配水	80.27±2.14	640±5	0.3	0.2	7.61	0
II	67～122	配水	80.61±2.70	640±4	0.2	0.10	7.56	0.44
	123～148	配水	79.95±2.31	640±6	0.3	0.15	7.58	0.70
	149～178	配水	82.41±1.87	800±10	0.3	0.15	7.86	0.95
III	179～238	生活污水	88.04±3.53	550±25	0.4	0.15	7.22	0.97

（3）分析方法

氨氮：纳氏试剂分光光度法。NO_2^--N：N-(1-萘基)-乙二胺分光光度法。NO_3^--N：紫外分光光度法。COD：5B-3B 型 COD 测定仪。碱度：ZDJ-2D 电位滴定仪。DO、pH、T：WTW 多电极测定仪。

（4）变性梯度凝胶电泳—克隆—测序

从不同阶段的反应器中取混合液离心后收集沉淀，取 1.5g 沉淀加入 10mL 磷酸缓冲液（0.1mol/L，pH8.0）清洗 2 次。按文献中的方法进行总 DNA 提取，电泳检验后用试剂盒（上海生工）对 DNA 纯化回收，以回收 DNA 为模板进行 PCR。采用通用引 BSF338-GC(5'-CGCCCGCCGCGCCCCGCGCCCGGCCCGCCGCCCCCGCCCACTCCTACGGGAGGCAGCAG）（下划线部分为"GC"夹）和 BSR518（ATTACCGCGGCGCTGG）对全细菌 16S rRNA 基因 V3 区进行扩增反应体系组成为：DNA1.0μL，10×Buffer 2.5μL，dNTPs（2.5mmol/L）2.0μL，正义引物和反义引物（10μmol/L）各 1μL，Ex Taq 酶（5U/μL）0.125μL，补水至终体积 25μL。PCR 扩增条件为：94℃，5min；94℃，40s，55℃，40s，72℃，1min，35 个循环；72℃，10min。在 D-Code System（Bio-Rad）在 D-Code System（Bio-Rad）内利用 DGGE 对 PCR 产物进行分离，电泳条件：聚丙烯酰胺 8%，变性梯度 30%～60%，缓冲液为 1×TAE，电压 120V，温度 60℃，时间 5h。之后将凝胶进行银染，将凝胶上条带切下溶于 200μL 1×TE 中，4℃放置过夜，以此为模板再次进行 PCR 扩增。将纯化回收的 PCR 产物连接到载体 pMD19-T（TaKaRa）上，并转化到感受态细胞 E.coli DH5α（TaKaRa）中克隆，阳性克隆送交上海生工生物公司进行测序，获得的序列通过 BLAST 进行比对，并提交 Gentbank。

2. 结果与讨论

（1）MBR 亚硝化的启动及稳定运行

稳定的亚硝化是实现 CANON 工艺的关键步骤，这需要在富集 AOB 的同时抑制 NOB 的活性。本阶段控制进水氨氮为 80mg/L 左右，碱度为 640mg/L 左右，曝气量为 0.3L/min，DO 为 0.2mg/L 左右。采用逐渐减小 HRT（8～3.5h）的策略抑制 NOB，MBR 的运行情况如图 4-89 所示。NO_2^--N 在最初 2d 短暂积累后迅速降至 0，所有的氨氮均被转化为 NO_3^-N。之后随着 HRT 的降低，氨氧化率逐渐下降，出水氨氮增多，然而出水 NO_2^--N 仍然为 0，说明 NOB 的活性没有受到抑制。直至第 25d 当 HRT 降为 3.5h 时，NO_2^--N 开始积累，亚硝化率在一周之内迅速上升至 60% 以上，氨氮去除率为 50% 左右，认为成功实现了 AOB 的富集及亚硝化启动。然而，随着反应的进行，亚硝化率难以进一步提高，说明此时 NOB 的活性依然没有被完全抑制。为了进一步提高亚硝化率，继续降低 HRT 为 2.4h，亚硝化率又迅速上升，最终达 99% 以上，并保持稳定运行。

减小 HRT 的本质是缩短反应时间，反应时间的减少导致大量氨氮残留在反应器中，形成较高的 FA 浓度，在第 25 天 NO_2^--N 开始积累时，反应器内氨氮浓度为 50mg/L 左右，FA 浓度为 2.6mg/L，同时，反应器内 DO 较低，一直维持在 0.2mg/L 左右。FA 和低氧有效抑制了 NOB 的活性。随着运行的继续氨氧化率在 NO_2^--N 积累后也逐渐回升，最终稳定在 70% 左右。这说明 AOB 逐渐适应了低氧和高负荷的环境，AOB 数量和活性逐渐

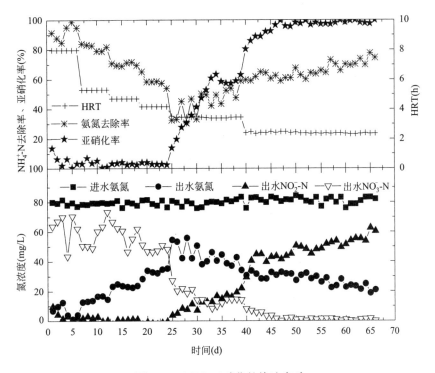

图 4-89 MBR 亚硝化的快速启动

增强，却抑制了 NOB 的活性，最终出水氨氮降为 20mg/L 以下。该阶段的实验结果表明，通过调节 HRT 在限氧条件下可以快速启动亚硝化，该方法简单易实施，无需改变进水水质、升温或者外部投加药物等。

（2）MBR-CANON 工艺的启动及稳定运行

实现 CANON 工艺，在亚硝化启动成功并稳定运行 20d 后，保持其他参数不变，将曝气量由 0.3L/min 降为 0.2L/min，此时反应器内 DO 降为 0.2mg/L 之下，而污泥絮体形成的氧梯度可以使内部的 DO 降到更低，因而有利于 ANAMMOX 的生存。同时进一步降低 HRT 为 1.9h，提高进水氨氮负荷，降低氨氧化率至 50% 左右，以利于 CAN-ON 工艺实现。由图 4-90 可知在降低曝气量后反应器内逐渐出现了 TN 去除的现象，第 78 天 TN 去除负荷达 0.1kgN/(m³·d)，CANON 工艺启动成功。之后 TN 去除负荷逐渐升高，但升高速度缓慢，且反应器内有较多的氨氮残留。因 AOB 活性较低，不能将所有的氨氮转化为 NO₂⁻-N。因此为了提高氨氮去除率，在第 123 天加大曝气量为 0.3L/min，TN 去除负荷迅速升高，最终稳定在 0.70kgN/(m³·d) 左右。这说明之前的供氧不足限制了 CANON 的活性，适当加大曝气量有利于 TN 的去除。之后发现反应器中同时有氨氮与 NO₂⁻-N 残留，原因是 ANAMMOX 的活性不足，不能将氨氮和 NO₂⁻-N 完全转化为 N₂。有研究认为提高无机碳源浓度有利于提高 ANAMMOX 的活性。因此在进水中增加了 NaHCO₃ 的浓度，使无机碳源浓度达 200mg/L 左右，pH 由 7.58 升高到 7.86，结果 TN 去除负荷第二次迅速上升，最终稳定在 0.95kgN/(m³·d) 左右。

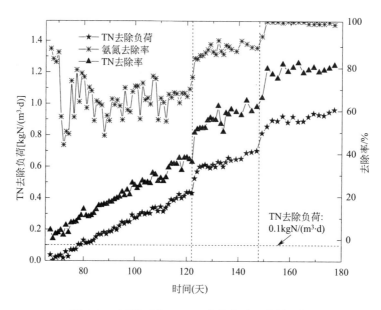

图 4-90　MBR-CANON 工艺的启动及高效运行

CANON 的成功启动归因于以下几个方面：MBR 中膜的截留能力可将微生物截留在反应器内，适宜 SRT 较长的微生物如 AOB 和 ANAMMOX 生长，避免了功能菌的流失；膜的抽吸作用使一些污泥吸附在膜丝表面，形成局部缺氧微环境，为 ANAMMOX 的增殖创造了适宜条件；反应器内较低的 DO 和较高的氨氮负荷有利于抑制 NOB 的活性，为 AOB 和 ANAMMOX 的协同生存提供了条件。本阶段实验结果说明曝气不足会抑制 CANON 的脱氮效果，但较高的曝气不利于 CANON 的稳定，可能造成 NO_2^--N 积累或者诱导 NOB 的活性，因此，应维持适宜的曝气量及 DO。此外，较高的无机碳源有利于强化 ANAMMOX 的活性，提高 TN 去除负荷。目前已报道的活性污泥法 CANON 工艺的启动时间均需几百天以上，去除负荷在 $0.06 \sim 0.8 kgN/(m^3 \cdot d)$ 而且大多接种的为不易获得的 ANAMMOX 污泥。而本实验接种普通活性污泥在 78d 内成功启动了 CANON 工艺，并且具有较高的 TN 去除负荷（$0.95 kgN/(m^3 \cdot d)$）和去除率（81%），具有较明显的优势。

（3）MBR-CANON 工艺处理生活污水的运行效果

从第 179 天起将 MBR 用于处理生活污水，考虑到生活污水中存在 300mg/L 左右的 COD，将曝气量增加为 0.4L/min，处理效果如图 4-91 所示。

引入生活污水第 1 天，TN 去除负荷即降至 $0.63 kgN/(m^3 \cdot d)$。研究表明，有机物的增加将抑制 ANAMMOX 的活性，同时生活污水中含有的固体悬浮颗粒（SS）及表面活性剂等物质均不利于生殖缓慢微生物的生存。初始 COD 去除率为 20%，之后逐渐上升，最终稳定在 80% 左右，这是由于生活污水中存在一部分异养菌，在好氧条件下其活性逐渐增强，将 COD 氧化，出水 COD 降到 100mg/L 以下。反应器内 COD 的降低消除了其对 ANAMMOX 的抑制，TN 去除负荷的下降速率逐渐减缓，在第 192 天开始回升，最终稳定在 $0.97 kgN/(m^3 \cdot d)$ 以上。可见本实验 COD 对 ANAMMOX 微生物的抑制是

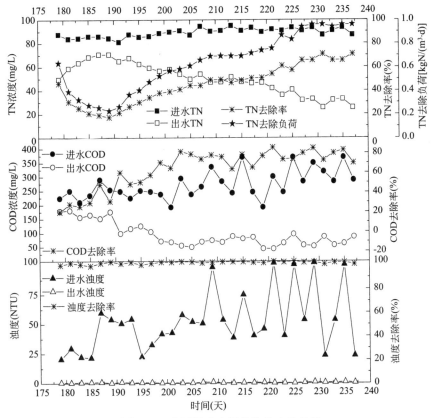

图 4-91 生活污水中污染物的去除效果

暂时且可逆的，而且 TN 去除率比配水时略高，原因是活污水中存在的 COD 使反应器内发生了一部分反硝化或者短程反硝化反应，AOB、ANAMMOX、异养菌以及反硝化菌在 MBR 内协同作用，共同完成了 TN 和 COD 的高效去除。

（4）微生物群落结构特征

图 4-92 为 DGGE 图谱结果，4 个样品从左至右依次为接种污泥、反应器运行第 60 天、第 170 天及第 235 天的泥样。测序及 BLAST 比对结果见表 4-29。接种污泥中，β-变形菌纲（β-Proteobacteria）、γ-变形菌纲（γ-Proteobacteria）、浮霉菌纲（Planctomycetia）以及酸杆菌门（Acidobacteria）的微生物为占优势地位的菌群，此外还存在梭菌纲（Clostridia）、杆菌纲（Bacilli），α-变形菌纲（α-Proteobacteria）的微生物。然而，以无机配水运行 60d 后，条带数由 13 个减少为 6 个，说明生物种类减少，最终在实现 CANON 工艺后，脱氮菌成为反应器中的优势菌群。

条带 7、12 与 AOB 中的亚硝化单胞菌属（Nitrosomonas）相似度高达 97% 和 99%，在种泥与反应器运行的 3 个阶段均存在，这说明反应器的运行条件有利于该种微生物的生存，AOB 逐渐成为反应器中的优势菌群。条带 9 与 AOB 中的 Nitrosococcusmobilis 相似度高达 99%，只存在于第 I、II 阶段，说明城市污水及生活污水

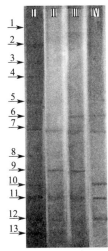

图 4-92 不同阶段的反应器内微生物 DGGE 结果

序列比对结果

表 4-29

条带编号	最相似种属	相似度（%）	登录号	所属细菌类群
1	*Acidobacteria bacterium*	100	JF707411	Acidobacteria
2	*Bacillus* sp.	100	HM640402	Bacilli
3	*Lactobacillus* sp.	100	EF468059	Bacilli
4	*Polaribacter* sp.	91	JX304644	Flavobacteriia
5	*Brevundimonas* sp.	92	JQ977273	α-Proteobacteria
6	*Candidatus Kuenenia* sp.	99	JN182853	Planctomycetia
7	*Nitrosomonas* sp.	97	HF678378	β-Proteobacteria
8	*Candidatus Nitrospira*	99	FJ177531	Sphingobacteria
9	*Nitrosococcus mobilis*	99	AJ298728	β-Proteobacteria
10	*Verrucomicrobia bacterium*	90	HQ663667	Verrucomicrobia
11	*Shewanella amazonensis*	92	NR_074842	γ-Proteobacteria
12	*Nitrosomonas* sp.	99	HF678378	β-Proteobacteria
13	*Nitrobacter winogradskyi*	99	AF344874	α-Proteobacteria

中有机物的存在不利于该种微生物的生存。条带 6 与浮霉菌纲（Planctomycetia）中的待定斯图加特库氏菌（*Candidatus Kuenenia*）相似度高达 99%，*Candidatus Kuenenia* 是一种典型的 ANAMMOX 菌属。在反应器运行的第 Ⅱ 阶段才出现与反应器表现出自养脱氮能力的时间一致，证明反应器内氨氮的去除是由 AOB 和 ANAMMOX 菌共同作用完成的。值得注意的是，条带 13 所代表的 NOB 中的 *Nitrobacter* 在 4 个样品中均存在，这说明本实验中 NOB 只是活性受到了抑制，并没有被完全淘洗出反应器。污水处理系统中 AOB 的多样性程度越高，对复杂环境的适应能力越强，抗冲击能力就越强，该反应器中存在 2 种 AOB 和 1 种 ANAMMOX 菌，构成了较为稳定的脱氮系统。

3. 结论

（1）在曝气量为 0.3L/min 的限氧条件下，保持进水氨氮不变，通过减小 HRT，在常温 MBR 反应器内经 32d 快速启动亚硝化。

（2）并通过调节曝气量及无机碳源浓度，经 78d 成功启动了 CANON 工艺，TN 去除负荷为 $0.95kgN/(m^3 \cdot d)$。

（3）将稳定运行的 CANON 工艺应用于生活污水的处理，可以实现 COD 与氨氮的同时高效去除，TN 去除负荷达 $0.97kgN/(m^3 \cdot d)$ 以上，COD 去除率达 80% 以上，出水浊度小于 1 NTU。

（4）微生物群落在反应器运行的不同阶段发生了较大变化，稳定运行的 MBR-CANON 反应器中检测到的 AOB 为亚硝化单胞菌属（*Nitrosomonas*），ANAMMOX 菌与 *Candidatus Kuenenia* stuttgariensis 的相似度高达 99%。

第5章 ANAMMOX菌微生物学研究

5.1 ANAMMOX反应器功能微生物特性研究

5.1.1 ANAMMOX菌微生物学检测技术

ANAMMOX是指在厌氧条件下，以NO_2^--N为电子受体、氨氮为电子供体的微生物反应，最终产物为N_2。目前，ANAMMOX工艺已经成功应用于污泥消化液、垃圾渗滤液、味精废水以及猪场废水等高浓度含氮废水的处理，且达到了生产性规模。然而ANAMMOX菌仍然存在一些不足，比如还不能纯化培养，生长缓慢（倍增时间约为11d），对环境条件敏感，需要中温条件（30～40℃），基质利用单一等，严重制约了该工艺的进一步发展。近年来，分子生物学技术的飞速发展，为揭示ANAMMOX菌生命活动规律提供了新的研究手段。本节综述我课题组对ANAMMOX菌的生态因子、生理生化特征与生态分布、生化反应机理等最新研究成果，着重介绍荧光原位杂交（FISH）、变性梯度凝胶电泳（DGGE）、荧光定量PCR及宏基因组技术等分子生物学技术在ANAMMOX菌微生物特性研究中的应用，以期全面认识ANAMMOX菌的微生物生命活动规律，为ANAMMOX工艺的推广应用提供理论基础。

1. 影响ANAMMOX菌的生态因子

ANAMMOX菌为自养菌，生长速率缓慢，容易受环境因素影响，研究发现基质浓度、温度、pH、DO及有机物等生态因子对ANAMMOX菌的生理活动影响明显。通过这些生态因子研究，有助于揭示适宜ANAMMOX菌发挥脱氮作用的生态位。

（1）基质浓度

ANAMMOX菌以氨氮和NO_2^--N为基质，但两者的浓度超过一定范围时，会对ANAMMOX菌活性产生一定的抑制作用。Strous等研究指出，当NO_2^--N浓度超过100mg/L时，ANAMMOX反应会受到抑制；在100mg/L浓度下持续12h，ANAMMOX微生物活性会完全丧失。Dapena-Mora等发现350mg/L的NO_2^--N可以使ANAMMOX活性降低50%，而浓度分别为770mg/L和630mg/L的氨氮和NO_3^--N也同样会导致ANAMMOX活性降低50%。

（2）温度和pH

微生物的最适温度是微生物保持旺盛生理活动和快速裂殖扩增的保障，而ANAMMOX反应则属于对温度变化较敏感的反应类型。一般认为，ANAMMOX菌的温度范围为20～43℃，最适温度在30～40℃，在这个温度范围内，ANAMMOX菌活性较高。但最近一些研究发现，在低温条件下，经过驯化培养，ANAMMOX菌也具有较高的活性。pH 主要通过对微生物和基质产生作用来影响 ANAMMOX 反应。另外，pH 可以通过影响废水中的 FA 和 FNA 的浓度来影响 ANAMMOX 反应。

（3）DO

ANAMMOX 菌是严格厌氧菌，污水中的 DO 会对 ANAMMOX 菌产生毒害作用、抑制其反应的正常进行。Strous 等采用 SBR 工艺，通过厌氧/好氧交替运行，研究了氧对 ANAMMOX 反应的影响，结果表明在好氧条件（$\geqslant 0.5\%$ 空气饱和度）下反应器没有出现 ANAMMOX 反应，在厌氧条件下才观察到 ANAMMOX 现象，低浓度的氧对 ANAMMOX 活性产生的抑制作用是可逆的。

（4）有机物

目前，有关厌氧氨氧化的研究主要针对高浓度氨氮的废水，且大多以实验室配水为主，以 HCO_3^- 作为唯一碳源来富集 ANAMMOX 菌。在实际的生活污水中均存在一定浓度的 COD，有机物的存在有利于异养菌的生长繁殖，而 ANAMMOX 菌生长受到影响。最近有研究发现某些 ANAMMOX 菌种能以 NO_2^--N、NO_3^--N 作为电子受体将甲酸盐、丙酸盐等小分子有机酸氧化成 CO_2，这些发现为低碳污水处理提供了新的思路。

2. ANAMMOX 菌生理生化特征及生态分布

ANAMMOX 菌需要富集到一定数量（10^{11}）才能发挥活性，在污水处理中，反应器的启动过程实质上是 ANAMMOX 菌的活化和富集过程。研究 ANAMMOX 菌的生理生化及生态分布特征，可以了解适宜 ANAMMOX 菌繁殖的环境条件，对 ANAMMOX 工艺的推广应用至关重要。依靠传统的划线分离方法并不能得到有活性的 ANAMMOX 菌，Strous 等在 1999 年通过超声波温和破碎 ANAMMOX 菌的富集培养物，再进行密度梯度离心，从中纯化提取了 ANAMMOX 菌，它属于浮霉状菌目（Planctomycetes），被命名为 Brocadia anammoxidans。近年来，ANAMMOX 菌得到了更加深入的研究。

ANAMMOX 菌的细胞壁主要由蛋白质组成，不含肽聚糖，细胞膜中含有特殊的阶梯烷膜脂。ANAMMOX 细胞内主要由 3 部分组成：厌氧氨氧化体（ANAMMOXSOME）、核糖细胞质（riboplasm）及外室细胞质（paryphoplasm）。ANAMMOXSOME 是 ANAMMOX 菌所特有的结构，它由双层膜包围，该膜深深陷入 ANAMMOXSOME 内部，ANAMMOXSOME 占整个细胞体积的 $50\% \sim 80\%$，ANAMMOX 反应就在其内进行。ANAMMOX 菌属于分枝很深的浮霉菌，目前已鉴定并暂时命名的 ANAMMOX 菌主要有 5 个属、12 种 ANAMMOX 菌，它们为 *Candidatus brocadia* anammoxidans、*Candidatus Kuenenia* stuttgartiensis、*Candidatus Scalindua* brodae、*Candidatus Scalindua* wagneri、*Candidatus Brocadia* fulgida、*Candidatus Anammoxglobus* propionicus、*Candidatus Jettenia* asiatica、*Candidatus Brocadia* sinica、*Candidatus Anammox oglobus* sulfate、*Candidatus Scalindua* sorokinii、*Candidatus Scalindua* profunda 和 *Candidatus Scalindua* arabic。其中前 9 种分离自淡水水体，主要在污水处理厂构筑物或实验室反应器内发现，后 3 种来自海洋沉积物（表 5-1）。它们具有许多共同的特征，如均为革兰氏阴性菌，细胞外无荚膜，直径 $0.8 \sim 1.2 \mu m$；以 CO_2 为唯一碳源，通过将 NO_2^--N 氧化成 NO_3^--N 获得能量；对氧敏感，只能在氧分压低于 5% 氧饱和浓度下生存；pH 范围 $6.7 \sim 8.3$；温度范围 $20 \sim 43 \degree C$；生长缓慢，倍增时间 $10 \sim 30d$；细胞富含血红素，富集培养物呈红色；能分泌胞外多聚物，容易形成团聚体；由梯形脂类构成内膜系统，具有特殊的内膜细胞器官——ANAMMOXSOME。

ANAMMOX 菌的种类及来源　　　　　　　　　　　　　　　　　　　　表 5-1

菌属 Bacterial genus	菌种 Bacterial species	来源 Resources
Brocadia	*Candidatus Brocadia* anammoxidans	污水处理厂 Wastewater treatment plant
	Candidatus Brocadia fulgida	污水处理厂 Wastewater treatment plant
	Candidatus Brocadia sinica	脱氮反应器 Denitrification bioreactor
Kuenenia	*Candidatus Kuenenia* stuttgartiensis	滴滤池 Trickling biofilter
Scalindua	*Candidatus Scalindua* broade	垃圾渗滤液处理厂 Landfill leachate treatment plant
	Candidatus Scalindua wagneri	垃圾渗滤液处理厂 Landfill leachate treatment plant
	Candidatus Scalindua sorokinii	海底沉积物 Marine sediments
	Candidatus Scalindua arabic	海底沉积物 Marine sediments
	Candidatus Scalindua profunda	海底沉积物 Marine sediments
Anammoxoglobus	*Candidatus ANAMMOX oglobus* propionicus	SBR 反应器 SBR bioreactor
	Candidatus ANAMMOX oglobus sulfate	生物转盘反应器 Rotating biological reactor
Jettenia	*Candidatus Jettenia* asiatica	生物膜反应器 Biofilm reactor

3. ANAMMOX 反应机理

对 ANAMMOX 反应机理进行研究，可以为 ANAMMOX 工艺的优化运行提供理论基础。Jetten 等在 ANAMMOX 菌宏基因组及酶学研究基础上，提出了 ANAMMOX 菌的代谢模型（图 5-1）。由此模型可看出 ANAMMOX 主要代谢途径有 4 步：

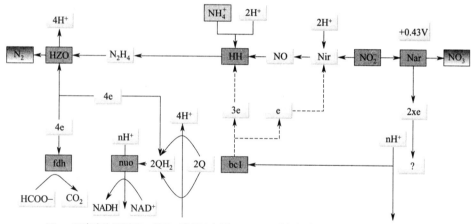

Nir：亚硝酸盐还原酶；HH：联氨水解酶；HZO：联氨氧化酶；Nar：硝酸盐还原酶；
Q：泛醌；fdh：甲酸脱氢酶；QH₂：还原性泛醌；bcl：细胞色素 bcl 复合体

图 5-1　假定的 Stuttgartiensis 中心分解代谢和为乙酰-CoA 代谢途径提供电子的途径

Cyt cd1 型亚硝酸还原酶（Nitrite reductase，Nir），负责催化 NO_2^- 还原成 NO；②联氨水解酶（Hydrazine Hydrolase，HH），负责催化 NO 和 NH_4^+ 结合成 N_2H_4；③联氨氧化酶（Hydrazine Oxidoreductase，H_2O），催化 N_2H_4 氧化成 N_2；④亚硝酸盐氧化酶（Nar），催化 NO_2^- 氧化成 NO_3^-。上述反应发生的位置主要在 ANAMMOXSOME 内，在第③步催化 N_2H_4 氧化成 N_2 的过程中，会释放出 4 个电子，它们在电子传递链上经过细胞色素 c、泛醌、细胞色素 bcl 复合体以及其他细胞色素 c 传递给 Nir（1 个电子传递给 Nir）和 HH（3 个电子传递给 HH）。随着电子传递，相应地在 ANAMMOXSOME 膜外侧会出现质子梯度，用于驱动 ATP 和 NADPH 合成。另外，由同位素示踪试验及宏基因组学研究结果推测，ANAMMOX 菌通过乙酰-辅酶 A（Acetyl-CoA）途径固定 CO_2。

4. ANAMMOX 菌分子生物学检测技术

分子生物学技术可以不依靠纯培养来研究污水系统中微生物群落特性，因而受到研究者的青睐。目前在 ANAMMOX 菌群落特性研究中常用的分子生物学技术包括荧光原位杂交技术（FISH）、变性梯度凝胶电泳技术（PCR-DGGE）、荧光实时定量 PCR 技术（real time Q-PCR）及宏基因组技术。

（1）荧光原位杂交

荧光原位杂交（Fluorescence In Situ Hybridization，FISH）的基本原理是利用带荧光标记的特异短核酸序列与靶 DNA 或 RNA 同源互补，经变性—退火—复性，形成 DNADNA 或 DNA-RNA 杂交体，之后清洗掉多余探针，用荧光检测系统对目标 DNA 进行定性、定量以及定位分析。FISH 具有安全、快速、灵敏度高、探针能长期保存、能同时显示多种颜色等优点，广泛应用于环境微生物研究。

目前文献有关于 ANAMMOX 菌的特异性探针。Winkler 等利用 FISH 技术研究了厌氧颗粒污泥反应器内细菌的空间分布，结果发现反应器内 ANAMMOX 菌分布在颗粒污泥内部，AOB 分布在颗粒污泥外部，*Candidatus Brocadia* fulgida 为优势 ANAMMOX 菌属。随后对亚硝化/ANAMMOX 颗粒污泥和移动床生物膜反应器（MBBR）微生物群落组成进行了比较研究，发现两反应器内均存在较多的 AOB 菌，而 MBBR 中异养菌比例稍高；尽管进水含有挥发性脂肪酸（VFAs），但两反应器 ANAMMOX 菌所占比例较大，经鉴定优势菌属为 *Candidatus Brocadia* fulgida，其中 MBBR 生物膜上还存在少量 *Candidatus Anammox* oglobus propionicus 类 ANAMMOX 菌。

（2）变性凝胶梯度电泳技术

变性梯度凝胶电泳技术（Denaturant gradient gel electrophoresis，DGGE）是利用双链 DNA 片段熔解能力的不同，分离 PCR 产物中长度相同但序列不同的 DNA 标记片段。该技术具有速度快、重现性强、可靠性高、无须标记引物等特点，广泛用于解析微生物多样性及群落结构动态演变。我们通过 PCR-DGGE 技术研究了火山岩生物滤池中微生物群落结构，发现反应器内 ANAMMOX 菌种单一，经克隆测序鉴定为 *Candidatus Kuenenia* stuttgartiensis。王咨元等利用 PCR-DGGE 和克隆测序技术，研究了国内某高氨氮与低 COD 污染河流河底生物带的群落结构，结果发现污染河流水-气-土界面存在很高的微生物多样性，其中 ANAMMOX 菌属于 *Candidatus Brocadia* 菌属，AOB 与 ANAMMOX 菌在污染河流中共同发挥生物脱氮作用。

（3）荧光定量 PCR 技术

荧光定量 PCR 技术（Real time Q-PCR）是在 PCR 反应体系中加入荧光分子，利用荧光信号的积累实时监测整个 PCR 过程，然后利用标准曲线对未知模板进行定量分析。该技术具有灵敏度高、准确可靠、能实现多重反应、自动化程度高、无污染等特点。该技术在 ANAMMOX 工艺中常用来检测 ANAMMOX 菌随工艺运行的动态变化情况。

Yapsakli K 等通过 real time Q-PCR 对 Bursa Hamitler 垃圾渗滤液处理厂内脱氮微生物进行了研究，结果发现垃圾渗滤液处理厂内存在 AOB、NOB、氨氧化古菌（AOA）及 ANAMMOX 多种硝化、脱氮微生物，ANAMMOX 菌种为 *Candidatus Kuenenia* stuttgartiensis。马斌等通过升流式厌氧污泥床（UASB）研究了常、低温条件下 ANAMMOX 工艺处理低氨氮生活污水的效果，结果发现即使在低温条件下（16℃），反应器内 ANAMMOX 菌依然保持较高的相对数量，达到（$1.93 \times 10^9 \pm 0.41 \times 10^9$）copies/mL 混合液。刘涛等研究了 CANON 工艺在常温低氨氮基质条件下的宏观运行效能及功能微生物的群落特征，结果发现进水氨氮浓度对 ANAMMOX 菌群落结构无明显影响，而 ANAMMOX 菌群丰度随氨氮浓度的降低而减少。

FISH、PCR-DGGE、克隆测序与 real time Q-PCR 技术为脱氮微生物检测提供了便利，研究者通常将多种技术结合使用来全面了解工艺中微生物群落结构与功能特性。

（4）宏基因组技术

宏基因组（Metagenomics）又称环境基因组（Environmental genomics），该技术是以某一生态系统中所有菌群的基因作为研究对象，通过筛选克隆文库来发现新功能基因及进行产物异源表达，这种直接研究系统中微生物基因组的结构与功能，为未培养微生物的认识和开发提供了可能，也为揭示环境中微生物的功能研究提供了新的手段。宏基因组技术操作流程是：选取特定样品进行基因组 DNA 提取；将提取的基因组 DNA 连接到载体，转化到宿主细菌构建基因组克隆文库；从基因组文库中分析序列信息，筛选功能基因或进行产物异源表达。

ANAMMOX 菌是 ANAMMOX 的执行者，其生长代谢特性直接关系着氮素转化的效能。Strous 等利用宏基因组技术对 *Candidatus Kuenenia* stuttgartiensis 的代谢途径与关键酶进行了研究，发现 ANAMMOX 反应是以 NO 为中间代谢产物，修正了之前基于 NH_2OH 为中间代谢产物的反应模型。另外，对 ANAMMOX 菌的电子传递链与 ATP 合成机制有了更加深入的认识。Gori 等利用宏基因组技术对 *Candidatus Brocadia* fulgida 的关键酶基因进行了研究，结果发现 *Candidatus Brocadia* fulgida 包含许多与 *Candidatus Kuenenia* 菌属及 KSU-1 菌种高度一致的关键基因，其中就有与氮素转化相关的关键酶基因：硝酸盐还原酶基因、联氨合成酶基因和联氨氧还酶基因。van de Vossenberg 等利用宏基因组技术对海洋 ANAMMOX 菌种 *Candidatus Scalindua* profunda 进行了研究，发现其与淡水 ANAMMOX 菌种差别很大，在所注释的 4756 个基因中，只有约一半的基因与 *Candidatus Kuenenia* stuttgartiensis 高度一致；该菌对基质（氨氮和 $NO_2^- $-N）利用效率很高，在全球氮素循环中发挥重要作用。这些研究使得人们对 ANAMMOX 生物脱氮机理有了更深入的理解，有助于提高 ANAMMOX 菌的生物脱氮效能，推动 ANAMMOX 工艺的深入发展。

5. 展望

ANAMMOX 是一种简捷的生物脱氮过程，能有效节约能源消耗及基建投资费用，具有广阔的应用前景。但是由于 ANAMMOX 菌为自养微生物，生长缓慢，因而工艺启动时间较长，运行条件相对苛刻，这严重制约了该技术在工程实践中的应用。鉴于此，在影响 ANAMMOX 菌的生态因子方面需要开展更深入的研究，确定其适宜的生长条件；对 ANAMMOX 菌代谢途径还要进行深入研究，探索缩短其世代时间、利用多种基质的可能性，从而改善工程应用中其生长速率较慢、不能降解有机物的弊端；开展低温、低基质条件下 ANAMMOX 菌生长代谢的研究，扩大工艺在污水处理中的应用范围等。

5.1.2　低温 ANAMMOX 生物滤池群落结构分析

与传统硝化-反硝化工艺相比，ANAMMOX 具有需氧量低、污泥产量低和无需外加碳源等优点，是目前最简捷的废水生物脱氮途径。ANAMMOX 的推动者——ANAMMOX 菌是一群分支很深的浮霉状菌，属于自养型革兰氏阴性细菌。迄今为止，通过分子生物学检测手段已经在不同生态系统中鉴定了 5 种不同的"Candidatus" ANAMMOX 菌属。目前，ANAMMOX 工艺研究主要是针对污泥消化回流液和垃圾渗滤液等高温高氨氮废水方面，反应器也以 UASB 为主，而对于低温 ANAMMOX 生物滤池的研究较少，相应的微生物研究更是缺乏。本课题组已成功启动了上流式 ANAMMOX 生物滤池，脱氮效果良好，并进行了 ANAMMOX 影响因素实验。与 ANAMMOX 最适温度 30～40℃相比，在较低温度下（16℃左右）的 ANAMMOX 研究通常用低温 ANAMMOX 表示。本研究对在低温（15.0～16.5℃）稳定运行的 2 个上流式 ANAMMOX 生物滤池取样，通过扫描电镜（SEM）、变性梯度凝胶电泳技术（DGGE）和克隆测序等方法对微生物群落结构进行分析，探索不同填料生物滤池微生物多样性之间的关系，为促进 ANAMMOX 菌生长、提高反应器效能提供依据。

1. 试验

（1）反应器

反应器为有机玻璃加工而成的相同大小的 2 个生物滤柱，内径 185mm，高度 2.0m，有效容积 45L。采用易于接种挂膜的陶粒和火山岩作为填料，其主要性能参数见表 5-2 所列。B1 柱内装填表面多微孔的陶粒填料，B2 柱内装填轻质多孔、表面粗糙的火山岩填料。2 个反应器均通过接种 ANAMMOX 污泥启动成功，在自来水中通过添加硫酸铵与亚硝酸钠配制试验用水，使得氨氮：$NO_2^- $-N（摩尔比）约为 1：1.31，以符合 ANAMMOX 反应基质比例要求，氨氮浓度约 200mg/L。另外添加 1.5％的生活污水 A/O（厌氧/好氧）除磷工艺的二级处理出水。反应器内 pH 保持在 7.4～8.2，温度为冬季室内自然温度（15.0～16.5℃）。

2 种填料的主要性能参数　　　　　　　　　　　　　　　　表 5-2

填料	粒径 （mm）	比表面积 （m²/kg）	堆积密度 （10³kg/m³）	实际密度 （10³kg/m³）	孔隙率 （％）	空隙率 （％）
陶粒	2～3	28.2	0.98	1.5	41	49
火山岩	4～6	11.3	0.82	1.6	62.5	58

（2）生物膜样品电镜（SEM）观察

收集 B1 与 B2 ANAMMOX 生物膜各 0.5g，加入 2.5％（体积分数）的戊二醛，置于 4℃冰箱中固定 4h；用 0.1mol/L，pH 为 8.0 的磷酸缓冲溶液冲洗 3 次，每次 10min；分别用 30％、50％、70％、90％（体积分数）的乙醇进行脱水，每次 15min，再用无水乙醇脱水 3 次，每次 15min；然后加入体积比为 1：1 的 100％乙醇和乙酸异戊酯及纯乙酸异戊酯各一次进行置换，每次 15min；样品真空干燥后喷金，通过扫描电镜（HITACHIS-4300）观察生物膜形态。

（3）变性凝胶梯度电泳

1）总 DNA 提取

取 200mL 生物膜水样，12000×g，4℃离心 10min，收集沉淀。沉淀加入 10mL，

0.1mol/L 的磷酸缓冲液（PBS，pH8.0）重悬 2 次。总 DNA 提取参考文献报道中的方法进行，之后进行纯化回收。

2）PCR 扩增

对大多数细菌 16S rRNA 基因 V3 区，采用通用引物 BSF338-GC（5′-CGCCCGC-<u>CGCGCGCGGCGGGCGGGGCGGGGCACGGGGGG</u>ACTCCTACGGGAGGCAGCAG）（下划线部分为"GC"夹）和 BSR518（ATTACCGCGGCGCTGG）进行扩增。对于厌氧氨氧化16S rRNA 基因，采用特异性引物 Amx368-GC（5′-<u>CGCCCGCCGCGCGCGGCGGGC GGGGCGGGGCACGGGGGG</u>CCTTTCGGGCATTGCGAA-3′）（下划线部分为"GC"夹）和 Amx820（AAAACCCCTCTACTTAGTGCCC）进行扩增。2 种引物 PCR 反应体系及扩增条件相同。反应体系组成为：DNA 模板 1.0μL，10×Buffer 2.5μL，dNTPs（2.5mmol/L）2.0μL，上游引物和下游引物（20μmol/L）各 0.5μL，Ex Taq 酶（5U/μL）0.125μL，补水至终体积为 25μL。PCR 扩增条件为：94℃，5min；94℃，40s，55℃，40s，72℃，1min，35 个循环；72℃，10min。PCR 产物采用 DNA 纯化回收试剂盒（天根，中国）纯化回收。

3）DGGE 结果分析

利用 DGGE 电泳对 PCR 产物进行分离，仪器为 D-Code System（Bio-Rad 公司），电泳条件为：凝胶变性梯度 30%～60%，聚丙烯酰胺质量分数分别为 8%（BSF338-GC/BSR518 扩增产物）和 6%（amx368-GC/amx820 扩增产物），电压 120V，电泳缓冲液为1×TAE，电泳温度 60℃，电泳时间分别为 5h（BSF338-GC/BSR518 扩增产物）和 8h（amx368-GC/amx820 扩增产物）。电泳结束后凝胶进行银染，通过凝胶成像仪（BioRad，Gel Doc XR）获取图像。为了解生物滤池反应器中微生物群落结构，通过软件 Quantity One 4.6.0（Bio-Rad，USA）对 DGGE 图谱进行分析，其中微生物群落多样性用Shannon-Weaver 指数（H）表示，相关性分析主要分析不同填料反应器内细菌种群的相似性，用 Sorenson 配对比较相似性系数（C_s）表示。

（4）微生物系统发育分析

对于细菌及 ANAMMOX 的 DGGE 凝胶上条带进行切胶溶于 100μL 1×TE 中，4℃，16h。以此为模板，相应不带 GC 夹的 BSF338/BSR518 及 amx368/amx820 为引物，扩增细菌及 ANAMMOX 细菌 16SrRNA 片段。将纯化回收的 PCR 产物连接到载体 pMD19-T（TaKaRa）上，并转化到感受态细胞 Escherichia coli DH5α（天根，中国）中。阳性克隆送交上海生工生物公司（中国）进行测序。获得的序列通过 NCBI 网站的 BLAST 工具搜索相近序列，并进行比对。通过 MEGA 4.1 软件，以 bootstrap-NJ 法构建系统进化树。本研究所测得的 ANAMMOX 菌 16S rRNA 序列已提交至 GenBank，登录号为 JN244671。

2. 结果与讨论

（1）微生物形态

2 个反应器启动成功后稳定运行 1 个月，B1 反应器平均 TN 去除负荷为 0.5kgN/（m^3·d），去除率为 50%；B2 平均 TN 去除负荷 1.6kgN/（m^3·d），去除率为 60%。2 个生物滤柱填料表面都形成红色生物膜，这正是 ANAMMOX 菌独特的颜色特征。其中 B1 反应器生物膜红色比较浅，分布稀疏；B2 反应器生物膜红色比较深，分布稠密。生物膜微观结构通过扫描电子显微镜观察，结果如图 5-2 所示。

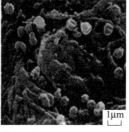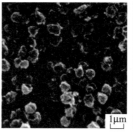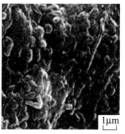

(a) B1 反应器(5000×)　　　　　　　　　　(b) B2 反应器(5000×)

图 5-2　ANAMMOX 生物膜扫描电镜照片（标尺 1μm）

比较 B1 和 B2 扫描电镜结果，发现 B1 反应器生物膜特点是丝状菌比较多，球形细菌分布密度较低。而 B2 反应器生物膜特点是以球形细菌为主，存在少量卵状、杆状细菌，没有发现丝状菌的存在。丝状菌一般为异养细菌，比自养菌繁殖速度快，本文认为丝状菌的大量

繁殖会优先占据反应器内填料表面及其空隙，不利于自养菌 ANAMMOX 的生长与附着，因而会影响反应器的脱氮效果。这可能是 B1 反应器 TN 去除负荷（0.5kgN/(m³·d)）远低于 B2 反应器（1.6kgN/(m³·d)）的原因。已报道的典型 ANAMMOX 细菌形态为球形，直径在 0.8～1.1μm。2 个 ANAMMOX反应器内都发现这种球形细菌的存在，推测可能是 ANAMMOX 细菌。B2 反应器球形细菌分布更为密集，推测原因是火山岩填料比陶粒填料具有更大的空隙率与孔隙率，更有利于这种微生物的富集。

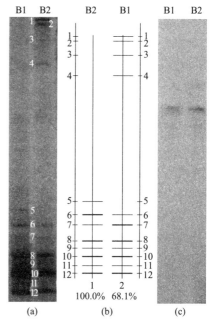

（2）微生物群落结构

对银染后的 DGGE 凝胶进行成像，在 2 条泳道上共观察到 12 条不同的条带，如图 5-3(a) 所示；图 5-3(b) 是对 DGGE 照片经过 Quantity One 4.6.0 分析后绘制的 DGGE 图谱示意图，12 条横线位置及横线颜色深浅可以简单反映各条带的分布与相对强度。微生物群落多样性指数 H1、H2 分别为 1.258 和 1.276。图 5-3(c) 是 ANAMMOX 细菌 DGGE 结果。

图 5-3　2 种厌氧氨氧化生物膜 DGGE 结果

对图 5-3(a) 中 12 个条带进行切胶、PCR 扩增，克隆测序鉴定，结果见表 5-3 所列。

ANAMMOX 反应器内细菌 16S rDNA 测序结果　　　　　　表 5-3

条带	最相似序列（登录号）	相似（%）
1	*Oxalicibacterium* sp. JCN-21（GU295961.1）	93
2	*Oxalicibacterium* sp. JCN-21（GU295961.1）	91
3	*Thermomonas hydrothermalis* strain SGM-6（NR025265.1）	88
4	*Anaerobic ammonium-oxidizing planctomycete* KOLL2a（AJ250882.1）	89

条带	最相似序列（登录号）	相似（%）
5	*Anaerobic bacterium* MO-CFX2（AB598278.1）	96
6	*Candidatus Kuenenia* stuttgartiensis（AF375995）	94
7	*Ignavibacterium album*（AB478415.1）	98
8	*Hippea maritima*（AB072402.1）	95
9	*Acinetobacter* sp. 'Acinet.1'（EF409307.1）	85
10	*Sulfur-oxidizing bacterium* gps61（AB266389.1）	91
11	*Ignavibacterium album*（AB478415.1）	93
12	*Rhodopseudomonas palustris*（D12700.1）	93

图 5-3 是 2 种 ANAMMOX 生物膜 DGGE 结果比较。由图 5-3(a) 可见，B1 和 B2 中的微生物种类丰度不是很高，这可能与反应器进水采用无机配水有关。H2 略大于 H1，表明 B2 反应器微生物多样性更高，火山岩填料（B2）比陶粒填料（B1）更有利于微生物富集。B1 和 B2 反应器内细菌种群的相似性为 68.1%，表明不同填料 ANAMMOX 反应器内微生物种类有所差别。DGGE 结果中（图 5-3(a)），B1 总共有 8 个条带，B2 有 10 个条带，2 个反应器有 6 个条带在相同位置（6、7、8、9、10 和 12），表明这 6 种微生物在 2 个反应器内都存在，分别与 *Candidatus Kuenenia* stuttgartiensis（AF375995）、*Ignavibacterium album*（AB478415.1）、*Hippea maritime*（AB072402.1）、*Acinetobacter* sp. 'Acinet.1'（EF409307.1）、*Sulfur oxidizing* bacterium gps61（AB266389.1）及 *Rhodopseudomonas palustris*（D12700.1）最相似（表 5-3）。两反应器内具有 ANAMMOX 作用的为条带 6 所代表的 *Candidatus Kuenenia* stuttgartiensis，其他为污水处理系统常见微生物。这表明 2 个反应器虽然填料不同，但经过较长时间运行后，能富集到同一种 ANAMMOX 菌。

条带 5 与条带 11 只出现在 B1 反应器内，它们与 *Anaerobic bacterium* MO-CFX2（AB598278.1）和 *Rhodopseudomonas palustris*（D12700.1）最相似，相似度分别为 96% 和 93%，表明这 2 种菌更容易在陶粒填料生物滤柱（B1）内生长。而条带 1、2、3 和 4 仅出现在 B2 反应器内，它们与 *Oxalicibacterium* sp. *JCN-21*（GU295961.1）、*Oxalicibacterium* sp. *JCN-21*（GU295961.1）、*Thermomonas hydrothermalis* strain *SGM-6*（NR025265.1）和 *Anaerobic ammonium-oxidizing planctomycete* KOLL 2a（AJ250882.1）相似度分别为 93%、91%、88% 及 89%，表明这 4 种菌更容易在火山岩填料生物滤柱（B2）内生长。2 种反应器内存在不同的菌，这可能与填料性质相关，因为火山岩填料具有更好的孔隙度，因而能富集更多的菌。虽然 B1 和 B2 生物滤池的填料不同，但在连续运行过程中，二者的操作条件基本相同。图 5-3(c) 中 2 组泳道都只有一个条带且位置相同，表明长时间运行后 2 个反应器中存在同一类 ANAMMOX 菌，细菌 16S rRNA 克隆测序也发现 2 个反应器内 ANAMMOX 菌同为 *Candidatus Kuenenia* stuttgartiensis。大多数对于废水处理 ANAMMOX 菌的研究发现，虽然不同反应器内 ANAMMOX 菌属可能不同，但其种类比较单一，以某一种为主，这可能与进水水质及运行工况相关，而 *Candidatus Kuenenia* stuttgartiensis 比较容易在生物滤池形式的反应器内出现。

（3）ANAMMOX 菌系统发育分析

因为细菌 16S rRNA V3 区片断较短（约 180bp），信息量较少，为了更详尽地了解反应器内 ANAMMOX 菌种类，对 ANAMMOX 菌 DGGE 条带（约 480bp）进行切胶回收、PCR 重扩增和克隆测序。将该序列与其他相关细菌的 16S rRNA 序列，通过 MEGA 4.1 软件构建系统发育树，如图 5-4 所示。

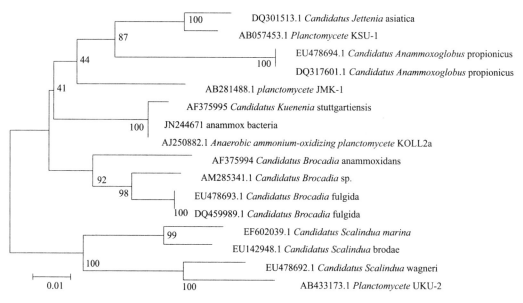

图 5-4　ANAMMOX 细菌的系统发育树分析

图 5-4 代表生物滤池中 ANAMMOX 细菌和已知的 5 类 ANAMMOX 菌及相关浮霉状菌的系统发育关系。序列 JN244671 与 *Candidatus Kuenenia* stuttgartiensis（AF375995）同源性最高，相似度达 99%。同时，与 *Anaerobic ammonium-oxidizing planctomycete* KOLL2a（AJ250882.1）在同一个分支上，显示它们在进化关系上最为接近。*Candidatus Kuenenia* stuttgartiensis 最早发现于生物滤池中，通过环境基因组方法，已经完成全基因组测序，这为研究 ANAMMOX 菌提供了新的思路。*Candidatus Kuenenia* stuttgartiensis 菌体呈球状，直径 1μm 左右，化能自养型，具有典型的 ANAMMOX 菌细胞结构特征，本实验中观察到的 ANAMMOX 菌与这些特征十分吻合。

已报道的大多数 ANAMMOX 反应器操作温度保持在 30～40℃，而一般废水的温度都处于常温（25℃）或更低温度，在实际污水处理中，对废水进行加热和保温成本太高也不实际，这成为 ANAMMOX 工艺应用的一个难题。本研究中，火山岩填料 ANAMMOX 生物滤池（B2）在较低温（15.0～16.5℃）条件下脱氮效果良好；另外，反应器长时间运行中一直在室内自然光线环境中，并不需要严格黑暗避光，这对 *Candidatus Kuenenia* stuttgartiensis 的认识更深了一步。综合研究表明，可以采用火山岩填料填充生物滤池反应器，并富集 *Candidatus Kuenenia* stuttgartiensis，有助于 ANAMMOX 工艺在较低温度（15.0～16.5℃）条件下稳定运行，从而节省废水加热与保温费用。

3. 结论

（1）SEM 结果显示，陶粒填料反应器（B1）内丝状菌比较多，球形细菌分布密度较低，火山岩填料反应器（B2）没有发现丝状菌，而球形细菌分布密集。丝状菌的存在不利于 ANAMMOX 菌的生长，火山岩填料更有利于球形细菌的富集。

（2）细菌 DGGE 结果表明，不同填料反应器内微生物种类有所差别，B1 和 B2 细菌种群的相似性仅为 68.1%，B2 反应器内细菌丰度更高。虽然 B1 和 B2 填料不同，但经过较长时间运行后，能富集到同一种 ANAMMOX 菌。

（3）通过细菌及 ANAMMOX 菌 DGGE 条带 16SrRNA 克隆测序，鉴定反应器内功能微生物为 ANAMMOX 菌 *Candidatus Kuenenia* stuttgartiensis。可以采用火山岩填料生物滤池反应器形式，通过富集 *Candidatus Kuenenia* stuttgartiensis，有助于 ANAMMOX 工艺在较低温度（15.0~16.5℃）下稳定运行，从而节省废水加热与保温费用。

5.1.3 低温 ANAMMOX 生物滤池细菌群落沿层分布规律

ANAMMOX 工艺是目前最简捷和最经济的生物脱氮途径，是指在厌氧的条件下，以 $NO_2^- $-N 为电子受体，氨氮作为电子供体生成 N_2 的过程。

与传统硝化-反硝化工艺相比，ANAMMOX 具有需氧量低，运行费用低，污泥产量低和无需外加碳源等优点，已成为废水生物脱氮研究中的热点。ANAMMOX 菌是一群分支很深的浮霉状菌，迄今为止，通过分子生物学检测手段已经在不同地点的人工或天然生态系统中鉴定了 5 种不同的 "*Candidatus*" ANAMMOX 菌属，分别为 *Brocadia*，*Kuenenia*，*Jettenia*，*Anammoxoglobus* 和 *Scalindua*。AOB 也是通过氧化氨来获取能量的自养菌，有研究发现 AOB 能够在 ANAMMOX 反应器内生存；*Nitrosomonas eutropha* 菌属 AOB 能在氧受限的条件下，发生以 $NO_2^- $-N 为电子受体的 ANAMMOX 反应。这些报道表明，关于 ANAMMOX 菌与 AOB 之间关系的研究有助于提高生物脱氮反应器的性能。目前，关于 ANAMMOX 工艺的研究主要是针对污泥消化回流液和垃圾渗滤液等高氨氮废水方面，最适温度通常在 30~40℃之间，对较低温度下的 ANAMMOX 报道较少。关于 ANAMMOX 微生物方面的研究，主要是 ANAMMOX 菌在反应器的富集以及对该菌的分子生物学鉴定，对 ANAMMOX 反应器不同部位微生物群落分布进行系统研究比较少。本研究中 ANAMMOX 反应温度在 14.9~16.2℃之间，用低温 ANAMMOX 表示。本节通过对低温稳定运行的上流式 ANAMMOX 生物滤池沿层取样，利用扫描电镜（SEM）、变性梯度凝胶电泳技术（DGGE）和克隆测序等方法对细菌、ANAMMOX 和 AOB 群落结构进行系统分析，探索生物滤池微生物群落沿层分布特征，以便为提高反应器效能研究提供便利。

1. 材料与方法

（1）反应器

试验装置为有效容积 45L 的圆柱形密闭有机玻璃生物滤柱，内径 185mm。柱内装填粒径为 4~6mm 的火山岩填料，填料高度为 190cm。反应器通过接种 ANAMMOX 污泥启动成功，通过添加硫酸铵与亚硝酸钠配置实验用水，使得氨氮与 $NO_2^- $-N 的摩尔比约为 1∶1.31，以符合 ANAMMOX 反应基质比例要求，氨氮浓度约为 200mg/L。另外添加 1.5% 的生活污水 A/O（厌氧/好氧）除磷工艺的二级处理出水。采用上向流进水方式，进水 pH 为 7.2，温度为冬季室温（14.9~16.2℃），HRT 为 1.2h，进水 TN 负荷为 4.8kgN/($m^3 \cdot d$)，水力负荷为 3.0m^3/($m^2 \cdot h$)。

（2）生物膜形态观察

在反应器上、中、下 3 部位分别收集 ANAMMOX 生物膜，按 Wang 等介绍的方法处理样品，通过扫描电镜（HITACHI S-4300）观察生物膜微观结构。

（3）变性凝胶梯度电泳

1）总 DNA 提取

在反应器上、中、下部位各取 200mL 含红色污泥的生物膜水样，于转速为 12000r/min、温度为 4℃的条件下离心 10min，收集沉淀。沉淀加入 10mL，浓度为 0.1mol/L 的 PBS（pH8.0）重悬 2 次。参考 Zhou 等给出的细菌总 DNA 提取方法提取细菌总 DNA。

2）PCR 扩增

采用通用引物 BSF338-GC 和 BSR518 扩增细菌 16S rDNA V3 区片断。采用特异性引物 amx368-GC 和 amx820 扩增厌氧氨氧化 16S rRNA 基因。对于 AOB 细菌，采用引物 amoA-1F-GC 与 amoA-2R 扩增 AOB 功能基因 amoA。3 种引物信息见表 5-4 所列。

PCR-DGGE 所用引物信息　　　　表 5-4

目的基因	引物	序列（5'-3'）	变性温度（℃）
细菌 16S rRNA	BSF338-GC	［GC 夹］ACTCCTACGGGAGGCAGCAG	55
	BSR518	ATTACCGCGGCGCTGG	
ANAMMOX16S rRNA	amx368-GC	［GC 夹］CCTTTCGGGCATTGCGAA	55
	amx820	AAAACCCCTCTACTTAGTGCCC	
amoA	amoA-1F-GC	［GC 夹］GGGGTTTCTACTGGTGGT	57
	amoA-2R	CCCCTCKGSAAAGCCTTCTTC	

注：［GC 夹］= ［CGC CCG CCG CGC CCC GCG CCC GGC CCG CCG CCC CCG CCC］。

PCR 产物按 DNA 纯化回收试剂盒（天根）操作说明进行纯化回收。

3）DGGE 及其结果分析

采用美国 Bio-Rad 公司 DcodeTM 的基因突变检测系统对 PCR 反应产物进行电泳分离，电泳条件如下：凝胶变性梯度为 30%～60%，聚丙烯酰胺质量分数分别为 8%（BSF338-GC/BSR518 扩增产物）和 6%（amx368-GC/amx820 扩增产物，amoA-1F-GC/amoA-2R 扩增产物），电压为 120V，缓冲液为 1×TAE，温度为 60℃，电泳时间分别为 5h（BSF338-GC/BSR518 扩增产物），8h（amx368-GC/amx820 扩增产物）和 10h（amoA-1F-GC/amoA-2R 扩增产物）。电泳结束后对凝胶进行银染，染色图谱通过数码相机获取。

对 DGGE 图谱通过软件 Quantity One 4.6.0（Bio-Rad，USA）进行分析，其中微生物群落多样性用 Shannon-Weaver 指数（H）表示，其计算公式为：$H = -\sum H = -\sum P_i \ln P_i$（其中 P_i 表示每个峰面积占总面积的比值）。而相关性分析主要分析反应器不同部位微生物种群相似性。

（4）ANAMMOX 菌与 AOB 系统发育分析

对于 ANAMMOX 菌与 AOB 的 DGGE 凝胶上条带进行切胶溶于 100μL 1×TE 中，在 4℃冰箱中放置 24h。以此为模板，相应不带 GC 夹的 amx368/amx820amoA-1F/amoA-2R 为引物，扩增 ANAMMOX 菌 16SrRNA 基因与 AOB 功能基因 amoA。将回收的 PCR 产物连接到载体 pMD19-T（TaKaRa）上，并转化到感受态细胞 Escherichia coli DH5α（天

根）中去。通过蓝白斑筛选阳性克隆并送交生工生物公司进行测序。获得的序列通过NCBI 网站的 BLAST 工具在 GenBank 中搜索相近序列。将该序列与已发表的相关序列进行比对，通过 MEGA 5.0 软件，以 bootstrap-NJ 法构建系统进化树。本研究所得的 ANAMMOX 菌 16S rRNA 基因序列与 AOB 细菌 amoA 基因序列已提交至 GenBank，登录号分别为 JN659913 与 JN659914。

2. 结果与讨论

（1）生物滤池沿层脱氮效果

反应器出水平均 pH 为 8.2，比进水 pH（7.2）高，原因是 ANAMMOX 过程中主要消耗氢离子从而造成 pH 升高。目前关于低温（<20℃）ANAMMOX 报道尚少，Dosta 等研究了温度对 ANAMMOX 的影响，发现温度低于 20℃条件下，ANAMMOX 中 TN 去除负荷小于 0.5kgN/（m³·d）。Winkler 等研究了在温度（18±3）℃条件下 ANAMMOX 颗粒污泥反应器脱氮效果，发现 TN 去除负荷为 0.9kgN/（m³·d）。在本研究中，反应器在较低温度下（14.9～16.2℃）TN 去除负荷达 2.4kgN/（m³·d），表明火山岩生物滤池反应器即使在低温下也具有极高的 ANAMMOX 脱氮效果。

为了更清楚地了解反应器沿层氮素变化情况，对生物滤柱沿进水方向每隔 10cm 取样，对反应器上（140～190cm）、中（60～140cm）、下（10～60cm）3 部分氮素变化进行分析，结果如图 5-5 所示。从图 5-5 可见：沿滤层进水方向，氨氮和 NO_2^--N 成比例消耗，TN 去除负荷也不断提高。经计算，发现在反应器下部即进水端，消耗的氨氮：NO_2^--N（摩尔比）＝1:1.02，大于 ANAMMOX 反应理论消耗的 1:1.32。推测其原因是生物滤柱下部存在 AOB，能够氧化一部分氨氮。进水中的氨氮和 NO_2^--N 去除集中在生物滤柱中部（60～140cm），且中部氨氮：NO_2^--N（摩尔比）为 1:1.32，符合 ANAMMOX 反应基质消耗的摩尔比，表明生物滤柱中部微生物以 ANAMMOX 菌为主。而在反应器上部，消耗的氨氮：NO_2^--N（摩尔比）＝1:1.33，小于 ANAMMOX 反应理论消耗的 1:1.32；同时，反应器上部积累了一定量的 NO_3^--N（20mg/L），NO_3^--N 产生量与氨氮消耗量之摩尔比 ΔNO_3^--N：ΔNH_4^+-N（摩尔比）＝0.23，小于理论的 0.26，表明在反应器上部有一部分 NO_2^--N 和 NO_3^--N 以非 ANAMMOX 方式损失，推测反应器上部存在反硝化微生物，负责小部分 NO_2^--N 和 NO_3^--N 的去除。

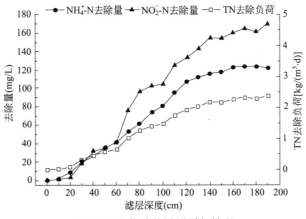

图 5-5 生物滤柱沿层脱氮情况

（2）微生物形态分析

在反应器运行过程中，观察到生物膜上 ANAMMOX 菌所特有的红色沿水流方向存在明显的深浅变化，下部分生物膜呈暗褐色，中部分生物膜呈桃红色，上部分生物膜逐渐转为暗红色，这反映 ANAMMOX 生物量并不是均匀分布的。为了更详细了解生物滤柱沿层生物膜微观结构，对上、中、下 3 部分生物膜通过扫描电镜进行观察，结果如图 5-6 所示。上部分微生物形态不一，种类比较多，存在球形、杆形、弧形细菌及较多的丝状菌；中部分微生物几乎全是直径 $1\mu m$ 的球形细菌，分布密集；下部分微生物存在球状、椭球状和杆状细菌。

| (a) 上(5000×) | (b) 中(5000×) | (c) 下(5000×) | (d) 中(10000×) |

图 5-6　ANAMMOX 生物滤池沿层微观结构观察（标尺 $1\mu m$）

已报道的 ANAMMOX 细菌形态主要为球形，直径在 $0.8\sim1.1\mu m$ 之间。通过扫描电镜对中部球形细菌放大 10000 倍（图 5-6（d）），能更清楚地观察这种球形细菌的特征：球形细胞表面并不十分光滑，存在一些细点状凸起；细胞之间存在细丝状连接，可能是细菌的分泌物，有助于细菌在填料表面附着生长。这些特征与已报道的 ANAMMOX 菌特征非常吻合。这从微观上证实了 ANAMMOX 生物主要分布在反应器中部的推测，这也是氮素大部分在反应器中部被去除的原因。

（3）细菌群落结构沿层分析

细菌 DGGE 上、中、下 3 条泳道上共观察到 12 条不同的条带，如图 5-7（a）所示；对 DGGE 图谱经过 Quantity One 4.6.0 分析绘制示意图，如图 5-7（b）所示，其中 12 条横线位置及横线颜色深浅，可以反映各条带的分布与相对强度，也得到反应器内中，下部与上部细菌种群的相似性分别为 80.2% 和 62.6%。另外，计算出上、中、下各部分微生物群落 Shannon-Weaver 指数 H 分别为 1.30、0.83 和 0.67。DGGE 凝胶上的条带与细菌群落结构密切相关，不同位置的条带代表着不同的细菌种类，条带的数量反映了群落的多样性。由图 5-7（a）可知：反应器内共只有 12 条不同位置的条带，表明细菌多样性不是很高，这可能与反应器进水采用无机配水有关。条带 5、8、9 和 10 在反应器上、中、下部分都出现，这些条带代表的 4 类细菌在反应器上、中、下 3 部分都存在，分布比较均匀；上、中、下 3 部分 DGGE 条带数目分别为 10，7 和 6，Shannon-Weaver 指数也是 $H_上>H_中>H_下$，这表明生物滤柱上部分细菌多样性最高，中部其次，下层细菌多样性最低。推测其原因是在生物滤柱进水端（下部），NH_4^+-N、NO_2^--N 浓度及水力负荷都很高，能够适应这种条件的细菌比较少。同时，这些细菌会消耗进水中的微量 DO，为反应器创造厌氧环境。在生物滤柱中部，NH_4^+-N、NO_2^--N 浓度降低，厌氧环境适宜，因而会形成以 ANAMMOX 菌为主的微生物。群落结构。在生物滤柱上部存在反硝化现象，因而反应器上部可能存在反硝化微生物；同时，下、中部的一些微生物也会随水流到达上部，使得上部微生物种类较多。微生物群落结构沿层变化是适应生物滤柱沿层氮素变化的结果。

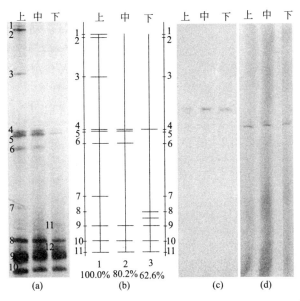

图 5-7 ANAMMOX 生物滤池上、中、下部位微生物 DGGE 结果

（4）ANAMMOX 与 AOB 群落结构及系统发育分析

上、中、下 3 部分 ANAMMOX 的 DGGE 结果（图 5-7（c））与 AOB 的 DGGE 结果（见图 5-7（d））都分别只有 1 个条带，表明生物滤池沿层中 ANAMMOX 与 AOB 都分别只有 1 个种类，这与其他有关 ANAMMOX 在反应器内种类分布的研究结果一致。在同一生态系统中，很少发现 2 个 ANAMMOX 种群同时出现，表明每一种 ANAMMOX 菌都有自己独特的特性与特定的生态系统。

对 ANAMMOX 菌进行菌属鉴定，并构建系统发育树（见图 5-8），发现反应器内存在的 ANAMMOX 菌（JN659913 ANAMMOX *bacteria*）为 *Candidatus Kuenenia* stuttgartiensis。这种 ANAMMOX 菌最早发现于生物滤池中，菌体呈球状，直径为 $1\mu m$ 左右，化能自养型，本研究中 ANAMMOX 菌与这些特征相吻合。一般文献报道 ANAMMOX 工艺都是在较高的温度（30～40℃）下运行，本实验中 ANAMMOX 生物滤池在低温下（14.9～16.2℃）也有很高的 TN 去除负荷，显示 *Candidatus Kuenenia* stuttgartiensis 能够在低温下稳定生长并保持较高的生物活性，因而可以通过富集 *Candidatus Kuenenia* stuttgartiensis 来维持 ANAMMOX 工艺在较低温度下（16℃左右）稳定运行。

在生物滤柱运行过程中，并没有把进水中的 DO 去除，进水中存在较低的 DO，因而，反应器出现能够利用 NH_4^+-N 来获取能量的自养好氧 AOB。但反应器处于低温、低 DO 的环境，不具备 AOB 适宜的生长繁殖条件，因而，反应器内 AOB 种类单一，只有 1 种。通过克隆测序鉴定 AOB 菌属，并构建系统发育树，结果如图 5-9 所示。

图中 JN659914 AOB amoA 代表生物滤池中 AOB 和已知 AOB 的系统发育关系。发现生物滤池中 AOB 与 *Nitrosomonas* sp. ENI-11（AB079055.1）同源性最高，相似度达 98%。*Nitrosomonas* sp. ENI-11 属于亚硝化单胞菌属（*Nitrosomonas*），*Nitrosomonas*

为污水生物脱氮系统中比较常见的 AOB 菌属，其能够在低 DO 环境下生存。此类 AOB 的存在能够消耗进水中的微量 DO，为反应器创造厌氧环境，有利于生物滤柱中部富集较多的 ANAMMOX 菌，发挥 ANAMMOX 脱氮效果。

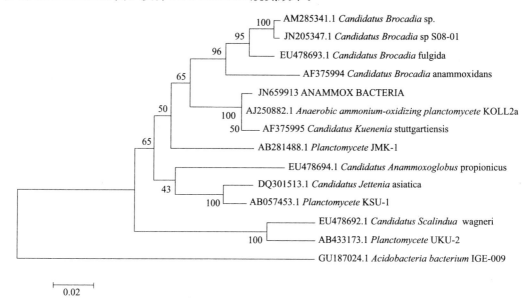

图 5-8　ANAMMOX 细菌的系统发育树分析

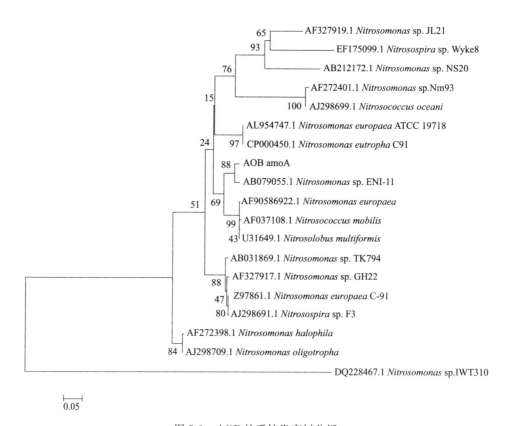

图 5-9　AOB 的系统发育树分析

3. 结论

（1）大部分氨氮与 NO_2^--N 在反应器中部以 ANAMMOX 脱氮方式去除，反应器即使在低温（$14.9\sim16.2℃$）条件下也具有很好的脱氮效果，TN 去除负荷达 $2.4kgN/（m^3·d）$。

（2）反应器中部微生物以类似 ANAMMOX 菌的球形细菌为主。生物滤柱上部分细菌多样性最高，中部其次，下层细菌多样性最低。细菌群落结构沿层变化是适应生物滤柱沿层氮素变化的结果。

（3）在反应器上、中、下部位存在同一种 ANAMMOX 菌与 AOB。反应器内存在的 ANAMMOX 菌为 *Candidatus Kuenenia* stuttgartiensis，AOB 为 *Nitrosomonas* sp. ENI-11。

5.1.4 T-RFLP 解析 ANAMMOX 菌群结构

ANAMMOX 是近几年发现的一种氮循环新途径，是指在厌氧条件下，微生物利用 NH_4^+ 为电子供体，NO_2^- 为电子受体，直接将 NH_4^+ 和 NO_2^- 转化为 N_2 的生化过程。AN-AMMOX 的发现对于研究地球氮循环、丰富微生物理论以及开发新型生物脱氮工艺均具有巨大的推动作用。在环境工程领域，厌氧氨氧化是目前已知最经济的生物脱氮途径，具有良好的推广应用前景。根据 16SrRNA 基因系统发育分析，ANAMMOX 菌被确定为浮霉菌门（Planctomycetes）的一员。目前已发现的 9 株 ANAMMOX 菌种分属于 5 个菌属，即 *Candidatus Brocadia*、*Candidatus Kueneni*、*Candidatus ANAMMOX oglobus*、*Candidatus Jettenia*、*Candidatus Scalindua*。

在分析环境样品中的 ANAMMOX 菌群落组成时，常常采用克隆、测序构建 16S rDNA 克隆文库的方法。该方法避免了对 ANAMMOX 菌纯培养的要求，但是构建克隆文库工作量大，费用高，不能实现 ANAMMOX 菌群落结构的快速分析。本文建立的基于 T-RFLP 技术分析 ANAMMOX 菌群落组成的方法，充分发挥了 T-RFLP 技术高重复性、高灵敏度、高通量、易于数字化等特点，实现了对环境样品中 ANAMMOX 菌群落结构的快速分析。

1. 实验

（1）T-RFLP 方法的确定

SILVA（R108）SSU Ref 数据库拥有 530197 条细菌 16S rRNA 序列，是目前研究细菌 16S rRNA 基因最全、最大的数据库。ANAMMOX 菌特异性 T-RFLP 方法的建立中，以 SILVA（R108）SSU Ref 为数据库，采用 MiCA 3 中 ISpaR 为分析工具，测试 ANA-MMOX 菌引物的特异性，并通过比较不同限制性内切酶切得的末端片段长度，选择合适的限制性内切酶。选取 SILVA（R108）SSU Ref 数据库中 Brocadiales 目（目前已知 AN-AMMOX 菌群）约 400 条序列为分析对象，采用 seqRFLP 软件预测理论末端片段长度（T-RFs）。

（2）污泥样品的采集

污泥样品分别取自：哈高科大豆废水处理 EGSB 工艺厌氧颗粒污泥（Hgk1）；哈高科大豆废水处理 SBR 工艺好氧活性污泥（Hgk2）；太平污水处理厂 A/O 工艺回流污泥（Tp）；实验室 SBR 型 ANAMMOX 反应器（Hit）。各工艺的运行情况见表 5-5 所列。

各工艺运行情况　　　　　　表 5-5

污泥样品	取样点	COD(mg/L)		TN(mg/L)	
		进水	出水	进水	出水
Hgk1	EGSB	10000	400	150	135
Hgk2	SBR	400	60	125	15
Tp	二沉池	420	15	50	10
Hit	SBR	—	—	120	75

样品采集后立即置于冰上运至实验室，10000r/min 离心 10min 弃上清液，保存于 —20℃以备后续分析。

（3）DNA 提取及 PCR 扩增

采用 PowerSoil DNA Isolation Kit（MO BIO，CA）提取污泥样品的基因组 DNA。操作步骤见试剂盒说明书，并采用紫外分光光度仪（NanoDrop2000，Gene）和 1‰（质量分数）的琼脂糖凝胶电泳检测 DNA 的浓度和质量。

为提高灵敏度，采用巢式 PCR 进行 DNA 的扩增。PCR 所用引物见表 5-6 所列。首先采用引物对 Pla46f -1390r 进行首轮 PCR 扩增，然后以 1μLPCR 产物为模板，采用 ANAMMOX菌特异性引物对 Amx368f -Amx820r 进行二次 PCR 扩增。

巢氏 PCR 所用引物　　　　　　表 5-6

引物	特异性	序列(5'-3')
Pla46f	Planctomycetales	GGATTAGGCATGCAAGTC
1390r	Bacteria	GACGGGCGGTGTGTACAA
Amx368f[a]	ANAMMOX bacteria	TTCGCAATGCCCGAAAGG
Amx820r	ANAMMOX bacteria	AAAACCCCTCTACTTAGTGCCC

a：引物 5'端带 6-FAM 荧光标记。

PCR 反应体系（50μL）：5.0μL 10X PCR Buffer，4.0μL dNTPs，1.0μL 引物 1，1.0μL 引物 2，1μL 模板 DNA，1μL EasyTaq 酶（TransGen，China），补充 ddH$_2$O 至 50μL。PCR 反应程序：95℃预变性 5min，95℃变性 30s，55℃（首轮扩增）/58℃（二次扩增）退火 30s，72℃延伸 1min，30 个循环，72℃终延伸 10min。PCR 产物采用 1.5％的琼脂糖凝胶电泳进行检测。

（4）T-RFLP 分析

PCR 产物采用 5U 绿豆核酸酶（NEB，10U/μL）消化，以去除单链 DNA。消化后使用 Easy Pure PCR 纯化试剂盒（TransGen，China）纯化 PCR 产物。采用限制性内切酶 MspI（C˙CGG）和 RsaI（GT˙AC）对纯化后的 PCR 产物进行酶切。反应体系 10μL：7 μL 纯化 PCR 产物，1μL 10XBuffer，1μL MspI（NEB，20U/μL），1μL RsaI（NEB，20U/μL）。37℃酶切过夜，65℃失活 20 min。酶切产物采用乙醇沉淀法进行脱盐纯化。酶切后的 PCR 产物，连同 GeneScan-500 LIZ Size Standard（Applied Biosystems，USA）在 ABI 3130（Applied Biosystems，USA）上进行毛细管电泳。

实验原始数据采用 GeneMapper 4.0（Applied Biosystems，USA）进行初步分析，后续分析按照文献中的方法完成。

（5）ANAMMOX 菌特异性 T-RFLP 的灵敏性和重复性检验

基于 PCR 技术的序列分析由于方法的固有偏差会导致数据的严重失真。为了检验 ANAMMOX 菌特异性 T-RFLP 方法的灵敏性，选取克隆子 Hgk-2（属于 *Brocadia*）和 Tp-8（属于 *Scalindua*），以不同比例混合来模拟微生物群落（表 5-7），进行 ANAMMOX 菌特异性 T-RFLP。

模拟 ANAMMOX 菌群组成　　　　　　　　　　　　　　　　　　　　　　　　表 5-7

模拟微生物群落		M-1	M-2	M-3	M-4
克隆子	Hgk -2(*Brocadia*)	1	10	25	50
	Tp -8(*Scalindua*)	99	90	75	50

ANAMMOX 菌特异性 T-RFLP 方法的重复性通过两次独立的平行实验进行检验。

2. 结果与讨论

（1）ANAMMOX 菌特异性 T-RFLP 方法的建立

应用 T-RFLP 技术快速分析 ANAMMOX 菌的群落组成，需要考虑 2 个前提条件（图 5-10）：①能够高效扩增 ANAMMOX 菌群的特异性引物，通过 seqRFLP 软件，以数据库 SILVA（R108）SSURef 中 400 个 ANAMMOX 菌序列为研究对象模拟 PCR。结果显示，引物组合 amx368f 和 amx820r 能够有效扩增 ANAMMOX 菌（在存在 3 个碱基错配的情况下，扩增效率为 385/400）；②合适的限制性内切酶能够将不同菌属的 ANAMMOX 菌切成不同的末端片段长度（T-RFs），对被 amx368f 和 amx820r 扩增出的 ANAMMOX 菌群（385 个序列），采用不同的限制性内切酶（MspI、RsaI、AluI、TaqI）进行酶切分析。

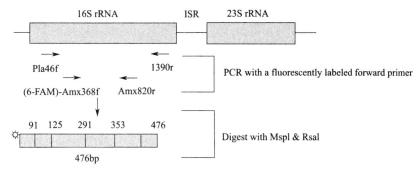

图 5-10　ANAMMOX 菌特异性 T-RFLP 方法的基本原理

结果表明，以 amx368f 和 amx820r 为引物（其中 amx368f 的 5'端带荧光），采用 MspI 和 RsaI 进行双酶切所建立的 ANAMMOX 菌特异性 T-RFLP 方法能够有效地区分不同 ANAMMOX 菌属。SILVA（R108）SSU Ref 数据库中除了 30 个未归类序列外，其余 ANAM-MOX 菌被归属于 5 个菌属：*Brocadia*、*Kuenenia*、*ANAMMOX oglobus*、*Jettenia*、*Scalindua*。其对应理论末端片段长度分别为 125bp、291bp、91bp、476bp、353 bp。

（2）ANAMMOX 菌特异性 T-RFLP 方法的重复性检验

为了检验 ANAMMOX 菌特异性 T-RFLP 方法的可重复性，选取质粒混合物 M-4 为分析对象，进行 2 次相互独立的 ANAMMOX 菌特异性 TRFLP 实验，结果如图 5-11 所示。可以看出，2 次实验无论是信号峰数量、信号峰位置还是信号峰强度均表现出高度的一致性。因此，ANAMMOX 菌特异性 T-RFLP 方法具有较好的重现性，可以作为一种稳定的快速分析 ANAMMOX 菌群落组成的方法。

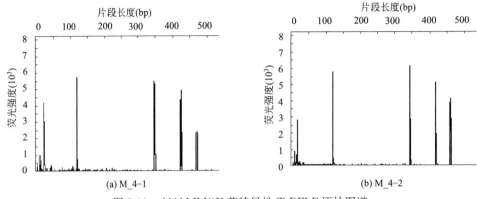

图 5-11　ANAMMOX 菌特异性 T-RFLP 原始图谱

（3）ANAMMOX 菌特异性 T-RFLP 方法的灵敏性检验结果

用 2 种质粒按不同比例混合的模拟 ANAMMOX 菌群落（见表 5-7）来探讨 ANAMMOX 菌特异性 TRFLP 方法的灵敏性，结果如图 5-12 所示。可以看出，该方法基本能够较准确地预测混合体系中 ANAMMOX 菌的群落组成和其相对丰度。当混合体系 M-1 中 *Brocadia* 占总数的 1％时，由于峰值过低，已与杂峰混淆，系统无法有效识别其信号，说明该方法存在一定的检测限（＞1％）。

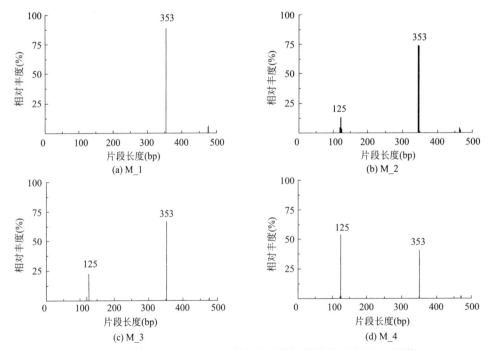

图 5-12　模拟 ANAMMOX 菌群落的末端片段长度（T-RFs）图谱

（4）污泥样品中 ANAMMOX 菌的群落组成分析

采用所建立的 ANAMMOX 菌特异性 T-RFLP 方法对污泥样品中 ANAMMOX 菌群

落组成进行分析，结果如图 5-13 所示。可以看出，ANAMMOX 菌广泛存在于污水处理厂活性污泥中，且 ANAMMOX 菌的群落组成存在差异。哈高科大豆废水处理厂 EGSB 颗粒污泥（Hgk1）中存在大量末端片段长度（T-RF）91bp 和 125bp，分别代表 *ANAMMOX oglobus* 属和 *Brocadia* 属，其中 431bp 可能是酶切不充分导致；哈高科大豆废水处理厂 SBR 工艺活性污泥（Hgk2）中主要末端片段长度 125bp 和 353bp，分别代表 *Brocadia* 属和 *Scalindua* 属；哈尔滨太平市政污水处理厂 A/O 工艺活性污泥（Tp）中存在着 91bp、125bp、353bp 的末端片段长度，分别代表 *ANAMMOX oglobus* 属、*Brocadia* 属和 *Scalindua* 属。从实验室 ANAMMOX 反应器污泥（Hit）的 T-RFLP 图谱可以看出，经过富集所得 ANAMMOX 菌的群落组成较单一，主要为 *Brocadia* 属。

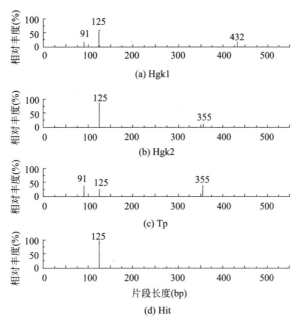

图 5-13 污泥样品中 ANAMMOX 菌群落的 ANAMMOX 菌特异性 T-RFLP 图谱

通过该方法可进一步分析污泥样品中 ANAMMOX 菌的丰度，结果见表 5-8。样品 Hgk1 和 Hgk2 中优势 ANAMMOX 菌均为 *Brocadia* 属，相对丰度分别为 61.7％和 86.5％。样品 Tp 中未形成单一的优势 ANAMMOX 菌，其所含 *ANAMMOX oglobus* 属、*Brocadia* 属和 *Scalindua* 属的相对丰度分别为 38.2％，25.7％和 36.1％。采用 Hgk2 为接种污泥的实验室 ANAMMOX 反应器污泥（Hit）中 *Brocadia* 属相对丰度达 100％。

污泥样品中 ANAMMOX 菌群落组成分析　　　　　　表 5-8

污泥样品	取样点	末端片段长度及对应 ANAMMOX 菌属		
		91bp (*ANAMMOX oglobus*)	125bp (*Brocadia*)	353bp (*Scalindua*)
Hgk1	EGSB	17.4	61.7	20.9
Hgk2	SBR	—	86.5	13.5
Tp	二沉池	38.2	25.7	36.1
Hit	SBR	—	100	—

3. 结论

（1）通过对 SILVA（R108）SSU Ref 数据库中 400 条 ANAMMOX 菌 16S rRNA 基因序列的分析，建立了 ANAMMOX 菌特异性 T-RFLP 方法。重复性和灵敏性检验表明，该方法是一种稳定的、可靠的分析 ANAMMOX 菌群落组成的方法。该方法避免了烦琐的克隆过程，尤其适合于对环境样品中 ANAMMOX 菌群落组成的快速分析，能够有效地对各 ANAMMOX 菌进行相对定量分析。

（2）ANAMMOX 菌广泛存在于现行污水处理工艺，为采用普通活性污泥作为 ANAMMOX反应器接种污泥提供了理论依据。

4. 展望

采用本文所建立的 ANAMMOX 菌特异性 T-RFLP 方法对样品中 ANAMMOX 菌群落多样性进行分析时，需考虑几个关键因素：

（1）应尽量优化 PCR 体系和程序，减少杂带和引物二聚体的生成，以免在毛细管电泳中产生杂峰，干扰对信号峰的分析。

（2）限制性酶切过程一定要充分。每段序列的酶切位点很多，酶切不充分会出现大量的杂峰，干扰分析。初期的实验中发现，T-RFLP 图谱在 477bp 出现较强信号峰，表明由于酶切不充分，很多 PCR 产物未被切断。

（3）由于环境样品中 ANAMMOX 菌的含量一般较低，采用巢式 PCR 有效扩增含量较低的 ANAMMOX 菌 16S rRNA 基因尤为必要。

5.2　CANON 反应器功能微生物特性研究

5.2.1　氨氮对 CANON 反应器功能微生物丰度和群落结构的影响

CANON 工艺作为一种新型生物脱氮工艺，在单级反应器中通过 AOB 和 ANAMMOX菌的协同作用实现亚硝化和 ANAMMOX，从而达到脱氮目的。由于 CANON 工艺具有脱氮途径简捷，无需外加碳源，节省曝气等诸多优点，因此成为研究的热点。然而，目前 CANON 工艺主要应用在高温高氨氮工业废水方面，其在生活污水处理方面的应用还需要克服低氨氮浓度（<100mg/L）和低温（<20℃）2 个难题。本研究以常温下稳定运行的 CANON 反应器作为对象，分析在 200d 的运行期间内，进水氨氮由 400mg/L 逐级降低至 100mg/L 时反应器的运行状况，并基于 PCR-DGGE 和 real-time PCR 方法，分析功能微生物的种类和丰度的变化，并对反应器微观生态系统和宏观运行效能的关系进行讨论。

1. 材料与方法

（1）实验装置及运行条件

实验装置如图 5-14 所示，反应器内径 150mm，总高度 700mm，总体积 8.15L。柱内装填火山岩活性生物陶粒滤料，滤柱上方设有温度、pH、DO 数据采集系统。实验用水以 $NaHCO_3$、$(NH_4)_2SO_4$、KH_2PO_4 与自来水配制而成，采用上向流进水，底部曝气方式运行。该装置在室温、高 NH_4^+-N 浓度（>400mg/L）下成功启动并稳定运行约 150d，之后进水 NH_4^+-N 浓度分别由 400mg/L 降低至 300mg/L、200mg/L、100mg/L，并通过调整曝气和 HRT 使系统达到稳定，考察不同基质浓度下 CANON 系统的运行情况。在运行过程中，pH 在 8.0～8.2 之间，温度为室温，变化范围在 15～23℃ 之间。

（2）检测项目与分析方法

氨氮采用纳式试剂光度法；NO_2^--N 采用 N-(1-萘基)-乙二胺光度法；NO_3^--N 采用麝香草酚分光光度法；DO 和温度采用多功能溶解氧在线测定仪（WTWinoLab StirrOx-G，德国），pH 采用 pH 测定仪（OAKTON Waterproof pH Testr 10BNC，美国）。

（3）DNA 提取

分别在不同进水氨氮浓度下的稳定期内采集反应器内滤料数粒，用无菌刷将生物膜取下后，采用化学法裂解、

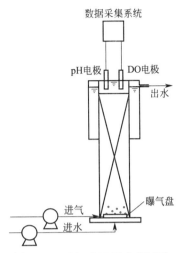

图 5-14　CANON 反应器试验装置及工艺流程图

酚/氯仿/异戊醇抽提，试剂盒纯化回收的方法提取基因组 DNA，具体操作步骤可参照文献，与之不同的是在最后一步为了获得更为纯净的基因组 DNA，采用琼脂糖凝胶 DNA 回收试剂盒（天根，北京）对产物进行纯化回收。提取的 DNA 样品用 0.8% 琼脂糖凝胶电泳进行检测。

（4）PCR、DGGE 分析

对于 β-Proteobacteria 的 AOB 的 16S rRNA 扩增采用巢式 PCR：第一阶段，先以 CTO189fA/B/C 以及 CTO654r 为引物进行扩增，引物序列及扩增条件见文献；之后以第一阶段的 PCR 产物为模板，以细菌通用引物 F338-GC 和 R518 进行扩增，引物序列及扩增条件见文献。ANAMMOX 菌的 16S rRNA 扩增使用 ANAMMOX 菌的特异性引物对 Amx368F-GC/Amx820，引物序列及扩增条件见文献。PCR 产物用 1.5% 的琼脂糖凝胶电泳进行检测，并经过琼脂糖凝胶纯化回收试剂盒纯化回收后，采用 D-code 通用突变检测系统（BIO-RAD，美国）进行 DGGE 电泳分析。DGGE 电泳条件为：聚丙烯酰胺浓度 8%，变性梯度 30%～60%，电压 120V，电泳时间 6h，整个过程温度维持在 60℃。电泳结束后对凝胶进行银染并拍照。

（5）微生物多样性分析

对于 DGGE 图谱用 Quantity One 软件（版本 4.6.2）进行多样性统计分析，基于 DGGE 凝胶条带的数量和强度利用 Shannon-Wiener 多样性指数（H）和 Simpson's 指数（D）来评价各个阶段微生物群落的多样性，二者的计算公式见文献。

（6）切胶、测序及系统发育树的构建

切取 DGGE 图谱中的目的条带溶于 TE buffer（pH 8.0）中，4℃ 过夜，以此为模板，以不含 GC 夹的引物进行 PCR 扩增。经试剂盒纯化后的 PCR 产物与 pMD19-T 载体连接后，转化到感受态细胞 DH5α 中，通过蓝白斑筛选法随机选取阳性克隆种子于 LB 培养液中，37℃ 恒温振荡过夜培养，通过菌落 PCR 方法检验转化是否成功，将阳性克隆子进行测序。对测序结果和基因库中已知序列进行相似性分析，并利用 MEGA 软件（版本 5.05），采用邻位相连法（Neighbor-Joining）构建系统发育树，自举值为 1000。利用

Shannon-Wiener 多样性指数（H）和 Simpson's 指数（D）来评价各个阶段微生物群落的多样性，二者的计算公式见文献。

（7）荧光定量 PCR

AOB 和 ANAMMOX 菌定量实验所用的引物对分别是 amoA-1F/amoA-2R 以及 Amx694F/Amx960R。为了考察进水氨氮浓度对 NOB 丰度的影响，也对 NOB 进行了定量实验。有研究表明，在污水处理系统中最常见的是硝化螺菌属（*Nitrospira*），而硝化杆菌属（*Nitrobacter*）是土壤中主要的 NOB。因此，本研究对 *Nitrospira* 进行定量分析，所用的引物对为 NSR1113/NSR1264。采用 $20\mu L$ 反应体系，其中包括终浓度为 $1\times$ SYBR Green I Real-master mix（天根，中国），引物各 $2\mu L$ 以及 $1\mu L$ 基因组 DNA。反应在 Roche Light Cycler 480II 仪器（Roche，瑞士）上进行，每个样品重复 3 次，取其平均值。反应程序为：95℃变性 3min，接 40 个循环，每个循环包括 95℃变性 12s，55℃退火 12s，68℃延伸 12s。

绘制 AOB、NOB 和 ANAMMOX 菌标准曲线所使用的标准品通过克隆实验获得：分别用 3 类细菌的定量实验引物扩增基因组 DNA，得到的 PCR 产物经纯化后连接到 pDM19-T 质粒中，再转移到感受态细胞 DH5α 中。通过蓝白斑法筛选出阳性克隆子，富集培养，提取质粒并测定其 DNA 序列。采用 BioPhotometer 核酸蛋白测定仪（Eppendorf，德国）测量质粒的浓度并根据重组质粒的 DNA 序列，计算其分子量。根据重组质粒的分子量和阿伏伽德罗常数（6.022×10^{23}），将质粒的浓度换算成拷贝数。将重组质粒梯度稀释后进行荧光定量 PCR 检测，得到定量标准曲线。

2. 结果与讨论

（1）反应器运行

本实验的进水氨氮浓度由 400mg/L 最终降低至 100mg/L，期间共运行 200d，在整个运行过程中，进水氨氮负荷在 1.3～1.5gN/（L·d）左右，温度在 15～23℃范围内。通过调整曝气量和 HRT，以期实现反应器的稳定运行，并维持较高的 TN 去除负荷。

反应器各阶段的运行状况

表 5-9

运行天数	NH_4^+-N (mg/L)	曝气量 (L/min)	HRT (h)	TN 去除负荷 [gN/(L·d)]	TN 去除率
第 1～60 天	400	5.0	1.2～1.6	1.00	70%
第 61～87 天	300	4.5	0.8-1.2	1.25	69%
第 88～153 天	200	4.0-4.5	0.6-0.8	1.04	70%
第 154～200 天	100	3.5-4.0	0.3-0.4	0.5	40%

由表 5-9 可见，在进水氨氮浓度大于 200mg/L 时，通过降低曝气量和 HRT，TN 去除率和 TN 去除负荷较高，这说明在进水氨氮浓度大于 200mg/L 时，AOB 以及 ANAMMOX 菌能够较好地完成协同代谢过程，从而保证系统具有较高的运行效能。研究表明：较高的氨氮浓度有助于建立 AOB 和 ANAMMOX 菌共存的系统，而当氨氮降低时，可能会破坏二者的平衡。此外，由于此时 FA 浓度较高，能够有效抑制 NOB，这也是造成这一阶段系统脱氮性能较好的原因之一。

然而当进水氨氮浓度降至 100mg/L 时，TN 去除率降至 40%，TN 去除负荷降至

0.5gN/(L·d)，降幅较大，但依然略高于 Hendrickx 等以及 De Clippeleir 等在常温低氨氮浓度下所达到的 TN 去除负荷。此时 2 类功能微生物的脱氮能力显著下降的可能原因为：系统内的氨氮基质的降低造成 AOB 活性降低或者数量减少，从而引发一系列的不利于反应器稳定运行的后果。例如 AOB 不能有效利用 DO，从而造成 DO 的积累，可能会抑制 ANAMMOX 菌的活性；而 NO_2^--N 的积累可能会促使 NOB 的生长，最终破坏系统内的微生态平衡。此外，由于 HRT 的降低，水力负荷增强，对生物膜的冲刷造成生物膜的破坏也是造成脱氮效果下降的可能原因之一。反应器内微观生态系统的变化与系统脱氮性能的关系将在接下来的 PCR-DGGE 和荧光定量 PCR 实验中进一步讨论。

（2）DNA 提取及 PCR 扩增

当系统内 TN 去除负荷及 TN 去除率保持一定水平不再波动时可认为系统达到该控制条件下的稳定状态，此时从反应器中采集生物膜样品并提取总细菌的基因组 DNA。基因组 DNA 的琼脂糖凝胶电泳检测结果如图 5-15 所示，片断大小约 23kb，亮度和纯度都较好，为后续的实验提供了较为理想的 DNA 模板。

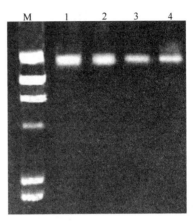

（M：λ-Hind Ⅲ digest；泳道 1～4 分别为进水氨氮浓度为 400mg/L、300mg/L、200mg/L 以及 100mg/L 时的 DNA 样品）

图 5-15　基因组 DNA 电泳图

各类引物对的 PCR 扩增产物的琼脂糖凝胶电泳结果如图 5-16 所示，扩增出的 DNA 片断大小与预期相符，且只扩增出单一目的条带。阴性对照组为不加模板，只加 PCR 反应液，并未扩增出相应的条带（阴性对照组电泳图未列出）。

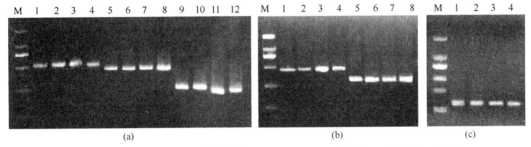

（（a）为 AOB 的扩增产物，其中泳道 1～4，5～8，9～12 分别为 amoA-1F/amoA-2R、

CTO189fA/B/C/CTO654r、F338-GC/R518 的 PCR 扩增产物；

（b）为 ANAMMOX 菌扩增产物，泳道 1～4，5～8 分别为 Amx368F-GC/Amx820R

以及 Amx694F/Amx960R 的扩增产物。M：DL2000 DNA maker）

图 5-16　PCR 扩增产物电泳图

（3）进水氨氮对功能微生物群落的影响

不同进水氨氮浓度下 AOB 和 ANAMMOX 菌的 PCR-DGGE 图谱如图 5-17 所示。DGGE 图谱中每条条带代表一种微生物物种或者一个可操作分类单元（OUT），条带的数量和光密度值可以反映系统中微生物群落结构的复杂程度。在图 5-17(a) 中，各泳道的条带分布差异较为明显，说明 CANON 系统中 AOB 的群落结构随进水氨氮浓度的降低发生

了较大的变化。而 ANAMMOX 菌 PCR-DGGE 图谱的 4 条泳道几乎一致（图 5-17(b)），
且只有 2 个条带，说明 ANAMMOX 菌群落结构简单，且在运行过程中保持了群落结构
的稳定。

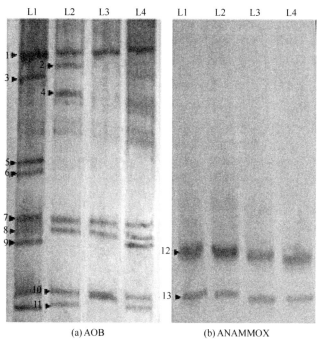

(a) AOB　　　　　　　　(b) ANAMMOX

L1~L4 分别代表进水氨氮浓度为 400mg/L、300mg/L、200mg/L 以及 100mg/L

图 5-17　PCR-DGGE 图谱

通过 QuantityOne 软件，根据 DGGE 图谱中条带的数量和光密度值进行 Shannon-
Wiener 多样性指数（H）和 Simpson's 指数（D）计算，用于评价进水氨氮浓度对各个
阶段微生物群落多样性的影响，结果如图 5-18 所示。ANAMMOX 菌的 Shannon-Wiener
多样性指数（H）和 Simpson's 指数（D）几乎没有发生变化，这也与 ANAMMOX 菌的
DGGE 图谱所体现出的群落结构的稳定性相一致，这说明尽管氨氮浓度下降，但反应器
内 ANAMMOX 菌种群落结构还没有受到很大的冲击，ANAMMOX 菌的群落结构受进水
氨氮影响不大。

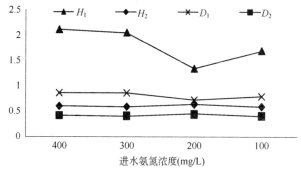

图 5-18　AOB 和 ANAMMOX 菌的 Shannon-Wiener
多样性指数（H_1、H_2）以及 Simpson's 指数（D_1、D_2）

而 AOB 的 Shannon-Wiener 多样性指数（H）和 Simpson's 指数（D）在进水氨氮浓度为 400mg/L 时最大，当进水氨氮浓度降至 200mg/L 时出现了明显的下降，在 100mg/L 时又有所回升。出现这种现象的原因可能为：由于系统在高氨氮条件下已经稳定运行 150d，因此系统内部已经形成了适应高氨氮以及高盐离子浓度环境的微生物区系。当氨氮浓度下降时，某些适应能力较弱的微生物，例如与氨氮亲和力较差的 AOB 会随着氨氮浓度的降低遭到淘汰，因此造成 Shannon-Wiener 多样性指数（H）和 Simpson's 指数（D）的下降。

然而这种多样性的下降并没有造成系统脱氮能力的降低（见表 5-9），可见这些被淘汰的 AOB 并不是系统在脱氮过程中发挥主流作用的微生物。当氨氮浓度下降时，某些适应能力较弱的微生物，例如与氨氮亲和力较差的 AOB 会随着氨氮浓度的降低遭到淘汰，因此造成 Shannon-Wiener 多样性指数（H）和 Simpson's 指数（D）的下降。然而这种多样性的下降并没有造成系统脱氮能力的降低（见表 5-9），可见这些被淘汰的 AOB 并不是系统在脱氮过程中发挥主流作用的微生物。然而，在氨氮浓度降至 100mg/L 时，由于某些适合在低氨氮和低盐离子浓度下生长的 AOB 得到积累，而适应高氨氮以及高盐离子浓度环境的 AOB 进一步被淘汰，因此 Shannon-Wiener 多样性指数（H）和 Simpson's 指数（D）又有所回升。尽管此时系统内 AOB 的群落结构多样性较高，但是由于该工况下 HRT 短，曝气量降低，可能会影响功能微生物的代谢，所以微生物活性并不高，从而导致了反应器脱氮能力的降低（表 5-9），说明之前相对稳定的微生物区系已经被另一个新的适应低氨氮环境的微生物群落所替代。

对图 5-17 中 AOB 和 ANAMMOX 菌的 13 个条带的 DNA 序列进行测序，提交至 GenBank，得到的序列号为 JQ886072-JQ886084，将相似度大于 97% 的序列归并为一个可操作分类单元（OUT），AOB 共得到 6 个 OTU，分别为 OTU1（条带 1）、OTU2（条带 2）、OTU3（条带 3，4，5，7，8，9）、OTU4（条带 6）、OTU5（条带 10）以及 OTU6（条带 11）。基于邻位相连法构建的系统发育树显示了它们的种属特征以及系统发育地位（图 5-19）。可见，OTU1，OTU2，OTU3 与亚硝化单胞菌（*Nitrosomonas*）具有很近的亲缘关系，它们构成了 CANON 体系中主要的 AOB 菌群，而 *Nitrosomonas* 作为短程硝化系统中的优势菌群已经见诸报道。OTU4（条带 6）与亚硝化螺菌（*Nitrosospira*）于一个分枝上，仅存在于 400mg/L 环境中，随着进水氨氮浓度的降低而被淘汰，说明在 CANON 系统中，*Nitrosomonas* 与 *Nitrosospira* 相比具有更强的适应能力，这也与之前的报道相一致。值得注意的是，OTU6 与无色杆菌属（*Achromobacter*）具有更近的亲缘关系，该细菌并不属于 AOB 类，说明在使用巢式 PCR 进行 DGGE 分析时，获得了不属于 AOB 的 DNA 序列，可见采用该方法区分环境样品中的 AOB 仍然存在局限性。ANAMMOX 菌的 2 个序列相似度为 98%，可以归并为一个 OTU，与已知 DNA 序列进行比对，结果显示它们与浮霉菌属的 *Candidatus Jettenia Asiatica* 具有较高的相似度（相似度>97%）。

（4）进水氨氮对功能微生物丰度的影响

分别利用 AOB、ANAMMOX 菌以及 NOB 的 Real-time PCR 引物对 amoA-1F/amoA-2R，Amx694F/Amx960R 和 NSR1113/NSR1264 扩增基因组 DNA，得到的目的片段均为与预期大小相符的单一目的条带图 5-16（a）的 1～4 泳道，图 5-16（b）的 5～8 泳

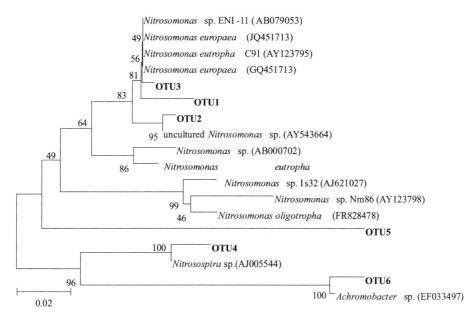

Nitrosomonas sp. ENI -11 (AB079053)

49 *Nitrosomonas europaea* （JQ451713）

56 *Nitrosomonas eutropha* C91 (AY123795)

81 *Nitrosomonas europaea* （GQ451713）

83 **OTU3**

OTU1

64 **OTU2**

49 95 uncultured *Nitrosomonas* sp. (AY543664)

Nitrosomonas sp. (AB000702)

86 *Nitrosomonas eutropha*

Nitrosomonas sp. Is32 (AJ621027)

99 *Nitrosomonas* sp. Nm86 (AY123798)

46 *Nitrosomonas oligotropha* （FR828478）

OTU5

100 **OTU4**

Nitrosospira sp.(AJ005544)

96 **OTU6**

100 *Achromobacter* sp. (EF033497)

0.02

图 5-19　AOB 的 6 个 OTU 的系统发育树

道以及图 5-16（c）的 1～4 泳道，证实了实验的可靠性。将 PCR 产物连接到 pDM19-T 质粒中，并作为三者 real-time PCR 进行定量的标准 DNA。根据标准曲线得到的 AOB、ANAMMOX 菌以及 NOB 的回归方程分别为：$Y=-3.030X+3.73$，$Y=-3.125X+18.46$ 以及 $Y=-3.354X+20.80$，相关性系数（R^2）分别为 0.991、0.994 以及 0.995，说明所建立的标准曲线具有较好的精确度。根据 PCR 效率公式可以计算出 real-time PCR 效率 E 值分别为 1.138、1.089、0.987。一般认为最佳的标准曲线的 PCR 扩增效率应该在 0.9～1.1 之间。本研究所得到的增效率 E 值中，AOB 的 E 值略高于 1.1，可能需要在后续实验中对其 PCR 反应体系进行进一步的优化调整。

由于 AOB 每个细胞平均含有 2.5 个 amoA 基因拷贝数，ANAMMOX 菌属于浮霉状菌（*Planctomycetales*），后者每个基因组的 16SrRNA 拷贝数为 1.5～2.0 个（本研究按 1.75 计），*Nitrospira* 每个细胞的 16SrRNA 拷贝数为 1 个，因此可以将拷贝数换算成细胞数。AOB、ANAMMOX 菌以及 NOB 的细胞浓度随氨氮浓度的变化如图 5-20 所示。AOB 的细胞浓度分别为 $(6.10\pm1.30)\times10^8$ cells/mL、$(9.63\pm3.48)\times10^7$ cells/mL、$(1.19\pm0.57)\times10^8$ cells/mL、$(5.52\pm0.13)\times10^7$ cells/mL；ANAMMOX 菌的细胞浓度分别为 $(2.88\pm0.68)\times10^9$ cells/mL、$(1.89\pm0.29)\times10^9$ cells/mL、$(1.65\pm0.25)\times10^9$ cells/mL、$(6.29\pm0.80)\times10^8$ cells/mL；NOB 的细胞浓度分别为 $(3.40\pm0.85)\times10^4$ cells/mL、$(5.42\pm2.02)\times10^5$ cells/mL、$(8.90\pm4.33)\times10^6$ cells/mL、$(2.64\pm0.48)\times10^6$ cells/mL。可见，尽管 AOB 的种类多于 ANAMMOX 菌，但是 AOB 的细胞浓度明显比 ANAMMOX 菌少了约 1 个数量级。AOB 的数量随着进水氨氮浓度的下降有减小的趋势，这与之前报道的氨氮浓度与 AOB 数量存在正相关性相符。造成这一现象的原因一方面是由于氨氮基质的减少影响了 AOB 的正常代谢，另一方面也可能由于曝气量的不断降低，不能为 AOB 的生长代谢提供足够的 DO。此外，由于 FA

浓度的下降，对 NOB 的抑制作用减弱，NOB 的数量随进水氨氮浓度的下降而增多（图 5-20）。ANAMMOX 菌的丰度随着氨氮浓度的下降同样有减小的趋势。由于 ANAMMOX 菌属于严格厌氧微生物，虽然随着曝气量的降低，理论上有利于其生长和代谢，但是由于氨氮基质的减少，造成 AOB 丰度的降低，不能为 ANAMMOX 反应提供足够的反应基质；而 NOB 数量的增多，会与 ANAMMOX 菌竞争 $NO_2^- $-N，可能会影响其正常代谢，进而造成其数量的下降。

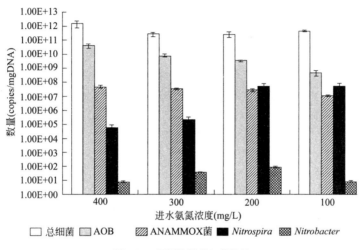

图 5-20 不同阶段的细菌数量

需要注意的是，在运行效能较好的前 3 个阶段，AOB、ANAMMOX 菌的细胞浓度分别达到约 10^8 cells/mL 和 10^9 cells/mL；而脱氮效果较差的第 4 阶段，系统中 AOB 和 AN-AMMOX 菌细胞浓度仅为 10^7 cells/mL 和 10^8 cells/mL，降低了约 1 个数量级；而 NOB 在后 2 个阶段的细胞浓度与前 2 个阶段相比升高了 1～2 个数量级，进一步验证了 AOB、ANAMMOX 菌以及 NOB 的丰度在一定程度上直接与整个系统的脱氮效能相关，AOB 和 ANAMMOX 菌细菌数量越多，NOB 丰度越低，系统出水的水质越高，这与方芳等人的研究结果相一致。然而，之前报道称 ANAMMOX 活性的维持需要在细胞浓度＞10^{10}～10^{11} cells/mL 时才能显现出来，而本研究所测得的 ANAMMOX 菌浓度仅为 10^8～10^9 cells/mL，但依然保持了较高的 ANAMMOX 活性，说明该 CANON 反应器中的 ANAM-MOX 菌活性较高，即使在相对较低的细胞浓度下依然具有较高的活性。

总体来说，在常温、较低氨氮条件下，本实验所使用的 CANON 系统可以维持较好的脱氮效果，这也证明了 CANON 工艺应用在生活污水的处理方面是很有潜力的。然而，由于生活污水的氨氮含量低，要想保持较高的去除负荷，就必须控制低的 HRT，因此水力负荷的增强势必会破坏生物膜或者降低污泥龄，从而造成功能微生物的损失。而本实验结果显示 AOB 和 ANAMMOX 菌数量的降低显然会造成脱氮效果降低，因此，需要采取一定措施，减少因水力负荷的提高而导致的功能微生物数量的损失，从而保持良好的生物截留性，并设法抑制 NOB 的生长，以维持系统良好的脱氮性能。此外，受季节的影响，生活污水水温在冬季会低于 15℃，温度过低会造成微生物活性降低。因此，如何在低温下保持 CANON 工艺较高的脱氮效果还需要更进一步的研究。

3. 结论

（1）通过调整曝气量和 HRT，CANON 工艺在常温，氨氮浓度大于 200mg/L 时脱氮效果良好；氨氮浓度降至 100mg/L 时 TN 去除负荷降低。

（2）AOB 群落结构随氨氮浓度的变化而明显改变，AOB 群落多样性在氨氮浓度降至 200mg/L 时最低，此后群落多样性又有所回升；而氨氮浓度对 ANAMMOX 菌群结构组成无显著影响。

（3）鉴于 AOB、ANAMMOX 菌以及 NOB 的丰度在一定程度上直接与整个系统的脱氮效能相关，因此，需要保证系统内 AOB、ANAMMOX 菌数量上的优势，抑制 NOB 的生长，从而维持系统的脱氮性能。

5.2.2 常温 CANON 反应器内微生物群落结构及生物多样性

CANON 系统是一个内部微生物组成较为复杂的微生态系统，除了协同完成脱氮作用的 AOB 和 ANAMMOX 细菌 2 类功能微生物之外，还存在其他种类的微生物，甚至包括一些原生动物及少量的后生动物等，因此，稳定的微生物群落结构的形成是影响反应器稳定运行的关键因素之一。然而，目前的研究主要集中在改变某些工艺参数，如 pH、温度、DO 等，分析功能微生物产生的相应变化，较少涉及以维持工艺稳定运行为目的的其他非功能微生物的研究。因此，采用 PCR-DGGE 技术，分析了 CANON 反应器中的总细菌、AOB 和 ANAMMOX 菌的微生物群落结构，并对检测到的微生物进行种属鉴定，考察微生物群落与系统脱氮性能之间的关系，为维持 CANON 工艺的稳定运行、阐明 CANON 工艺的微生态系统提供理论基础。

1. 实验

（1）工艺概述及样品采集

CANON 反应器由有机玻璃加工而成，如图 5-21 所示，内径 150mm，有效高度 700mm，总容积 8.15L，有效体积 1.8L，柱内装填火山岩活性生物陶粒滤料。接种污泥取自实验室之前运行效果较好的 CANON 反应器，并在室温、高氨氮浓度下成功启动并稳定运行。运行过程中氨氮浓度维持在 400mg/L，进水从反应器底部进入，由上部出水口排出。反应器底部设曝气盘，通过气泵曝气。以 NaHCO₃、（NH₄）₂SO₄、KH₂PO₄ 与自来水配置原水，考虑到自来水中含有大量微量元素，不再进行微量元素的投加。进水中没有 COD 组成，即为不含有机碳源的高氨氮废水。

在反应器稳定运行时从滤层中间部位采集滤料数粒，将样品保存于 -20℃ 冰箱中用于提取基因组 DNA。

（2）基因组 DNA 提取及 PCR 扩增

用无菌玻璃棒搅拌滤料以使生物膜脱落，取 1g 湿重的生物膜，加入 2.7mL DNA 提取液（100mmol/L Tris-

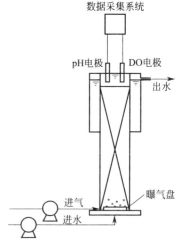

图 5-21　CANON 反应器试验装置及工艺流程图

HCl，100mmol/L EDTA，1.5mol/L NaCl，100mmol/L Na$_3$PO$_3$，1% CTAB，pH8.0）以及 50μL 蛋白酶 K（30g/L）和 50μL 溶菌酶（20g/L），并加入直径为 0.5mm 的玻璃珠 2~3 粒，37℃水浴 30min。此后加入 1.5mL SDS（200g/L）溶液，65℃水溶 2h，期间每隔 20min 将样品上下颠倒一次。8000g 离心 10min，将上清液转移至新的无菌离心管中，并加入等体积的氯仿/异戊醇（24∶1）并混匀，8000g 离心 10min 后将上清液转移至新的无菌离心管中，并加入 0.6 倍体积的预冷异丙醇，置于−20℃冰箱中过夜保存后，12000g 离心 5min，弃上清液，然后 12000g 再离心 3min，弃上清液并将样品置于通风处，彻底晾干后加入 50μL 1×TE buffer（10mmol/L Tris-HCl；1 mmol/L EDTA，pH 8.0）。提取的基因组 DNA 用 0.8% 的琼脂糖凝胶电泳进行检测。

细菌 16S rDNA 的扩增，使用通用引物对 F338-GC/R518；AOB 的 16S rDNA 的扩增采用巢式 PCR。第一阶段先以 CTO189fA/B/C 以及 CTO654r 为引物进行扩增，并对 PCR 产物进行纯化回收，之后以第一阶段的 PCR 产物为模板，以细菌通用引物对 F338-GC/R518 进行扩增。对于 ANAMMOX 菌的特异性片段，也采用巢式 PCR 方法：第一阶段先用浮霉菌的特异性引物 Pla46F 和细菌通用引物 630R 进行 PCR 扩增，并对 PCR 产物进行纯化回收，之后以第一阶段的 PCR 产物为模板，以 ANAMMOX 菌的特异性引物对 Amx368FGC/Amx820 进行第二阶段的 PCR 扩增。引物由上海生工生物工程技术服务有限公司合成，引物序列及扩增条件见文献。扩增产物用 1.5% 的琼脂糖凝胶进行电泳检测。

（3）DGGE 电泳

PCR 产物的 DGGE 分析采用 BIO-RAD 公司的 Dcode 通用突变检测系统进行电泳，聚丙烯酰胺质量分数为 8%，变性梯度为 30%~60%，电压 120V，PCR 产物上样量约 500ng。基于细菌和 AOB 的 PCR 产物电泳时间为 5h，基于 ANAMMOX 菌的 PCR 产物电泳时间为 7h。电泳结束后用 Bassam 等的方法进行银染，并对凝胶进行拍照。

（4）16S rDNA 文库的构建、测序及系统发育分析

切取 DGGE 图谱中的目的条带溶于 50mL 1×TE buffer（pH8.0）中，4℃过夜，以此为模板，以不含 GC 夹的引物进行 PCR 扩增。经试剂盒纯化后的 PCR 产物与 pMD19-T 载体连接后转化到大肠杆菌 DH5α 感受态细胞中，在含有 X-gal、IPTG 和 Amp 的 LB 培养基 37℃恒温培养 24h，通过蓝白斑筛选阳性克隆子接种于 LB 培养液中，37℃恒温振荡过夜培养，通过菌落 PCR 方法检验转化是否成功，将阳性克隆子进行测序。采用 BLAST 对测序结果和基因库中已知序列进行相似性分析，并利用 MEGA 软件（版本 5.05），采用邻位相连法（Neighbor-Joining）构建系统发育树，自举值为 1000。

2. 结果与讨论

（1）反应器运行状况分析

样品采集时反应器进水氨氮浓度 400mg/L 左右，TN 去除率保持在 70% 以上，去除负荷在 1.2kgN/（m^3·d）左右，氨氮去除率达 83%，氨氮去除负荷为 1.4 kgN/（m^3·d），出水 NO$_3^-$-N 浓度维持在 20~35mg/L。反应器在该状态下稳定运行 60d，其去除负荷与 Sliekers 以及 Chuang 等的研究结果较为接近，属于较高的去除负荷，说明此时系统内的微生物群落结构组成较为合理，有利于系统发挥高效脱氮作用，因此，

分析在该运行工况下的微生物特征更具有代表性。

（2）样品总 DNA 提取及扩增产物分析

样品总 DNA 条带经琼脂糖凝胶电泳分析，大小约为 23kb，亮度和纯度都较好，为后续的 PCR 反应提供了较为理想的 DNA 模板。分别采用总细菌、AOB 以及 ANAMMOX 菌特异性引物对，将样品总 DNA 进行 PCR 扩增，经琼脂糖凝胶电泳检测，均成功扩增出与预期相符的目的片段。

（3）PCR-DGGE 图谱及系统发育分析

PCR-DGGE 图谱如图 5-22 所示。总细菌的可见条带数为 17，AOB 和 ANAMMOX 菌图谱的条带数分别为 9 条和 2 条，可见 AOB 的生物多样性明显高于 ANAMMOX 菌。由于不同种属的 AOB 在生长动力学、对底物和氧的亲和力、对底物的氧化速率以及对环境因子的敏感性等方面都是不同的，AOB 较高的种群多样性使得该 CANON 系统对环境的适应能力较强，提高了系统的抗干扰能力。

为了分析系统内微生物群落结构的组成特点与反应器稳定运行的关系，对图 5-22 中 3 个泳道所有条带所代表的微生物进行了克隆测序，得到的总细菌、AOB 和 ANAMMOX 菌的 GenBank 登录号分别为 JQ917126-JQ917142，JQ886072-JQ886080 以及 JQ943613-JQ943614，并与 GenBank 中的已知序列进行比对。泳道 A 的 17 个条

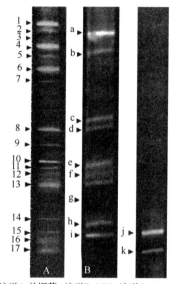

（泳道A:总细菌；泳道B:AOB；泳道C:ANAMMOX菌）

图 5-22　基于 16S rDNA PCR
产物的 DGGE 图谱

带中，除条带 13 外，其他 DNA 序列均与 GenBank 中已知序列拥有较高的相似度（＞96％）（见表 5-10），并基于 17 个条带的 DNA 序列构建系统发育树，如图 5-23 所示。可以看出，β-变形菌纲、γ-变形菌纲以及浮霉菌目的微生物为占有优势地位的菌群，此外还存在梭菌纲、杆菌纲、α-变形菌纲的微生物。其中条带 2 和条带 11 与 β-变形菌纲中的亚硝化单胞菌属（Nitrosomonas）相似度高达 100％和 99％，在反应器内将氨氮氧化为 $NO_2^- -N$。由于采用的 CANON 系统内氨氮浓度为 400mg/L 左右，属于高氨氮环境，亚硝化单胞菌属（Nitrosomonas）恰恰是更多地出现在高氨氮环境中的氨氧化微生物，因此，Nitrosomonas 成为系统中的优势 AOB。值得注意的是，泳道 A 的 17 个可见条带中，只有条带 2 和条带 11 为 AOB，然而通过巢式 PCR 后对 AOB 进行 DGGE 检测，所得的可见条带数为 9 条（图 5-22，泳道 B），远远多于泳道 A 中的 AOB 条带数，原因在于：首先，由于 PCR-DGGE 技术本身的缺陷性，只能检测到占整个菌群不低于 1％的优势菌群掩盖了其中次级地位的细菌。因此，采用细菌通用引物难以检测到含量在 1％以下的 AOB，而采用巢式 PCR 方法，可以先通过与 AOB 结合性更好的特异性引物将菌群中含量较少的 AOB 片段扩增出来，再进行 PCR-DGGE 检测，可以更全面地考察这一类菌的群落结构，因此，造成泳道 B 中的 AOB 条带多于泳道 A；其次，由于巢式 PCR 采用两轮扩增，可以保证 PCR 扩增的特异性，但是在进行第二次 PCR 扩增时，引起交叉污染的

概率会增大，可能造成一些假阳性结果。条带 5、8、12 与浮霉菌目（*Planctomycetia*）中的待定厌氧氨氧化布罗卡地菌属（*Candidatus Brocadia*）相似度最高，*Candidatus Brocadia* 是一种典型的 ANAMMOX 菌属，在反应器内起到厌氧氨氧化的作用。研究表明，在某一特定的生长环境中，通常只有一个种属的 ANAMMOX 细菌占据优势，泳道 A 所检测到的 3 个条带都与 *Candidatus Brocadia* 具有很高的相似度，而且条带 5 与条带 12 相似度为 99%，可以归并为一个操作分类单元（OUT）。而基于 ANAMMOX 菌特异性引物扩增出的 PCR 产物的 DGGE 图谱可见条带同样为 2 条（图 5-22，泳道 C），这也说明 CANON 系统中的 ANAMMOX 菌种类很少。

16S rDNA 序列对比结果　　　　　　　　　　　　表 5-10

条带号	最接近菌种	相似度	登录号	类别	所属细菌类群
1	*Shewanella* sp. B200	96%	FN295772	Shewanella	γ- Proteobacteria
2	*Nitrosomonas europaea*	100%	GQ451713	Nitrosomonas	β-Proteobacteria
3	Uncultured bacterium	97%	DQ478750	Pasteuria	Bacillales
4	*Shewanella* sp.	98%	GQ988720	Shewanella	γ- Proteobacteria
5	*Candidatus Brocadia*	98%	JF487828	Candidatus Brocadia	Planctomycetia
6	*Pseudomonas brassicacearum* sp.	99%	JQ681232	Pseudomonas	γ- Proteobacteria
7	*Microbulbifer* sp. ABABA 211	99%	AB500895	Microbulbifer	γ- Proteobacteria
8	*Candidatus Brocadia fulgida*	96%	EU478693	Candidatus Brocadia	Planctomycetia
9	*Ignatzschineria indica*	98%	HQ823562	Ignatzschineria	γ- Proteobacteria
10	*Dechloromonas* sp. RCB	96%	AY032610	Dechloromonas	β-Proteobacteria
11	Uncultured bacterium	99%	FM174336	Nitrosomonas	β-Proteobacteria
12	*Candidatus Brocadia*	97%	JF487828	Candidatus Brocadia	Planctomycetia
13	Uncultured bacterium clone Rap25	93%	EF192905	Sphingobium	α-Proteobacteria
14	*Shewanella* sp. B200	98%	FN295772	Shewanella	γ- Proteobacteria
15	Uncultured bacterium	98%	EU358700	Tissierella	Clostridia
16	*Pseudomonas* sp. AF125317	100%	AF125317	Pseudomonas	γ- Proteobacteria
17	Unculturedβ-Proteobacterium	97%	DQ211512	Dechloromonas	β-Proteobacteria

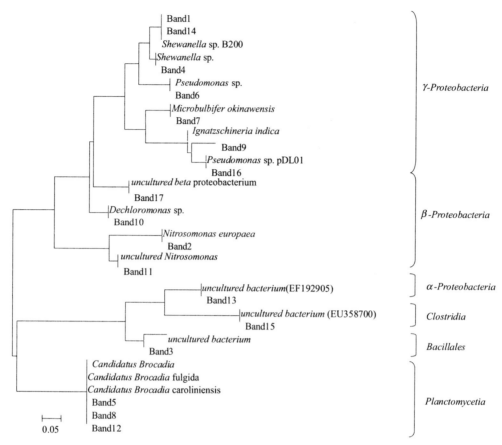

图 5-23　CANON 系统中总细菌的系统发育树

　　条带 1、4、14 与 γ-变形菌纲中的希瓦氏菌属（*Shewanella*）具有很高的相度。此外，反应器中还存在着假单胞菌属（*Pseudomonas*）（条带 6、16）、依格纳季氏菌属（*Ignatzschineria*）（条带 9）、产微球茎菌属（*Microbulbifer*）（条带 7）、脱氯单胞菌属（*Dechloromonas*）（条带 10、17）以及属于梭菌纲（Clostridia）、杆菌纲（Bacillales）、α-变形菌纲的未培养细菌（Uncultured bacterium）（条带 3、13、15）有报道称有些希瓦氏菌属（*Shewanella*）具有耐盐、耐低温、降解卤代有机化合物和还原金属的能力，反应器进水由自来水加无机盐配制而成，因此，反应器内部存在一定浓度的氯离子和金属离子，适合希瓦氏菌属（*Shewanella*）的生长；伯杰氏细菌分类学手册显示，假单胞菌属（*Pseudomonas*）和脱氯单胞菌属（*Dechloromonas*）是水体中常见的土著细菌。依格纳季氏（*Ignatzschineria*）适合在脱氮除磷系统的生物膜上生长，其在 CANON 系统中所起的作用尚不明确；产微球茎菌属（*Microbulbifer*）中的有些菌种是嗜盐菌和耐盐菌，由于本反应器进水为盐离子浓度较高的人工配水，为这些嗜盐菌和耐盐菌提供了较好的生境。值得注意的是，该 CANON 系统中并未检测到 NOB，说明此时系统内 NOB 含量很低，甚至完全被淘汰掉，这对于基于亚硝化和 ANAMMOX 路径脱氮的 CANON 工艺非常有利。

　　对泳道 B 的 9 个条带测序并构建系统发育树，如图 5-24 所示。可以看出，大部分条带所代表的细菌为亚硝化单胞菌属（*Nitrosomonas*），但是条带 d 与亚硝化螺菌属（*Nitrosospira*）具有更近的亲缘关系。值得注意的是，泳道 A 的 17 个条带中并未检测到亚硝化螺菌属（*Nitrosospira*），只是通过巢式 PCR 方法才能检测到亚硝化螺菌属，可见其在系统中并非优势菌种。这也说明相比传统的 PCR-DGGE 方法，巢式 PCR-DGGE 方法更为灵敏，可以检测到菌群中含量较少的非优势菌种。

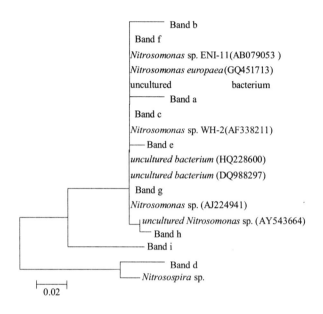

图 5-24 CANON 系统中 AOB 的系统发育树

基于泳道 C 的 2 个条带的 DNA 序列构建的系统发育树如图 5-25 所示。可以看出，条带 j 和条带 k 分别与待定斯图加特库氏菌（*Candidatus Kuenenia* stuttgartiensis）和待定厌氧氨氧化布罗卡地菌（*Candidatus Brocadia* caroliniensis）处在一个分枝上。*Kuenenia* 属和 *Brocadia* 属是污水处理系统中典型的具有 ANAMMOX 活性的 ANAMMOX 菌，而且 *Kuenenia* 属细菌对较高的盐离子浓度具有一定的耐性。然而，泳道 A 的条带 5、8、12 是被认为与 *Brocadia* 属具有更高相似度的 ANAMMOX 菌，并未检测到 *Kuenenia* 属的 ANAMMOX 菌，可见系统中的优势 ANAMMOX 菌是 *Brocadia* 属而非 *Kuenenia* 属，这也与之前报道的在某一特定的生长环境中，通常只有一个种属的 ANAMMOX 细菌占据优势的结论相一致。

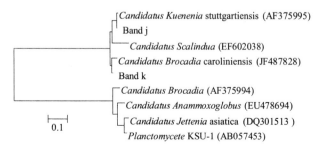

图 5-25 CANON 系统中 ANAMMOX 菌的系统发育树

CANON 系统是一个内部微生物组成较为复杂的微生态系统，其脱氮过程除了受 AOB 和 ANAMMOX 细菌影响以外，还易受到其他微生物的干扰。反应器脱氮性能的优劣必然与反应器中微生物的种群结构有密切的关系。因此，需要考虑如何根据这些细菌的群落结构、种属特性以及生理特性有针对性地改进 CANON 工艺条件，以利于各种微生物协同工作，达到稳定的脱氮效果。

3. 结论

（1）CANON 反应器在常温、高氨氮条件下具有稳定、高效的脱氮能力。系统内除了 AOB 和 ANAMMOX 菌 2 类功能菌以外，还存在 *Shewanella*、*Pseudomonas*、*Ignatzschineria*、*Dechloromonas* 以及一些 *uncultured bacterium* 等，未检测到 NOB，它们与 AOB 和 ANAMMOX 细菌共同构成 CANON 反应器内部的微生物群落。

（2）反应器中参与亚硝化作用的功能菌为亚硝化单胞菌（*Nitrosomonas*）和亚硝化螺菌属（*Nitrosospira*），与 ANAMMOX 作用有关的功能菌是 *Candidatus Brocadia* 属和 *Candidatus Kuenenia* 属，且 AOB 的生物多样性明显高于 ANAMMOX 菌，保证了 CANON 系统一定的抗冲击能力。

（3）巢式 PCR-DGGE 方法与传统 PCR-DGGE 方法相比更灵敏，可以检测到菌群中含量较少的非优势菌种。

5.2.3 常温 CANON 反应器中功能微生物的沿程分布

由于上向流曝气生物滤池具有处理效率高，占地面积小，抗冲击负荷能力强等特点，目前许多 CANON 工艺多采用此形式实现。然而，这种反应器作为一种推流式反应器，由于滤池内部自下而上各段氨氮负荷及其他水力条件不同，会造成滤层各段微生物的活性及群落结构不同，从而会出现反应器沿程各段对氨氮的去除能力不同。因此，需要分析内部微生物的沿程分布规律，从而优化工艺运行条件。然而，目前这种类型 CANON 反应器内部的微生物沿程分布研究还鲜见报道。由于 CANON 反应器中的 2 种功能细菌为 AOB 与 ANAMMOX 菌，相比于分离、纯化等传统的生物学方法，应用显微技术及分子生物技术研究 2 类功能微生物的形态特征、群落结构及种属特性，能够更有效、更准确地获得微生物方面的信息。扫描电镜（SEM）虽然不能对微生物种群进行直接定性，但可对系统内微生物形态特征的变化进行直观的评价。此外，在 CANON 工艺中，氨氮在氨单加氧酶（AMO）的催化作用下氧化生成羟胺（NH_2OH），这是脱氮反应的第一步，也是极为关键的一步，amoA 基因正是编码氨单加氧酶（AMO）活性位点多肽的基因。利用 amoA 基因作为分子标记可以从分子水平研究 AOB 的多样性及种属特性。对于 ANAMMOX 微生物来说，应用其特异性引物扩增 16SrDNA 作为标记可以研究其种群结构。

本文研究上向流曝气生物滤池型 CANON 反应器中功能微生物种群结构及种属特性的沿程变化规律，以便更合理地设置功能分区、优化设计参数，提高脱氮效果。

1. 实验

（1）CANON 反应器及样品采集

上向流曝气生物滤池型 CANON 反应器如图 5-21 所示。反应器内径 150mm，有效高度 700mm，总容积 8.15L，有效体积 1.8L，柱内装填火山岩活性生物陶粒滤料。以 NaHCO$_3$、(NH$_4$)$_2$SO$_4$、KH$_2$PO$_4$ 与自来水配制进水氨氮为 300mg/L 左右原水，从反应器底部进入，由上部出水口排出，在整个过程中，温度一直保持在 $16\sim20$℃。

在反应器连续稳定运行第 28d 分别从反应器滤层由上至下 100mm、300mm、500mm 和 700mm 处采集滤料若干，将样品保存于-20℃冰箱中用于提取基因组 DNA。

（2）扫描电镜观察

取不同滤层高度采集的滤料少许，经戊二醛固定、乙醇梯度脱水、乙酸异戊酯置换、临界点干燥、离子溅射喷金处理后使用日立 S-4300 型扫描电镜仪对样品进行观察并拍照。每个样品随机拍摄 $5\sim10$ 张照片。

（3）基因组 DNA 的提取

用无菌玻璃棒搅拌滤料以使生物膜脱落，称取 1g 湿质量的生物膜，加入 2.7mL 的 DNA 提取液（100mmol/L Tris-HCl，100mmol/LEDTA（乙二胺四乙酸），1.5mol/L NaCl，100mmol/L Na$_3$PO$_3$，1% CTAB（十六烷基三甲基溴化铵），pH 8.0），并加入 50μL 蛋白酶 K（30g/L），50μL 溶菌酶（20g/L）以及数粒玻璃珠，37℃水浴 30min。此后加入 1.5mL 的 SDS（十二烷基硫酸钠）溶液（200g/L），65℃水溶 2h，期间每隔 20min 上下颠倒混匀一次。8000g 离心 10min，将上清液转移至新的无菌离心管中，并加入等体积的氯仿/异戊醇（24∶1），混匀，8000g 离心 10min 后将上清液转移至新的无菌离心管中，并加入 0.6 倍体积预冷的异丙醇，-20℃过夜保存。12000g 离心 5min，弃上清液，再以同样的转速离心 3min，弃上清液并将样品置于通风处彻底晾干，之后用 50μL 1×TE buffer（10mmol/L Tris-HCl；1 mmol/L EDTA，pH8.0）溶解。所提取的基因组 DNA 结果用 0.8%（质量分数）的琼脂糖凝胶电泳检测以备 PCR 用。

（4）PCR 扩增及 DGGE 电泳

用引物 amoA-1F 和 amoA-2R 扩增氨氧化细菌 amoA 基因。其中 amoA-1F 的 5'端所加 GC 夹子为 DGGE 设计；对于 ANAMMOX 菌的特异性片段的扩增采用巢式 PCR 方法：第一阶段先用细菌的通用引物 27F/1492R 进行 16SrDNA 序列的 PCR 扩增，并对 PCR 产物进行纯化回收，之后以第一阶段的 PCR 产物为模板，以 ANAMMOX 菌的特异性引物对 Amx368F/Amx820 进行第二阶段的 PCR 扩增，Amx368F 的 5'端加 GC 夹子同样为后续 DGGE 所设计。PCR 反应体系为 25μL，其中包含 2.5μL 10×Ex Taq buffer（Mg^{2+} Plus），dNTP2.0μL，引物各 1.0μL，TaKaRa Ex Taq 酶 0.625U，模板 DNA 约 1.0ng，用无菌水补齐至 25μL。各种引物序列及 PCR 反应条件见文献。PCR 扩增产物用 1.5%（质量分数）的琼脂糖凝胶进行电泳检测。

采用北京天根公司 DNA 胶回收试剂盒进行 PCR 产物的纯化回收，具体操作按说明书进行。对 PCR 产物进行 DGGE 分析：聚丙烯酰胺质量分数 8%，变性梯度为 30%$\sim$60%，电压 120V，电泳时间 5h，PCR 产物上样量约 500ng，电泳在 Dcode Universal Mutation Detection System 仪器上进行。电泳结束后用 Bassam 等的方法对凝胶进行银染，并对凝胶拍照。

（5）基因文库的构建、测序及系统发育分析

切取 DGGE 图谱中的目的条带溶于 50μLTE（pH 8.0）溶液中，4℃过夜，以此为模板，以不含 GC 夹的引物进行 PCR 扩增，并对 PCR 产物进行纯化。按照 pMD19-T plasmid vector system 说明书进行基因片段与载体的连接后，转化到大肠杆菌 DH5α 感受态细胞中，通过蓝白斑法筛选阳性克隆子并进行测序。采用 BLAST 对测序结果和基因库中已知序列进行相似性分析，并利用 MEGA4.0 软件，采用邻位相连法（Neighbor-Joining）构建系统发育树，自举值为 1000。

2. 结果与讨论

（1）稳定运行时的脱氮效果

反应器在常温、进水氨氮为 300mg/L 条件下，通过调节曝气及 HRT 实现了 CANON 的稳定运行，并连续稳定运行约 30d。取样时反应器运行工况为：进水氨氮浓度 300mg/L，温度 18℃，曝气量 4.5L/min，氨氮去除率达 83%，氨氮去除负荷为 1.4kgN/(m³·d)，TN 去除率 75%，TN 去除负荷 1.1kgN/(m³·d)，出水 NO_3^--N 浓度维持在 20～35mg/L。尽管得到的 TN 去除负荷略低于 Sliekers 以及 Chuang 等的研究，但依然属于较高的去除负荷，因此，分析在该运行工况下的微生物沿程分布特点更具有代表性。

（2）电镜（SEM）照片

由于 AOB 和 ANAMMOX 细菌形态多样，一般难以通过形态来区分和鉴定其种属。污水处理厂经常出现的 AOB 主要是亚硝化球菌属（*Nitrosococcus*）和亚硝化单胞菌属（*Nitrosomonas*），其形态分别呈球状和短杆状，而亚硝酸盐氧化菌主要是硝化螺菌属（*Nitrospira*）和硝化杆菌属（*Nitrobacter*），形态分别呈螺旋状和杆状。过去曾报道 ANAMMOX 菌为规则或者不规则的球形和椭球形，单生或成簇聚生，直径约 0.8～1.1μm。因此，图 5-26 中的球菌和椭球菌可能为亚硝化球菌属（*Nitrosococcus*）和 ANAMMOX 细菌，短杆菌可能为亚硝化单胞菌属（*Nitrosomonas*），而长杆菌可能为硝化杆菌属（*Nitrobacter*）。

(a) 滤层由上至下100mm处　　　　　(b) 滤层由上至下300mm处

(c) 滤层由上至下500mm处　　　　　(d) 滤层由上至下700mm处

图 5-26　不同滤层高度样品的电镜照片

由图 5-26 可见，显微镜下可检测到长杆菌、短杆菌、球菌和椭球形的菌，其中直径

0.2~1.0μm 的椭球形和球形菌为优势菌，几乎未检测到螺旋状细菌，而长杆菌所占的比例也很低，说明反应器中 NOB 含量很低，这也保证了反应器中的 NO_2^--N 几乎不会被 NOB 利用，从而得到有效积累，为后续的 ANAMMOX 创造条件。图 5-26（a）中微生物数量较少，多数为单生，并未成簇聚生；在滤层 300mm 处，细菌数量增加，且出现了聚集生长的趋势（图 5-26（b））；随着滤层深度的增加，微生物数量明显增多（图 5-26（c）、(d)），且成簇聚生，其中以椭球形和球形菌为主，但也存在数量可观的短杆菌。这些细菌可能为 AOB 和 ANAMMOX 菌，其种属特性将通过接下来的分子生物学技术进一步验证。

（3）PCR-DGGE 图谱及系统发育分析

由于 PCR-DGGE 图谱中的每一条带代表一个可能的细菌类群或可操作分类单位（OUT），条带的数量和信号强度与生物多样性和生物数量密切相关，基于 PCR-DGGE 图谱可以确定不同取样处微生物的种类和数量关系。

不同高度采集样品的 DGGE 分析见图 5-27。AOB 在滤层表面下 100mm 和 300mm 处的可见条带只有 3 条，而在 500mm 和 700mm 处条带数量明显增多，条带信号明显增强，说明 AOB 在滤层 500mm 处以下的种类和数量明显增多，这与扫描电镜试验的结果一致。其原因可能为：由于反应器采用上向流曝气，而 AOB 是一种严格的好氧细菌，在反应器底部曝气量充足，有利于其生长。而富含氨氮基质的进水也是从反应器底部进入，氨氮会率先供给下部的 AOB。随着反应器内 DO 和氨氮被利用，在反应器上部的 AOB 受到抑制，从而造成种类和数量的下降。此外，水力冲刷作用导致上部生物膜在一定程度上的破坏也是造成这种现象的原因之一。Purkhold 等研究表明：污水处理系统中 AOB 的多样性程度越高，对复杂环境的适应能力就越强，其抗冲击能力也就越强；反之，如果系统中只含有单一的 AOB，其抗干扰能力就较差。在本实验所用的 CANON 反应器中，500mm 以下处的 AOB 的多样性程度很高，具有较强的抗冲击负荷。然而在 300mm 以上的位置，AOB 多样性很低，抗干扰能力较差。因此，为了提高滤层上部区域的抗冲击负荷，需要采取一定措施提高氨氧化细菌的多样性程度，其中最直接的做法就是对滤料进行重新排布。考虑到火山岩生物陶粒滤料填充的 CANON 反应器内已经形成稳定的气道，重新排布滤料可能会破坏系统内的好氧/厌氧区域分布，进而破坏功能微生物的稳定性，影响系统的脱氮性能，可改用便于排布的软性填料，比如海绵、无纺布等。但是它们对细菌的持留能力可能低于火山岩生物陶粒滤料，从而使 CANON 的启动时间延长，具体解决方案还需进一步研究。

对于 ANAMMOX 菌来说，4 个取样点的 DGGE 图谱基本一致，而且只有两条可见条带，说明 ANAMMOX 菌的群落结构在整个反应器中基本一致，几乎不随滤层高度的变化而变化。此外，条带 6 的信号沿滤层自上而下有逐渐增强的趋势，也说明 ANAMMOX 菌在反应器下方的数量要略多于上方。原因可能在于反应器上部 AOB 种类和数量的减少，不能为 ANAMMOX 菌很好地创造厌氧环境，也不能提供 ANA-MMOX 菌代谢所需足够的 NO_2^--N。此外，水力冲刷作用导致上部生物膜一定程度的破坏也是造成这种现象的原因之一。值得注意的是，通过条带信号的强弱只能粗略推测细菌数量的多少，要想更精确地检测细菌数量，还需要通过荧光定量 PCR 等其他检测手段。

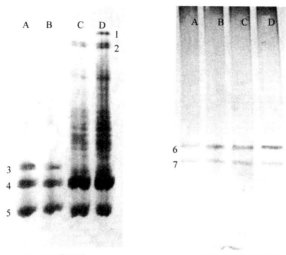

(a) AOB菌图谱　　　　　　(b) ANAMMOX菌图谱

A、B、C、D 分别代表滤层由上至下100mm、300mm、500mm和700mm处

图 5-27　PCR 产物 DGGE 图谱沿程分布

对 DGGE 图谱上的 7 条主要条带进行切割、DNA 洗脱、回收、重新扩增，构建基因克隆文库，经测序所得的 DNA 序列提交至 GenBank，得到的 GenBank 序列号为 JN367453-JN367457 以及 JQ753318。对测序结果和基因库中已知序列进行相似性对比分析，结果见表 5-11。由于条带 6 和 7 之间相似度达 98%，可以归并为一个可操作分类单位（OUT），它们与 *Candidatus Kuenenia* stuttgariensis 相似度达 98%。这些已知细菌的形态多为球形、椭球形和短杆状，与前文扫描电镜结果一致。

7 个条带所代表的基因序列对比结果　　　　　　　　　　　　表 5-11

条带编号	Genbank 登录号	最相似种属	相似度（%）
1	JN367453	*Uncultured ammonia-oxidizing bacterium*（HQ142897）	99
2	JN367454	*Uncultured ammonia-oxidizing bacterium*（HQ123432）	99
3	JN367455	*Nitrosococcus*（AF047705）	96
4	JN367456	*Nitrosomonas europaea*（L08050）	96
5	JN367457	*Nitrosomonas* sp.（AY958703）	96
6、7	JQ753318	*Candidatus Kuenenia* stuttgariensis（AF375995）	98

基于 amoA 基因序列构建系统发育树（图 5-28），树图的外源基因为 4 种常见的氨氧化微生物，即亚硝化单胞菌属（*Nitrosomonas*）、亚硝化螺菌属（*Nitrosospira*）、亚硝化球菌属（*Nitrosococcus*）、亚硝化叶菌属（*Nitrosolobus*）以及一些未培养的 AOB。从图 5-28 可知，条带 3 与亚硝化球菌属（*Nitrosococcus*）处于一个分枝上，其余 4 个条带均与亚硝化单胞菌属（*Nitrosomonas*）的亲缘关系较近，与亚硝化叶菌（*Nitrosolobus*）、亚硝化螺菌（*Nitrosospira*）的遗传距离较远。由于所研究的反应器进水氨氮浓度为 300mg/L，属于较高的氨氮环境，在该条件中检测到亚硝化球菌（*Nitrosococcus*）的存在，这与前人报道的亚硝化球菌属（*Nitrosococcus*）在高氨氮环境中作为 AOB 的结果吻合。此外，系统中还存在亚硝化单胞菌属

（*Nitrosomonas*），它是许多水生态系统中最常见的 AOB 类型。

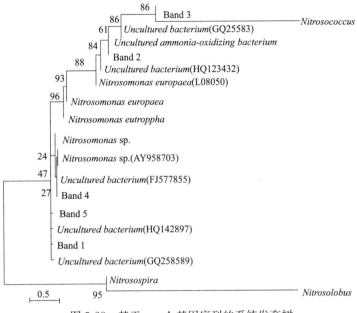

图 5-28　基于 amoA 基因序列的系统发育树

从图 5-27（a）不同泳道的条带变化情况来看，亚硝化球菌（*Nitrosococcus*）仅出现在滤层 100mm 及 300mm 处，而与亚硝化单胞菌属（*Nitrosomonas*）相关的条带 1、条带 2 所代表的 AOB 仅在滤层下方出现。如何根据这些细菌的空间分布特点改进工艺条件以达到更好的脱氮效果，还有待于进一步的研究。

基于 ANAMMOX 菌 16SrDNA 序列构建的系统发育树见图 5-29。树图的外源基因选取了常见的几种 ANAMMOX。可以看出，条带 6、7 与 *Candidatus Kuenenia* stuttgariensis 遗传距离最近，这与之前报道的在一个特定的环境条件中，只可能有一种 ANAMMOX 菌会成为优势菌种的结果相一致。*Candidatus Kuenenia* stuttgariensis 属于浮霉菌属，是污水处理系统中除 *Candidatus Brocadia* anammoxidans 之外的典型的具有 ANAMMOX 活性的微生物。存在于本系统中的 ANAMMOX 菌是 *Candidatus Kuenenia* stuttgariensis 而非 *Candidatus Brocadiaan* ammoxidans，其原因在于本实验所用污水是用自来水加一定的无机盐配制而成，具有较高的盐离子浓度，而 *Candidatus Kuenenia* stuttgariensis 被认为是一种存在于淡水环境中，并对较高的盐离子浓度具有一定耐受性的 ANAMMOX 菌，因此，*Candidatus Kuenenia* stuttgariensis 成为系统中的优势 ANAMMOX 菌。

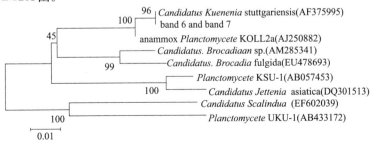

图 5-29　基于 ANAMMOX 菌 16SrDNA 序列的系统发育树

3. 结论

（1）上向流曝气生物滤池型 CANON 反应器中，滤层下方的 AOB 的种类和数量远高于滤层上部；ANAMMOX 菌的多样性几乎不随滤层高度发生变化，其数量沿着滤层自上而下有逐渐增强的趋势。

（2）反应器中微生物形态多样，易成簇生长，其中以直径 $0.2\sim1.0\mu m$ 的球形及椭球形菌为主。

（3）DNA 测序结果表明，亚硝化球菌属（*Nitrosococcus*）和亚硝化单胞菌（*Nitrosomonas*）是反应器中的主要 AOB，而 ANAMMOX 菌与 *Candidatus Kuenenia* stuttgariensis 的相似度高达 98%。

5.2.4　2 株好氧 AOB 的分离纯化及菌属鉴定

传统污水生物脱氮处理过程中，主要是利用微生物的硝化、反硝化作用来去除废水中氮素，降低其对环境的危害。最近开发的短程脱氮技术是指将氨氮氧化成 $NO_2^- -N$，然后进行反硝化或者 ANAMMOX。这样在硝化阶段可节约 25% 的曝气量，反硝化阶段至少可减少 40% 的有机碳源，同时具有较高的反硝化速率和污泥产量低等优点。其中，AOB 是一类能够在好氧条件下将氨氮氧化为 $NO_2^- -N$ 的化能无机自养型细菌，其催化的亚硝化过程为硝化作用的限速步骤，影响硝化作用的整个过程。但目前的研究多集中在短程硝化工艺的运行与脱氮影响因素方面，较少涉及到 AOB 菌种分离纯化。本研究从运行良好的短程硝化反应器内采集微生物样品，通过分离纯化获得 AOB 菌株，并对其生理生化特征与脱氮性能进行分析。本研究的开展可以加深对 AOB 微生物特性的理解，为短程硝化工艺的优化运行提供微生物学基础。

1. 材料与方法

（1）微生物菌种来源

之前在实验室启动了短程硝化生物膜反应器（SBBR），从亚硝化阶段反应器内提取 10mL 微生物样品，加入磷酸缓冲液（PBS）洗涤 3 次，放入 4℃冰箱备用。

（2）AOB 分离纯化

AOB 分离培养基：$(NH_4)_2SO_4$ 0.5g，$FeSO_4 \cdot 7H_2O$ 0.03g，NaCl 0.3g，K_2HPO_4 1g，$NaHCO_3$ 1.6g，$MgSO_4 \cdot 7H_2O$ 0.03g，加水至 1L，调节 pH 为 7.2。另外，在 AOB 分离培养基配方中加入 1.5%～2% 的水洗琼脂，灭菌后倒入培养皿，制成固体培养基平板。121℃下灭菌 20min。

AOB 分离纯化方法：取 1mL 微生物样品梯度稀释成 10^{-1} 到 10^{-6}，再从 6 个梯度试管中取 1mL 液体，加入到装有 100mL 培养基的 250mL 锥形瓶中，设置 3 组平行实验，在 28℃、100r/min 的条件下振荡培养 7d，每天采用格里斯试剂检验 $NO_2^- -N$ 的生成情况，呈现红色表示有 $NO_2^- -N$ 存在，即能反映培养液中有 AOB 的存在。从显红色的培养液中取 10mL，按 10%（体积比）比例接种到新鲜培养基内，重复上述操作，淘汰其他异养菌。经过 3 次重复操作后，将 1mL 培养液通过平板划线方法接种到水洗琼脂平板内，待长出单菌落之后，说明已初步分离到 AOB 菌，从平板上挑选单菌落进行后续试验。通过 LB 培养基、KM 培养基与 PDA 培养基等有机培养基进行 AOB 纯度验证。

（3）氨氮氧化能力分析

在 AOB 分离纯化阶段，采用格里斯试剂方法检测氨氧化能力；分离得到 2 株氨氧化能力比较强的菌株 A2 和 A7，将菌株加入到 100mg/L 的氨氮培养基中，采用纳氏试剂光度法对剩余氨氮浓度进行测定，检测 AOB 氧化氨氮的能力。

（4）AOB 形态与生理生化特征

观察分离得到的 A2 和 A7 菌落大小、形态、颜色等外观特征，对它们进行革兰氏染色及光学显微镜观察，并通过扫描电子显微镜观察细胞微观形态。进行最适温度、pH、需氧情况，对碳源、氮源的利用情况等理生化实验，参照《伯杰细菌鉴定手册》（第 8 版）对分离的菌株进行初步分类鉴定。

（5）分子生物学鉴定

对纯化的 AOB 菌株进行基因组总 DNA 提取，采用引物 amoA-1F/amoA-2R 特异性扩增 AOB 的功能基因 amoA，将目的基因与 pMD19-T 载体连接，转化到 DH5α 感受态细胞，构建克隆文库，对阳性克隆进行测序。获得的序列通过 BLAST 在 NCBI 数据库中搜索相似序列，并进行同源性比对，比对结果构建系统发育树，完成对 A2 和 A7 的分子生物学鉴定。

2. 结果与分析

（1）AOB 的分离纯化

从水洗琼脂平板中挑选出 9 个具有较强氨氧化能力的单菌落，命名为 A1～A9，将这 9 株菌株分别接种到 AOB 培养液中，利用格利斯试剂反应检测各个菌株的氨氧化能力。反应之后颜色越深，表明氨越容易被氧化，对应菌株的氨氧化能力越强。试验结果见表 5-12 所列，结果发现 A2 和 A7 菌株反应速度最快，氨氧化能力最强。

AOB 初筛结果　　　　　　　　　　　　　　　　　　表 5-12

菌株	A1	A2	A3	A4	A5	A6	A7	A8	A9
氨氧化能力	+	+++	++	+	++	++	+++	+	+

（2）AOB 菌株氨氧化能力分析

将 A2 和 A7 菌株的富集液按 20％体积分数分别接种到新鲜的 100mL AOB 分离培养基内，在 28℃和 100r/min 条件下摇床培养 10d，并设置对照组（接种 20％无菌水）。每天测定锥形瓶内剩余氨氮浓度，通过计算氨氮氧化率来了解 A2 和 A7 菌株的氨氧化能力，其结果如图 5-30 所示。

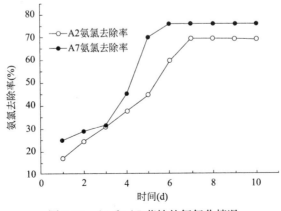

图 5-30　A2 和 A7 菌株的氨氧化情况

从图 5-30 可知，A2 和 A7 菌株在前 3d 氨氧化能力小于 35%，这可能与 AOB 生长速度缓慢有关。A2 在接种后的第 3～7 天氨氧化率逐渐增大，并在第 7 天达到最高值69.3%，此后氨氧化率基本保持不变。A7 菌株在第 3～6 天氨氧化率逐渐增大，在第 6 天的氨氧化率达到最高值 73.1%，此后 4d 基本保持不变。试验结果表明 A2 和 A7 菌株均具有较强的氨氧化能力，能将大部分氨氮转化为 $NO_2^- $-N。

（3）AOB 形态与生理生化特征

将 A2 和 A7 菌株进行富集培养，通过离心收集菌液，通过光学显微镜观察其形态特征。之后对菌液预处理，通过扫描电镜观察 A2 和 A7 菌株的微观形态，结果如图 5-31 所示。A2 和 A7 细胞均呈杆状（图中白色箭头所指），长为 1～1.5 μm，宽约 0.5μm，2 种菌株在富集培养过程中细胞悬浮液呈淡黄色，这些特征与亚硝化单胞菌十分相似。郭建华等也通过扫描电镜观察了短程硝化启动过程中微生物形态特征，发现反应器达到稳定短程硝化之后，污泥微生物以短杆状和杆状菌为主，与本试验分离得到的菌株形态类似。

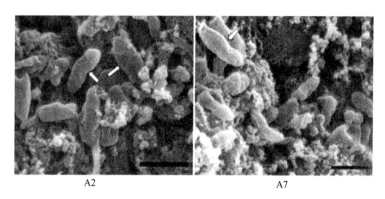

A2　　　　　　　　　　　　　　A7

图 5-31　A2 和 A7 菌株的扫描电镜结果（标尺＝1μm）

通过生理生化试验，可以了解菌株的生理生化特征与其适宜生长的环境条件，这些都是鉴定菌属的重要依据。

对 A2 和 A7 进行生理生化试验，并观察它们的菌落特征，结果见表 5-13 所列。

A2 和 A7 菌株的生理生化特征　　　　　　　　　　　表 5-13

菌株	A2	A7
革兰氏染色	G^-	G^-
荚膜染色	—	—
最适温度（℃）	28	28
最适 pH	7.8	7.6
需氧性	好氧	好氧
淀粉水解实验	—	—
葡萄糖发酵实验	—	—
明胶液化实验	—	—
菌落特征	小,淡黄色,半透明,圆形,边缘整齐,表面光滑	中,淡黄色,半透明,椭圆形,边缘整齐,表面光滑

A2 和 A7 有很多相似的生理生化特征：最适 pH 分别为 7.8 和 7.6；有着相似的菌落特征，均属于革兰氏阴性、无夹膜的细菌；最适温度为 28℃，属于好氧细菌；不能分解淀粉、葡萄糖、明胶等有机物；在 LB、KM、PDA 等有机培养基上均不能生长，以 CO_2 为唯一碳源，从将氨氮氧转化为 NO_2^--N 的过程中获得能量。

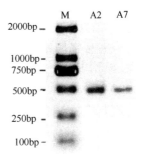

查找《伯杰细菌鉴定手册》（第 8 版）对亚硝酸菌种属形态、生理生化特征的描述及其碳源、氮源的利用情况，初步判断 A2 和 A7 菌株属于亚硝化单胞菌属（*Nitrosomonas*）。

（4）AOB 分子生物学鉴定

amoA 基因为亚硝化单胞菌属的特异基因，目前大多数文献以此基因作为标志基因进行 AOB 菌种鉴定。本文通过引物 amoA-1F/amoA-2R 特异性扩增 A2 和 A7 菌株的功能基因 amoA，PCR 结果如图 5-32 所示。

M：DL2000marker；
A2：A2 菌株 amoA 基因；
A7：A7 菌株 amoA 基因
图 5-32　A2 和 A7 菌株
的 amoA 基因 PCR 结果

与 DL2000 marker 对照，发现得到长度约 490bp 的片段和目的基因片段长度相当，表明已获得 A2 和 A7 菌株的 amoA 基因片段。将 A2 和 A7 的 amoA 基因进行连接、转化和克隆，从克隆文库中挑选阳性克隆送交测序。将测序结果通过 BLAST 软件在 NCBI 数据库中搜寻相似序列并进行同源性比较，序列提交到 GenBank，获得登录号分别为 KF194200（A2）和 KF194201（A7）。通过 MEGA5 软件构建 A2 和 A7 菌株的系统发育树，结果如图 5-33 所示。

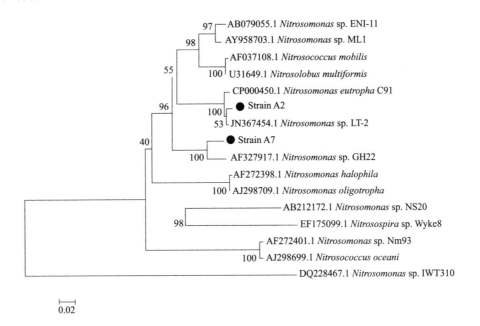

图 5-33　A2 和 A7 菌株的系统发育树

系统发育分析表明，A2 与亚硝化单胞菌 *Nitrosomonas* sp. LT-2（JN367454.1）同源性最高，相似度为 99%。A7 菌株和 *Nitrosomonas* sp. GH22（AF327917.1）同源性最高，相似度为 95%。综合 A2 和 A7 菌株的形态、生理生化特征与系统发育分析，判断分离得到的这 2 种菌株为亚硝化单胞菌（*Nitrosomonas*）。*Nitrosomonas* 是污水处理系统中比较常见的 AOB 菌，它们能够适应低氨氮和低 DO 环境，有研究发现这类 AOB 甚至能在氧受限的条件下，发生以 NO_2^--N 为电子受体的 ANAMMOX 反应，这表明 *Nitrosomonas* 在新型生物脱氮技术中发挥重要作用。

3. 结论

通过稀释培养、平板划线分离、颜色指示剂快速检测方法，筛选到 2 株氨氧化能力较强的 AOB 菌株，即 A2 和 A7。经过氨氧化能力分析，发现 A2 和 A7 氨氧化能力可达 69.3％ 及 73.1％，它们能将培养液中的大部分氨氮氧化。综合 A2 和 A7 菌株的形态、生理生化特征与系统发育分析，判断它们为亚硝化单胞菌（*Nitrosomonas*）。

参考文献

[1] 张树德. 生物滤池硝化及自养脱氮特性研究 [D]. 北京：北京工业大学，2005.
[2] 李捷. 厌氧/好氧-厌氧氨氧化工艺深度处理城市污水研究 [D]. 哈尔滨：哈尔滨工业大学，2005.
[3] 田智勇. 常温低基质浓度下生活污水的厌氧氨氧化生物脱氮研究 [D]. 北京：北京工业大学，2009.
[4] 韩煦. 常温城镇生活污水亚硝酸型硝化试验研究 [D]. 北京：北京工业大学，2009.
[5] 王俊安. 厌氧好氧除磷厌氧氨氧化脱氮城市污水再生全流程研究 [D]. 北京：北京工业大学，2010.
[6] 付昆明. 全程自养脱氮（CANON）反应器的启动及其脱氮性能 [D]. 北京：北京工业大学，2010.
[7] 杜贺. 生活污水经 A/O 除磷后亚硝化试验研究 [D]. 北京：北京工业大学，2010.
[8] 陶晓晓. 常温低氨氮生活污水亚硝化试验研究 [D]. 北京：北京工业大学，2011.
[9] 李占. 常温城市生活污水生物膜部分亚硝酸化试验研究 [D]. 北京：北京工业大学，2011.
[10] 林齐. 工业综合废水深度处理与污水厂工艺升级改造研究 [D]. 北京：北京工业大学，2011.
[11] 刘丽倩. 生活污水间歇式亚硝化实验研究 [D]. 北京：北京工业大学，2013.
[12] 邱文新. 常温生活污水厌氧氨氧化生物滤柱试验研究 [D]. 北京：北京工业大学，2013.
[13] 吴迪. 基于生物除磷与自养脱氮的污水再生全流程试验研究 [D]. 北京：北京工业大学，2013.
[14] 张昭. 常温低 C/N 城市污水部分亚硝化试验研究 [D]. 北京：北京工业大学，2013.
[15] 仲航. 常温生活污水 CSTR 部分亚硝化试验研究 [D]. 北京：北京工业大学，2013.
[16] 曾涛涛. 常温低基质 PN-ANAMMOX 耦合工艺脱氮效能及微生物特性研究 [D]. 哈尔滨：哈尔滨工业大学，2013.
[17] 刘涛. 基于亚硝化的全程自养脱氮工艺（CANON）效能及微生物特征研究 [D]. 哈尔滨：哈尔滨工业大学，2013.
[18] 畅晓燕. 常温 CANON 生物滤池的启动与运行效能研究 [D]. 北京：北京工业大学，2013.
[19] 张肖静. 基于 MBR 的全程自养脱氮工艺（CANON）性能及微生物特性研究 [D]. 哈尔滨：哈尔滨工业大学，2013.
[20] 周利军. 生活污水推流式亚硝化试验研究 [D]. 北京：北京工业大学，2014.
[21] 王斌. 亚硝化颗粒污泥的形成及稳定性试验研究 [D]. 北京：北京工业大学，2014.
[22] 苏东霞. 生活污水 SBR 亚硝化长期高效稳定运行试验研究 [D]. 北京工业大学，2014.
[23] 杨卓. 有机物对全程自养脱氮工艺的影响研究 [D]. 北京：北京工业大学，2014.
[24] 张功良. 不同启动方式生活污水 SBR 亚硝化稳定性有机物对全程自养脱氮工艺的影响研究 [D]. 北京：北京工业大学，2014.
[25] 崔少明. 高氨氮 CANON 工艺运行及应用研究 [D]. 北京：北京工业大学，2014.
[26] 高伟楠. 处理生活污水的生物滤池及颗粒污泥厌氧氨氧化工艺研究 [D]. 北京：北京工业大学，2014.
[27] 李德祥. 改良型 UASB 厌氧氨氧化工艺试验研究 [D]. 北京：北京工业大学，2014.
[28] 储昭瑞. 序批式全程自养脱氮工艺的运行效能、作用机制及数学模拟 [D]. 哈尔滨：哈尔滨工业大学，2014.
[29] 杨胤. 挥发性脂肪酸对厌氧氨氧化颗粒污泥脱氮效果的影响研究 [D]. 北京：北京工业大学，2015.

［30］ 何永平. MBR 内生活污水的 SNAD 工艺启动及微生物种群特征 ［D］. 北京：北京工业大学，2015.

［31］ 苏庆岭. CANON 颗粒污泥快速形成及在生活污水处理中的 ［D］. 北京：北京工业大学，2015.

［32］ 吴青. 连续流亚硝化颗粒污泥的形成及稳定性试验研究 ［D］. 北京：北京工业大学，2015.

［33］ 张翠丹. 生活污水 SBR 亚硝化颗粒污泥的快速启动及稳定运行研究 ［D］. 北京：北京工业大学，2015.

［34］ 周元正. SBR 生活污水同步除磷亚硝化试验研究 ［D］. 北京：北京工业大学，2015.

［35］ 王朗. 常温生活污水两级 CSTR 亚硝化试验研究 ［D］. 北京：北京工业大学，2016.

［36］ 范丹. 常温生活污水部分亚硝化—厌氧氨氧化工艺脱氮研究 ［D］. 北京：北京工业大学，2016.

［37］ 梁瑜海. 高效自养脱氮工艺形式及微生物特征研究 ［D］. 北京：北京工业大学，2016.

［38］ 中华人民共和国环境保护部. 2012 中国环境状况公报 ［R］. 2012.

［39］ 张杰，熊必永. 水健康循环理论与工程应用 ［M］. 北京：中国建筑工程出版社，2004.

［40］ 李冬. 水健康循环导论 ［M］. 北京：中国建筑工程出版社，2009.

［41］ 张杰，李冬. 城市水系统工程技术 ［M］. 北京：中国建筑工程出版社，2009.

［42］ Hellinga C，Schellen A A J C，Mulder J W，et al. The sharon process：An innovative method for nitrogen removal from ammonium-rich waste water ［J］. Water Science and Technology，1998，37（9）：135-142.

［43］ Jetten M S M，Strous M，Pas-Schoonen K T v d，et al. The anaerobic oxidation of ammonium ［J］. FEMS Microbiology Reviews，1999，22：421-437.

［44］ van Dongen U，Jetten M S M，Loosdrecht M v. The SHARON®-ANAMMOX® process for treatment of ammonium rich wastewater ［J］. Water Science and Technology，2001，44：153-160.

［45］ Helmer C，Tromm C，Hippen A，et al. Single stage biological nitrogen removal by nitritation and anaerobic ammonium oxidation in biofilm systems ［J］. Water Science and Technology，2001，43（1）：311-320.

［46］ Sliekers A O，Derwort N，Campos-Gomez J L，et al. Completely autotrophic nitrogen removal over nitrite in one single reactor ［J］. Water Research，2002，36（10）：2475-2482.

［47］ Third K A，Sliekers A O，Kuenen J G，et al. The CANON system (completely autotrophic nitrogen-removal over nitrite) under ammonium limitation：interaction and competition between three groups of bacteria ［J］. Systematic and Applied Microbiology，2001，24（4）：588-596.

［48］ Sliekers A O，Third K A，Abma W，et al. CANON and ANAMMOX in a gas-lift reactor ［J］. FEMS Microbiology Letters，2003，218（2）：339-344.

［49］ Pynaert K，Smets B F，Wyffels S，et al. Characterization of an autotrophic nitrogen-removing biofilm from a highly loaded lab-scale rotating biological contactor ［J］. Applied and Environmental Microbiology，2003，69（6）：3626-3635.

［50］ Jeanningros Y，Vlaeminck S E，Kaldate A，et al. Fast start-up of a pilot-scale deammonification sequencing batch reactor from an activated sludge inoculum ［J］. Water Science and Technology，2010，61（6）：1393-1400.

［51］ Kuai L P，Verstraete W. Ammonium removal by the oxygen-limited autotrophic nitrification-denitrification system ［J］. Applied and Environmental Microbiology，1998，64（11）：4500-4506.

［52］ Strous M，Heijnen J J，Kuenen J G，et al. The sequencing batch reactor as a powerful tool for the study of slowly growing anaerobic ammonium-oxidizing microorganisms ［J］. Applied and Environmental Microbiology，1998，50（5）：589-596.

［53］ Suneethi S，Joseph K. ANAMMOX process start up and stabilization with an anaerobic seed in Anaerobic Membrane Bioreactor （AnMBR）［J］. Bioresource Technology，2011，102（19）：8860-8867.

［54］ Liao B Q，Kraemer J T，Bagley D M. Anaerobic membrane bioreactors：applications and research directions［J］. Critical Reviews in Environmental Science and Technology，2006，36（6）：489-530.

［55］ Xue Y，Yang F，Liu S，et al. The influence of controlling factors on the start-up and operation for partial nitrification in membrane bioreactor［J］. Bioresource Technology，2009，100（3）：1055-1060.

［56］ Yuan L M，Zhang C Y，Zhang Y Q，et al. Biological nutrient removal using an alternating of anoxic and anaerobic membrane bioreactor（AAAM）process［J］. Desalination，2008，221（1-3）：566-575.

［57］ Meng F，Chae S R，Drews A，et al. Recent advances in membrane bioreactors（MBRs）：membrane fouling and membrane material［J］. Water Research，2009，43（6）：1489-1512.

［58］ Pellicer N C，Sun S P，Lackner S，et al. Sequential aeration of membrane-aerated biofilm reactors for high-rate autotrophic nitrogen removal：experimental demonstration［J］. Environmental Science & Technology，2010，44（19）：7628-7634.

［59］ Kumar M，Lin J G. Co-existence of ANAMMOX and denitrification for simultaneous nitrogen and carbon removal--Strategies and issues［J］. Journal of Hazardous and Material，2010，178（1-3）：1-9.

［60］ 孙锦宜. 含氮废水处理技术与应用［M］. 北京：化学工业出版社，2003：1-50.

［61］ Hanks J H，Weintraub R L. The pure culture isolation of ammonia- oxidizing bacteria［J］. Journal of Bacteriology，1936，32（6）：653-670.

［62］ 王磊，叶静陶，吕永涛，等. 自养短程硝化系统启动及污泥絮体微生态物质迁移转化规律试验研究［J］. 西安建筑科技大学学报（自然科学版），2011，43（4）：522-528.

［63］ Lee H J，Bae J H，Cho K M. Simultaneous nitrification and denitrification in a mixed methanotrophic culture［J］. Biotechnology Letters，2001，23：935-941.

［64］ Walters E，Hille A，He M，et al. Simultaneous nitrification/denitrification in a biofilm airlift suspension（BAS）reactor with biodegradable carrier material［J］. Water Research，2009，43（18）：4461-4468.

［65］ Hocaoglu S M，Insel G，Cokgor E U，et al. Effect of sludge age on simultaneous nitrification and denitrification in membrane bioreactor［J］. Bioresource Technology，2011，102（12）：6665-6672.

［66］ Aslan S，Miller L，Dahab M. Ammonium oxidation via nitrite accumulation under limited oxygen concentration in sequencing batch reactors［J］. Bioresource Technology，2009，100（2）：659-664.

［67］ Yamamoto T，Wakamatsu S，Qiao S，et al. Partial nitritation and anammox of a livestock manure digester liquor and analysis of its microbial community［J］. Bioresource Technology，2011，102（3）：2342-2347.

［68］ Okabe S，Oshiki M，Takahashi Y，et al. Development of long-term stable partial nitrification and subsequent anammox process［J］. Bioresource Technology，2011，102（13）：6801-6807.

［69］ Qiao S，Matsumoto N，Shinohara T，et al. High-rate partial nitrification performance of high ammonium containing wastewater under low temperatures［J］. Bioresource Technology，2010，101（1）：111-117.

［70］ Biswas R，Bagchi S，Bihariya P，et al. Stability and microbial community structure of a partial nitrifying fixed-film bioreactor in long run [J]. Bioresource Technology, 2011, 102 (3): 2487-2494.

[71] van de Graaf A A, Mulder A, de Bruijn P, et al. Anaerobic oxidation of ammonium is a biologically mediated process [J]. Applied and Environmental Microbiology, 1995, 61 (4): 1246-1251.

[72] Ni S Q, Zhang J. Anaerobic ammonium oxidation: from laboratory to full-scale application [J]. BioMed Research International, 2013: 1-10.

[73] Ahn Y H. Sustainable nitrogen elimination biotechnologies: A review [J]. Process Biochemistry, 2006, 41 (8): 1709-1721.

[74] Arrigo K R. Marine microorganisms and global nutrient cycles [J]. Nature, 2005, 437 (7057): 349-355.

[75] Schmid M, Twachtmann U, Klein M, et al. Molecular evidence for genus level diversity of bacteria capable of catalyzing anaerobic ammonium oxidation [J]. Systematic and Applied Microbiology, 2000, 23 (1): 93-106.

[76] van der Star W R L, Abma W R, Blommers D, et al. Startup of reactors for anoxic ammonium oxidation: Experiences from the first full-scale anammox reactor in Rotterdam [J]. Water Research, 2007, 41 (18): 4149-4163.

[77] Dalsgaard T, Canfield D E, Petersen J, et al. N_2 production by the anammox reaction in the anoxic water column of Golfo Dulce, Costa Rica [J]. Nature, 2003, 422 (6932): 606-608.

[78] López H, Puig S, Ganigué R, et al. Start-up and enrichment of a granular anammox SBR to treat high nitrogen load wastewaters [J]. Journal of Chemical Technology & Biotechnology, 2008, 83 (3): 233-241.

[79] 郝晓地, 仇付国, Van de Star W R L, 等. 厌氧氨氧化技术工程化的全球现状及展望 [J]. 中国给水排水, 2007, 23 (18): 15-19.

[80] Bagchi S, Biswas R, Nandy T. Start-up and stabilization of an ANAMMOX process from a non-acclimatized sludge in CSTR [J]. Journal of Industrial Microbiology & Biotechnology, 2010, 37 (9): 943-952.

[81] Ciudad G, Gonzalez R, Bornhardt C, et al. Modes of operation and pH control as enhancement factors for partial nitrification with oxygen transport limitation [J]. Water Research, 2007, 41 (20): 4621-4629.

[82] Guo J, Peng Y Z, Wang S Y, et al. Long-term effect of dissolved oxygen on partial nitrification performance and microbial community structure [J]. Bioresource Technology, 2009, 100 (11): 2796-2802.

[83] Anthonisen A C, Loehr R C, Prakasam T B S, et al. Inhibition of nitrification by ammonia and nitrous-acid [J]. Water Pollution Control Federation, 1976, 48 (5): 835-852.

[84] Vadivelu V M, Keller J, Yuan Z. Free ammonia and free nitrous acid inhibition on the anabolic and catabolic processes of Nitrosomonas and Nitrobacter [J]. Water Science and Technology, 2007, 56 (7): 89-97.

[85] Kim D J, Seo D W, Lee S H, et al. Free nitrous acid selectively inhibits and eliminates nitrite oxidizers from nitrifying sequencing batch reactor [J]. Bioprocess and Biosystems Engineering, 2012, 35 (3): 441-448.

[86] Bernat K, Kulikowska D, Zielińska M, et al. The treatment of anaerobic digester supernatant by combined partial ammonium oxidation and denitrification [J]. Desalination and Water Treatment, 2012, 37 (1-3): 223-229.

[87] Feng Y J, Tseng S K, Hsia T H, et al. Partial nitrification of ammonium-rich wastewater as pretreatment for anaerobic ammonium oxidation (ANAMMOX) using membrane aeration bioreactor [J]. Journal of Bioscience and Bioengineering, 2007, 104 (3): 182-188.

[88] Vejmelkova D, Sorokin D Y, Abbas B, et al. Analysis of ammonia-oxidizing bacteria dominating in lab-scale bioreactors with high ammonium bicarbonate loading [J]. Applied and Environmental Microbiology, 2012, 93 (1): 401-410.

[89] Vazquez-Padin J R, Pozo M J, Jarpa M, et al. Treatment of anaerobic sludge digester effluents by the CANON process in an air pulsing SBR [J]. Journal of Hazardous Materials, 2009, 166 (1): 336-341.

[90] Fux C, Boehler M, Huber P, et al. Biological treatment of ammonium-rich wastewater by partial nitritation and subsequent anaerobic ammonium oxidation (anammox) in a pilot plant [J]. Journal of Biotechnology, 2002, 99: 295-306.

[91] Zhang M, Tay J H, Qian Y, et al. Coke plant wastewater treatment by fixed biofilm system for COD and NH_3-N removal [J]. Water Research, 1997, 32 (2): 519-527.

[92] Bagchi S, Biswas R, Nandy T. Autotrophic ammonia removal processes: ecology to technology [J]. Critical Reviews in Environmental Science and Technology, 2012, 42 (13): 1353-1418.

[93] Egli K, Bosshard F, Werlen C, et al. Microbial composition and structure of a rotating biological contactor biofilm treating ammonium-rich wastewater without organic carbon [J]. Microbial Ecology, 2003, 45 (4): 419-432.

[94] Hendrickx T L, Wang Y, Kampman C, et al. Autotrophic nitrogen removal from low strength waste water at low temperature [J]. Water Research, 2012, 46 (7): 2187-2193.

[95] Liu T, Li D, Zeng H, et al. Biodiversity and quantification of functional bacteria in completely autotrophic nitrogen-removal over nitrite (CANON) process [J]. Bioresource Technology, 2012, 118: 399-406.

[96] Chen H, Liu S, Yang F, et al. The development of simultaneous partial nitrification, ANAMMOX and denitrification (SNAD) process in a single reactor for nitrogen removal [J]. Bioresource Technology, 2009, 100 (4): 1548-1554.

[97] Wang C C, Lee P H, Kumar M, et al. Simultaneous partial nitrification, anaerobic ammonium oxidation and denitrification (SNAD) in a full-scale landfill-leachate treatment plant [J]. Journal of Hazardous. Materials, 2010, 175 (1-3): 622-628.

[98] 郑平, 徐向阳, 胡宝兰. 新型生物脱氮理论与技术 [M]. 北京: 科学出版社, 2004: 12-39.

[99] Bagchi S, Biswas R, Roychoudhury K, et al. Stable Partial Nitrification in an Up-Flow Fixed-Bed Bioreactor Under an Oxygen-Limiting Environment [J]. Environmental Engineering Science, 2009, 26 (8): .

[100] Klotz M G, Stein L Y. Nitrifier genomics and evolution of the nitrogen cycle [J]. FEMS Microbiology Letters, 2008, 278 (2): 146-156.

[101] Schmidt I, Bock E. Anaerobic ammonia oxidation with nitrogen dioxide by Nitrosomonas eutropha [J]. Archives of Microbiology, 1997, 167 (2-3): 106-111.

[102] Schmidt I, Hermelink C, van de Pas-Schoonen K, et al. Anaerobic Ammonia Oxidation in the Presence of Nitrogen Oxides (NOx) by Two Different Lithotrophs [J]. Applied and Environmental Microbiology, 2002, 68 (11): 5351-5357.

[103] Kartal B, van Niftrik L, Rattray J, et al. Candidatus 'Brocadia fulgida': an autofluorescent anaerobic ammonium oxidizing bacterium [J]. FEMS Microbiology Ecology, 2008, 63 (1): 46-55.

[104] Strous M，Fuerst J A，Kramer E H M，et al. Missing lithotroph identified as new planctomycete [J]．Nature，1999，400（6743）：446-449.

[105] 陈婷婷．厌氧氨氧化工艺运行性能及微生物特性研究［D］．杭州：浙江大学，2013：10-22.

[106] Neef A，Amann R，Schlesner H，et al. Monitoring a widespread bacterial group：in situ detection of planctomycetes with 16S rRNA-targeted probes [J]．Microbiology-Uk，1998，144：3257-3266.

[107] Quan Z X，Rhee S K，Zuo J E，et al. Diversity of ammonium-oxidizing bacteria in a granular sludge anaerobic ammonium-oxidizing（anammox）reactor [J]．Environmental Microbiology，2008，10（11）：3130-3139.

[108] Kartal B，Rattray J，van Niftrik L A，et al. Candidatus "ANAMMOXoglobus propionicus" a new propionate oxidizing species of anaerobic ammonium oxidizing bacteria [J]．Systematic and Applied Microbiology，2007，30（1）：39-49.

[119] Kowalchuk G A，Stephen J R，DeBoer W，et al. Analysis of ammonia-oxidizing bacteria of the beta subdivision of the class Proteobacteria in coastal sand dunes by denaturing gradient gel electrophoresis and sequencing of PCR-amplified 16S ribosomal DNA fragments [J]．Applied and Environmental Microbiology，1997，63（4）：1489-1497.

[110] van Niftrik L，Geerts W J，van Donselaar E G，et al. Linking ultrastructure and function in four genera of anaerobic ammonium-oxidizing bacteria：cell plan，glycogen storage，and localization of cytochrome C proteins [J]．Journal of Bacteriology，2008，190（2）：708-717.

[111] Egli K，Fanger U，Alvarez P J J，et al. Enrichment and characterization of an anammox bacterium from a rotating biological contactor treating ammonium-rich leachate [J]．Archives of Microbiology，2001，175（3）：198-207.

[112] Strous M，Kuenen J G，Jetten M S M. Key physiology of anaerobic ammonium oxidation [J]．Applied and Environmental Microbiology，1999，65（7）：3248-3250.

[113] Guven D，Dapena A，Kartal B，et al. Propionate oxidation by and methanol inhibition of anaerobic Ammonium-Oxidizing bacteria [J]．Applied and Environmental Microbiology，2005，71（2）：1066-1071.

[114] Kartal B，Kuenen J G，van Loosdrecht M C M. Sewage treatment with ANAMMOX [J]．Science，2010，328（5979）：702-703.

[115] Kimura Y，Isaka K，Kazama F. Effects of inorganic carbon limitation on anaerobic ammonium oxidation（anammox）activity [J]．Bioresource Technology，2011，102（6）：4390-4394.

[116] Racz L，Datta T，Goel R. Effect of organic carbon on ammonia oxidizing bacteria in a mixed culture [J]．Bioresource Technology，2010，101（16）：6454-6460.

[117] Ni S Q，Ni J Y，Hu D L，et al. Effect of organic matter on the performance of granular anammox process [J]．Bioresource Technology，2012，110：701-705.

[118] Jia L，Guo J-s，Fang F，et al. Effect of organic carbon on nitrogen conversion and microbial communities in the completely autotrophic nitrogen removal process [J]．Environmental Technology，2012，33（10）：1141-1149.

[119] van de Graaf A A，de Bruijn P，Robertson L A，et al. Autotrophic growth of anaerobic ammonium-oxidizing micro-organisms in a fluidized bed reactor [J]．Microbiology-UK，1996，142：2187-2196.

[120] Wagner M，Rath G，Koops H P，et al. In situ analysis of nitrifying bacteria in sewage treatment plants [J]．Water Science and Technology，1996，34（1-2）：237-244.

[121] Amann R I, Binder B J, Olson R J, et al. Combination of 16s ribosomal-RNA-targeted oligonucleotide probes with flow-cytometry for analyzing mixed microbial-populations [J]. Applied and Environmental Microbiology, 1990, 56 (6): 1919-1925.

[122] Schramm A, Larsen L H, Revsbech N P, et al. Structure and function of nitrifying biofilms as determined by in situ hybridization and the use of microelectrodes [J]. Applied and Environmental Microbiology, 1996, 62 (12): 4641-4647.

[123] Ahn Y H, Choi H C. Autotrophic nitrogen removal from sludge digester liquids in upflow sludge bed reactor with external aeration [J]. Process Biochemistry, 2006, 41 (9): 1945-1950.

[124] Szatkowska B, Cema G, Plaza E, et al. A one-stage system with partial nitritation and ANAMMOX processes in the moving-bed biofilm reactor [J]. water Science and Technology, 2007, 55 (8-9): 16-26.

[125] Vazquez-Padin J R, Fernandez I, Morales N, et al. Autotrophic nitrogen removal at low temperature [J]. Water Science and Technology, 2011, 63 (6): 1282-1288.

[126] Cema G, Płaza E, Trela J, et al. Dissolved oxygen as a factor influencing nitrogen removal rates in a one-stage system with partial nitritation and ANAMMOX process [J]. Water Science and Technology, 2011, 64 (5): 1009-1015.

[127] van der Star W R, Miclea A I, van Dongen U G, et al. The membrane bioreactor: a novel tool to grow anammox bacteria as free cells [J]. Biotechnology and Bioengineering, 2008, 101 (2): 286-294.

[128] Strous M, Pelletier E, Mangenot S, et al. Deciphering the evolution and metabolism of an anammox bacterium from a community genome [J]. Nature, 2006, 440: 790-794.

[129] Okabe S, Kindaichi T, Ito T, et al. Analysis of size distribution and areal cell density of ammonia-oxidizing bacterial microcolonies in relation to substrate microprofiles in biofilms [J]. Biotechnology and Bioengineering, 2004, 85 (1): 86-95.

[130] Zhou Y, Oehmen A, Lim M, et al. The role of nitrite and free nitrous acid (FNA) in wastewater treatment plants [J]. Water Research, 2011, 45 (15): 4672-4682.

[131] 张子健, 王舜和, 王建龙, 等. 利用碱度控制 SBR 中短程硝化反应的进程 [J]. 清华大学学报 (自然科学版), 2008, 48 (9): 95-98.

[132] Claros J, Serralta J, Seco A, et al. Monitoring pH and ORP in a SHARON reactor [J]. Water Science and Technology, 2011, 63 (11): 2505.

[133] Shen L D, Chen P, He F Z, et al. Metabolic properties of a mixed culture of aerobic ammonia oxidizers and its optimal reaction conditions [J]. Bioresource Technology, 2012, 104: 571-578.

[134] Chamchoi N, Nitisoravut S, Schmidt J E. Inactivation of ANAMMOX communities under concurrent operation of anaerobic ammonium oxidation (ANAMMOX) and denitrification [J]. Bioresource Technology, 2008, 99 (9): 3331-3336.

[135] Lan C J, Kumar M, Wang C C, et al. Development of simultaneous partial nitrification, anammox and denitrification (SNAD) process in a sequential batch reactor [J]. Bioresource Technology, 2011, 102 (9): 5514-5519.

[136] Winkler M K, Kleerebezem R, Kuenen J G, et al. Segregation of biomass in cyclic anaerobic/aerobic granular sludge allows the enrichment of anaerobic ammonium oxidizing bacteria at low temperatures [J]. Environmental Science & Technology, 2011, 45 (17): 7330-7337.

[137] 中华人民共和国水利部. 2014 年中国水资源公报 [R]. 2015.

[138] 中华人民共和国环境保护部. 2014 年中国环境状况公报 [R]. 2015.

[139] 郝晓地. 可持续污水-废物处理技术 [M]. 北京：中国建筑工业出版社，2006：357-359.

[140] Siegrist H, Salzgeber D, Eugste J, et al. ANAMMOX brings WWTP closer to energy autarky due to increased biogas production and reduced aeration energy for N-Removal [J]. Water Science and Technology，2008，57 (3)：383-388.

[141] Blackburne R, Yuan Z G, Keller J. Demonstration of nitrogen removal via nitrite in a sequencing batch reactor treating domestic wastewater [J]. Water Research，2008，42 (8-9)：2166-2176.

[142] Hanaki K, Wantawin C, Ohgaki S. Nitrification at low levels of dissolved Oxygen with and without organic loading in a suspended-growth reactor [J]. Water Research，1990，24 (3)：297-302.

[143] Bartroli A, Pérez J, Carrera J. Applying ratio control in a continuous granular reactor to achieve full nitritation under stable operating conditions [J]. Environmental Science and Technology，2010，44 (23)：8930-8935.

[144] Anthonisen A C, Loehr R C, Prakasam T B S, et al. Inhibition of nitrification by ammonia and nitrous acid [J]. Journal Water Pollution Control Federation，1976，48 (5)：835-852.

[145] Vadivelu V M, Keller J, Yuan Z G. Effect of free ammonia and free nitrous acid concentration on the anabolic and catabolic processes of an enriched Nitrosomonas culture [J]. Biotechnology and Bioengineering，2006，95 (5)：830-839.

[146] Van Hulle S W H, Vandeweyer H J P, Meesschaert B D, et al. Engineering aspects and practical application of autotrophic nitrogen removal from nitrogen rich streams [J]. Chemical Engineering Journal，2010，162 (1)：1-20.

[147] Moaquera-Corral A, Gonzalez F, Campos J L, et al. Partial nitrification in a SHARON reactor in the presence of salts and organic carbon compounds [J]. Process Biochemistry，2005，40 (9)：3109-3118.

[148] Mulder A, van de Graaf A A, Robertson L A, et al. Anaerobic ammonium oxidation discovered in a denitrifying fluidized bed reactor [J]. FEMS Microbiology Ecology，1995，16 (3)：177-183.

[149] Jaroszynski L W, Cicek N, Sparling R, et al. Impact of free ammonia on ANAMMOX rates (Anoxic Ammonium Oxidation) in a moving bed biofilm reactor [J]. Chemosphere，2012，88 (2)：188-195.

[150] Molinuevo B, García M C, Karakashev D, et al. ANAMMOX for ammonia removal from pig manure effluents：effect of organic matter content on process performance [J]. Bioresource Technology，2009，100 (7)：2171-2175.

[151] Kartal B, Kuypers M M, Lavik G, et al. ANAMMOX bacteria disguised as denitrifiers：nitrate reduction to dinitrogen gas via nitrite and ammonium [J]. Environmental Microbiology，2007，9 (3)：635-642.

[152] Siegrist H, Reithaar S, Koch G, et al. Nitrogen loss in a nitrifying rotating contactor treating ammonium-rich wastewater without organic carbon [J]. Water Science and Technology，1998，38 (8-9)：241-248.

[153] Hippen A, Karl-Heinz Rosenwinkel K-H, Baumgarten G, et al. Aerobic deammonification：a new experience in the treatment of waste waters [J]. Water Science and Technology，1997，35 (10)：111-120.

[154] Sliekers A O, Derwort N, Gomez J L C, et al. Completely autotrophic nitrogen removal over nitrite in one single reactor [J]. Water Research，2002，36 (10)：2475-2482.

[155] Third K A, Paxman J, Schmid M, et al. Treatment of nitrogen-rich wastewater using partial nitrification and ANAMMOX in the CANON process [J]. Water Science and Technology，2005，

52 (4): 47-54.

[156] Chuang H P, Ohashi A, Imachi H, et al. Effective partial nitrification to nitrite by down-flow hanging sponge reactor under limited Oxygen condition [J]. Water Research, 2007, 41 (2): 295-302.

[157] 沈耀良, 黄勇, 赵丹, 等. 固定化微生物污水处理技术 [M]. 北京: 化学工业出版社, 2002.

[158] Liu Tay J H. The essential role of hydrodynamic shear force in the formation of biofilm and granular sludge [J]. Water Research, 2002, 36 (7): 1653-1665.

[159] López-Palau S, Pericas A, Dosta J, et al. Partial nitrification of sludge reject water by means of aerobic granulation [J]. Water Science and Technology, 2011, 64 (9): 1906-1912.

[160] Vázquez-Padín J R, Figueroa M, Campos J L, et al. Nitrifying granular systems: a Suitable technology to obtain stable partial nitrification at room temperature [J]. Separation and Purification Technology, 2010, 74 (2): 178-186.

[161] Wan C L, Sun S P, Lee D J, et al. Partial nitrification using aerobic granules in continuous-flow reactor: rapid startup [J]. Bioresource Technology, 2013, 142: 517-522.

[162] Vlaeminck S E, Cloetens L F, Carballa M, et al. Granular biomass capable of partial nitritation and ANAMMOX [J]. Water Science and Technology, 2008, 58 (5): 1113-1120.

[163] 陈建伟. 高效短程硝化和厌氧氨氧化工艺研究 [D]. 杭州: 浙江大学, 2011.

[164] 胡安辉. 高效短程硝化/厌氧氨氧化富集培养物的研究 [D]. 杭州: 浙江大学, 2010.

[165] Samik Bagchi S, Biswas R, Nandy T, et al. Autotrophic ammonia removal processes: ecology to technology [J]. Environmental Science and Technology, 2012, 42 (13): 1353-1418.

[166] Schouten, Strous M, Kuypers M M, et al. Stable carbon isotopic fractionations associated with inorganic carbon fixation by anaerobic ammonium-oxidizing bacteria [J]. Applied and Environmental Microbiology, 2004, 70 (6): 3785-3788.

[167] Strous M, Pelletier E, Mangenot S, et al. Deciphering the evolution and metabolism of an ANA-MMOX bacterium from a community genome [J]. Nature, 2006, 440 (7085): 790-794.

[168] Jetten M S, van Niftrik L, Strous M, et al. Biochemistry and molecular biology of ANAMMOX bacteria [J]. Critical Reviews in Biochemistry and Molecular Biology, 2009, 42 (2-3): 65-84.

[169] Strous M, Fuerst J A, Kramer E H, et al. Missing lithotroph identified as new planctomycete [J]. Nature, 1999, 400 (6743): 446-449.

[170] Ali M, Chai L Y, Tang C J, et al. The increasing interest of ANAMMOX research in China: bacteria, process development, and application [J]. BioMed Research International, 2013, 2013: 1-21.

[171] Hu B L, Zheng Ping, Tang Chongjian, et al. Identification and quantification of ANAMMOX bacteria in eight nitrogen removal reactors [J]. Water Research, 2010, 44 (17): 5014-5020.

[172] Schmid M, Twachtmann U, Klein M, et al. Molecular evidence for genus level diversity of bacteria capable of catalyzing anaerobic ammonium oxidatione [J]. Systematic and Applied Microbiology, 2000, 23 (1): 93-106.

[173] Schmid M, Walsh K, Webb R, et al. Candidatus "Scalindua brodae", sp. nov. , Candidatus "Scalinduawagneri", sp. nov. , two new species of anaerobic ammonium oxidizing bacteria [J]. Systematic and Applied Microbiology, 2003, 26 (4): 529-538.

[174] Kuypers M M, Sliekers A O, Gaute Lavik, et al. Anaerobic ammonium oxidation by ANAMMOX bacteria in the black sea [J]. Nature, 2003, 422 (6932): 608-611.

[175] Woebken D, Lam P, Kuypers M M, et al. A microdiversity study of ANAMMOX bacteria reveals

a novel candidatus scalindua phylotype in marine Oxygen minimum zones [J]. Environmental Microbiology, 2008, 10 (11): 3106-3119.

[176] van de Vossenberg J, Woebken D, Maalcke W J, et al. The metagenome of the marine ANAMMOX bacterium'Candidatus Scalindua profunda'illustrates the versatility of this globally important nitrogen cycle bacterium [J]. Environmental Microbiology, 2013, 15 (5): 1275-1289.

[177] van der Star W R, Abma W R, Blommers D, et al. Startup of reactors for anoxic ammonium oxidation: experiences from the first full-scale ANAMMOX reactor in rotterdam [J]. Water Research, 2007, 41 (18): 4149-4163.

[178] Date Y, Isaka K, Ikuta H, et al. Microbial diversity of ANAMMOX bacteria enriched from different types of seed sludge in an anaerobic continuous-feeding cultivation reactor [J]. Journal of Bioscience and Bioengineering, 2009, 107 (3): 281-286.

[179] 张明. 硝化细菌应用技术研究 [D]. 上海: 华东师范大学, 2003.

[180] Siripong S, Rittmann B E. Diversity study of nitrifying bacteria in full-scale municipal wastewater treatment plants [J]. Water Research, 2007, 41 (5): 1110-1120.

[181] Daims H, Nielsen P H, Nielsen J L, et al. Novel Nitrospira-like bacteria as dominant nitrite-oxidizers in biofilms from wastewater treatment plants: diversity and in situ physiology [J]. Water Science and Technology, 2000, 41 (4-5): 85-90.

[182] 国家环境保护总局. 水和废水监测分析方法 [M]. 第四版增补版. 北京: 中国环境科学出版社, 2009.

[183] APHA. Standard methods for the examination of water and wastewater [M]. 19th ed. Washington, D. C.: American Public Health Association, 1995.

[184] Muyzer G, de Waal E C, Uitterlinden A G. Profiling of complex microbial populations by denaturing gradient gel electrophoresis analysis of polymerase chain reaction-amplified genes coding for 16S rRNA [J]. Applied and Environmental Microbiology, 1993, 59 (3): 695-700.

[185] Attard E, Poly F, Commeaux C, et al. Shifts between Nitrospira- and Nitrobacter-like nitrite oxidizers underlie the response of soil potential Nitrite Oxidation to changes in tillage practices [J]. Environmental Microbiology, 2010, 12 (2): 315-326.

[186] Bassam B J, Caetano-Anollés G, Gresshoff P M. Fast and sensitive silver staining of DNA in polyacrylamide gels [J]. Analytical Biochemistry, 2010, 196 (1): 80-83.

[187] Watanabe T, Asakawa S, Nakamura A, et al. DGGE method for analyzing 16S rDNA of methanogenic archaeal community in paddy field soil [J]. FEMS Microbiology Letter, 2004, 232 (2): 153-163.

[188] Abbas G, Zheng P, Wang L, et al. Ammonia nitrogen removal by single-stage process: A review [J]. Journal of The Chemical Society of Pakistan, 2014, 36 (4): 775-782.

[189] Furukawa K, Lieu P K, H Tokitoh, et al. Development of single-stage nitrogen removal using ANAMMOX and partial nitritation (SNAP) and Its treatment performances [J]. Water Science and Technology, 2006, 53 (6): 83-90.

[190] Ahn Y H, Choi H C. Autotrophic nitrogen removal from sludge digester liquids in upflow sludge bed reactor with external aeration [J]. Process Biochemistry, 2006, 41 (9): 1945-1950.

[191] Cho S, Fujii N, Lee T, et al. Development of a simultaneous partial nitrification and anaerobic ammonia oxidation process in a single reactor [J]. Bioresource Technology, 2011, 102 (2): 652-659.

[192] Qiao S, Nishiyama T, Fujii T, et al. Rapid startup and high rate nitrogen removal from anaerobic

sludge digester liquor using a SNAP Process [J]. Biodegradation, 2012, 23 (1): 157-164.

[193] Daverey A, Su S, Huang Y, et al. Partial nitrification and ANAMMOX process: A method for high strength optoelectronic industrial wastewater treatment [J]. Water Research, 2013, 47 (9): 2929-2937.

[194] Lackner S, Gilbert E M, Vlaeminck S E, et al. Full-scale partial nitritation/ANAMMOX Experiences - an application survey [J]. Water Research, 2014, 55: 292-303.

[195] Vázquez-Padín J R, Fernández I, Morales N, et al. Autotrophic nitrogen removal at low temperature [J]. Water Science and Technology, 2011, 63 (6): 1282-1288.

[196] Daverey A, Hung N-T, Dutta K, et al. Ambient temperature SNAD process treating anaerobic digester liquor of swine wastewater [J]. Bioresource Technology, 2013, 141: 191-198.

[197] Limpiyakorn T, Shinohara Y, Kurisu F, et al. Communities of ammonia-oxidizing bacteria in activated sludge of various sewage treatment plants in tokyo [J]. FEMS Microbiology Ecology, 2005, 54 (2): 205-217.

[198] Ishii S, Yamamoto M, Kikuchi M, et al. Microbial populations responsive to denitrification-inducing conditions in rice paddy soil, as revealed by comparative 16S rRNA gene analysis [J]. Applied and Environmental Microbiology, 2009, 75 (22): 7070-7078.

[199] Dennis P G, Seymour J, Kumbun K, et al. Diverse populations of lake water bacteria exhibit chemotaxis towards inorganic nutrients [J]. ISME Journal, 2013, 7 (8): 1661-1664.

[200] Falk S, Liu B, Braker G. Isolation, genetic and functional characterization of novel soil-type denitrifiers [J]. Systematic and Applied Microbiology, 2010, 33 (6): 337-347.

[201] Cébron A, Garnier J. Nitrobacter and nitrospira genera as representatives of nitrite-oxidizing bacteria: Detection, quantification and growth along the lower seine river (France) [J]'. Water Research, 2005, 39 (20): 4979-4992.

[202] Knapp C W, Graham D W. Nitrite-oxidizing bacteria guild ecology associated with nitrification failure in a continuous-flow reactor [J]. FEMS Microbiology Ecology, 2007, 62 (2): 195-201.

[203] Gieseke A, Bjerrum L, M Wagner, et al. Structure and activity of multiple nitrifying bacterial populations co-existing in a biofilm [J]. Environmental Microbiology, 2003, 5 (5): 355-369.

[204] Downing L S, Nerenberg R. Effect of oxygen gradients on the activity and microbial community structure of a nitrifying, membrane-aerated biofilm [J]. Biotechnology and Bioengineering, 2008, 101 (16): 1193-1204.

[205] Terada A, Lackner S, Kristensen K, et al. Inoculum effects on community composition and nitritation performance of autotrophic nitrifying biofilm reactors with counter-diffusion geometry [J]. Environmental Microbiology, 2010, 12 (10): 2858-2872.

[206] Ni B J, Xie W M, Liu S G, et al. Granulation of activated sludge in a pilot-scale sequencing batch reactor for the treatment of Low-strength municipal wastewater [J]. Water Research, 2009, 43 (63): 751-761.

[207] Beun J J, van Loosdrecht M C M, Heijnen J J. Aerobic granulation in a sequencing batch airlift reactor [J]. Water Research, 2002, 36 (3): 702-712.

[208] Vázquez-Padín J, Fernádez I, Figueroa M, et al. Applications of ANAMMOX based processes to treat anaerobic digester supernatant at room temperature [J]. Bioresource Technology, 2010, 100 (12): 2988-2994.

[209] Winkler M K H, Kleerebezem R, van Loosdrecht M C M. Integration of ANAMMOX into the aerobic granular sludge process for main stream wastewater treatment at ambient temperatures [J].

Water Research，2012，46（1）：136-144.

[210] Schaubroeck T，Bagchi S，De Clippeleir H，et al. successful hydraulic strategies to start up OLAND sequencing batch reactors at lab scale [J]. Microbial Biotechnology，2012，5（3）：403-414.

[211] Jenni S，Vlaeminck S E，Morgenroth E，et al. Successful application of nitritation/ANAMMOX to wastewater with elevated organic carbon to ammonia ratios [J]. Water Research，2014，49：316-326.

[212] Lotti T，Kleerebezem R，Hu Z，et al. Simultaneous partial nitritation and ANAMMOX at low temperature with granular sludge [J]. Water Research，2014，66：111-121.

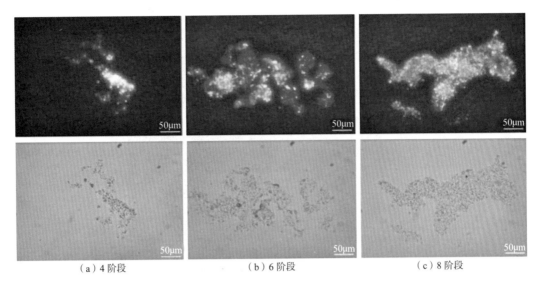

（a）4 阶段 　　　　　　（b）6 阶段 　　　　　　（c）8 阶段

图 2-52　FISH 检测结果

图 2-75　亚硝化颗粒污泥的肉眼及 40 倍显微镜照片

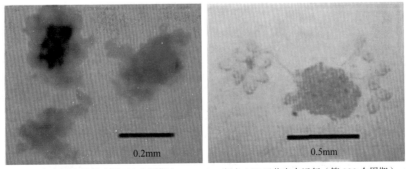

（a）配水运行（第 210 个周期）　　　　　（b）A/O 工艺出水运行（第 320 个周期）

图 2-97 活性污泥的镜检照片（×10）

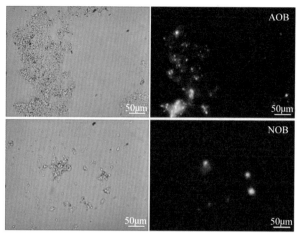

（a）1号SBR反应器

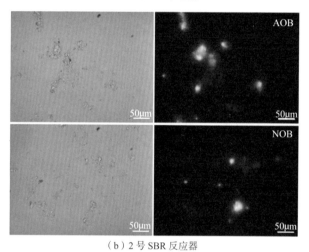

（b）2号SBR反应器

图2-118　Fish检测结果

3-27　生物滤柱照片

图3-43　磷酸盐影响试验中的含磷污泥照片

图 3-49 Anammox 生物滤池反应器中的生物膜照片

图 3-50 Anammox 生物滤池反应器
反冲洗出的生物膜照片

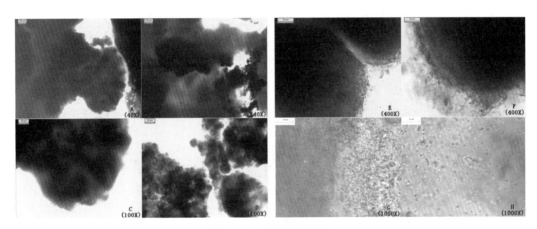

图 3-51 生物膜显微照片

图 3-53 扩大启动试验装
置照片

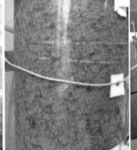

图 3-62 厌氧氨氧化生物滤柱上（140~160cm）、中（70~90cm）、下（20~40cm）
照片

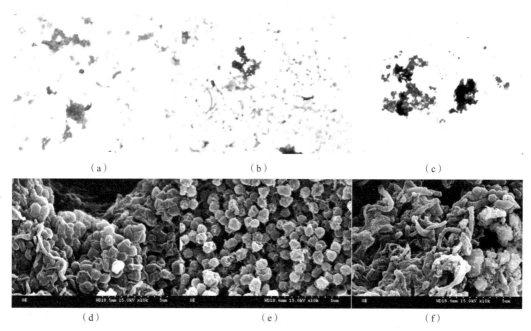

图 3-63　厌氧氨氧化滤柱上、中、下 ANAMMOX 菌显微、电镜照片

图 3-67　升流式厌氧污泥床照片

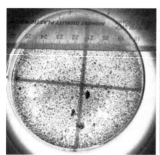
（a）第 105d 颗粒污泥照片

（b）第 276d 颗粒污泥照片

图 3-75　颗粒污泥照片

图 3-77　启动及水力剪切试验装置照片

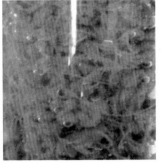

图 3-80　挂膜前后软性填料照片

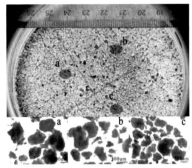

图 3-82　颗粒污泥照片及显微镜照片

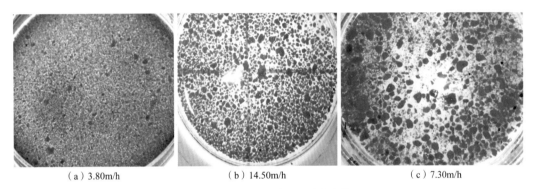

（a）3.80m/h　　　　　　（b）14.50m/h　　　　　　（c）7.30m/h

图 3-86　试验中颗粒污泥变化照片

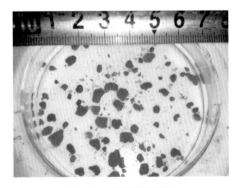

图 3-88　漂浮颗粒照片

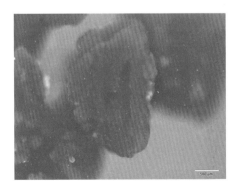

图 3-89　漂浮颗粒刨切显微镜照片

图 4-2 反应器Ⅰ所采用的填料
海绵 A

（a）有机物氧化第 79 天

（b）有机物氧化第 172 天

（c）有机物氧化第 194 天

图 4-5 反应器Ⅰ在不同启动阶段填料状态的变化

（a）覆膜后的填料照片

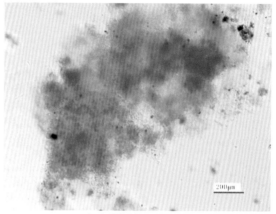

（b）颗粒污泥显微照片

图 4-7 反应器Ⅰ中覆膜后的填料照片与颗粒污泥显微照片

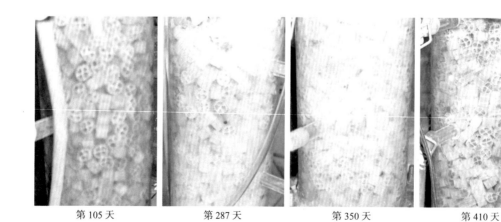

第 105 天　　　　　第 287 天　　　　　第 350 天　　　　　第 410 天

图 4-11 反应器Ⅱ中填料上生物膜的变化

图 4-13 反应器Ⅲ所采用的海绵填料

（a）反应器Ⅲ启动后外观图　　（b）海绵填料覆膜前后的变化

图 4-15 反应器Ⅲ启动成功后的表观特征与填料覆膜后的变化

图 4-21 火山岩填料 CANON 生物滤层的断裂

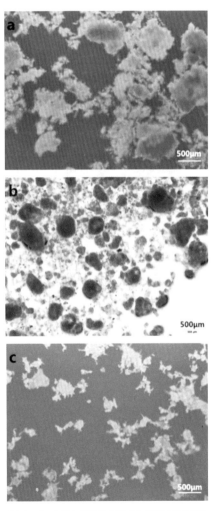

图 4-45 不同时期反应器内污泥的显微照片

图 4-50　在厌氧氨氧化反应器进口处形成
的白色结晶

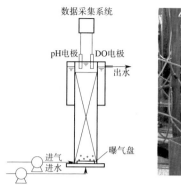

图 4-66　试验装置及工艺流程

图 4-74　反应器Ⅰ、Ⅱ试验装置照片

图 4-79　第 202d 反应器Ⅰ、Ⅱ外观效果图